2016年北京市文物局业务人员科研成果出版项目
北京市文物局科研丛书

南柯庭集

赵迅 著

北京燕山出版社

目 录

"北京人"化石失踪的前前后后 ··· 1
周口店的沧桑 ·· 9
魏太和造像 ·· 14
房山云居寺塔及石经 ··· 16
古刹悯忠话沧桑 ··· 26
天宁寺塔 ··· 39
北海杂忆 ··· 44
纪念北海公园建园840周年座谈会讲话提纲 ·································· 48
北海白塔 ··· 49
北海公园的大圆镜智宝殿 ··· 53
东岳庙概述 ·· 55
天　　坛 ··· 203
祭坛遗址和北京地区的圜丘 ·· 217
太　　庙 ··· 230
法海寺 ·· 234
隆福寺 ·· 236
京师九门 ··· 239
正阳门箭楼 ·· 241
真觉寺金刚宝座（五塔寺塔） ·· 244
承恩寺 ·· 247

大慧寺 ······249

广仁宫（西顶）······252

万里长城北京段 ······255

历代帝王庙 ······260

妙应寺白塔的建筑结构与修缮 ······263

妙应寺白塔上的小铜碑 ······271

长椿寺铜塔的铸造年代 ······273

宛平城里的"武俊刻石" ······275

郑王府 ······277

礼王府 ······279

克勤郡王府 ······282

顺承郡王府 ······284

恭王府及花园 ······286

醇亲王府 ······315

醇亲王南府 ······318

醇亲王园寝 ······320

孚王府 ······323

西林春和奕绘贝勒的五世孙——金启孮 ······326

东　堂 ······328

锦什坊街清真寺 ······330

福佑寺 ······332

康熙皇帝和纳兰成德 ······333

从《重修榆河乡东岳行宫碑记》谈起 ······339

觉生寺（大钟寺）······345

兆惠宅第旧址 ······348

汇通祠 ······349

宝相寺旭华之阁 ······352

清净化城塔 ······354

纪晓岚故居 ······359

公主坟内埋葬的不是孔四贞…………………………………………… 361
清陆军部和海军部旧址…………………………………………… 363
清农事试验场旧址………………………………………………… 366
那家花园…………………………………………………………… 369
崇礼住宅…………………………………………………………… 371
门神库……………………………………………………………… 375
关于北京香山正白旗卅八号发现的题壁诗……………………… 377
辛亥滦州起义纪念园……………………………………………… 386
基督教青年会旧址………………………………………………… 394
庆王府……………………………………………………………… 396
"纪念园"话沧桑…………………………………………………… 399
王府井谈往………………………………………………………… 403
四牌楼的拆除……………………………………………………… 405
北京的四合院……………………………………………………… 407
百年回首
—— 为迎接香港回归旧作………………………………………… 410
李大钊烈士陵园…………………………………………………… 413
杨昌济旧居………………………………………………………… 416
北京美国学校旧址………………………………………………… 418
和平解放北平的一处和谈旧址…………………………………… 419
关于开展从废旧回收物资中拣选文物工作情况………………… 421
奥地利文物保护工作概述………………………………………… 427
德国的文物保护参观记…………………………………………… 432
应用丙烯酸树脂全浸渍法保护石质文物的经验………………… 435
氧化物层在金属文物保护中的应用
—— 华沙西格门王三世瓦兹的纪念圆柱的保护工作 …………… 441
奥地利掠影………………………………………………………… 445
虎兕出于柙，龟玉毁于椟中……………………………………… 449
后　记……………………………………………………………… 452

珠港事件前曾在北京协和医院任研究员，后来被征入伍，任美国海军陆战队驻天津的医官。1941年11月间，当中美双方决定将"北京人"化石秘密转移出中国时，护送化石的任务就是交给弗利执行的。但是他还未来得及带走化石，珍珠港事件突然爆发，弗利很快就成了日本人的俘虏，并于日本投降前夕被送往日本北海道直至被遣返回美国，战后在美国行医。日本人后来一再声称他们并未找到"北京人"化石，因此，弗利就成了最后接触到这批化石、掌握它们下落的关键人物。多年来，许多人为了追寻"北京人"化石，曾想方设法套取弗利的"口供"，但他始终对一些关键性的细节守口如瓶。

日本读卖新闻社借"北京人"化石模型1980年在日本展览之机，专派特派记者去纽约访问了弗利，就"北京人"的下落向他提问时，弗利回答说："（当年）美日两国举行华盛顿会议商讨并寻求解除危机、防止战争的途径，但会谈结束了却毫无积极的结果。美国感到战争危险更加大了，因此，美国采取应急措施，决定撤退驻华美军，'北京人'化石作为撤退计划的一部分，随同美海军陆战队贵重物资一起运出中国。

"……当时决定，12月9日，'北京人'化石装在我的提包里，由我携带离开北京，先到秦皇岛美军兵营，然后从那里搭乘哈里森总统号客轮（S.S.the President Harrison）经马尼拉附近的一个美军基地运到美国。转移计划是绝对保密的，只有我和艾休斯特上校（Colonel Ashurst）两人知道，除了我们两人以外，没有第三者知道。"

弗利虽然知道线索，但他并未带走"北京人"化石。因此，夏皮罗表示，如果有机会，他倒希望到中国会同那儿的同行，到巴士德研究所（Pasteur Institute）或瑞士仓库旧址去看看，也许在某一个偏僻的角落里还可以找到弗利医师放在那儿的军用提箱。

夏皮罗说到做到，1980年9月，带着他的女儿访问了中国。他在青年人类学家董兴仁的合作下，来到天津寻找丢失的"北京人"化石。

据夏皮罗说，他的美国朋友曾告诉他说，装"北京人"化石的箱子曾辗转放在曾经设在天津的美国海军陆战队兵营大院的6号楼地下室的木板层下面。他还携带了1939年拍摄的兵营建造物的复印照片。虽然得到天津自然博物馆副馆长黑延昌等人的协助，很快就找到了解放前美国海军陆战队兵营的旧址，但是曾经存放过"北京人"化石的6号楼于1976年唐山大地震时倒塌，原址已被改为操场，而且时隔多年，该楼经过好几个单位占用过，装"北京人"的箱子早已不知去向。这位真心想找"北京人"化石的学者不远万里乘兴而来，结果一无所获，败兴而返。

有关"北京人"的著述，除夏皮罗的《北京人》之外，曾做过魏敦瑞秘书的赫斯伯格于1977年在美国出版了一本《北京人失踪》，1979年又由日本人松木清张译成日文出版。赫斯伯格是奥地利籍犹太人，在新生代研究室工作时间并不长，对当时的许多事情不是很知情的。尤其是她的书是用小说体裁书写，难免掺进艺术夸张，因之只能当作文学作品来鉴赏。

1951年5月，裴文中先生撰写了《龙骨山的变迁》手稿，后经整理发表于1983年第2期《中国科技史料》上，其中有《北京人的失踪》一节，披露了有关"北京人"失踪的某些细节。

1984年4月，由天津科技出版社出版的贾兰坡、黄慰文合著《周口店发掘记》一书中，也用了不少篇幅对"北京人"的失踪案做了较详尽的介绍。

和哈里·夏皮罗《北京人》出版同时，前面提到过的克里斯托弗·贾纳斯和别人合写的《搜寻北京人》，于1975年在美国出版，同年由巴顿译成中文出版，改名《北京人之谜》。

在评价此书之前，请先看一篇由《华声报》转载的报道：1993年3月8日，《纽约邮报》刊登一则消息："美国海军某部军官、历史学家布朗，悬赏2500美元寻找'北京人'头盖骨化石。布朗认为，遗失了的'北京人'头盖骨化石很可能在纽约大都会地区。他说，早在1970年的某一天，一位美国妇女给当时正潜心寻找'北京人'的科学家克里斯托弗打来电话，约定在帝国大厦见面。见面后，那位妇女告诉克里斯托弗，她丈夫生前曾保存了'北京人'的头盖骨化石，她还把有关照片交给了他。哈佛大学教授厄尔斯证实了这些照片正是'北京人'头盖骨的照片。可惜后来克里斯托弗与那位妇女失去了联系，直到1991年，布朗突然收到1941年前后居住在北京，第二次世界大战期间因'北京人'的遗失而身系囹圄的弗利博士的信，信中说关于'北京人'的下落，现在有了新的进展，他已经与那位声称珍藏着'北京人'化石的妇女取得联系，并希望尽快解开'北京人'失踪之谜。不幸的是，去年秋天弗利博士却去世了,'北京人'从此又石沉大海。

"布朗在谈到悬赏巨款寻找'北京人'化石时表示,'北京人'头盖骨化石具有重大的历史价值和文化价值,它是中国古代遗产中极其珍贵的一部分。从这一遗失的化石中,我们可以追溯到几十万年前'北京人'的生活情况。我出钱去寻找一件无价之宝,那是十分有价值的。"

这则消息失实处实在太多。

说克里斯托弗是科学家就不实,他和科学不沾边,其职业是芝加哥股票经纪人和商人。他和那位无名无姓40多岁颇有姿色的中年妇女的故事,在夏皮罗的《北京人》上介绍颇详,书上还刊出了那位妇女提供的照片。照片上是一堆碎骨,里面有指骨和盆骨等从未发现过的"北京人"骨骼,一看便知不是"北京人"的化石。而报道中说哈佛大学厄尔斯教授竟能证实这些照片正是"北京人"头盖骨化石,也真够大胆的。更为奇怪的是,弗利博士(弗利是医师而不是博士。医师和博士在英语中是同一个词,这里显然是被翻译者弄错了)竟然能和一位无名无姓的妇女神话般地取得了联系,因而"有了新的进展"。眼看奇迹就要出现,没料想1992年秋天,弗利博士驾鹤西归,仅有的一线曙光又被乌云遮掩了。

克里斯托弗不但和科学不沾边,对于写作怕也不在行,所以找来一位写过电影脚本的作家布拉谢勒(William Brashler)为其捉刀,写成《搜寻北京人》,由二人署名。而布拉谢勒和"北京人"也属素昧平生,因而此书内容也就不言而喻了。

克里斯托弗·贾纳斯1972年5月访华时,曾亲往周口店考察。他当时曾向我们的接待人员表示愿为寻找失落的"北京人"化石出力,回国后即向美国报界宣称愿出5000美元,悬赏寻找"北京人"化石。

数年之后,《纽约时报》丁1981年2月26日(星期四)以《金融家为寻找"北京人"遗骨被控有欺诈行为》为题,报道了下述消息:

"路透社芝加哥2月25日电:芝加哥金融家克里斯托弗·贾纳斯为寻找遗失的'北京人'遗骨,今日被联邦检察官起诉,有欺诈64万美元之嫌。

"联邦大陪审员指出,贾纳斯先生现年69岁,根据法律第37条款,起诉他为寻找('北京人'头盖骨化石)活动而筹集的款项,大部分被他据为己有。

"起诉书说，退休的银行家贾纳斯先生从银行借款中得到52万美元，另外从投资者手中得到为了寻找和摄制'北京人'的影片又获得12万美元……"

白纸黑字，使克里斯托弗又有了一重"骗子"的身份，原来他是为了诈骗几十万美元而装扮成一位热心寻找"北京人"的"科学家"，而布朗先生直至20世纪90年代初，还为这个骗子吹嘘他的功绩。作为一名愿出赏金寻找"北京人"的"历史学家"，连这么点当代新闻都一无所知，应该说是不够格的。

半个世纪转眼而过，噩梦般的"二战"早成过眼烟云，弗利医师带着他的隐私去见上帝，其他知情人如艾休斯特上校、长谷部言人、高井冬二、锭者繁晴诸人又都不明去向。太平洋一战，使得珍珠港美舰化为一堆废铁，"北京人"遭受了池鱼之殃，至今成了水中明月、镜里鲜花。

报载：2005年6月9日上午召开的第三届"北京2008"奥林匹克文化节奥运文化广场房山主会场系列活动暨第十一届房山旅游文化节新闻发布会上宣布，北京近日将由政府牵头发起寻找"北京人"头盖骨的活动。在7月2日的房山旅游文化节开幕式上，将筹备成立寻找"北京人"头盖骨的组织机构。这是首次由政府组织进行"北京人"头盖骨的寻找工作。

人们没有忘记"北京人"和他的发现者裴文中博士、贾兰坡院士和为"北京人"出过力的中外友人。

周口店的沧桑

　　周口店北京猿人遗址位于北京市房山区周口店乡。该遗址包括北京猿人（直立人阶段）、新洞人（古人阶段）、山顶洞人（新人阶段）三种人类化石和他们留下的石器、用火遗迹、居住洞穴，还包括从一千多万年前起到几万年前的古脊椎动物地点、旧石器文化地点等共26处。遗址和遗存物有力地证明这里是我们的远祖从70万年前起一直到1万年前生息繁衍、劳动斗争留下了他们的居住洞穴、用火、狩猎、采集、制作石器和装饰品以及埋葬遗骸的地方。这样的遗址是迄今全世界独一无二的，一向受到国内外的古人类学、古生物学、考古学、新生代地质学等方面的学者专家的高度重视。周口店遗址于1961年3月由国务院公布为第一批全国重点文物保护单位，1987年12月被联合国列为"世界文化遗产"。

　　遗址从1921年发现后，经过半个多世纪的发掘和研究，在我国和世界文明史上奠定了它划时代的意义。我国的知名学者、考古学家裴文中（1904—1982）、贾兰坡等献出了毕生心血从事发掘和研究工作，他们的后继者、成批的古人类、古脊椎动物研究人员，忘我地继续他们的事业。自1927—1937年的10年间，所用经费即达30万美元之多。新中国成立后，遗址的继续发掘工作受到党和政府的重视，发掘和研究成果都较前更加扩大和提高。1979年12月，隆重举行"北京猿人第一个头盖骨发现50周年纪念会"，1984年12月又举行"北京猿人第一个完整头盖骨发现55周年学术纪念茶话会"，1989年又举行了"北京猿人头盖骨发现60周年纪念会"。

"文化大革命"期间，周口店遗址遭到破坏和损失，由于遗址内兴建、扩建了一些小石灰厂和小水泥厂，使得遗址中经过发掘编号的26个地点，除去7个地点因在遗址展览区围墙内幸存下来外，其余都因开山采石造成不同程度的破坏，其中北京猿人最早生活和用火的第13地点已毁坏，时代最早（距今14万多年）的曾挖掘出过近2000条鱼化石的第14地点半壁已被破坏。20世纪70年代中期，前周口店公社石灰厂逐渐扩大生产规模，1976年又把因污染严重而停产的永定门水泥厂的全套设备迁到周口店继续生产。1983年初，前公社水泥厂在靠展览馆和猿人洞约300米处扩建了年产5万吨的水泥生产车间，三个采石场将遗址周围的环境风貌完全破坏，对遗址造成更大的威胁和损害。1983年1月8日，《人民日报》刊登了《北京猿人遗址旁不应建水泥厂》的文章，其他报刊也报道了告急呼吁。房山县（今房山区）为舆论压力所迫，于21日对周口店水泥厂扩建工程下了停工令，但实际上破坏仍在进行，且愈演愈烈。这种破坏造成了对人类文明的践踏，更给我们国家的形象和声誉造成不可弥补的损失。由于其后果的严重性，我国知名的科学家周明镇（1918—1996，中国科学院学部委员、古脊椎动物与古人类研究所所长、北京自然博物馆馆长）、吴汝康（1916—2006，中国科学院学部委员、古脊椎动物与古人类研究所副所长、解剖学会理事长）、贾兰坡（1908—2001，中国科学院学部委员、国务院文化部文物委员会委员）于1983年6月联名上书党中央。标题为"恳切希望党中央关心北京猿人遗址保护问题"，结尾处有如下一段话："我们认为中央书记处对首都建设四条指示方针英明正确，《中华人民共和国文物保护法》和《中华人民共和国环境保护法》都已公布，如果在首都国门之下还不能阻止周口店北京猿人遗址的被破坏和受污染，无论在全国、在世界上，都会带来不好的影响。事关重大，特具名向党中央报告，希望中央批示，由北京市统一规划，妥善安排。"中央对此事极为关注，赵紫阳、万里、方毅等领导都作了重要批示，并批转北京市办理。市委、市政府也极为重视，市委、市政府领导人要求尽快采取有效措施彻底解决。1983年6月22日下午召开专题会议，研究周口店猿人遗址的保护问题。会议由白介夫副市长主持。市人大、市政协的同志，市计委、市经委、市农办、市建材局、市环保局、市文物局、中国科学院古脊椎动物与古人类研究所、房山县（今房山区）政府和周口店公社（今周口店镇）等有关方面负责人出席了会议。会议决定：（一）市政府根据中国科学院提出的关于北京猿人遗址的保护范围，确定了遗址保护范围的界限。保护范围是东界铁路，西界龙骨山西山根，南界公路，北界老牛沟。（二）在遗址范围内不许搞破坏性和污染性的生产。遗址范围内现有的有破坏性的、污染性的生产单位，要限期搬迁、转产。要求有关方面在一周之内提出搬迁方案。（三）关于搬迁资金来源，由有关各方筹集解决。（四）要求文物部门和中国科学院共同研究，根据《中华人民共和国文物保护法》，制定出保护北京猿人遗址的具体条例。（五）市政府要求房山县政府组成专门班子，研究搬迁问题。1984年6月又召开过一次专门会议讨论制止污染破坏遗址的问题。经过多方努力，由中国科学院、市政府、房山区、周口店乡等共筹集了1400万元，用于解决保护区内工厂企业的搬迁。1984年11月21日，市政府批转市规划局、市文物局《关于第一批划定60项文物保护单位的保护范围及建设控制地带的报告》中，具体规定出周口店遗址的保护范围及建设控制地带。

1983年10月间，房山县才表示将要迁走污染文物的工厂以保护周口店北京猿人遗址，11月间周口店乡还组织干部参观学习，上文物保护课以示重视周口店遗址的保护。一直到1986年初，周口店乡水泥厂才宣布停产搬迁。但是其厂房、办公楼、灰窑并未能彻底拆除，1987年3月以后，城关镇复合肥料厂、石楼乡石子加工厂和原周口店乡水泥厂，又利用旧厂房陆续开工生产，点燃了四个旧石灰窑筒和两个土灶。北京猿人遗址仍然持续着烟尘滚滚、炮声隆隆的局面，而且较以前更加严重。1987年7月2日，《北京日报》刊登了一封人民来信，反映了遗址污染情况之严重。房山区信访办公室答复说："现在我区环保部门正在与有关单位制定'保护规划'，具体工作正在进行。"1988年上半年，城关镇复合肥料厂未经批准，建起了856平方米的简易库房；同年夏，石楼乡石子加工厂在遗址保护范围内建了新厂，区工商局未经区文物部门同意，竟然发给了该乡营业执照，乡政府投资数万元在遗址保护范围内放炮崩山，生产石子。遗址再次遭到变本加厉的污染破坏。

1988年12月10日，《北京日报》头版刊登了该报记者署名文章揭露了这些令人难以置信的事实。标题是《已搬迁的企业"死灰复燃"——北京猿人遗址又遭污染破坏》。市领导人看到这则消息后十分重视，要求尽快查明情况，严肃处理。随后，副市长何鲁丽、秘书长铁英、市监察局长吕玉东等到房山区周口店北京猿人遗址实地调查。房山区政府、市文物局等有关部门很快向市政府写出了检查报告，市监察局写出了调查报告。

市监察局根据12月24日市政府常务会议的决定，26日就北京猿人遗址再遭污染破坏的问题发出了通报。通报说："房山区人民政府未认真贯彻执行市政府的有关规定，对遗址保护范围内发生的违章建筑和污染破坏长期失察。市文物局对市政府提出的尽快制定遗址保护管理办法的要求长期没有落实，对遗址再遭污染破坏问题长期失察，发现问题后也没有及时向市政府报告。为了严肃政纪，教育本人，挽回影响，对遗址再度遭到污染破坏负有重要领导责任的房山区区长李庆余、市文物局副局长朱长龄，给予行政警告处分。"

在1988年12月24日的市政府常务会议上市委市政府领导人强调说："保护国之瑰宝，使北京猿人遗址免遭污染破坏，是市政府早已做出决定，并筹资解决了的问题。但事隔几年，遗址又遭污染破坏，难道不令人痛心吗？……北京猿人遗址再遭污染破坏，说明有些同志对保护文物的意义认识不足和无知，说明官僚主义、执法不严和失职行为的危害，如果不从严治政，工作就会松松垮垮，效率低，不负责，造成严重损失。有法不依，执法不严，在一定意义上讲，比没有法还坏。今后，不论谁违反政纪，都要严肃处理，这才是对人民真正负责，对干部真正爱护。"他要求举一反三，1989年将在全市进行认真执行文物保护法的宣传教育和检查，形成保护、爱护文物的好风尚。

会议还要求按照干部管理权限，对其他有关责任者，按照干部分级管理原则，责成房山区政府和市文物局认真查处。

1989年2月1日，北京市人民政府以该年1号令的形式，发布《北京市周口店北京猿人遗址保护管理办法》。《办法》是根据《中华人民共和国文物保护法》《北京市文物保护管理条例》和其他有关法令、法规制定的，条文详尽地规定了有关周口店遗址的保护管理措施和防范污染破坏遗址的有效办法并落实到有关的管理单位。

经过上述两次大规模的破坏，不但龙骨山的地貌被毁，被破坏掉的化石地点再也无法恢复了。贾兰坡院士生前曾当众说过，他现在最怕随外国的学者专家参观周口店，因为这块人类历史文明的宝地，被破坏得体无完肤，是没有任何理由向人家解释的。

魏太和造像

北魏太和造像原在海淀区聂各庄乡车耳营村，是一尊带背光的释迦立像，高1.65米，立于高1.15米的椭圆形石莲座上。背光背面题记镌刻"阎惠端为皇帝与太皇太后造像"，题名者多达19人，皆阎姓，似系阎氏宗族为孝文帝拓跋宏（467—499）与太皇太后冯氏（文成帝后，拓跋宏的祖母）雕造的。纪年刻北魏太和二十三年（499年）。造像艺术价值较高，但由于其来源、题记和细部特征颇有疑义，不排除有经后人加工改造或仿造之嫌。

传该造像原在附近石窟内，后流落到村旁河套中，晚清时被人移至村中并建殿供奉。

最早记载有关石佛的书籍是清代志润（伯时）著《寄影轩浮生日录》，据载："光绪二年（1876年）丙子四月初九日未初（自妙峰山）返，三十里至石佛殿，少憩至各殿拈香，见石佛背有太和十三年（按：实为二十三年）款……"等语。另外，晚清陆增祥《八琼室金石补正》和《光绪顺天府志·金石志二》中也有记载，《顺天府志》并指出："（石造像）前人未著录。"

民国十八年（1929年）出版的奉宽著《妙峰山琐记》卷三："……有南向洞一，前筑谷场，石佛殿在洞之西北。山门一座，三楹，并东向，有咸丰三年（1853年）石刻题名……庙以石佛殿称，不知有无寺院名也。"又民国二十四年（1935年）马芷庠编著的《北平旅行指南》："寺坐西向东，山门已塌，佛殿三层，亦残缺，前殿有韦陀，中殿为正殿，供石佛。"

从以上晚清和民国时期的记载，该寺院只称石佛殿，而不知有无庙名，并且知道有山门三间，殿宇三层，前殿供韦陀，正殿供石佛，至于后殿所奉神佛则均未载。由于《寄影轩浮生日录》有"庙中香客已满，几无歇装，匀得韦陀殿小室而住"等语可知，每届妙峰山朝山进香季节，这里当另有供香客们住宿的房舍。

原国立北平研究院院长、中法大学董事长李石曾（1881—1973，李鸿藻第三子）在海淀环谷园筹建中法大学附中期间遍访附近文物古迹，看到濒于倾圮的石佛殿，意欲修复以保护石佛，经请示当时的河北省主席张继同意后，由温泉疗养院拨款银圆4000元，邀请了段其光（1895—1975，第一期赴法勤工俭学归国学生）主持修复石佛殿，段遂仿照山东历城四门塔的造型并融以欧式风格（段曾在法国学习建筑设计），聘用附近白虎涧村的石匠高手，建起了石佛殿。殿平面正方形，边长5米，四面墙高3.2米，各面辟高2.2米券门，台基四面出四级垂带踏步，顶部饰以八棱锥体尖顶，由十三层石料叠砌，暗合宝塔"十三天"相轮之式。石佛殿外观朴素简洁，坚固稳重。1957年"魏太和造像"公布为北京市第一批古建文物保护单位。

1998年3月25日夜，造像被一伙河北曲阳的石雕盗窃团伙盗走，运往当地待价而沽。在撬搬时将造像破坏，断为五块。同年9月破案，11月将残碎的石佛运回北京，放置在五塔寺石刻艺术博物馆。经修复后于1999年2月16日（己卯年正月初一）在该馆展出。同年8月17日，盗窃主犯陈孟星被枪决。这是新刑法实施后，北京市首例判处盗窃犯死刑的案例。

"治乱世用重典"，古有明训，可惜以前人们从未认真对待，石佛方有此厄，哀哉。

房山云居寺塔及石经

北京房山地区西北部山岳地带，隋唐以来已是佛教圣地，如上方山兜率寺、六聘山天开寺、云蒙山龙泉寺等，都遗留下很多佛教遗迹遗物，而石经山云居寺更是其中最著名的，向有"北京敦煌"之誉。

云居寺创建于隋、唐之际，历代屡有重修扩建，成为规制宏伟、僧侣众多的巨刹。寺院部分于抗日战争时期毁于炮火，今仅存遗址。寺东北1.5公里处的石经山上有藏经洞九座，洞内保存了自隋唐至明末刻造的石经板，连同寺内藏经穴中的辽金经板近15000块，其工程之浩大艰巨为世所罕有。云居寺和石经山附近还保留有唐辽时代的砖、石塔十多座，造型别致，雕饰精美，是北京地区少见的珍贵佛教艺术品。

一、云居寺概况

云居寺位于北京房山西南25公里的大石窝镇水头村，距北京约75公里。

云居寺的名称最早见于唐总章二年（669年）的石刻上，隋、唐时期寺已具相当规模。唐时寺分上下两处，上寺在石经山上，寺址已无考；下寺即今遗址。辽、金时代云居寺以刻造石经知名，有石经寺之称；明代因石经山东麓建有东峪寺，而云居寺居山之西，故亦称西峪寺；清初又改称西域寺，但仍保有云居寺之名。寺历代屡经修葺，最后的修缮年代是清康熙三十七年（1698年）。被毁前的寺院规模宏大，寺门东向，门前有杖引泉水流过，清泉垂柳，自然环境极为幽美，寺院中路有院落五进，殿宇六层。寺依山而建，院落逐层升高，各层正殿之旁又有配殿廊庑，旁院有行宫和僧寮客舍，南北二塔分踞左右，使得寺院形势更加宏伟壮观。第一次世界大战期间，云居寺曾一度作为德、奥等同盟国战俘的拘留处所。"七七"事变后，遭到日本侵略军炮火摧毁，成为一片废墟，南塔也于此时被拆毁，塔下曾出土舍利石函，内盛银质净水瓶、鎏金铜坐佛等。在云居寺遗址范围内，北塔和它四隅的四座小石塔是劫后仅存的遗物，千百年来它们屹立在这"幽燕奥区"，历尽了人世沧桑。

二、云居寺塔

北塔是一座辽重熙朝所建的砖塔，亦称舍利塔或罗汉塔。塔高约30米，下部是基座部分和两层塔身，平面都是八角形。基座下部各面都包砌了浮雕砖，[①]上部有佛龛和浮雕佛像等，基座之上四周出斗拱承托塔身。塔身分上下两层，中间有八角形中心塔柱，每层檐下都有斗拱，两层塔身八面分设拱门及隐作直棂窗。塔身以上有一层须弥座，座上是圆形覆钵，再上面就是圆锥形的相轮部分，最上面是宝珠形塔顶。此种形式的辽代砖塔极为少见，塔身以上的覆钵、相轮部分，似为元、明时期所补砌。

北塔四角各有小石塔一座，平面均为方形，塔身正面有尖拱形塔门，中空，形成一个龛洞，龛内正面浮雕佛像，塔身以上有七级石檐，高约3米左右，外壁均有阴刻纪年，分别为唐景云二年（711年）、太极元年（712年）、开元十年（722年）及开元十五年（727年）。

被毁前的南塔是一座八角形十一级的密檐式砖塔，建于辽天祚帝天庆七年（1117年），因当年是为移放云居寺创始人静琬法师秘藏于石经山雷音洞

---

① 浮雕砖上部为一小塔，旁书"法舍利塔"四字；下部有四句谒语："诸法因缘生，我说是因缘；因缘尽故灭，我作如是说。"

内的佛舍利而建，故名"释迦佛舍利塔"。①

南塔台座北面原有塔幢三座，和南塔同时被毁弃。中间的一座为辽天庆七年（1117年）《大辽燕京涿州范阳县白带山云居寺释迦佛舍利塔记》，因铭文中记有"此塔前相去一步在地宫有石经碑"，故俗称压经塔。文中并记有"（云居）寺始自北齐"等语。西北角的一座为天庆八年（1118年）沙门志才撰、惟和书《大辽涿州涿鹿山云居寺续秘藏石经塔记》，塔铭记述了辽圣宗、兴宗、道宗时刻经情况、数量等，幢身为八角形石柱，上覆七层八角石檐，基座八面浮雕八仙、乐师、飞天、神兽等纹饰，通高4.5米。东北角的一座是金天眷三年（1140年）再次埋藏金代经板时所立《镌葬藏经总经题字号目录记》[据1935年（昭和十年）《东方学报》第五册副刊：冢本善隆《房山云居寺研究》附图]，今仅存《续秘藏石经塔记》石幢一座，其他两座已佚其所在。

北塔西北方约500米、海拔高250米处山巅，有座八角形五层檐的砖塔，塔身八面分设拱门及直棂窗，塔刹已残毁，通高约7米。塔砖形制和北塔相同，时代也应是辽。当地俗称"老虎塔"。

云居寺北约900米处的水头村，有八角三层檐高5.7米石塔一座，塔身阴刻"开山琬公之塔"。塔为辽大安九年（1093年）通理大师为云居寺创始人静琬法师修建的舍利塔。塔的前方有明代万历二十年（1592年）夏《涿州石经山琬公塔院记》碑一座。

琬公塔附近的香树庵遗址东边也有一座唐代单层小石塔，没有塔铭及年代题记。

此外在石经山上现尚存两座唐代方形小石塔，其一为单层檐，位于第三藏经洞西南山巅上，塔上原有乾宁五年（898年）题志，现已风蚀殆尽，不可辨识；另一座位于第七藏经洞附近山上，九级，中空，高4米许，塔身龛

---

① 发掘南塔废墟时，曾出土舍利石函一个，内盛银质净水瓶一个、刻花铜炉一个、鎏金小坐佛一个、线刻铜佛板两块、大泉五十型钱三枚、乾元重宝一枚、庆历重宝一枚、熙宁重宝一枚、元丰通宝二十七枚。石函外壁阴刻铭文："大辽燕京涿州范阳县白带山云居寺，此石匣内有银净瓶一个，内有释迦舍利八粒，颗如粟，白如雪，鍮石香炉一个，黄香八两，檀香四两，永为供养，愿益四生俱登觉道。时天庆七年三月一日戌时葬。比丘志兴、比丘法聪、比丘善锐。"铭文所记装藏物与实际出土者不尽相同。

内浮雕释迦佛，龛门两侧分刻金刚力士。塔身侧面刻有唐开元九年（721年）释玄英所撰的《云居石经山顶石浮图铭》，塔背面刻有开元二十八年（740年）王守泰撰《山顶石浮图后记》，记述了唐玄宗第八妹金仙长公主于开元十八年（730年）对云居寺奏赐经本和施田事，当时她不仅送来四千多卷经本，而且划出大片田园山林，将其收入作为刻造石经的经费。

云居寺附近保存下来的盛唐时期的石塔和辽代的砖塔，都显示了当时建筑技术和石雕艺术的高度成就。

三、云居寺石经及刻造沿革

石经山在云居寺东北1.5公里，是太行山的支脉，海拔高400米，本名白带山，又称崿题山，① 唐时名涿鹿山，当地俗名小西天。山腰分两层，凿有九个藏经洞（为了说明方便，将下层的两个洞自南向北编号为第一、二洞，上层的七个洞自南向北编号为第三至第九洞），洞内存放自隋至明代的刻经石板4559块。②

佛教自西汉元寿年间传入中国后，由于政治和社会原因，很快便成为封建社会上层建筑的重要组成部分。南北朝以来，佛教大小乘经典被大量译成汉文，流传国内，佛教因之更得到了广泛的传播，进一步扩大了影响。到

---

① 《帝京景物略》卷之八："房山县西南四十里有山好着白云，腰其半麓，曰白带山。所生崿题草（即莎草，学名 Cyperus rotundus），他山实无，曰崿题山。"清查礼《崿题上方二山纪游》："崿，古莎字，草亦似莎而小异，可以结蓑。"

② 石经山各洞及压经塔下地穴内所藏经石数目为：

第一洞	1131块
第二洞	1091块
第三洞	333块
第四洞	164块
第五洞	146块
第六洞	200块
第七洞	285块
第八洞	819块
第九洞	390块
地穴内	10082块
以上总计	14641块

了隋、唐时期，由于经济文化的高度繁荣，亚洲佛教的传播中心已由印度转移到中国。石经洞的开凿，就是在这样的历史背景下出现的。

据记载，北齐时佛僧慧思大师考虑到将来有一天佛教被废除，佛经被毁灭，于是他想把佛经刻在石板上，藏在山洞里，以备将来废佛灭法时当作复制佛经的底本。① 慧思的忧虑不是没有根据的，他发愿刻经的动机，显然是受到北魏太武帝太平真君年间和北周武帝建德年间两次灭佛的影响所导致。这两次"法难"期间，大量的手写佛经一时间化为灰烬，而山东泰山、河北鼓山等处的摩崖刻经竟然得以保存，因此他想到刻造石经是保存佛经、延续佛教的切实可行的有效办法。慧思发愿刻石经实现与否，现已不可考，但是他的弟子静琬，确是慧思遗愿的实践者。

静琬是隋代幽州智泉寺（武周时改为燕州大云寺，寺址也在白带山，今已无迹可寻）僧，他是石经山藏经洞和云居寺的创始人。静琬根据其师遗愿，发愿造十二部石经。② 这一行动得到当时统治阶级的支持和社会上的资助，从隋大业中到唐初，一直继续着刻经事业，并且凿洞封存起来。贞观十三年（639年），静琬入寂，刻造十二部石经的愿望还没有完成，③ 他的弟子玄导、僧仪、惠暹、玄法四代相继主持刻经，④ 又得到金仙公主奏赐经本四千多部作为底本，先后刻经百余部，分藏于各藏经洞中。

静琬最初所刻石经146块，镶嵌于第五洞的四壁，《华严经》则全部藏于第八洞中。第五洞名雷音洞（唐代名石经堂，元代叫华严堂），是九洞之

---

① 《帝京景物略》卷之八："北齐南岳慧思大师，虑东土藏教有毁灭时，发愿刻石藏，閟封岩壑中，以度人劫。岳坐下静琬法师，承师付嘱，自隋大业迄唐贞观，《大涅槃经》成。"

② 刘济撰《涿鹿山石经堂记》："济封内山川，有涿鹿山石经者，始自北齐。至隋，沙门静琬，睹层峰灵迹，因发愿造十二部石经，至国朝贞观五年，《涅槃经》成。"

③ 唐临《冥报记》："幽州沙门释智苑（即静琬），精练有学识，隋大业中发心造石经藏之，以备法灭。既而于幽州北山凿石为室，即磨四壁而以写经，又取方石别更磨写，藏储室内。每一室满，即以石塞门，用铁锢之。时隋炀帝幸涿郡，内史侍郎萧瑀，皇后之同母弟也，性笃信佛法，以其白后。后施绢千匹及余财物以助成之，瑀亦施绢五百匹。朝野闻之，争共合施，故苑得遂其功。……苑所造石经已满七室，以贞观十三年卒，弟子犹继其功。"

④ 辽赵遵仁《涿州白带山云居寺东峰续镌成四大部经记》："（静琬）以贞观十三年奄化归真，门人导公继焉，导公没，有仪公继焉，仪公没，有暹公继焉，暹公没，有法公继焉。自琬至法，凡五代焉，不绝其志。"惠暹、玄法时期，由于各洞石经已满，遂"于旧堂之下，更造新堂两口"（《大唐云居寺石经堂碑》），即今之第一、二两洞。

中最大的一个，也是唯一的开放式藏经洞，前有门可以进出，洞就自然岩穴加以整修加固，故呈不规则的方形，长宽各约10米，中有四根八角形石柱支撑洞顶，石柱各面均雕有佛像，共1054尊，故得名千佛柱。其余各洞都是封闭式，里面叠藏石经板，洞门封锢，人不能出入。

唐末的刻经事业渐趋衰落，"会昌法难"①期间，云居寺也遭到打击。到五代时，战乱频繁，刻经事业遂陷停顿。到辽圣宗太平七年（1027年）涿州刺史韩绍芳对石经进行验名对数，并将云居寺石经情况奏闻圣宗，促使刻经事业继续发展。韩绍芳和云居寺住持继刻、补刻了几部石经。以后兴宗、道宗时，对刻经事业也很热衷。道宗大安九年（1093年），有位叫通理的名僧来到云居寺，用募化来的资财继续刻经，这时他还为静琬修造了一座石舍利塔，即原在水头村后移到云居寺的"开山琬公之塔"。次年资财用尽，刻经被迫中止，共刻成小型经板4080块。②通理有计划地补刻前人所缺的经，使大乘经、律、论三藏完备。石经刻完后，就放在山下了。通理死后，他的弟子善锐、善定等于天庆七年（1117年）在云居寺的西南角开凿一地穴，将通理所刻的小型经板以及道宗时刻成而未及放入洞中的大型经板180块，一并放进地穴，并在上面筑台建塔，作为藏经所在地之标志，③这就是后世称为压经塔的天庆七年《释迦佛舍利塔记》石幢。通理的另一弟子善伏，在天祚帝年间也刻过一百多卷十三帙石经。

金代的刻经大都是续刻辽代的经帙。开始于天会十年（1132年），以后

---

① 任继愈《中国哲学史》："唐末，由于中央政府财政困难，人民流亡，统治者虽然认为佛教的理论对它有好处，但是又感到寺院占有大批的土地、劳动力，影响政府的收入。在武宗会昌五年（845年）由政府下令，拆除全国大寺院共4600所，中小寺院40000所，拆除的建筑材料用来修理官府房屋，金银像收归国库，铁像用来制造农具，铜像、钟磬用来铸钱币。国家没收良田数千万亩，奴婢（为寺院服役的）150000人，僧尼还俗的有260500余人。佛教徒称之为'会昌法难'。"

② 志才《续秘藏石经塔记》："有故上人通理大师……因游兹山，寓宿其寺，慨石经未圆，有续造之念。……至大安九年正月一日，遂于兹寺开放戒坛……所得施钱，乃万余镪，付门人见右街僧录通慧圆照大师善定，校勘刻石，石类印板，背面俱用，镌经两纸。至大安十年钱已费尽，功且权止。碑四千八十片，经四十四帙。"

③ 志才《续秘藏石经塔记》："（通理门人善锐）念先师遗风不能续扇，经碑未藏，或有残坏，遂与定师（通理的另一门人善定）共议募功。至天庆七年，于寺内西南隅穿地为穴，道宗皇帝所办石经大碑一百八十片，通理大师所办石经小碑四千八十片，皆藏瘗地穴之内，上筑台砌砖，建石塔一座，刻文标记，知经所在。"

天会十四年（1136年）、天眷三年（1140年）以及章宗明昌朝都有续刻，大都继续埋在南塔旁的藏经穴里。

元代刻经又陷于停顿状态，到元末顺帝时，石经山已经非常荒凉了。至正元年（1341年），高丽僧慧月等来石经山时，募化修理了华严堂（即雷音洞）的石门和洞内残缺的石经五块。

明代初年，虽然对云居寺和石经山进行了考察、保护和修理，但未见到续刻的石经。万历时名僧真可、德清曾募缘修理过琬公塔，也没有刻经。直到万历末和天启、崇祯时，才有一些佛教徒和南方籍的官僚、居士，集资刻造了十余部石经，送往石经山，在雷音洞旁新凿一小洞藏之。董其昌在洞外题了"宝藏"二字，这就是第六洞宝藏洞。此外，宣德三年（1428年）时第七洞内还被放进四部八块道教石经。

清初康熙、乾隆朝，也有人刻过一些经碑立于寺中而未送洞封存，实际上已经失去了"锢藏以备法灭时充经本"的用意了。

房山石经历代都有损毁和被盗事件发生，辽代韩绍芳补刻的《大般若经》，元代慧月补刻的《维摩经》《胜鬘经》等，都被盗走。明末还发生过住持盗卖压经塔下石经的事。清末的损失就更多了。①

四、云居寺石经的历史艺术价值

房山石经是我国的石经宝库，也是世界的宝贵文化遗产。它对我国古代文化、历史、艺术以及佛教历史和典籍的研究，都具有重大价值和意义。在书法艺术方面，"隋代的刻经，已是当代高手所书，唐代的刻经，更具有唐代书法的优美风格，和欧、虞、褚、薛等大家的碑刻相比亦无逊色，其艺术价值之高，早为书法界所称道"（启功先生语）。从石经中也可以看到我国书法风格的变迁和文字演变（如俗写字、异体字、简化字、武周时期新造字等）情况。在雕刻艺术方面，如造像风格、刻字技巧等，也是今天值得汲

---

① 叶昌炽《语石》："厂肆往拓（雷音洞中石经）者，日携一二残石至都，视之皆隋唐刻经也，恐毁者已不少矣。"严可均《铁桥金石跋》："此经（元和十四年刘济次子刘总造《佛本行集经》六十卷）刻石应有数十石，但今仅存卷三十一一石，且已三断。"

取、借鉴的。

　　石经中有许多经文后附刻有题记，这些题记是研究历代政治、经济、文化以及风俗习惯的宝贵资料。如题记中发现了一些唐代天宝至贞元年间北方州郡的手工业和商业的行会资料，特别是大历以后，出现了较复杂的手工加工业和经营百货的商业组织，①反映了当时涿州地区工商业生产组织和发展情况，还有的题记中，有刻经人的官衔，有些可与史籍相印证，有些则可补官志所载之缺。就佛教史来说，一个时期石经刻造数量之多寡，说明一定历史条件下佛教发展的盛衰。隋唐以来的石经，对于校勘木刻藏经的误字、脱字等，更是最可靠的实物依据。例如第三洞中存放的唐初玄导所刻的《胜天王般若波罗蜜经》上发现一篇经序，订正了日本《大正藏》所载经序中的误字和脱字多达26个。

五、建国后对云居寺的整修和保护

　　从1956年开始，中国佛教协会和有关部门一起，对房山石经进行了全面的调查、发掘和整理工作，前后历时三年完成。这些从公元7—12世纪陆续刻制的石经，一直被封藏在石经山上九洞中和压经塔下的地穴中，从来没有经过彻底的整理、验对和拓印。这次发现藏经洞中存放的经板，由于历代遭到破坏、盗窃以及自然风化残损等原因，损坏相当严重，但埋在地下藏经穴中的经板，则大部保存完整。

　　为了防止北塔遭到雷击，主管部门1957年还安装了避雷设备。1971年

---

① 《北京社会科学》1987年第4期（总第8号），第36页，徐自强、吴文《关于房山云居寺和石经山的几个问题》："题记中关于'行'的材料有一百二十多条，可以概括为四类三十一行。

饮食类（包括果笋等）十行，计有：米行（2条）、白米行（16条）、粳米行（1条）、大米行（1条）、肉行（2条）、屠行（5条）、油行（4条）、五熟行（1条）、果子行（3条）、椒笋行（1条）。

衣着类十三行，计有：绢行（12条）、新绢行（1条）、大绢行（6条）、小绢行（2条）、丝绵彩绵绢行（2条）、丝绢彩帛行（1条）、丝绸彩帛行（1条）、彩帛行（4条）、布行（1条）、小彩行（4条）、幞头行（4条）、靴行（1条）、曾行（1条）。

生活用品类七行，计有：磨行（6条）、炭行（2条）、生铁行（2条）、新货行（2条）、杂货行（5条）、杂行（3条）、脚行（11条）。

其他二行，计有：宝行（1条）、泐而不明者（2条）。"

对部分被损坏的石经洞门进行了补修。1972年冬，对北塔塔身的拱门和砖柱进行了维修加固，补砌了塔基脱落的浮雕砖。1975年冬，扩充了北塔塔院围墙，在北塔东西两侧，因陋就简地新建了碑廊14间，将云居寺附近的碑刻：唐咸通八年（867年）《唐故律大德道行碑》、辽应历十四年（964年）《重修云居寺千人邑会碑》、元（后）至元二年（1336年）《石经山大云居寺藏经之记碑》和寺北的单层小石塔等移进西侧碑廊，并将房山境内具有保留价值的零散碑刻、经幢等，移入东侧碑廊保存，同时将清理南塔废墟时收集的辽天庆八年（1118年）《续秘藏石经塔记》石幢装砌在原经板库院内。1977年9月，又将房山北郑村辽塔中发现的辽应历五年（955年）的陀罗尼经幢，装砌在石塔对面。1978年11月，远在水头村的琬公塔，由于基础下陷，塔身倾斜，为了避免倒塌及便于管理，连同塔前的万历朝石碑一起迁移到云居寺药师殿遗址前。1981年因旧经板库条件较差，不利于石经的保管，又在西面另建了600平方米新库房，将石经上架保管，同时又修建了400平方米的石经展室，展出部分石经和图片。1984年初，开始对云居寺建筑遗基进行清理，并逐步恢复被毁坏的殿宇，同年4月19日，市人民政府在云居寺召开了修复工作现场办公会，会上强调："云居寺必须修复。建设美丽的北京，要把云居寺这样的一批瑰宝包括在内。"计划1984年在云居寺风景区植树50万株。1985年4月1日，市政府再次召开现场办公会议，具体研究了云居寺的绿化和加快修复问题，由市政府资助部分资金，要求1985年底前修复天王殿、毗卢殿。同时宣布成立了以中国佛教协会会长赵朴初为名誉主任、副市长陈昊苏为主任的云居寺修复委员会。修复云居寺的工作，得到了社会各界及海内外人士的积极响应和支持。1985年4月8日，美国全美华侨总商会会长应行九及夫人、美东佛教总会大乘寺应金玉堂女士捐赠一万美元修复云居寺，以表示对祖国宗教事业、古老文物和传统文化的关心。1985年6月，云居寺修复工作一期工程进展顺利，毗卢殿的清基和重建设计工作已完成，天王殿的修复设计也接近完成，预计1986年4月，这两座殿宇将先期开放，接待佛教界人士和旅游者。千年古刹，复苏有望。

明洪武间，太祖朱元璋曾派少师姚广孝（法号道衍）视察石经山，姚广孝惊叹静琬以来历代刻造石经事业之宏大，即席写了一首五言古诗《观石经洞》,"镌于华严堂之壁"。他用赞美的口气写道:"峨峨石经山,莲峰吐金碧。秀气钟愨题,胜概拟西域。竺坟五千卷,华言百师译。琬公惧变灭,铁笔写苍石。片片青瑶光,字字太古色。功非一代就,用藉万人力。流传鄙简篇,坚固陋板刻。深由地穴藏,高耸岩洞积。初疑鬼神工,乃着造化迹。延洪胜汲冢,防虞犹孔壁。不畏野火燎,讵愁苔藓蚀?此山既无尽,是法宁有极?如何大业间,得此至人出!幽明获尔利,乾坤配其德。大哉弘法心,吾徒可为则。"

"房山云居寺塔及石经"于1961年3月4日公布为第一批全国重点文物保护单位。

古刹悯忠话沧桑

　　法源寺位于宣武区法源寺前街7号，创建于唐代，初称悯忠寺。它的地理位置在唐幽州城内的东南隅。辽代把唐幽州城改为陪都南京，悯忠寺位于迎春门内稍北；金代的中都城是在辽南京的基础上，将东、南、西三面扩宽，悯忠寺仍在城内，距宣曜门约1公里；元代在中都东北新建了大都城，悯忠寺距大都南垣也不过2.3公里远。等到明代修建北京城时，内城的西南角已经和辽南京城的东北角叠压上，嘉靖朝修筑外城时，寺又被圈进北京外城。悯忠寺经过数次改朝换代，名称几经更迭，千百年来历尽世间沧桑，它是北京城兴亡盛衰的见证。

一、唐代的悯忠寺

　　悯忠寺的兴建缘起，据《元一统志》记载："唐太宗贞观十九年（645年）及高宗上元二年（675年）东征还，深悯忠义之士殁于戎事，卜斯地将建寺为之荐福。则天万岁通天元年（696年）追感二帝先志，起是道场，以'悯忠'为额。"它的修建年代，已经说得够清楚了。实际上，太宗和高宗时，寺并未建起，只是到了武则天时才正式建成。明正统七年（1442年）的《重建崇福禅寺碑记》说"建于唐贞观间"。明万历三十四年（1606年）的《重修崇福寺碑》也说"肇自贞观间"。以后，明清人的记载，往往把修建年代落实在贞观十九年（645年），如《帝京景物略》上说贞观十九年十月，"抵幽州，复作佛寺，以资冥福，赐名悯忠寺"；《春明梦余录》和《天府广记》更指实为

"唐悯忠寺建于贞观十九年";等到清季《日下旧闻》上,也依此说:"悯忠寺建于唐贞观十九年。"这些权威性的书籍如此记载,也就很少有人怀疑,俨然就是唐太宗诏建赐名的了。

佛教自汉代由西土印度传入,到了隋唐时期已经发展壮大到足以和儒、道两教相抗衡,因而建寺成风,加以当权者——如唐太宗、武则天等对佛教的崇奉,燕地出现了大量的佛寺。悯忠寺就是在这种情势下出现的。悯忠寺的规模相当大,原制虽不可考,推测应与当时常见的大型佛寺布局类似,是由三路轴线组成的多进院落。

唐太宗下诏建寺的缘由,《日下旧闻》转引《塞北事实》说:"唐太宗征辽东高丽回,念忠臣孝子没于王事者,所以建此寺而荐福也。"实际上,"征辽东高丽"的又何止唐太宗一人。

朝鲜半岛的古国高丽,又称高句丽,自秦汉以来,就是中原政权的藩属之国;与中原的经济、文化关系很密切。以后高丽不断发展壮大,十六国、北朝时期,其势力已扩张到辽河以东,并侵占了部分领土,隋开皇十八年(598年)二月,高丽寇辽西郡(今辽宁辽阳)被击退,隋文帝为了收复被侵占的辽东失地,发水陆三十万众伐高丽。这次出师实在不利:陆军由于后勤不继,又值水潦疾疫困顿于辽西;水军自东莱(今山东掖县)泛海取平壤,中途遇风,船多漂没。九月,隋军无功而还,死亡十之七八。文帝见高丽难以力取,遂罢兵休战,但矛盾只是暂时潜伏下来。炀帝即位后,于大业三年(607年)发现高丽欲与突厥联盟侵隋,次年正月就开始了征辽准备:开永济渠(大运河北段)以供辽东军需的运输,并于蓟城建临朔宫以为行宫。临朔宫的方位在蓟城的东南隅,其故址有可能是唐悯忠寺的位置。为了这两项工程,炀帝征发民夫百余万众,兵马未动,先造成了民力困乏。于大业八年(612年)、九年(613年)、十年(614年)发动了三次征辽之役,用兵数百万。由于炀帝一意孤行,连年举兵,损失惨重,终因役民过酷以致民力凋敝,激化了国内各种社会矛盾,民众揭竿而起,天下大乱。辽东之役,导致了这个暴君的覆亡。

唐帝国建立之初,高祖李渊(566—635)与高丽的关系尚属平和,但是高丽政权自北朝以后,实际上已经摆脱了中原政权的控制,自立为独立国家，而隋、唐统治者仍以藩属地位待之，力图维持对朝鲜半岛的控制，因而必然要引发高丽政权的反抗，遂发生了自隋文帝开始，历经隋炀帝、唐太宗及唐高宗多次相继征辽的战争。在朝鲜半岛，高丽也在不断攻掠新罗和百济。高祖末年，百济、新罗遣使入朝，高丽断其道路，高祖派人前往调停，高丽王虽奉表谢罪，但对两国依然侵掠如故。唐太宗李世民（599—649）即位后，与高丽的关系问题重新突出起来。贞观五年（631年），太宗遣使往高丽收瘗隋时战亡骸骨，高丽已将隋军官兵的尸体筑成"京观"，即把尸体收集，高高垛起，外面用泥封成高丘，所以也叫"京丘"，这也是中国古代一种习俗，《左传》中即有记载，目的无非是向敌国炫耀武功。唐使遂将这些京观摧毁了。高丽王对这一几近示威的举措，报以筑长城千里以御唐军的对策，关系显然又紧张起来了。贞观十五年（641年），派职方郎中陈大德出使高丽，遍历高丽山川，这无疑是一种军事侦察行动，只是由于当时河北、山东等地久经战乱，社会经济尚未恢复而延缓了战争的发动。

贞观十七年（643年），新罗遣使入唐，诉高丽、百济累相攻袭，失数十城，乞师救助。太宗命高丽勿攻新罗，高丽以新罗乘隋炀帝征辽时，曾攻占高丽土地为由，拒绝收兵。以此为导火线，唐太宗将准备多年的征辽战争付诸实行了。这场战争，不但御驾亲征水陆并进，而且还有契丹、奚、靺鞨，以及新罗、百济等军队分道击高丽。贞观十九年（645年）四月，太宗誓师于幽州城南，大飨军士。战争一开始还算顺利，随着战争的深入，唐军远道奔袭，后勤补给困难的弱点就暴露出来了，七月至九月，唐军围困安市城，久攻不下。太宗以辽东早寒，且粮食将尽，遂命退兵。十一月太宗经临渝关返回幽州。这一仗，虽然攻拔高丽十城，斩首四万余级，但唐军损失颇大：战士死亡近二千人，战马死者十之七八。所以"太宗悯东征士卒战亡，收其遗骸葬幽州城西十余里为哀忠墓，又（诏令）于幽州城内建悯忠寺作佛事以超度之"（《春明梦余录》卷六十六），以安抚军心。事后，屡经战阵、从谏如流的唐太宗对此战役颇为后悔，他曾哀叹："魏徵（580—643）若在，不使我有是行也！"（《资治通鉴》卷一百九十八）

这次战役，对于高丽与唐帝国的矛盾其实并未解决，高丽仍然违令攻伐新罗不已。贞观二十三年（649年），太宗卒，遗诏罢辽东之役。太子李治即位，是为唐高宗。高宗虽遵遗诏未进攻辽东，但也没放松对高丽问题的警惕。乾封元年（666年），高丽内部由于权力之争求救，高宗决定利用这次机会击灭高丽，总章元年（668年）九月攻陷平壤，高丽悉平。以后高丽故地渐被新罗所占。高宗于弘道元年（683年）十二月卒，由太子李显即位，是为唐中宗。由于高宗有遗诏，凡军政大事听凭武后参与决定，于是武后便以皇太后的身份临朝称制。第二年（684年）即废中宗为庐陵王，立自己的幼子李旦即帝位，是为唐睿宗，武后仍然把持朝政不放。载初二年（690年）又废睿宗，由武后自即皇位，立国号为周，改元天授，自号圣神皇帝，成为中国历史上唯一的女皇帝。

武后即武则天（624—705），高宗永徽六年（655年）立为皇后。她既诡诈、好弄权术，又有才智。她以崇佛为标榜，为自己登基称帝铺平道路，为了利用佛教的影响不惜伪造《大云经》，并在各州建造或将原有寺庙改名"大云寺"。幽州智泉寺（在今法源寺以东，已不存在）就被改为幽州的大云寺。太宗、高宗时没有建成的悯忠寺，也由武后在外患频生、政局多难的万岁通天朝建成了。

唐代中期，玄宗李隆基（685—762）即位，此时的唐帝国已达到了盛世的顶峰，开元、天宝间的长期太平岁月，使得玄宗沉湎于酒色，任用奸佞，唐王朝由安定转向危亡。天宝十五年（756年），终于爆发了历时八年的"安史之乱"。

安禄山原为一无姓杂胡，自幼混迹于市井，他机智狡黠，善测人意，由于得到了玄宗和杨贵妃的宠信，十余年间成为雄踞一方、主掌近20万军队的范阳（即幽州改名）节度使。幽州是他的根据地，在他发动叛乱之前的天宝十四年（755年），在悯忠寺的东南隅建了一座木塔，两年之后，安禄山叛军中的一名主将，降唐复叛的史思明于肃宗至德二年（757年）在寺的西南隅建"无垢净光塔"。此塔是史思明为安禄山叛乱称帝和定都幽州祈福而建的。现在还有一方塔铭存于法源寺内，即《无垢净光宝塔颂》。为了掩饰其为安禄山造塔的记载，碑铭中的年号和内容多处被磨改。此事前人考证甚多，不赘述。这两座塔，可能都是唐代流行的四方形木塔。以后史思明僭位，建元顺天，将悯忠寺改名为顺天寺。至此，悯忠寺形成了唐时常见的三路轴线，东西院前方各有一塔的大型佛寺布局。

会昌五年（845年），由于唐政府财政困难，寺院占有的土地、劳动力太多以致影响政府的收入，由武宗发起了一场灭佛运动。下令拆除全国大寺院共4600所，中小寺院40000所，拆除的建筑材料用来修理官府房屋，金、银像收归国库，铁像用来制造农具，铜像、钟磬用来铸钱币。国家没收良田数千万亩，奴婢（为寺院服务的）150000人，僧众还俗的有260500余人。佛教徒称之为"会昌法难"（任继愈《中国哲学史》第三册）。在这种大规模的灭佛运动中，也许由于悯忠寺是皇家敕建的缘故，"幽燕八州惟悯忠寺独存"，被有选择地保留下来了。而在它东边的智泉寺，处境就糟得多了。先是"大和甲寅八年（834年）八月二十日夜风雨暴至，灾火延寺"，雷火把庙里隋代建的五层木塔烧了。到了会昌五年（845年）武宗灭佛时，连寺也被毁了。第二年，武宗李炎（814—846）死了，宣宗即位，再崇释教。秋八月二十一日，在被火烧掉的木塔下，发现了舍利石函，内有宝瓶，装有舍利六粒及其他佛宝，遂就近送到悯忠寺展示月余，到九月二十八日，收藏在多宝塔下面。这件事，在唐会昌六年（846年）九月采师伦书写的《悯忠寺重藏舍利记》（原石已佚，《日下旧闻考》卷六十有录文）中，记载得很详细，但只是说"藏于多宝塔下"而未说东塔还是西塔。

舍利函大难未竟，中和二年（882年）又一把火把悯忠寺烧了个"楼台俱尽"，木塔当然又烧光了。过了不久，手握燕蓟重兵的节度使李匡威重加修建，并在寺内建了一座面宽七间的三层观音阁，阁内塑有一尊观音立像。时谚"悯忠高阁，去天一握"，可见此阁很高，李匡威又请示唐昭宗，再次把多宝塔遗址中的舍利函移到观音阁内，经皇帝同意，于景福元年（892年）六月把舍利函放在阁内存放。当年十二月十八日，沙门南叙撰文《重藏舍利记》的一块刻石记此事。此刻石现存法源寺。

李匡威据说是"舍己俸禄"做了一件大功德事，但其下场并不妙，被人杀掉了。所以清康熙时的学者朱彝尊说："然则事佛果得福乎？"他修庙建阁，可能没恢复双塔。几年之后，幽州卢龙军节度使刘仁恭又把塔重建起来，估计还是木塔，而刘仁恭的下场也和李匡威一样。唐末，悯忠寺又逐渐恢复起来。五代时，寺一度改为尼庵。

二、辽代的大悯忠寺

自从后唐清泰三年（936年）五月河东节度使石敬瑭叛后唐，为求得契丹的援助，十一月将幽云十六州割让给契丹，从此幽州归契丹统治。契丹得幽州后，改国号为"大辽"，升幽州为陪都，称南京（又名燕京），置析津府，从此揭开了北京首都地位的序幕。

辽统治幽州期间，以"学唐比宋"为目标，积极吸收汉族文化。在原幽州的基础上营建了皇城、宫殿。当时辽南京已经是一座相当繁华的都市。辽统治者崇尚佛教，优僧礼佛，兴寺建塔，"僧居佛寺冠于北方"，南京城内寺观相望，钟声相闻。唐代名刹悯忠寺顺理成章地成为南京城内最重要的寺庙了。辽代前期，对悯忠寺多次进行修葺及局部改建，辽帝、后曾在这里斋僧建道场。北宋使臣到南京也常被作为参观地点之一，甚至下榻寺内，作为行馆。天禄四年（950年）观音阁灾，应历五年（955年）就原址重建，将原三层改为两层（《元一统志》）；统和八年（990年），添建了释迦太子殿。宋乾兴元年（1022年），和契丹订立"澶渊之盟"的宋真宗赵恒卒，仁宗赵祯向辽告哀。辽主令在悯忠寺置真皇灵御，建道场百日（《东都事略》）。

辽道宗清宁三年四月二十日（1057年5月26日），"幽州地大震，大坏城郭，覆压者数万人"（《宋史·五行志》）。这次地震由于震中近，震级又在7级以上，震中烈度超过10度，对辽南京城的破坏很大，悯忠寺的两层观音阁和寺前的两塔"摧于地震，诏趣完之"（《元一统志》）。这次修复，只是重建了观音阁，但未恢复双塔。

辽道宗咸雍六年（1070年）在寺名前加上个"大"字，改称大悯忠寺。1057年的大地震对悯忠寺的破坏和辽帝诏令重修情况，旧籍中语焉不详。从现存法源寺内的辽大安十年《燕京大悯忠寺观音菩萨地宫舍利函记》和辽寿昌年间《大辽燕京大悯忠寺紫褐师德大众等（石函题名）》铭文中记有"塑百尺水月之像"以及寺主兼宝塔主、阁主、殿主、藏主、太子殿主、东塔主、西塔主等僧侣职务和盖阁都作头、盖殿宝塔都作头、阁殿砌匠作头等监修官吏和工匠衔名可以推断，道宗大安十年（1094年）曾对悯忠寺进行了大规模的重修。这次重修,把二层的观音阁又恢复到三层,"奉白衣观音像,高二十余丈,阁三层始见其首……此佛此阁自古无匹",东西塔也由木塔改为辽代盛行的砖塔,并增建了藏殿和太子殿。

唐辽时期的构筑物今已无存,仅在正殿前檐明间两根金柱下留有两个纹饰各异的青石覆莲卷草纹柱础,仍是早年殿内的遗存。础石雕饰精致,尺寸巨大(径0.9米以上),形制古朴,据此不难想象早期悯忠寺的豪华宏伟。

三、金元时的悯忠寺

辽末,女真族崛起于长白山下松江平原,给辽王朝造成极大的威胁。辽天庆五年(1115年),金太祖完颜阿骨打建国称帝,国号大金,建元改国,自己改名完颜旻。此前一年,阿骨打已经开始了攻辽战争。由于辽天祚帝的腐败昏庸,攻辽之战进展顺利。在辽、金对峙之际,宋王朝见辽朝在金兵的打击下连连溃败,遂想借金人之力达到恢复幽云地区的统治。金天辅四年(1120年),双方议定金、宋从南北夹攻辽朝,同时商定灭辽后,幽云之地归宋所有,宋将原来给予辽的五十万岁币转给金朝,史称宋、金"海上盟约"。及至天辅六年(1122年)十月,宋军第二次攻打燕京时(第一次攻辽以失败告终)已经进抵燕京城,从迎春门攻入城中。宋军在悯忠寺前列阵,与辽军展开巷战,但因援军不继而败北。

宋靖康二年(金天会五年,1127年)四月,金军破宋汴京,宋徽宗赵佶(1082—1135)、钦宗赵桓(1100—1161)投降并被金军扣押,金王朝下诏废掉他们,北宋遂亡。金军将二帝及后妃、太子、宗室等分批押送北行。宋钦宗于七月初十到燕京,被幽囚于悯忠寺,在寺里住了约两个月,金人又将二帝继续押送至金上京,不准返回宋境。以后,父子俩先后死在五国城(今黑龙江依兰),其他宗室、亲王以及从汴京掳来的各色人等,大部分被留在燕京。

金海陵王完颜亮于天德二年(1150年)在辽燕京的基础上,将东、西、南三面城垣向外扩展900—1250米,形成一座近于方形的新城市,天德五年(1153年)建成后,改元贞元,从上都会宁府迁都燕京,改名圣都,不久又改名中都。金以中都为京师，从此北京开始成为封建王朝的首都。

金人入主燕地后，仿效汉族王朝开科取士的传统做法，成为招徕士人入仕做官的途径，其设立促进了金王朝更加封建化。但金王朝的科举，特别是高级科举，体现着明显的种族、等级差别和阶级歧视。对女真族士人给以诸多的便利条件。大定十三年（1173年）甚至规定可以免乡试、府试而直接参加会试、殿试。这一年八月，将悯忠寺作为女真进士的考场。《金史·选举志》上有这么一段记载："寺旧有双塔，进士入院之夜半，闻东塔上有声如音乐，西达于宫。考试官侍御史完颜佛宁等曰：文路始开而有此，得贤之祥也。"原来古今中外不论哪个民族都会编些粉饰太平的话。大定十五年（1175年），又重建了前殿和太子殿。

贞祐三年（1215年），蒙古军兵临城下，富丽豪华、繁花似锦的金中都在蒙古骑兵的铁蹄践踏下变成一片瓦砾。至元二十六年（1289年），与文天祥同科中进士的南宋抗元将领、诗人谢枋得（1226—1289），因元朝迫其出仕，被福建行省参政魏天佑强行送往大都。四月间，"迁悯忠寺，见壁间《曹娥碑》，泣曰：'小女子犹尔，吾岂不若汝哉！'不食而死"（《宋史·谢枋得传》）。据此，说明当时悯忠寺壁间嵌有《曹娥碑》，但以后丢失了。碑铭叙述了东汉时十四岁的曹娥，因为父亲端午日迎神溺死江中，尸骸流失。曹娥沿江哭号十七昼夜，投江而死。南宋忠臣谢叠山看到孝女曹娥事迹而坚定了绝食的决心，成为悯忠寺里又一件因民族隔阂而发生的悲剧。《曹娥碑》原为三国魏邯郸淳撰，悯忠寺的碑可能是摹刻的。到了明景泰七年（1456年）九月，巡抚江西右佥都御史韩雍上疏请求给文天祥和谢枋得加谥号，经少保大学士陈循等议，文天祥谥曰忠烈，谢枋得谥曰文节。景泰帝批复："奖忠所以励臣节也，有司其如所议行。"（《明景泰帝实录》）金元两代的悯忠寺布局和建筑，似乎都没有大变动，元军破中都时有可能受此影响，一直到元末，观音阁和双塔皆存。据《永乐大典》卷四六五五《顺天府》十二大兴县，引《图经志书》称："今寺与塔皆毁，遗址仅存。"说明悯忠寺在明初毁于兵燹。这以后，悯忠高阁和东西双塔再也没能恢复。

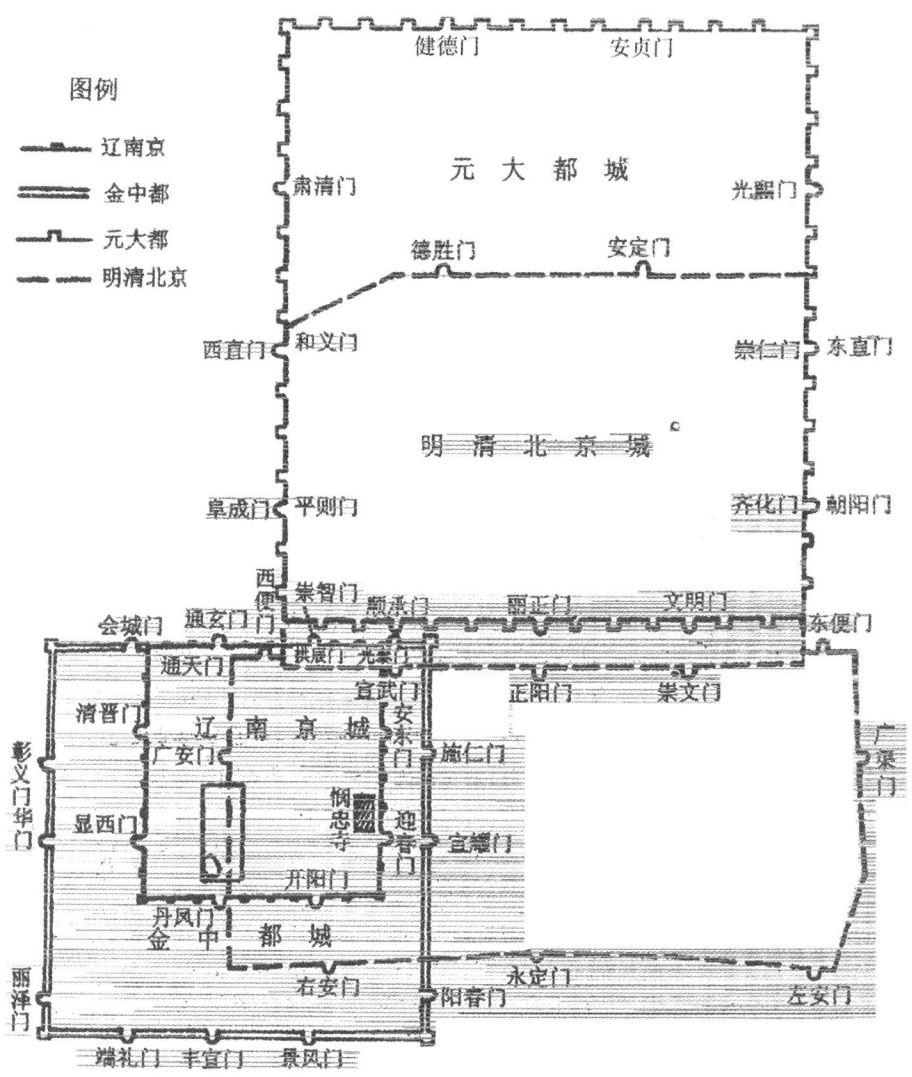

四、明代的崇福寺

从现存于法源寺大雄宝殿前的两座明碑：正统七年十月（1442年11月）

《重建崇福寺之碑记》和正统十年敕谕、敕赐《崇福禅寺之碑》得知，明初的修建是由司礼监太监宋文毅等几个大太监发起的。工程由正统二年（1437年）四月八日开始，到次年（1438年）五月初五落成，重建内容有"中建如来宝殿，前天王殿，后观音阁"，阁东为药师佛殿，西为无量寿佛殿以及"法堂、方丈、山门、伽蓝、祖师堂、东西二庑、钟鼓二楼、香积之厨、栖禅之所次第缮完，以间计者凡一百四十；复雕塑佛菩萨像，庄严藻绘，视旧规益有加焉"。并且"缭以周垣，树以嘉木"。完工后，由英宗赐额曰崇福寺。正统十年（1445年）还颁赐了藏经一部，现存于法源寺藏经阁上。从修建后的形制上看，完全和明代北京常见的寺庙布局形式相仿，现在法源寺的布局应是此时形成的。到万历二十九年（1601年）寺渐颓毁，由住持募捐，把塑像、殿庑、周垣、方丈都见了新，似未大修。在万历三十四年二月（1606年3月）立的《重修崇福寺碑》铭中说到了此次修缮情况。明末崇祯七年（1634年）又修葺了如来宝殿、天王宝殿；次年（1635年）又把"三世诸佛、两辟支佛、观音、大悲以至十八罗汉、四天王"都重新漆饰了。崇祯十四年二月（1641年3月）《敕赐崇福寺碑记》记有此事。

五、清代的法源寺

据雍正十二年十月二十日（1734年11月15日）清世宗撰《御制法源寺碑文》载：顺治帝福临曾命在寺内设戒坛；康熙帝玄烨赐有"觉路津梁"和"存诚"两方御书匾额。"雍正十一年（1733年）五月发帑重加修饰，至十二年（1734年）二月竣工。梵宇崇闳，禅庐周备，因复赐额为法源寺。"此次修缮工程规模可能相当大，以致今天看到的法源寺内建筑物，基本上都是清式的。竣工后定为律宗寺庙，主持传戒事。乾隆四十三年（1778年）又重新修葺，四十五年（1780年）正月，乾隆帝弘历以重葺法源寺落成幸寺瞻礼并赐御书"法海真源"匾额，阐明了当年被赐名法源寺的含意。其御笔《法源寺瞻礼诗》附刻在乾隆九年九月（1744年10月）《般若波罗蜜多心经》碑的碑阴。现仍立于大雄宝殿前。诗文云："最古燕京寺，由来称悯忠。沧桑已阅久，因革率难穷。名允法源称，实看象教崇。甲寅创雍正，戊戌葺乾隆。是日落成庆，初春瞻礼躬。所期资福力，寰宇屡绥丰。"

清初的法源寺还当过蒙古活佛的住所。如康熙二十六年（1687年），圣祖将章嘉呼图克图请到北京来，康熙帝对他十分尊敬，赏赐很多珍贵礼物。三十二年（1693年）被封为札萨克达喇嘛，奉命驻锡法源寺（《蒙古族通史》）。

六、法源寺的现存形制

寺坐北朝南，前为法源寺前街，东临西砖胡同，北界法源寺后街，西邻宣武区工人俱乐部。寺占地6400多平方米。中轴线上殿宇六进，依次为山门、钟鼓楼、天王殿、大雄宝殿、观音殿、毗卢殿、大悲坛、藏经阁以及各殿阁的配殿廊庑。

山门三间，正中门楼为灰筒瓦歇山顶，冰盘封护檐，门额正中嵌大理石横匾，楷书金字"法源寺"。两边门为灰筒瓦悬山顶，三门均为矩形门框，实榻大门各两扇。

钟鼓楼分列山门内东西两边，平面方形，上下层重楼式，灰筒瓦歇山顶调大脊，上层四面为障日板券窗，下层为白石券面拱门，前出垂带踏跺三级，左右墙上开圆形窗。

天王殿面阔三间，灰筒瓦硬山顶调大脊，石券门窗，前出垂带踏跺三级，殿前有清代青铜狮一对，殿内陈设有夹纻布袋和尚像及青铜四天王、倒座韦陀坐像，是从旧鼓楼大街拈花寺移来的明铸像。

大雄宝殿面阔五间，进深三间，灰筒瓦歇山顶调大脊，重昂五踩斗拱，和玺彩画，前出抱厦三间，灰筒瓦悬山卷棚顶，前有月台，垂带踏跺八级。殿前有万历三年（1575年）铁炉一个，殿内供奉明代木胎贴金华严三圣（毗卢遮那佛、文殊、普贤菩萨）像，两侧台座上分列清代木雕漆金十八罗汉像，抱厦内檐梁间悬挂黑地金字"法海真源"横匾一方，正中上方钤"乾隆御笔之宝"玺印一方。

观音殿俗称悯忠台，面阔进深均为三间，灰筒瓦单檐歇山顶调大脊，旋子彩画，台基四周有砖砌护栏，两山墙内外嵌有法源寺内旧藏的部分历代碑刻，如至德二年（757年）《无垢净光宝塔颂》、景福元年（893年）《悯忠寺藏舍利记》等，都是弥足珍贵的石刻文物。

毗卢殿原名净业堂，面阔三间，灰筒瓦硬山顶调大脊，殿内供奉一尊明代千佛绕毗卢鎏金铜像，通高5.65米，是从西四报子胡同隆长寺大殿内移来的。殿前有一巨型石钵，是乾隆帝为了替换移置北海团城的元代渎山大玉海而雕制的，原存南长街南口真武庙（俗称玉钵庵）内，目前石钵下的石座应是元代故物。

大悲坛面阔三间，灰筒瓦硬山顶调大脊，后檐出抱厦一间，灰筒瓦歇山卷棚顶箍头脊，旧称"庄严亭"。

藏经阁面阔五间，进深三间，重楼灰筒瓦硬山顶调大脊，平座挂檐下接出一排灰筒瓦短檐，明次间为隔扇门，梢间为隔扇窗。东西厢各有配楼三间，以扶廊和主楼连接。藏经阁上层陈列明代木胎金漆三大士像，下层陈列着原广渠门内卧佛寺中的长7.4米的明代木卧佛和历代造像以及房山北郑村辽塔中出土的陶经幢、陶塔等文物。1987年日本唐招提寺鉴真大师夹纻坐像回国巡展时即在此阁内陈列。阁中尚保存有四个青石雕莲瓣柱础，形制与大殿两础相似，时代可能稍晚，应是辽代遗物。

另外，有名的"国之重宝"房山云居寺石经拓本，也在法源寺观音殿东配殿内专题展出。

法源寺的花木是京师闻名的，古树如传说中的象槐（因折落处形如象鼻而得名）、唐松宋柏现皆无从指认。现存者如前院的元代白皮松、鼓楼前的文官果、藏经阁前的白果树，都有数百年树龄，其他如海棠、牡丹、丁香不可胜数，尤其是法源寺的紫丁香驰名遐迩，历史上有"丁香园"之美称。有清一代，每值花季，都人接踵而来寺内赏花，"遽令禅窟变尘街"，诗人墨客相约举行"丁香大会"，留下大量吟咏的诗词。

法源寺于1955年重修，作为中国佛学院院址，"文化大革命"中废毁，1980年再次修葺，恢复了佛学院。1979年8月21日公布为北京市文物保护单位。2001年提升为全国重点文物保护单位。

1300个春秋转瞬而过，古悯忠阅尽人间兴亡，它自己也历经天灾人祸、移步变形而留存至今。它也曾看过在这里活动的人：明主和昏君、忠臣义士和奸佞宵小,"君不见,玉环飞燕皆尘土",都如过隙的白驹一样,俱往矣!那些疯狂的人,在这里厮杀劫掠、争权夺利而自取灭亡;喊得震天响的安禄山们,机关算尽,计谋用完,害人害己,最终都无好下场,"落得片白茫茫大地真干净",从今而后,难道人们就不能从历史上悟出点有用的东西来吗?

天宁寺塔

天宁寺位于北京宣武区广安门外白云观以南。寺创建于北魏孝文帝时，当时叫作光林寺，隋仁寿时称宏业寺，唐开元时改称天王寺，到了辽天庆九年（1119年），在寺后添建了一座舍利塔，金大定时寺又改称大万安禅寺，元末寺院毁于兵燹，荡然无存，只余高塔茕孑无依，明初，燕王朱棣在潜邸命所司重修庙宇，宣德朝改称天宁寺。据清乾隆二十一年（1756年）《御制重修天宁寺碑记》记载："京师广宁门外有招提曰天宁，寺中矗浮图，高十余丈。考图志隋时建，寺曰宏业，有异僧藏舍利塔中，入唐改名天王。明成祖分藩特扩崇构，宣德中改名天宁，正统乙丑（十年，1445年）更名广善戒坛，设宗师七人，岁四月下旬，集缁流听度，谓之圆戒，嗣后乃复今名。一修于正德乙亥（十年，1515年），再修于嘉靖甲申（三年，1524年），皆内官监为之，越今又二百余年矣，坚者瑕，新者敝，弗治且圮，爰命增修之，凡门庑殿宇、斋堂丈室，规制一新……"《析津日记》中也有类似记载："寺在元魏为光林，在隋为宏业，在唐为天王，在金为大万安，宣德中修之，曰天宁，正统中修之，曰万寿戒坛，名凡数易。"清朱彝尊《寓天宁寺诗》有"万古光林寺，相传拓跋官"之句。因此，天宁寺可以说是北京市内创建较早的庙宇之一。

天宁寺从前规模相当大，但今天只剩下中路院落，且已荒废不堪。寺坐北朝南，前有山门，门顶为灰筒瓦硬山顶，正门为石券门，门上石额正书"敕建天宁寺"，两侧各辟券窗一。山门内只余一座弥陀殿，面阔五间，进深三间，绿琉璃筒瓦黄剪边硬山顶，明间为六抹菱花格隔扇门，旋子彩画，殿前有月台，两侧分列螭首方座石碑各一座，为乾隆二十一年（1756年）及四十七年（1782年）《重修天宁寺碑记》，殿后有东、西配殿各三间，为灰筒瓦箍头脊硬山顶，应是原后殿（释迦殿）的配殿。殿后中轴线上，耸立着有名的天宁寺塔。

有关天宁寺塔的记载，旧籍中大都认为是隋文帝时为供奉佛舍利而建造的。

《神州塔传》："隋仁寿间，幽州宏业寺建塔藏舍利。"按此书在有关文献中年代最早，但书中并没有关于塔身形状、位置及所用材质的记述，故此段建塔之记载与现存塔之间的关系是不明确的。

《续高僧传》："仁寿下敕召送舍利于幽州宏业寺，即元魏孝文之所造，旧号光林。……自开皇末舍利到山，山恒倾摇。……及安塔竟，山动自息。"按此书亦为早期文献之一，据此书的记载也只是说隋开皇中建塔于幽州宏业寺，但其与今塔关系如何，则亦如《神州塔传》一样，只是疑问而已。

《长安客话》："天宁寺塔，每级缀数十百铃，风动声急，如万马奔骤可听。其殿堂门隙中处处皆现塔影。"《帝京景物略》："隋文帝遇阿罗汉，授舍利一裹……乃七宝函致雍、岐等三十州，州各一塔。天宁寺塔其一也。塔高十三寻，四周缀铎以万计，风定风作，音无断际。……塔前一幢，书体遒美，开皇中立。"按此二书成于明季，距隋已隔了若干朝代。《帝京景物略》中载明了隋文帝建塔藏舍利与天宁寺塔之间的联系。据文中所述高十三寻缀铃铎的塔，与现存砖塔的形制极为相似。今塔是否即隋文帝所建者，则仍无根据。据建筑史家之考察，六朝隋唐之塔多为木构。如邓州大兴国寺仁寿二年（602年）的舍利宝塔塔基下发现的圆石，很像是埋在木塔塔心柱下的圆础下层石。据此可以推断仁寿间分布诸州之舍利塔，均为隋时最普通的木结构塔。明人所见的十三寻缀铃铎的塔，显然不是隋代的木结构塔，而是今日所见的砖塔。至于开皇石幢则早已无存。《析津日记》："访其碑记，开皇石幢已失所在，即金元旧碣亦无片石矣。盖此寺本名宏业，而王元美谓幽州无宏业，刘同人谓天宁之先不为宏业，皆考之不慎也。"

《奥志》："天王寺之更名天宁也，宣德十年事也，今塔下有碑勒更名敕，碑阴则正统十年刊行藏经敕也。碑后有尊胜陀罗尼石幢，辽重熙十七年五月立。"关于辽代陀罗尼经幢，前此虽未见记载，但可以说明辽代对于寺塔有过建设，是重建还是修缮则不敢臆断。

综上所述，有关天宁寺塔的文献记载，其确实性都是疑问，而这种平面呈八角形的仿木结构密檐式实心砖塔，实际上是辽代创造出来并且推广的一种新的塔形，它是当时契丹族统治地区瓦木匠师们的重要贡献。从雕塑手法上看也具有辽代艺术的独特风格。建筑史家确认它是辽代遗物：日本学者关野贞认为是辽重熙十七年（1048年）重建的，据梁思成先生考证，其建造年代为辽大康九年（1083年）。1992年4月17日修葺天宁寺塔清理塔顶时，发现一块《大辽燕京天王寺建舍利塔记》刻石，记有"天庆九年五月二十三日奉圣旨起建天王寺塔一座，举高二百三尺，相计共一十个月了毕"。因此可以确知，塔的始建年代为天庆九年（1119年），次年建成。

天宁寺塔的形制，徐善《泠然志》中有较详细的描述："（塔）实其中，无阶级可上，盖专以安佛舍利，非登览之地也。其址为方台，广袤各十二丈，高可六尺，台上为八觚，坛高可四尺，象如黄琮，塔建其上，觚如坛之数。塔之址略如佛座，雕刻锦文、华葩、鬼物之形，上为扶阑，阑四周架铁灯三层，凡三百六十盏，每月八日注油燃之。阑之内起八柱，缠以交龙，墙连于柱，四正琢为门，夹立天王像；四隅琢为夹立菩萨像，皆陶甓为之。仰望者疑为燕山夺玉石也。自塔趾至柱楣为第一层，其高约全塔三分之一。自是以上飞檐叠栱，又十二层，每椽之首缀为一铃，八觚交角之处，又缀一大铃，通计大小铃三千四百有奇，风作时铃齐鸣若编磬之相和焉。"从以上的描述中，毋庸置疑，完全是辽代砖塔的写照。

今天我们看到的天宁寺塔，是一座八角十三层密檐式实心砖塔，通高57.8米。塔建于一个方形砖砌的大平台之上，平台以上是两层八角形基座，下层基座各面以短柱隔成六座壶门形的龛，龛内雕狮头；龛与龛之间雕缠枝纹，转角处浮雕金刚力士像；上层基座稍小，每面也以短柱隔为五座壶门形的龛，龛内浮雕坐佛，各龛之间及转角处均浮雕金刚力士像。基座之上为平座部分，平座斗栱为仿木重栱偷心造，补间铺作三朵，平座勾栏上雕刻精美的缠枝莲、宝相花等纹饰。平座之上用三层仰莲座承托塔身。塔身平面也为八角形，八面间隔着隐作拱门和直棂窗，门窗上部及两侧浮雕为金刚力士、菩萨、天王等神像，塔身隅角处的砖柱上浮雕出升降龙。所有雕饰，造型极为生动优美，只是年久失修，残损得比较厉害。塔身之上有隐作出的栏额和普柏枋，折角部位交叉出头处斫截平齐，一如辽式木构建筑的做法。塔身以上即十三层塔檐，檐下均施仿木结构的砖制双抄斗拱，初层补间铺作一朵，转角及补间铺作均出45度拱，柱头栌斗之旁并有附角，斗其上各层均无斜拱，补间铺作均为二朵。各层塔檐自下而上逐层递减，轮廓线形成丰满柔和的收分，使得整座塔的造型显得格外雄伟壮丽，稳重挺拔。各层塔檐的角梁均用木制，檐瓦和脊兽、套兽均为琉璃制作。塔顶用两层八角仰莲座，上承宝珠作为塔刹。1976年7月28日的地震将塔刹震落。

天宁寺塔之后原来还有大觉殿、广善戒坛等建筑，寺西北原有院落，名"宗师府"，传说"姚广孝退自庆寿（即双塔寺，20世纪50年代展宽西长安街时拆除）曾居焉"（见《长安客话》）之处即是此院。清初文人如王士祯、朱彝尊等人，都曾在天宁寺内居住过。《京城古迹考》记载："今查（天宁）寺在广安门外，惟留古殿一间，殿中孑立无量寿佛一尊，法身约高二丈。殿后即塔，塔高二十七八丈。据僧传册所记，上有铃二千九百二十八枚，合计重一万四百九十二斤，风雨荡摩，年深纽绝，渐次零落，颇残缺矣。塔下扃小殿一间，名曰塔院，塔前亦不见有幢，遑问风铃塔影之幻也。"说明乾隆初即已逐渐凌替。虽然以后经过1756、1782年两度重修，也未能挽回其衰败的命运。今天，山门已变为民居，弥陀殿及其北面的配殿，已沦为工厂库房；记载中的明代碑刻、铜钟、铁鼎以及塔上的大小铃铎、铁灯等多已失散，去向不明；钟鼓楼、幡杆夹杆石、释迦殿、大觉殿、广善戒坛以及宗师府院等建筑物，也早已湮没无闻了。只有寺中高塔，巍然挺立，阅尽了人世沧桑。清人王士祯《天宁寺观浮图诗》有云："千载隋皇塔，嵯峨俯旧京；相轮云外见，珠网日边明。净土还朝暮，沧田几变更；何当寻法侣，林下话无生！"

"文革"中，弥陀殿内的无量寿佛也和其他大多数寺庙中的佛像一样，未能逃脱劫数，被肢解后，离开了三千大千世界。天宁寺塔的周围，被新建的楼群包围了。尤有甚者，仅在离塔百米之外，竟然竖起了182米高的热电厂大烟囱，整日里烟雾弥漫，噪音刺耳，佛门净地竟成为混沌世界。高仅57.8米的砖塔在强邻压境的情况下，显得相形见绌，黯然失色。新的"法难"

过后，中外人士呼吁整修天宁寺的呼声甚高，据报载，目前天宁寺塔已修缮，四周环境亦经修整，这无疑是件好事。

1957年，天宁寺塔公布为北京市第一批古建文物保护单位，1988年提升为第三批全国重点文物保护单位。

北海杂忆

北海是京城的瑰宝，琼岛是北海之明珠。自金大定丙戌（六年，1166年）在这里建太宁宫，金人把宋徽宗的艮岳花石从汴梁运来，装点在琼岛上，又经过元、明、清各代不断扩建，北海逐渐完善起来。清顺治八年（1651年），世祖福临在琼岛元代广寒殿旧址上修建了永安白塔寺之后，岛因寺塔得名白塔山，白塔也就成了琼岛的象征。以后随着康乾盛世的来临，琼岛被装点得美不胜收。好大喜功的乾隆皇帝更加不遗余力地添建、扩建，琼岛的文化内涵极大地丰富起来。这位盛世之君把白塔山的景观全面而详尽地刻入碑文，这就是至今犹存在琼岛上的《御制白塔山总记》和《御制塔山四面记》两座方碑，并在各景点题写了诸多诗文。乾隆十六年（1751年），把"燕山八景"之一的"琼岛春云"改为"琼岛春阴"，御笔题书，并在碑阴题写了御制诗："艮岳移来石岌峨，千秋遗迹感怀多；倚岩松翠龙鳞蔚，入牖篁新凤尾娑。乐志讵因逢胜赏，悦心端为得嘉禾；当春最是耕犁急，每较阴晴发浩歌。"立石塔山东麓。

1951年秋，我刚刚进入文物单位的大门。次年夏天，北京市人民政府文化教育委员会（吴晗副市长兼主任）向当时的市郊区工作委员会（市园林局的前身，办公地点在西城区恭俭胡同南口内路北）借用了北海公园画舫斋作为下属单位文物调查研究组的办公地点。从此便和北海结下了不解之缘。

画舫斋可算得人间仙境。春秋佳日，面对一泓清水，心旷神怡；夏日炎炎，坐在"春雨林塘"坐凳栏杆上，溽暑全消。"斋似江南彩画舟，坐来轩槛镜光流";"布席只疑天上坐,凭栏何异镜中游"("画舫斋"、"空水澄鲜"檐柱楹联)。北海船坞近在咫尺,出门即可"太液泛舟"(当时单位自费打造了一条尖底游船,漆成白色,比北海公园出租的船要大,形象也好得多)。寒冬腊月,水池成了冰场(我们曾在这里打过冰球);东院的"绿意廊"、"古柯庭"(院中古槐传为"唐槐",但乾隆皇帝说它"阅岁三百久,古槐五百年",说明他很实事求是而不随俗)、"德性轩"(1954年曾在此举办内部陈列"北京出土文物展览")、"奥旷";西院的水榭"小玲珑",曲折形的游廊下就是小水池。这里是真正的诗情画意,是凝固的笙歌管弦。从业人员更是"谈笑有鸿儒",作家萧军、宿儒容肇祖、侯堮诸人,都曾在此为文物保护、考古发掘和整理文献资料而尽心竭力。正厅"画舫斋"作为藏书资料室,两厢"镜香"、"观妙"和南厅"春雨林塘"作为办公室。由于当时市文物组(后改隶市文化局)、博物馆筹备处和市文史馆三个单位合署办公,人员也逐渐增多,活动地点就显得比较拥挤,于是1954年又向北海公园管理处借用了北岸的"西天梵境"(俗称天王殿),在南面正门旁挂上"首都历史与建设博物馆筹备处"的牌匾。当时后院"华严清界"殿东西两山墙外和"后罩楼"(俗称"琉璃阁",因外壁满饰黄绿琉璃浮雕佛像)、"七佛塔亭"(俗称八角亭,亭内有七佛像石塔)的东西两面,都有转角廊庑,当时都已坍塌残毁,遂由市文化局投资,改建为仿清式办公用平房,后罩楼内部经整修,门窗配齐,作为文物库房,三开间的"华严清界"殿内的塑像被拆除,改成会议室,东院土山旁新建一座厕所和一所厨房,并在后墙上打开了一个豁口,改建成一座通向大街的大门,门牌为地安门西大街26号。

1961年,北海及团城由国务院公布为第一批全国重点文物保护单位。按文件要求,各级文物保护单位应具备四项要求:保护标志、保护负责人、保护范围和科学记录档案。翌年(1962年)开始,文物管理部门与建工部建筑科学研究院历史室合作,将北海、团城内的古建筑进行测绘和拍照,由建研院派出测绘人员和20余名实习生以及文物部门(文物组已改名文物工作队)有关人员参加,室内外工作进行了一年多。这期间,我几乎走遍了北海和团城的各座殿堂,有些还要爬上屋顶天花,观看梁架结构,完成了约90%以上的测绘成图。此时,一场强劲的政治风暴已经向人们袭来。"厚今薄古"、

"不破不立"的思想被强制地输进到头脑中。乌云密布，山雨欲来，在"破字当头，立在其中"的口号下，北海的处境可想而知。就拿白塔前的善因小殿来说，墙外四壁镶嵌的455尊彩色琉璃浮雕坐佛无一幸免，墙壁被砸得透了风，殿内的大威德铜像以及北海其他殿堂的铜佛，都被化了铜，连铜仙承露盘也被从石柱上砸下（后被追回），"文革"过后，在复建善因殿时，人们仍然心有余悸，深怕"再过七八年又是一次"，打算用孔雀蓝素面琉璃砖贴面而不敢用佛像，弱势群体真容易受蒙蔽。经过反复动员，才去门头沟琉璃窑烧了一批佛像砖，但其形象、色泽和工艺水平则远不及乾隆朝的原件。随后唐山地震，白塔顶上的天盘、仰月全部震落，数百斤重的铜质塔刹，落在覆钵体的肩上，竟然连一点灰皮都没损坏，人们百思莫解。

1998年4月间，市政公司在北海北门以西竖井施工，发现一条由石条砌筑的沟槽，宽60厘米，深70厘米，内壁凿得相当平整，其他各面均为毛面，上覆石条，长短不等，沟内淤满泥沙。当时媒体报道此沟为"明代的雨水方沟"，不确。实际上是乾隆皇帝对镜清斋（静心斋的原名）沁泉廊水榭后面制造小型瀑布的进水渠道，由于倾斜度过于平缓，水流达不到有效的落差，日久淤塞，无法形成瀑布而废弃。

北海留给人们的悬念太多。世事沧桑，历尽苦难，也无法改变它的美丽。我和北海半个世纪的情缘，只能用高宗的诗句"千秋遗迹感怀多"来体会。值此北海建园839周年暨开放80周年之际，拉杂地谈些往事旧情以示怀念。

（2005年北海管理处座谈会发言稿）

附：七佛塔碑记

七佛偈为禅门开宗了义，然散见于梵帙而非出于一经，近自西藏班禅额尔德尼喇嘛进贡有七佛□□比佛之父母眷属名字□□，问之僧人皆不知其所以，咨之章嘉国师，乃于番经、汉经所谓《长阿含经》、《贤劫经》、《降生次第经》及《律原广解》内一一考得，其源盖第一毗婆尸佛种刹利，姓拘利若，父□□，母□□，□□□□，居□头□提城，神足二，一名骞荼，次名提舍，侍者名无忧，子名方膺；第二尸弃佛，种刹利，姓拘利若，父明相，母光曜，居光相城，神足二，一名阿毗浮，次名婆婆，侍者名名行，子名名无量；第三毗合浮佛种刹，姓拘利若，父喜登，母称戒，居无喻城，神足二，一名扶游，次名多摩，侍者名寂灭，子名妙觉，以上三佛为过去庄严劫佛；第四拘留孙佛，种婆罗门，姓迦叶，父礼德，母善枝，居安和城，神足二，一名萨尼，次名毗楼，侍者名善觉，子名上胜；第五拘纳舍牟尼佛，种婆罗门，姓迦叶，父大德，母善胜，居清净城，神足二，一名舒槃那，次名多楼，侍者名安和，子名导师；第六迦叶佛，种婆罗门，姓迦叶，父梵德，母财主，居婆罗奈城，神足二，一名提舍，次名婆罗婆，侍者名善友，子名进军；第七释迦牟尼佛，种刹利，姓瞿昙，父净饭王，母大清净，居舍卫城，神足二，一名舍利佛，次名目犍，侍者名阿难，子名罗睺罗。以上四佛为现在贤劫佛，夫一佛即恒河沙，数佛而恒河沙，数佛即一佛，父母眷属皆如是，何有于分别，然真如海内，不受一尘，万行门中，不舍一法，既已明是因缘，用泐诸贞石，建七佛塔以为供养。颂曰：过去庄严劫，现在贤劫是，未来为星宿，于一弹指顷，佛说三即一，过去一□非，现在四□四，分别乃云七，而实际一佛，七佛名有偈，普说一义谛，一毫端之上，能现宝王刹，示兹满月相，聚七为一塔，如法华所云，非同亦非异，佛语非绮语，初学亦能晓，声闻与缘觉，犹然未能行，稽首□祥□，□□□□□，□及诸众生，各各精进证，□□□□□。乾隆丁酉孟冬月中浣御笔。

纪念北海公园建园840周年座谈会讲话提纲

金大定丙戌（六年，1166年），海晏河清，物阜民丰。世宗完颜雍（1123—1189）在中都东北开始营建离宫——太宁宫。他将宋都汴京的艮岳花石，以漕船运载至京。石以粮价给值，被称为"折粮石"，装点在太宁宫琼华岛上，至今犹存，这位有"小尧舜"之誉的盛世明君，当之无愧地成为北海的奠基人。

岁月悠悠，过客匆匆，600年之后，另一位盛世之君清高宗弘历（1711—1799）摩挲着这些历尽沧桑的艮岳花石，发出"千古兴亡一览中"的慨叹。清高宗对北海的兴修和扩建规模空前。他把自己的美学观点融入传统造园艺术中，并把它推向顶峰，创造出了把天外笙歌管弦，浓缩、凝固于山隅水涯的人间仙境。

2006年又值丙戌，欣逢盛世，正是葺治园亭的大好时机，在纪念北海建园840周年之际，把这座皇家御苑更加完璧、靓丽地传予后世，方不负后哲前贤之祈愿。

丙戌清和月　赵迅

北海白塔

北海是京城的瑰宝，琼岛是北海的明珠。金大定丙戌（六年，1166年），海晏河清，物阜民丰。世宗完颜雍（1123—1189）在中都东北方的一片风景区浚湖堆山，开辟园林。以琼华岛为中心，修建了一座离宫，取名"太宁宫"，十九年（1179年）建成。他将宋都汴京御苑艮岳的花石，以漕船运载至京。石以粮价给值，被称为"折粮石"，装点在太宁宫琼华岛（清康熙二十年冬，曾将部分花石运至中南海瀛台）。这位有"小尧舜"之誉的盛世明君，当之无愧地成为北海的奠基人。

元灭金后，世祖忽必烈（1215—1294）放弃了金中都旧城，以太宁宫为中心，另行建筑设计了一座新城，命名"大都"，将琼华岛改名"万岁山"，在山顶建成七开间的大殿，称"广寒殿"，山前山后分列诸多亭台殿阁、奇峰秀石和喷泉、瀑布等水景。北海、中海的水面，作为大都的太液池。

明王朝把元顺帝（1320—1370）赶到漠北，明成祖朱棣（1360—1424）迁都北京。为了镇压前朝的"王气"，大都的营城、皇城无端地被拆除。在大都的基础上，建造了北京城，仍把元代的太液池作为御苑，改称"西苑"。并且向南扩展水面，开凿了南海。在琼华岛广寒殿四隅各建亭一座，名为玉虹、方壶、金露、瀛洲，并在山半建仁智、介福、延和三殿。

清顺治朝，"有西域喇嘛者，欲以佛教阴赞皇猷，请立塔建寺，寿国佑民。奉旨：果有益于国家生民，朕何靳此数万金钱为。故赐号为诺木汗，建塔于西苑之高阜处，庀材鸠工，不日告成。因命臣等而为之记"（顺治八年建塔诸臣恭纪碑文)。按:此碑铭是世祖福临"立塔建寺"后,命大臣们撰写的记录,但其意识模糊,例如,这位"西域喇嘛"连个原名都没有,只说了世祖的赐号"诺木汗"。诺木汗是青海塔尔寺第一世活佛。建塔地点只说是"西苑之高阜处",至于建一座塔,按常识说,最快也需一两年,而"庀材鸠工,不日告成",实际是办不到的。这些"诸臣",纯系敷衍塞责。事实是:顺治八年(1651年),世祖动用了国帑,在琼华岛的山顶上,修建了一座藏式佛塔,塔通体皆涂白垩,故名"白塔"。

白塔是北海的中心点和制高点。建成后,经过清康熙十八年(1679年)和雍正八年(1730年)两次地震,塔毁后重建。康熙朝地震后,正值国家多事之秋,"三藩之乱"尚未平息,圣祖玄烨未对修复白塔留下文字记录。雍正八年地震后,于当年十二月兴工重建,至十一年(1733年)七月竣工,"岿然宝刹,更复旧规"(《雍正十一年重修碑文》)。

好大喜功的乾隆皇帝弘历(1711—1799)曾经六次南巡,被他看中的江南名园,都命随同的如意馆画师绘成图样,在北方的皇家园林中按图仿建。这位盛世之君不但能诗善画,长于书法,精于鉴赏,并把自己的美学观点融入传统的造园艺术中。对于北海,更是不遗余力地添建扩建,将琼岛装点得美不胜收,使其文化内涵极度地丰富起来。前朝的白塔寺,经过乾隆八年(1743年)和十六年(1751年)的扩建,成为具有相当规模的藏传佛寺(俗称喇嘛庙),并易名永安寺。"岁之十月二十五日,自山下燃灯至塔顶,灯光罗列,恍如星斗。诸内侍黄衣喇嘛,执经梵呗吹大法螺。余者左持有柄圆鼓,右持弯槌齐击之,缓急疏密,各有节奏,更余乃休,以祈福也。"(清潘荣陛《帝京岁时纪胜》)体现了清廷对政教合一的蒙藏等少数民族行之有效的怀柔政策的统治方式。

今天我们看到的白塔通高35.9米,建于海拔高77.24米的琼岛山巅上。清人查初白(1650—1727)在他所著的《人海记》中,说白塔"形如瓶",应该说它像个"玉壶春"瓶或"蒜头瓶"吧。塔基方形,高束腰;再上面是三层圆形台座,承托塔身(覆钵);塔身正面(南面)开一座龛窟形的"眼光门",中心凹下去的部分,是红地金字的藏文吉祥福咒,称"时轮咒",周边饰以色彩绚丽的花卉纹饰;塔身之上是一层折角须弥座,上承"十三天",十三天部位层层叠起,有十三道凸起的相轮,表示高入天界十三重天;最上面是一组铜制塔刹,包括火焰宝珠、仰月、天盘、地盘,地盘周匝悬挂16个风铃,铃槌十字形,槌下悬挂着十字交叉的铜片,不论是东南西北风吹动铜片,都能带动铃槌,撞击铃响。"塔后列刹竿五,或谓之'转梵经',或谓之'资瞭远'。其下为藏信炮之所,八旗军校轮流守之……其发炮金牌则藏之大内。"(乾隆《白塔山总记》)既具宗教活动功能,又是军事瞭望之所。

在白塔正前方,乾隆时又加筑一座重檐小殿,名"善因殿",上檐为圆攒尖顶铜鎏金宝顶,屋面所铺的竹节瓦也是铜鎏金制作;下檐方形,围脊四角带合角吻,檐椽斗拱额枋角柱皆为彩色琉璃烧造,殿正面隔扇门及槛框皆为铜铸,外墙四壁皆以彩色琉璃砖贴面,每块砖上各有浮雕坐佛一尊,共445尊。殿内供奉铜铸大威德王金刚像。

辛亥鼎革,适值永安寺"新葺,白塔涂以青灰,工方半,帝制废,竟停矣"。"以其俯瞰公府,置兵堠(hòu),禁登览。"(周肇祥《琉璃厂杂记》)此为1912年的事。

北平解放后,首先动员了驻京部队,疏浚了湖里多年淤积的河泥,湖水恢复了澄清。"北海公园所有古建,从土木工程到油漆彩画,大大小小各种维修多达60余次。仅琼华岛上的白塔,大小维修就有三次。"(《景观》2009年3期第18页《专访前北海景山公园管理处主任马文贵》)但好景不长,1966年的风暴,北海首当其冲,遭到劫难。善因殿的琉璃墙面,所有浮雕佛像全部砸毁,瓦顶西北角被捅透了天,大威德铜像也被化了铜。人祸过后,天灾又至。1976年唐山大地震,白塔塔刹上的火焰宝珠震落在覆钵肩部,令人费解的是,几十公斤重的火焰珠,坠落在覆钵的灰皮上,竟然没有丝毫的砸痕。十三天部位被震裂,并向西北方向倾斜,只得拆掉重砌。拆除时,在朽坏的主心木上发现了一个二层铜鎏金圆筒形舍利盒,内藏舍利子19颗。三层圆盒均由螺扣衔接,制作极为规整,说明清宫造办处在乾隆朝已经引进西方的车床,才能加工如此精致的螺扣。1998年,又将此盒装进新制的金丝楠木盒里,重新放进十三天内部为它专辟的洞穴中(《景观》2009年3期第70页《话说北海白塔和塔上舍利子的发现》)。

北海的标志,纯洁美丽的白塔,屹立在仙境般的琼华岛上,它见证了时代的兴衰，阅尽了人世的沧桑。正所谓"鸟去鸟来山色里，人歌人哭水声中"（杜牧《题宣州开元寺水阁》）。流年似水，360年弹指一挥间，北京城在它的脚下，经历了悲欢离合，惊涛骇浪。如今，欣逢盛世，白塔也昂首挺胸，伴随着欢欣鼓舞的人群，勇往直前，高歌猛进。

北海公园的大圆镜智宝殿

北海公园北岸原有一组佛寺建筑，主殿名"大圆镜智宝殿"。据乾隆二十一年（1756年）五月初三日旧档记载："在大西天（即西天梵境，今俗称天王殿）西边添建山门一座，计五间，配殿二座，计十间，转角重檐罗汉堂一座，计三十三间，重檐方亭一座，四面各显三间，后楼一座，计七间，转角楼一座，计十八间。……"同年十二月二十日旧档载："罗汉堂前修建九龙壁一座，面阔八丈，高一丈二尺，厚五尺……"另据《日下旧闻考》卷二十八："西天梵境之西有琉璃墙，墙北为真谛门，门内为大圆镜智宝殿……殿后有亭曰宝网云亭，亭北及左右屋宇四十三楹，皆贮四藏经板之所也。"

从上述材料中可以知道，这组建筑物是分期建成的：先有大殿，后添建山门（真谛门）、配殿、罗汉堂、方亭（宝网云亭）、后楼、转角楼等，年底才添建了琉璃墙（九龙壁）。到了嘉庆朝，为了给高宗祈福，又将宝网云亭拆掉，改建成五楹"后佛楼"。由于这组建筑未经统一规划，因而其形制不如一般佛寺规整。

民国八年（1919年），殿宇毁于火，成为一片瓦砾，仅余下一座庙门前的琉璃照壁——九龙壁。民国十四年（1925年），北海作为公园开放，经过清除渣土、平整场地，被辟为"北海公园公共体育场"，次年（1926年）在真谛门旧址上，建起一座比原制缩小了的西式门楼，作为体育场的正门。民国三十三年（1944年），伪华北政务委员会委员长王揖唐（1877—1948）倡议，在正殿遗址北面用耐火砖修建了一座"三藏塔",抗战胜利后于民国三十六年（1947年）八月拆除。建国后,公共体育场按行业归口,由市体委所属北京市业余体育学校使用。该校在此组建了北海体育场,并在后墙（北墙）上另开临街大门。后因场地狭小、设备陈旧等原因,从20世纪70年代后期再未举办体育活动,场地遂闲置起来。此后,看台内改成汽车仓库、服装加工厂、招待所;看台外面租给出租汽车公司作为停放车辆场地;其他空房出租给中华老年报社、儿童基金会及工商管理局等单位使用。

1997年初,大圆镜智宝殿建筑群重建工程正式开工。据报载,修复工程的投资者是广东企业家陈阿静。天津大学建筑系设计,工程设计是在遗址发掘基础上进行的。由于所有建筑遗基（包括嘉庆朝被拆除的宝网云亭）均保存完整,平面格局都很清晰,保证了原建的真实格局。除真谛门按传统木构建筑做法外,其余殿宇的主构件均采用钢混结构。据报载,原计划1998年雨季前竣工,后因故停工,至今无人过问。

东岳庙概述

东岳庙位于北京市朝阳区朝外大街141号，是正一道[①]华北第一丛林。庙占地约24000平方米，殿宇堂庑多达300余间。中路正院两旁另有东西跨院各一座。中路主要建筑有庙门（已拆除）、钟鼓楼、洞门牌楼、瞻岱门、岱宗宝殿（前殿）、育德殿（后殿）、后罩楼以及各殿的配殿配庑等，沿着全长约240多米的中轴线规整地排列着。庙门隔街对面建有四柱七楼琉璃坊一座，庙门前方东西两侧建有四柱三门木牌楼各一座（已不存），朝外大街即从牌楼中门穿过。据传，东岳庙原有山门一座，远在庙南1500米处的通惠河边，早已无存。山门至庙门间的一段路称为"神路"，即今神路街。

[①] 正一道：即道教正一派，元代以后与全真道同为道教两大教派。正一道渊源于东汉顺帝时张道陵在四川鹤鸣山创立的五斗米道，因入道者须纳米五斗而得名。道徒尊张道陵为天师，故也称天师道。张道陵死后，其子孙继续在四川传道。西晋永嘉年间，张道陵四世孙张盛移居江西龙虎山，尊张道陵为"掌教正一天师"，由此天师道又称正一道。元大德八年（1304年），张道陵之十八世孙张与材被授为正一教主，奉《正一经》为经典，总领三山（龙虎山、阁皂山、茅山）符箓，此后正一道遂成为符箓各派之总称。正一道主要宣扬鬼神崇拜，以画符念咒、驱鬼降妖、祈福禳灾等活动为主。正一道之道士一般有家室，不避荤腥，称为"俗家道士"或"火居道士"。

东岳庙建庙的缘起，是由于元代的"玄教大宗师"张留孙①因见大都（今北京）未建东岳庙以祀泰山神东岳大帝，发愿自己筹资建庙。元仁宗得知欲行资助，留孙未受，遂于延祐六年（1319年）自费在齐化门（今朝阳门）外买地，方欲涓吉鸠工，留孙于至治元年（1321年）十二月羽化，②嗣宗师吴全节③念师志未竟，遂发累朝赐金，于至治二年（1322年）春建大殿及大门，次年建东西庑及四子殿，并且塑了神像，④"敕赐庙额曰仁圣宫"（元吴澄《大

---

① 张留孙（1248—1321），字师汉，信州贵溪（今江西贵溪市西）人，少时入龙虎山为道士。元至元十三年（1276年），第三十六代天师张宗演率徒多人（其中即有张留孙）奉诏朝见世祖忽必烈，世祖很赏识张留孙出众的才华和"七分神仙三分宰辅"（元赵孟頫《张留孙道行碑》）的美好形象，遂将留孙"留侍阙下"。世祖打发张宗演带着其他徒弟回了龙虎山。世祖下诏在两京（燕京城及大都城）各建一座崇真观，供留孙居住。又将平江、嘉兴田若干顷赐给他，并给他加号天师。但天师之号从张道陵起，传到张留孙的师父张嗣成已是三十九代，均系父死子继或兄终弟及世代相传。留孙虽也姓张，但和各代天师并无血缘关系。世祖虽下诏命，留孙固辞不敢受此称号。世祖遂称他为上卿，"诏尚方作玉具剑（剑口和把手部分用玉制成的剑）"，上刻"大元皇帝赐张上卿佩之"，命他总摄道教。十五年（1278年），授玄教宗师，赐银印。成宗大德年间，又加号玄教大宗师，同知集贤院道教事。武宗海山及仁宗出生后，都是命留孙取的名；仁宗五岁时，又将名字译为梵文，即爱育黎拔力八达。武宗即位后，升留孙为志道玄教冲玄仁靖大真人，位居大学士之上。仁宗即位，加号辅成赞化保运玄教大宗师，进开府仪同三司。至治元年（1321年）十二月，留孙端坐而逝，年七十四，明年三月归葬龙虎山。天历二年（1329年），追赠道祖应德真君。其徒吴全节嗣（《元史·释老传》）。

② 元吴澄《大都东岳仁圣宫碑》："大都新筑，规模宏远，祖社朝市，庙学官署无一不备，独东岳庙未建。玄教大宗师张开府留孙职掌祷祀，晨夕亲密。钦承上意，买地城东，拟建东岳庙。事既彻闻，仁宗命政府庀役，开府辞曰：臣愿以私钱为之，倘费国财，劳民力，非臣之所以报效也。上益嘉赏，遂敕有司护持，毋得阻挠。方将涓吉鸠工，而开府遽厌世。"

③ 吴全节（1269—1346），字成季，饶州安仁（今江西余江县东北）人，年十三学道于龙虎山，至元二十四年（1287年）从留孙见世祖，得武宗、仁宗信任。至治二年（1322年）制授特进、上卿、玄教大宗师、崇文弘道玄机真人、总摄江淮荆襄等处道教、知集贤院道教事。以八十二岁卒。其徒夏文泳嗣（《元史·释老传》）。

④ 元虞集《东岳仁圣宫碑》："……今特进上卿玄教大宗师吴全节大发累朝赐金以成其先师之志。至治壬戌（二年，1322年）作大殿，作大门，殿以祀大生帝，前作露台以设乐，门有卫神。明年（1323年）作东西庑。东西庑之间特起如殿者四，以奉其佐神之尊贵者。列庑如官舍，各有职掌，皆肖人而位之。筑馆于东以居奉祀之士，总名之曰东岳仁圣宫。"

都东岳仁圣宫碑》)。泰定二年（1325年），鲁国大长公主[①]捐资修建后殿作为神寝。天历元年（1328年），文宗即位，公主进京朝贺，适值寝殿完工，文宗赐名"昭德殿"。[②] 从以上建庙过程可以知道，东岳庙在元代，前后用了约六年时间建成了中路的主要殿宇。

明正统十二年（1447年）五月开始修葺东岳庙，八月间落成，工期仅三个多月，不可能有更多的添建改建。完工后，英宗朱祁镇将前殿改名岱岳，仍然用作供奉东岳泰山神，后殿改名育德，仍是神寝。[③] 万历三年（1575年）八月，神宗朱翊钧及其母李太后捐资重葺东岳庙，工期用了一年。[④] 二十年（1592年）二月，又进行了一次重修，这次不但在寝殿左右加筑了配殿，而且

---

① 鲁国大长公主名祥哥剌吉（？—1331），是裕宗真金第二子答剌麻八剌（庙号顺宗）之女、武宗之妹、仁宗之姊。大德十一年（1307年），下嫁帖木儿琱阿不剌。其封地在全宁（今内蒙古翁牛特旗）。武宗即位后，以永平路为皇妹鲁国长公主分地，租赋及土产悉赐之。至大二年（1309年）赐平江稻田一千五百顷，四年（1311年）进号皇妹大长公主。仁宗即位后，赐钞二万锭，加封皇姊大长公主，又奉太后旨将永平路每年收入除经费外全部赐予公主。延祐三年（1316年）赐钞五千锭，帛二百定。六年（1319年）公主做佛事，竟将全宁府重罪犯人二十七名全部释放。仁宗得知后，下令追究全宁守臣的阿从不法罪，将囚徒重又抓回，关入狱中。文宗即位后，于天历二年（1329年）两次拨钞共四万锭供公主营建第宅，该年底加号鲁国大长公主为皇姑徽文懿福贞寿大长公主，并以淮、浙、山东、河间四转运司盐引六万作为公主沐浴费用。至顺元年（1330年）九月，以鲁国大长公主邸第未完，复给钞万锭，命中书平章亦列赤督工，又将平江等地官田五百顷赐给公主，另赐钞万锭，命宰相燕铁木儿送至公主邸第。
　　鲁国大长公主在武宗、仁宗和文宗三朝，均享有极特殊的优厚待遇。至大元年（1308年），武宗曾下诏将永平路的盐税收入也赐给公主，由于中书省臣坚决反对而止；文宗刚刚即位，就打算赐钱给皇姑大长公主。参议中书省事王克敬当即提出："大长公主供馈素优，不应再赐钱钞。"文宗虽然暂时接受了王克敬的意见，但以后的赐赠仍然不断。过后文宗曾诏令，诸王、公主所赐田租都要上缴，由官府折钞发给，只有鲁国大长公主例外，可以自行派人直接征收赐田租赋。
　　鲁国大长公主究竟拿出多少钱修东岳庙，各种资料均未书明具体数目。不过，建一座寝殿的开支，对于"供馈素优"而又任性至极的鲁国大长公主来说，显然是微不足道的。
② 元赵世延《昭德殿碑》："泰定乙丑（二年，1325年），徽文懿福贞寿大长公主东归，过祠有祷，捐缗钱若干缗，竟其所未竟者。天历改元，皇上入纂正绪，主来朝。适后殿落成，事彻寝听，赐名昭德。"
③ 正统十二年英宗《御制东岳庙碑》："……乃诏有司治故地于朝阳门外，规以为庙，中作二殿，前名岱岳，以奉东岳泰山之神；后名育德，俾作神寝。其前为门，环以廊庑，分置如官司者八十有一，各有职掌。其间东西左右特起如殿者四，以居其辅神之贵者，皆肖像如其生。又前为门者二，旁各有祠，以享其翊庙之神，有馆以舍奉神之士。庙之广深凡若干亩，为屋总若干楹，壮伟宏丽，称其神之所栖。盖经始于正统十二年五月十八日而落成于八月十五日。"
④ 明张居正《敕修东岳庙碑》："……国朝正统中益恢崇之。……百余年来，庙寝颓圮。圣母慈圣皇太后捐膏沐资若干，皇上亦出帑储若干。工始于万历乙亥八月，周岁而落成。"

在殿后添建了后罩楼，庙门前的木牌楼，也应是此时添建的。次年（1593年）三月完工。① 三十五年（1607年）又添建了庙前的琉璃坊。此时，中路部分已经具备了现有的格局。崇祯五年（1632年）再次修葺东岳庙。

清顺治八年（1651年）重修炳灵殿。康熙三十七年（1698年）因居民不慎而失火，次年（1699年）圣祖动用广善库金准备重修。三十九年（1700年）三月开工，四十一年（1702年）六月完工。② 从遗留下的元代木构件及明代塑像等，证明此次火灾并未波及全部殿宇。记载中的"殿庑皆烬"③ 恐非事实。

乾隆朝再次重修东岳庙。由于康熙四十一年（1702年）重修后，已历时六十年，瓦件和油漆彩画多有残坏。这次整修用了大约一年时间，于乾隆二十六年（1761年）十二月完工。④

东岳庙正院两旁原为道院，清道光年间由道士马宜麟募化扩建成为东西跨院，一共有房舍百余间。东跨院由六个小院组成，北部建有花园，园内花木扶疏，环境很美；西跨院分布一些零散殿宇，格局不甚规整，其中有药王殿、鲁班殿、关帝殿、月老殿、火祖殿、玉皇殿、岳帅殿、延寿殿等，供奉着各种神祇。

晚清庚子之役时，义和团曾在东岳庙内设坛，八国联军侵入北京后，又被德、法和日本三国军队进占，受损严重。民国初年军阀混战，又受到庙内驻军的骚扰破坏。晚清及民国期间，只有一些施主和香客施钱进行些零星修缮。1947年以后，因内战而大量拥入北京的东北、山西等地的流亡学生也曾进驻东岳庙，因而又受到一次破坏。

---

① 明赵志皋《敕修东岳庙记》："……惟时万历丙子（四年，1576年）迄今壬辰（二十年，1592年）又十七年矣。皇上寤寐灵岳，敬祀益虔。复出帑储，命司礼监太监张诚选委内臣陈朝用缮葺藻饰，更于寝殿左右作配殿，缭以楼疏，前树绰楔，赐额曰宏仁锡福。经始于二月二十六日，落成于次年三月十一日。"

② 康熙四十三年十一月圣祖《御制东岳庙碑文》："康熙三十七年，居民不戒为毁于火，其明年，朕发广善库金，鸠工庀材，命和硕裕亲王董其事。不劳一民，不兴一役，经始于三十九年三月，迄工于四十一年六月，不三岁而落成。殿阁廊庑，视旧加饰。"

③ 清王士祯《香祖笔记》卷一："康熙庚辰（三十九年，1700年）三月，朝阳门外东岳庙灾，殿庑皆烬，独左右道院无恙。"按：东岳庙失火在康熙三十七年，而三十九年三月是开始重修的年代（参阅注②）。王士祯氏把两者弄混淆了。

④ 乾隆二十八年《御制仲春东岳庙瞻礼作》注："庙葺于康熙四十一年，因岁久剥陊，命工出帑兴修，乾隆辛巳（二十六年，1761年）落成。"

东岳庙的主神是道教所奉的泰山神东岳大帝。唐开元十三年（725年）十一月壬辰，封泰山神为天齐王（《唐会要》）。宋大中祥符元年（1008年）封禅礼毕，诏加号泰山天齐王为仁圣天齐王。五年（1012年）诏加上东岳曰天齐仁圣帝（《文献通考》）。元至元二十八年（1291年）春，加上东岳为天齐大生仁圣帝（《元史·祭祀志》）。明洪武三年（1370年）诏定岳镇神号。依古定制，并去前代所封名号，五岳称东岳泰山之神（《明史·礼志》）。唐宋以降，对泰山神加封王爵帝号，逐步升级，只是到了明初，才把以前的名号去掉，只称东岳泰山之神。

上古帝王即有在泰山上举行祭祀活动的传说，[①]秦汉时，多数人相信"泰山封禅"源于远古，因而成为当时的国家大典，秦始皇和汉武帝都曾在泰山顶筑土为坛以祭天。他们听信了方士之言"封禅则不死"；"上封则能仙登天矣"（《后汉书·祭祀志上》）。为了"求仙"和"延寿"的一己之私而进行泰山封禅，故其祭礼颇为神秘。[②]以后光武帝刘秀打出了为国为民而封禅的招牌，"以承灵瑞，以为兆民"（《后汉书·祭祀志上》），而只字不提为自己祈福求寿，这样就可以理直气壮地进行，其规模远在秦皇汉武之上。既神化了封禅，又美化了自己。此时对泰山神的祭祀，还只限于在泰山顶上筑坛而祭，"祭之以坛壝而弗庙"（元吴澄《大都东岳仁圣宫碑》），尚未发展到庙祀。为镇岳立庙始于北魏，当时为五岳总立一庙于桑乾河畔。到了唐代始各立一庙于五岳之麓。及至宋代中叶，单独为东岳泰山神立的庙多起来了，[③]"自是祠宇遍郡国"（元赵世延《昭德殿碑》）。元代仅南北二京（燕京城及大都城）

[①]《尚书·尧典》记有舜在泰山举行过"柴"祭上帝的仪式。元赵世延《昭德殿碑》："古者天子祭大地山川岁遍，稽之虞舜，二月东巡狩，至于岱宗，柴望秩于山川，肆觐东后，历群岳如岱礼，至冬乃毕。"

[②]《后汉书·祭祀志上》："恐所用非是，乃秘其事。"

[③] 吴澄《大都东岳仁圣宫碑》："五岳四渎立庙自拓跋氏始。当时惟立一庙于桑乾水之阴。逮唐乃各立一庙于五岳之麓。若东岳泰山之庙遍天下，则肇于宋氏之中叶。"

就有岳庙四处之多。① 由于泰山居东方木位,"而东则生之所从始"。② 东方象征着春天。东风吹来,万物复苏,草木萌发,禽兽蕃育,大地处处孕育着新的生命。人们向往、憧憬的是一片生机盎然、欣欣向荣的景象,因而对东方之神——东岳大帝的崇敬心情油然而生。"户户游春不放春,只愁春去不愁贫。"愿春常在、好花常开是善良人们的美好愿望,让春的代理神东岳大帝无论到哪里都有舒适、宽敞的行宫寝殿居住,因此"东岳泰山之庙遍天下"(元吴澄《大都东岳仁圣宫碑》)就绝非偶然了。③ 泰山神东岳大帝具有人王、帝君、神祇等多重身份,手下还统率众多的神灵鬼怪,④ 其职权范围也极广,举凡人间生死、富贵贫贱、祸福寿夭、因果报应等,都在他的主管之下,人们对他更加几分敬畏,都在祈求他的呵护,帝王们也需要他协助维护封建统治,因而受到各方的欢迎。他既然具有人的身份,自然会有生老病死、七情六欲,也要娶妻生子等凡间的需求。元代的《搜神广记》首次为泰山神整理出家谱世系。据该书托名东方朔所作的《神异经》称:盘古的后裔少海氏之妻夜梦口吞二日而产两子。长子名金蝉氏,成长后为东华帝君;次子号金虹氏,日后定居于泰山,"即东岳帝君也"。但其生卒、婚娶、得子之年代,理所当然地不为世人所知,只知道他的生辰被定为旧历三月二十八日。⑤ 由于东岳大帝有多重身份,其妻子的名分就难于确认。元代有"妃夫人媒侍"之

---

① 元熊梦祥《析津志·岳庙》:"南北二京有四处:一在燕京阳春门,即今朝枝庙,无碑;一在长春宫东,有礼部尚书元明善所撰碑文;一在燕京太庙寺西,有王澹游所撰碑文;一在北城齐化门外二里许,天师宫张上卿创起,后俱是吴宗师闲闲一力完成。"

② 正统十二年英宗《御制东岳庙碑》:"天下之岳有五,而泰山居其东。民之所欲莫大于生,而东则生之所从始。故书称泰山曰岱宗,以其生万物为德,为五岳之尊也。……冀神运生生之机于无穷,亦顺民所欲之一也。"

③ 赵世延《昭德殿碑》:"……五气流行,木位东方,四时顺布,春居岁首。仁者木之德,生者春之用。然则天地发育万物之功本于东方,故群岳祀之方域而岱宗祠遍海宇,虽与礼经稍殊,然推源所以致人心向往之深者,其在兹乎!"

④ 《云笈七签·五岳真形图序》:"东岳泰山君领群神五千九百人,主治死生,百鬼之主帅也。血食庙祀所宗者也。"据清潘挹奎《燕京百咏·五岳真形图》:玉刻五岳真形图在东四牌楼北十条胡同明代道观五岳庵内。

⑤ 《析津志·岳庙》:"(三月)二十八日乃岳王生辰。"清富察敦崇《燕京岁时记》:"每至三月,自十五日起开庙半月,士女云集,至二十八日为尤盛,俗谓之掸尘会,其实乃东岳大帝诞辰也。"

称，①明人称之为帝妃。从当时东岳庙的塑像人物上看，大帝显然有了后嗣。②传说大帝有五子一女，长子封号佑灵侯，次子惠灵侯，三子炳灵公，③四子静鉴大师皈依佛门未得封号，五子宣灵侯，其女即碧霞元君，④后来嫁给东岳上卿司命真君茅盈了。碧霞元君的祠宇各地多有，北京郊区县即有五座供奉"泰山顶上天仙圣母碧霞元君"庙，遂皆以"顶"呼之，与妙峰山、丫髻山的元君庙合称"两山五顶"。

碧霞元君还有向人间送子的职务。⑤视断子绝孙为人之大忌的中国封建社会，元君理所当然地成为缺子乏嗣者的救星，因之各庙香火鼎盛。元君庙中也常供奉东岳大帝甚至二十八宿、七十二司等塑像。例如海淀区的"西顶"广仁宫就是这样，而且庙宇的建筑布局，也保持着前后殿间设有穿堂的宋元早期形式。在东岳庙内，大帝的四子一女也都占有一席之地。⑥

东岳庙的元代塑像，并没有人指实作者为谁，只是说塑得很好，⑦明万历时人孙国敉始肯定为刘銮所塑，⑧朱彝尊在辑《日下旧闻考》时因袭其说。及至乾隆朝于敏中等人编纂《钦定日下旧闻考》时，发现孙国敉所说的"刘銮手制"之说不确，认为"刘銮应作刘元。刘銮在元前，别是一人"（《钦定日下旧闻考》卷八十八）。但是由于流传下来的是刘元的拿手绝活"塑土范

---

① 虞集《东岳仁圣宫碑》："象帝与其妃夫人媵侍之容。"
② 明刘侗、于奕正《帝京景物略》卷之二："后设帝妃行宫，宫中侍者十百，或身乳保领儿婴以嬉；或治具，妃将膳；奉匜栉为妃装，纤纤缝裳，司妃之六服也。"
③ 《五代会要》："后唐长兴三年（932年）（明宗）诏以泰山三郎为威雄将军。"《文献通考》："大中祥符元年（1008年）（真宗）封禅毕，亲幸泰山三郎店，加封炳灵公。"
④ 通县马驹桥"南顶"乾隆三十九年《重修碧霞元君庙记》："号为圣帝之女，因岱居东位，其色为碧，东方主生，有如元君，故封其为天仙玉女碧霞元君。"
⑤ "中顶"普济宫康熙三十五年《百子盛会碑记》："人以其坤道资生也，祈子者辄祷之……无子者有子也，有子者多子也。人庆螽斯，家征麟趾，可不谓神之德钦。"
⑥ 据日人荒木清三1931年12月测绘的东岳庙平面图注：育德殿的东配殿是宣灵侯殿，西配殿是佑灵侯、惠灵侯殿，岱宗宝殿的西朵殿是炳灵公殿；后罩楼的正间下层，曾是清代帝后谒东陵途中或来庙进香时的休憩之所，当系民国时改成碧霞元君殿的。按元代各碑铭记载，四子殿当在岱宗宝殿东西朵殿及配殿处，三侯像移往后寝配殿应是晚明以后的事。
⑦ 《析津志·岳庙》："其庙宇神象，翚飞伟冠，实为都城之具瞻。致其巧思，特出意表，真一代绝艺也。"
⑧ 明孙国敉《燕都游览志》："朝阳门外有东岳庙，其塑像刘銮手制。"

金抟换法"所制成的脱沙像，而且主要塑像的造型又相当的好，[1] 所以人们认为除了刘元，谁还能塑造出如此高水平的塑像呢，"善观者知非他工所能杂其间也"（吴长元《宸垣识略》卷十二）。到了晚清，专门研究北京掌故的震钧，经过考证发现刘元塑像说也不对。他写道："其神像旧云刘正奉（刘元）塑，康熙中毁于火。考《道园学古录》《刘正奉塑像记》，则所塑东岳庙神像在长春宫东，[2] 与此无涉。其误自《燕都游览志》始，竹垞（朱彝尊）因之，乃游者犹啧啧称叹不止，此南人所谓'隔壁帐'也。"（《天咫偶闻》卷八）其实，因袭误说绝不止朱彝尊一人，自晚明刘侗、于奕正[3] 至清初，以治学严谨著称的孙承泽、[4] 王士禛[5] 诸人，也都受了耳食之累，深信不疑。曼殊震钧氏把刘銮及刘元塑像说全盘否定，所辩言之成理，一锤定音。

东岳庙自元代始，每年三月下旬，为庆贺东岳大帝诞辰而开庙半月，至二十八日形成高潮。实际上从二月起，烧香进供的人已经陆续到来，[6] 朝阳门外的街市已初具庙市雏形。及至明代，又发展成为官府及民间有组织的

---

[1] 周肇祥《琉璃厂杂记》（四）："……今观三茅、炳灵像颇寻常，且不及明塑七十二司，惟仁圣帝巍巍然有帝王之度，四侍从若忧深而虑远，两介士威猛而爽飒，洵杰构。所谓'塑土范金抟换法'或庶几耶。"

[2] 元熊梦祥《析津志·岳庙》："南北二京有四处：一在燕京阳春门，即今朝枝庙，无碑；一在长春宫东，有礼部尚书元明善所撰碑文；一在燕京太庙寺西，有王澹游所撰碑文；一在北城齐化门外二里许，天师宫张上卿创起，后俱是吴宗师闲闲一力完成。"

[3] 《帝京景物略》卷之二："帝像巍巍然有帝王之度，其侍从像乃若忧深思远者。相传元昭文馆学士艺元手制也。"

[4] 清孙承泽《春明梦余录》卷六十六："其像乃昭文馆学士刘元手制，两旁侍臣仿唐开国功臣像为之，故赫赫有生气。……凡两都名刹有塑土范金抟换为佛，一出元手，天下无与比。"

[5] 《香祖笔记》卷一："（东岳）庙中仁圣帝、炳灵公、司命君、四丞相，皆元昭文馆大学士正奉大夫秘书监刘元所塑。元最善抟换之法，天下无与比。"

[6] 《析津志·岳庙》："每岁自二月起，烧香者不绝，至三月烧香酬福者日盛一日，比及二十日以后，道途男人□□赛愿者填塞。二十八日，齐化门内外居民咸以水流道以迎御香。香自东华门降，遣官函香迎入庙庭，道众乡老甚盛。是日，沿道有诸色妇人，服男子衣，酬步拜，多是年少艳妇。前有二妇人以手帕相牵阑道，以手捧窑炉或捧荼酒、汤水之类。男子占煞都城北，数日诸般小买卖、花朵、小儿戏剧之物，比次填街。妇人女子牵挽孩童以为赛愿之荣。道旁瞽瞽老弱列坐，诸般楛丐不一。沿街又有摊地凳盘卖香纸者，不以数计。显官与怯薛官人行香甚众，车马填街，最为盛都。"

庆祝活动，①乃至出现把东岳大帝像抬出游街，②直到晚清此风始止。此外还出现了"打金钱眼"、③神浴盆洗眼④等风俗。这些活动，都可以为道士们赚取收入。晚明时，除三月下旬的庙会外，每月初一、十五又增开两天庙市活动一直延续到清末民初。⑤东岳大帝诞辰期间，正值春暖花开，都人把逛东岳庙作为一年一度的春游活动，数百年来延续不断，极一时之盛。康熙朝以后，游人又把大殿神座旁的铜骡子当成医病的工具，⑥"东岳庙摸铜骡子"也就成了一项民俗活动。传说该铜骡是文昌帝君的坐骑，是一种叫作"特"的神兽，四蹄分瓣，是人类创造出的食草类偶蹄目动物。建国后，铜骡子被移往白云观，放在七真殿前月台西侧。

岱宗宝殿内供奉东岳大帝脱沙坐像，高约4米，着帝服戴冕旒，手执圭，身旁有四站童（男女各二），前方左右塑两中侍、两仪臣、四丞相、两介士，均高约3米，殿内两旁分设钟鼓。

岱宗宝殿的东朵殿是三茅司命真君（道教三茅派祖师茅盈、茅固、茅衷兄弟）殿，两侧廊间为开山张留孙宗师祠堂及泰山府君（生前为磁州令，为

---

① 明沈榜《宛署杂记》卷十七："三月二十八日俗呼为诞生之辰，设有国醮，费几百金。民间每年各随其地预集近邻为香会，月敛钱若干，掌之会头。至是盛设鼓乐幡幢，头戴方寸纸，名甲马，群迎以往，妇人会亦如之。是日行者塞路，呼佛声振地，甚有一步一拜者，曰拜香庙。"

② 《帝京景物略》卷之二："三月二十八日帝诞辰，都人陈鼓乐、旌帜。楼阁、亭彩，导仁圣帝游。帝之游所经，妇女满楼，士商满坊肆，行者满路，骈观之。"
清潘荣陛《帝京岁时纪胜》："岁之三月朔至二十八日设庙为帝庆诞辰，都人陈鼓乐旌旗，结彩亭乘舆，导驾出游，观者塞路，进香赛愿者络绎不绝。"

③ 《帝京景物略》卷之二："帝妃前悬一金钱，道士赞中者得子，入者辄投以钱，不中不止。中者喜，益不止，罄所携以出。"
《帝京岁时纪胜》："（寝殿）龛前悬金钱一，人争以钱击之，中者宜子。"

④ 《宛署杂记》卷十七："有神浴盆二，约可容水数百石，月一易之。病目人虔卜得许，一洗多愈。"
《帝京景物略》卷之二："（寝）宫二浴盆，受水数十石，道士赞洗目、无目诸疾，入者辄洗。"

⑤ 《帝京景物略》卷之二："（东岳庙）殿宇廓然，而士女瞻礼者，月朔望晨至，左右门无闲阈。座前拜席为燠，化楮钱炉，火相及，无暂熄。"
清崇彝《道咸以来朝野杂记》："（二月）十五日至二十八日为东岳庙开庙之期，较每月朔望为热闹……至二十七八末日，游人香客为最盛，出入朝阳门者肩摩毂击也。"

⑥ 清富察敦崇《燕京岁时记》："神座右有铜骡一匹，颇能愈人疾病。病耳者摩其耳，病目者则拭其目，病足者则抚其足。"

官清廉)祠堂;西朵殿即炳灵公①殿,两侧廊间为蒿里丈人(蒿里山在泰山之南,为死人葬地。蒿里丈人负责管理死人事务)祠堂和玄教吴全节宗师祠堂;东配殿为阜财神殿,供奉文武财神像,西配殿是广嗣神殿,供奉子孙娘娘和子孙爷。岱宗宝殿及其东西朵殿、东西配殿以及瞻岱门之间,环以七十二间连檐通脊的廊庑,前后檐斗拱均呈明显的元代形制特点。除去两朵殿的东西两侧共四间用做张留孙、吴全节、炳灵公和三茅真君的祠堂外,余下的六十八间廊庑内供奉的是东岳大帝统辖下的掌管阳世间的善恶祸福、因果报应、轮回转世等的地府官员,即有名的地狱七十二司,神像由北向南按昭穆位顺序排列。其中有八间廊庑内是双座神像,故六十八间内实际有七十六司。各司皆有司名,按顺序为:

1. 都签押司　2. 生死司　3. 生死勾押推勘司　4. 斋僧道司
5. 修功德司　6. 看经司　7. 注生贵贱司　8. 三月长斋司
9. 勾生死司　10. 取人司　11. 掠剩财物司　12. 增福延寿司
13. 官职司　14. 追取罪人照证司　15. 词状司　16. 曹吏司
17. 行瘟疫司　18. 飞禽司　19. 山林鬼神司　20. 宿业疾病司
21. 畜牲司　22. 水府司　23. 地狱司　24. 十五种善生司
25. 十五种恶死司　26. 无主孤魂司　27. 行雨地分司　28. 风伯司
29. 较量司　30. 堕胎落子司　31. 阴谋司　32. 欺昧司
33. 僧道司　34. 城隍司　35. 贼盗司　36. 山神司
37. 土地司　38. 精怪司　39. 魍魉司　40. 门神司
41. 枉死司　42. 索命司　43. 推勘司　44. 行污司
45. 放生司　46. 杀生司　47. 施药司　48. 善报司
49. 恶报司　50. 忠孝司　51. 忤逆司　52. 所生贵贱司
53. 注福司　54. 胎生司　55. 卵生司　56. 湿生司
57. 化生司　58. 水族司　59. 长寿司　60. 促寿司
61. 催行司　62. 黄病司　63. 毒药司　64. 积财司

---

① 《五代会要》:"后唐长兴三年(932年)(明宗)诏以泰山三郎为威雄将军。"
《文献通考》:"大中祥符元年(1008年)(真宗)封禅毕,亲幸泰山三郎店,加封炳灵公。"

65.还魂司	66.见报司	67.正直司	68.子孙司
69.引路司	70.磨勘司	71.都察司	72.苦楚司
73.举意司	74.悯众司	75.速报司	76.真官土地司

地狱七十六司的塑造年代，从元虞集《东岳仁圣宫碑》的记载"列庑如官舍，各有职掌，皆肖人而位之"看，当为后世七十六司之前身；明正统十二年《御制东岳庙碑》又说："……廊庑分置如官司者八十有一（建国前共有八十四位神灵），各有职掌。"说明元代神像已塑就，又经明季改塑，衣冠服饰已易为明制。

七十六司神像有善恶两种形象，大多数身穿官服，头戴纱帽，手持毛笔、簿册，专司记录世人生前的善恶功过，作为来生前途命运、轮回转生的根据。由于塑像细致精美，神形俱备，使观者晃如置身阴司，因而感染力很强。愚昧而又可怜的被压迫、受损害的劳苦大众，往往相信阴司果报而不敢犯上作乱甚至为非作歹。高超的艺术形象成功地取得神道设教的最佳预期效果。

七十二间配庑南接瞻岱之门两侧的过道门。瞻岱门五开间，俗称龙虎门，明次间为三间穿堂过厅，两梢间内前有哼哈二将立像，后立十大太保塑像。瞻岱门和岱宗殿之间，由高出地面1米的甬路连接。

岱宗殿后有一排穿堂通向后寝育德殿。殿为帝妃寝宫，供奉帝妃媲侍塑像以及侍奉她用膳、梳洗及看顾婴儿的侍女十多人。[①]殿后环以上下两层的后罩楼七十四楹。正间上下分别为玉皇殿和碧霞元君殿；东边有斗母殿、文昌殿、大仙爷殿、喜神殿、真武殿、灵官殿；西边为娘娘殿、关帝殿、三宫殿、灶君殿等。东岳庙各殿宇清末民初尚有大小神像三千多尊，建国后大部拆除，仅保留下东岳大帝及侍从等神像多尊，"文化大革命"中也全部被毁了。

岱宗宝殿前甬路两侧，立有石碑近百座，成为东岳庙的小碑林。其中时代最早的是元天历二年（1329年）五月立的《张留孙道行碑》，由元代著名书法家赵孟頫（1254—1322）撰文、书丹并篆额，碑文记述了东岳庙的创始

---

① 明刘侗、于奕正《帝京景物略》卷之二："后设帝妃行宫，宫中侍者十百，或身乳保领儿婴以嬉；或治具，妃将膳；奉匜柹为妃装，纤纤缝裳，司妃之六服也。"

人玄教大宗师张留孙的生平事迹和道教活动。碑高4米，立于甬道东侧张宗师祠堂前。

据明人记载，东岳庙岱宗殿前所立的元碑尚有虞集（1272—1348）隶书《东岳仁圣宫碑》及赵世延（孟𫖯弟，1260—1336）楷书《昭德殿碑》，①入清后，除赵孟𫖯碑外，余碑下落不明。乾隆朝修纂《钦定日下旧闻考》时，虞集、赵世延碑以及吴澄（1249—1333）《大都东岳仁圣宫碑》均已无考，不知所终（《钦定日下旧闻考》卷八十八）。

关于赵孟𫖯《张留孙道行碑》，据元人记载，原立于街南大园内，②而不是立在东岳庙内。何时移进庙内亦难详知。清人富察敦崇认为赵孟𫖯碑"字画虽真，丰神已失，想为俗工凿治矣"（《燕京岁时记》），这种怀疑，未必没有道理。近人周肇祥认为虞集、赵世延二碑被乾隆皇帝磨去，刻上自己的御制诗了。③但是，周氏怀疑被磨去的两碑（即洞门牌楼前立的两碑），均非元碑形制；再者，好古成性的清高宗，岂能无端磨掉元碑？故此说殊难成立。

东岳庙的碑林中，除上述赵孟𫖯书的元碑外，20世纪60年代初期尚有明碑26座、清碑61座（碑石残缺、碑文漫漶、纪年不清者未计），其中较有史料价值的，如明正统十二年《御制东岳庙碑》、万历四年张居正撰《敕修东岳庙记》碑、万历二十年赵志皋撰《敕修东岳庙碑》等为数不多的重修碑（清圣祖御制《东岳庙碑文》、高宗御制《重修东岳庙碑记》碑，均在瞻岱门内甬路两侧黄瓦顶碑亭内）之外，其余大部分是晚明及清代的善会碑。

所谓善会，是一种为东岳庙办善事兼服务的民间自发组织，由善男信女或工商集团集资兴办。由于东岳庙的道士人数有限，最多时也不过十五六人，难于应付开庙期间的繁忙事务，一般是由善会出人力、献资财，按预定

---

① 《燕都游览志》："庙内赵孟𫖯书张留孙神道碑今存，虞集书仁圣宫碑、赵世延书昭德殿碑今无考。"
《长安客话》卷之四："东岳庙创自前元，丰碑二通，一为赵文敏公孟𫖯楷书，一为虞文靖公集隶书。"
《帝京景物略》："（岱岳）殿前丰碑三，赵孟𫖯楷书一，孟𫖯弟世延楷书一，虞集隶书一。"
② 《析津志·岳庙》："有翰林院学士赵孟子昂奉敕撰张上卿道行碑，在街南大园内树立。"
③ 周肇祥《琉璃厂杂记》（四）："赵世延、虞集二碑已无存，赵孟𫖯碑今完好。两碑不应独毁。外峙乾隆诗碑，西配以一碑，皆旧刻磨去者，隐隐有痕迹，其是耶？物有幸有不幸也。"

日期协助道士办理一应事务，对东岳庙的帮助很大。善会最兴盛时多达数十个，会众人数百人、数十人不等，有些财力雄厚者，往往在庙中立一块碑以扬名声，碑文书某某老会（或圣会），碑阴刻上参与善事及捐资者姓名，碑额书"万古流芳"。从碑刻名称看，如掸尘老会（或老掸尘会）、白纸圣会、献花圣会、路灯老会、香火义会、净炉老会、净水老会、悬灯老会、寿桃老会、大供圣会、糊窗户会等，一看就可以知道它们的职责；另外有些是奉行单纯善举的，如祈嗣善会、修善胜会、精忠圣会、放生老会（买鸟在正殿前开笼放生。因东岳庙没有功德池之设，不能放生鱼类）、四季年例进贡圣会、冥用什物圣会等。从存留下来的碑刻年代看，明万历时始有善会碑，[①] 而清康乾盛世时近40座，数量最多，应是善会的黄金时代，晚清时数量渐少。善会中，以掸尘会碑刻最多，有各朝碑13座，白纸、窗纸会次之，有碑7座。故开庙时庙貌清洁整齐，香客井然有序，香烛供品丰富，此皆善会之力。民国时，善会活动已是强弩之末，1930年仅余下二十几个，只能维持东岳庙幽静整洁的环境而已。

此外，洞门牌楼前和前院东殿——江东殿、西殿——显化殿之前各有碑两座；西跨院内各殿宇前共有清道光朝以后至民国三十年间各神殿的修建碑共20余座。

上述各碑，除去碑亭中的两座清代御碑外，"文化大革命"初，无一例外地被推倒在地，有些被摔成两三截或砸成碎块埋在地下。1971年，首先将推倒未碎的赵孟頫书碑立起，加上包铁皮的木罩以免日晒雨淋。[②] 碑林中的其他石碑，直至1996年10月才开始将未砸碎的按原位置立起，碎断的黏合后竖立，1997年6月初步完成。被砸成小块无法黏合的，计划将来依据拓

[①] 明沈榜《宛署杂记》卷十七："三月二十八日俗呼为诞生之辰，设有国醮，费几百金。民间每年各随其地预集近邻为香会，月敛钱若干，掌之会头。至是盛设鼓乐幡幢，头戴方寸纸，名甲马，群迎以往，妇人会亦如之。是日行者塞路，呼佛声振地，甚有一步一拜者，曰拜香庙。"

[②] 1972年12月北京市古书文物清理小组《关于东岳庙赵孟頫书张公神道碑重新树立和做罩保护的简报》："东岳庙内元代赵孟頫书张公神道碑在'文化大革命'运动初期被人推倒，龟趺也被埋于地下。从文物价值和史料价值来看，此碑都很珍贵，需要保护。推倒时碑身幸未摔毁，龟趺也完整无损。为对此碑进行保护，我们在1971年秋季将龟趺从土内刨出，由起重队施工，在文化局工程队的协助下，将龟趺归安，石碑竖起。为防止碑石风化，在碑身上加做铁皮罩，以为保护。"

片复制。

东岳庙的匾额楹联很多，几乎每座殿宇都有。清圣祖、高宗都曾为正殿后寝亲题匾额楹联。[①] 也有的是达官宫监、商贾优伶、善男信女、许愿还愿者赠送的木匾或布匾，匾文内容多为赞颂神灵的词句，下属某某献。按庙规，这种匾只能挂在殿寝之间的穿堂内、外檐，而且以满为限。匾送得太多时，只能摘旧挂新以满足香客送匾的心愿。新中国成立后，匾被摘下存放朝阳区下三条中心小学，"文化大革命"期间全毁，现在劫后仅存的只有钟鼓楼上下檐之间悬挂的两方陡匾。东岳庙的钟楼在西侧，匾文为"鲸音"，因为古人常将撞钟的木杵刻成鲸鱼形，因而鲸音意为钟声；鼓楼在东侧，匾文为"鼍音"，鼍即鼍龙，又名猪婆龙，即扬子鳄，其鸣如桴鼓，故鼍音意为鼓声。匾高1米，宽0.8米，书体古朴浑厚，当为明人所书。隔街的琉璃过街牌楼正间的石匾也还在，匾长方形，阴刻横书，宽2.8米，高0.9米，北面书"永延帝祚"，南面刻"秩祀岱宗"，上款"万历丁未孟秋吉日"，下署"内官监总理太监马谦、陈永寿、卢升立"。匾文为馆阁体，传说为严嵩所书，则纯属无稽。

东岳庙的殿宇建筑，元代使用的木料全部是杉木，明清重修时用的是黄松，砖瓦构件也都很考究，质量均属上乘。历史上经过明天启六年（1626年）、清顺治十四年（1657年）、康熙十八年（1679年）和1976年8月28日等几次破坏性极大的地震考验，均未发生大的损坏，尤其是1950年6月14日，由于朝阴门外辅华合记矿药厂因拆卸地雷引起废药爆炸，引燃了地下室存放的4吨雷管及库房存贮的炸药，发生了建国以来最大的爆炸事故。现场死伤数百人，大火延烧到次日晨7时才被救灭，附近民房几乎全部倒塌。东岳庙附近的九天宫、十八狱庙都被夷平，而东岳庙只破损了一些装修、玻璃，足见其殿宇建造的精良坚固。庙门前的两座过街牌楼也是被这次爆炸震塌后拆除的。但是从最后一次大修至今，毕竟已过去二百多年了，长期的自然营

[①] 《钦定日下旧闻考》卷八十八："正殿额曰'灵昭发育'，圣祖御书。又额曰'岳宗昭贶'。联曰：'木德承天，橐籥阴阳甄品汇；青祇司令，监观上下仰灵威。'寝宫额曰'苍灵赞化'。联曰：'作镇统元，居五岳之长；资生合撰，妙万物而神。'后层玉皇阁额曰'碧霄幸化'，皆皇上（乾隆帝）御书。"

力的破坏和失修失养以及占用单位的拆改添建和使用不当的人为破坏，加速了东岳庙的损毁。1988年因展宽朝外大街，庙门又被拆掉，此时内部已是荒凉破败、百孔千疮了。

1957年10月28日，经市人民委员会公布东岳庙为北京市第一批古建文物保护单位；1996年11月20日，由国务院公布东岳庙提升为第四批全国重点文物保护单位。此次进行全面大修，由朝阳区政府筹款，于1995年12月进行现场测绘设计，次年5月正式开始施工，1997年9月竣工。在国家文物局和北京市文物局的支持协助下，完全按照《中华人民共和国文物保护法》中关于维修文物建筑的规定，以不改变文物建筑的原貌为原则，绝不轻易更换任何前代木材料和砖瓦石材，凡能使用的原构件全部使用上，不足的才按原式添配，并且尽可能地保存和使用传统工艺和操作方法，还保留下来一部分原彩画，务期给后人留下一个完整的东岳庙原型。1997年6月，北京东岳庙管理处暨北京民俗博物馆正式成立。

有关东岳庙研究的论著，无论是国内还是海外，数量都不多。20世纪30年代初，日本人小柳司气太来北京调查白云观，1934年在东京东方文化学院出版了《白云观志》一书，书中附有东岳庙的调查记录和当时测绘的东岳庙平面图。文章论及东岳庙历史情况和道教教派等问题（见本文附录《志书选摘》十九），他并将民国六年（1917年）刘澄园编写的《东岳庙七十六司考证》作为民间信仰研究资料，收录在他的书中。

同一时代，顾德里奇（Anne Swann Goodrich）夫人也在东岳庙进行过调查，写出了有关东岳庙所供奉的神灵等大量口头传说和民间风俗习惯的著述《北京东岳庙及其传说》，此书迟至1964年才在名古屋出版。书中还附录了布瑞克（Janet R. Ten Broeck）夫人的《1927年东岳庙记》。布瑞克夫人还与别人合著长篇论文《元朝的一篇道教碑文——道教碑》，详细论述了赵孟頫的《张留孙道行碑》。

1928年，纽约哥伦比亚大学出版社出版的布杰斯（J. S. Burgess）所著的 The Guild of PeKing 和20世纪70年代东京《东方文化》6卷上发表的仁井田陞《北京工商ギルド资料集》以及1993年《世界宗教研究》51期发表的法兰西汉学研究所所长施博尔（Kristofer M. Schipper，荷兰人，中文名施舟人）

《旧北京的宗教形式结构》，都牵涉到东岳庙善会和北京的工商行会。1995年，施舟人的新著《北京东岳庙史考》，发表于巴黎《汉学高级研究院丛书》第30卷上。

在国内，北京大学《民俗丛书》1939年第46卷上发表了郭立诚《北京东岳庙调查》（1970年台北中国民俗联合会再版）。1968年台中《东海大学学刊》上发表了孙克宽《元道士吴全节史迹考》和《元代道教之发展》。1970年台北《宋史研究集》第5卷发表了顾敦柔《张留孙与元初政治》等论文。

有关东岳庙的著述，从晚近的书目中看，数量极为有限，而明清人的文集和笔记中，记载又过于零散粗疏，尤其缺乏专著。建国后更由于庙中的塑像、匾联、碑碣的大量被毁以及碑文的风化残蚀，对东岳庙的研究，尤其是对宗教、民俗以及北京行会活动等的研究，都带来一定的困难。从学术研究和信息开发等方面，亟有待于进一步加强。

一、志书及论文资料选摘

《析津志》《宛署杂记》《长安客话》《燕都游览志》《帝京景物略》《春明梦余录》《香祖笔记》《京城古迹考》《帝京岁时纪胜》《宸垣识略》《道咸以来朝野杂记》《光绪顺天府志》《天咫偶闻》《话梦集》《春明梦录》《东华琐录》《燕京岁时记》《北京庙宇的变迁》《京华古迹寻踪》《琉璃厂杂记》《白云观志》《北京寺庙历史资料》《春明叙旧》《清代社会文化丛书》《紫禁城内外》《文史资料选编》《东岳庙七十六司考证》。

（一）《析津志》

南北二京有（岳庙）四处：一在燕京阳春门，即今朝枝庙，无碑；一在长春宫东，有礼部尚书元明善所撰碑文；一在燕京太庙寺西，有王澹游所撰碑文；一在北城齐化门外二里许，天师宫张上卿创起，后俱是吴宗师闲闲一力完成。有翰林学士赵孟頫子昂奉敕撰《张上卿道行碑》，在街南大园内竖立。其庙宇神像，翚飞伟冠，实为都城之具瞻。致其巧思，特出意表，真一代绝艺也。每岁自二月起，烧香者不绝，至三月，烧香酬福者日盛一日，比及二十日以后，道途男人□□赛愿者填塞。二十八日，齐化门内外居民咸以水流道以迎御香，香自东华门降，遣官函香迎入庙庭，道众香老甚盛。是日，沿道有诸色妇人，服男子衣，酬步拜，多是年少艳妇。前有二妇人以手帕相牵阑道，以手捧窑炉或捧茶酒、汤水之类，男子占煞。都城北数日，诸般小买卖，花朵小儿戏剧之物，比次填道，妇人女子牵挽孩童，以为赛愿之荣。道旁盲瞽老弱列坐，诸般楛丐不一；沿街又有摊地凳盘香纸者，不以数计。显官与怯薛官人，行香甚众，车马填街，最为盛都。

（元熊梦祥《析津志辑佚·祠庙·仪祭》）

（三月）二十八日乃岳帝王生辰，自二月起，倾城士庶官员、诸色妇人，酬还步拜与烧香者不绝，尤莫盛于是三日。道途买卖、诸般花果、饼食、酒饭、香纸填塞街道，亦盛会也。

（《析津志辑佚·岁纪》）

齐化门外有东岳行宫，此处昔日香烛酒纸最为利益。江南直沽海道来自通州者，多于城外居止，趋之者如归。又漕运岁储多所交易，居民殷实。

（《日下旧闻考》卷八十八郊坰引《析津志》）

（二）《宛署杂记》

城东有古庙，祀东岳神。规制宏广，神像华丽。国朝岁时敕修，编有庙户守之。三月二十八日俗呼为诞生之辰，设有国醮，费几百金。民间每年各随其地预集近邻为香会，月敛钱若干，掌之会头。至是盛设鼓乐幡幢，头戴方寸纸，名甲马，群迎以往，妇人会亦如之。是日行者塞路，呼佛声振地，甚有一步一拜者，曰拜香庙。有神浴盆二，约可容水数百石，月一易之，病目人虔卜得许，一洗多愈。

（明沈榜《宛署杂记》卷十七）

（三）《长安客话》

朝阳门外有古庙以祀东岳天齐圣帝，规制宏广，像位紫严，为城东行宫第一，累朝岁时敕修，编庙户守之。三月二十八日圣帝诞辰，民间盛陈鼓乐幡幢，群迎以往，行者塞路。庙有神浴盆二，容水数百石，病目洗之愈。

东岳庙创自前元。丰碑二通：一为赵文敏公孟頫楷书，一为虞文靖公集隶书。

（明蒋一葵《长安客话》卷四）

（四）《燕都游览志》

朝阳门外有东岳庙，其塑像刘銮手制。墀中丰碑三通：其一为张天师神道碑，赵文敏孟頫书；其一为仁圣宫碑，虞文靖集隶书；其一为昭德殿碑，赵世延书。

（《日下旧闻考》引明孙国敉《燕都游览志》）

（五）《帝京景物略》

东岳庙在朝阳门外二里，元延祐中建，以祀东岳天齐仁圣帝。殿宇廓然，而士女瞻礼者，月朔望日晨至，左右门无闲阒，座前拜席为燠，化楮钱炉火相及，无暂熄。帝像巍巍然有帝王之度，其侍从像乃若忧深思远者，相传元昭文馆学士艺元手制也。元，宝坻人，初为黄冠，师事青州把道录，得其塑土范金抟换像法。抟换者，漫帛土偶上而髹之，已而去其土，髹帛俨成像云。始元欲作侍臣像，久之未措手，适阅秘书图画，见唐魏征像，矍然曰：得之矣，非若此莫称为相臣。遽走庙中为之，即日成。今礼像者，仰瞻周视，一一叹异焉。元仁宗尝敕元，非有旨不许为人造他神像也。殿前丰碑三：赵孟頫楷书一；孟頫弟世延楷书一，虞集隶书一。正统中益拓其宇，两庑设地狱七十二司，后设帝妃行宫，宫中侍者十百，或身乳保领儿婴以嬉，或治具，妃将膳，奉匜栉为妃装，纤纤缝裳，司妃之六服也。宫二浴盆，受水数十石，道士赞洗目无目诸疾，入者辄洗。帝妃前悬一金钱，道士赞中者得子，入者辄投以钱，不中不止，中者喜，益不止，罄所携以出。三月二十八日帝诞辰，都人陈鼓乐、旌帜、楼阁、亭彩，导仁圣帝游。帝之游所经，妇女满楼，士商满坊肆，行者满路，骈观之。帝游聿归，导者取醉松林，晚乃归。

（明刘侗、于奕正《帝京景物略》卷二）

（六）《春明梦余录》

元东岳庙旧称仁寿宫，在朝阳门外。元真人张留孙买地大都齐化门外，拟为宫以祀东岳大帝，未成。至治壬戌，其徒吴全节始毕工，赐名仁圣宫；泰定乙丑，鲁国大长公主出资钜万，更为寝宫，又赐名昭德殿。其像乃昭文馆学士刘元手制，两旁侍臣仿唐开国功臣像为之，故赫赫有生气。刘元字秉元，宝坻人，官至昭文馆大学士、正奉大夫、秘书监卿。凡两都名刹有塑土范金抟换为佛，一出元手，天下无与比。

（清孙承泽《春明梦余录》卷六十六；
另孙承泽《天府广记》卷三十八与上书同）

（七）《香祖笔记》

（康熙）庚辰三月，朝阳门外东岳庙火，殿庑皆烬，独左右道院无恙，特发内帑并令在京在外大小官员捐助，仍以裕亲王监视之，阅岁始毕工，亲临幸焉。庙中仁圣帝、炳灵公、司命君、四丞相像皆元昭文馆大学士、正奉大夫、秘书监卿刘元所塑。元最善抟换之法，天下无与比，至是皆毁于火。

（清王士禛《香祖笔记》卷一）

按：康熙庚辰为三十九年（1700年），是东岳庙灾后开始重修的年代，这里显然是王士禛氏误为失火的年代了。

（八）《京城古迹考》

臣按《春明梦余录》称，真人张留孙，买地齐化门外，拟建宫而未就。元至治壬戌，其徒吴全节成之，赐名仁圣宫。泰定乙丑，鲁国大长公主，更为寝宫，又赐名昭德殿。两旁侍者仿唐开国功臣像，孙承泽以为昭文殿学士刘元手制。元字秉元，宝坻人。而周筼《析津日记》则又云刘銮塑，又云刘元善塑；虞集特为作记，别是一人。或疑銮与元音相近，而谓銮即元，误也。庙有丰碑三，真书则赵孟頫、赵世延，隶书则虞集，见孙国敉《燕都游览志》。今查庙在齐化门外，圣祖仁皇帝赐额曰"灵昭发育"。前后共六层。大殿供东岳神像，后寝宫，再后巡楼。其别殿所设则俗所谓财神、子孙神及七十二司诸像。其寝宫后殿所设，则称东西太子。考道家书颇多荒诞，其名称位号，盖相沿旧矣。院内竖碑甚多，自明洪武以来，约计百余通，而元代虞赵三碑，已不可得。圣祖御书碑二座，环以小亭，一国书，一汉文，穹然双峙。入门有二神将、十太保像。门外钟鼓楼二。其巡楼之旁有文昌祠，祠有铜驴，高三尺许，鞍背铸康熙戊子年制。

（清励宗万《京城古迹考》东城《东岳庙》）

（九）《帝京岁时纪胜》

朝阳门外二里许，延祐中建庙以祀东岳天齐仁圣帝。明正统中改拓其宇，两庑设地狱七十二司。殿后为穿堂寝殿，神像为正奉刘元手塑。寝殿设浴盆二，受水数十石，道士赞目疾入洗。龛前悬金钱一，人争以钱击之，中者益喜。殿前丰碑数十统，内三碑：一为天师神道碑，元赵文敏书；一为仁寿宫碑，虞文靖集隶书；一为昭德殿碑，赵世延书。岁之三月朔至二十八日设庙为帝庆诞辰，都人陈鼓乐旌旗，结彩亭乘舆，导驾出游，观者塞路。进香赛愿者络绎不绝。南城右安门内横街之东亦有庙祀，两庑为十地阎君之殿。凡有向涿鹿东山进香者，预期致祭于此，名曰发信。各庙游人了香愿毕，于长松密柳之下取醉而归。

（清潘荣陛《帝京岁时纪胜》）

（十）《宸垣识略》

东岳庙在朝阳门外，元延祐中建，累朝岁时敕修，编庙户守之。本朝康熙三十九年重建，乾隆二十六年修葺，有圣祖暨今上（高宗）御书匾额并御制碑，又御制诗。其塑像刘銮手制。墀中丰碑三通：其一为张天师神道碑，赵文敏孟頫书；其一为仁圣宫碑，虞文靖集隶书；其一为昭德殿碑，赵世延书。大都南城长春宫都提典冯道颐始作东岳庙于宫之东，谋于其徒曰：不得刘正奉（名元）名手无以称吾祠，且正奉尝从吾徒游，将无靳乎？即诣正奉言之，正奉以前敕未之许也。是时庙未成，民间以灵异祸福相恐动，事未甚显灼。冯去后，正奉果恍惚若有所感者，病不知人者二日。或为之祷，乃起，谓门人子孙曰：速为我御，我且之东岳庙。至庙，疾良已。会立庙奏御，正奉祝曰：愿亲造仁圣帝像。既而疾大安，又进秩二品，益喜，曰：是神之赐也，因又造炳灵公、司命君像，而佐侍诸神有弗当其意，悉更之，盖几有神助者。仰瞻仁圣帝，巍巍乎帝王之度矣，余皆称其神之所以名者。初，正奉欲造侍臣像，心计久之，未措手也。适阅秘书图画，见魏征唐像，乃矍然曰：非若此莫称为相臣者。遽走庙中为之，即日成。正殿仁圣帝、两侍女、两中侍、四丞相、两介士；其西炳灵公、两侍女、两仪臣；其东司命君、两道士、两仙官、两武士、两将军，皆出正奉之手，善观者知非他工所能杂其间也。长春之白云观，金人汾王先生十一曜，奇妙为世所称道，今遂配之，略不可优劣。又上都三皇像尤古粹，造意得三圣人之微，亦正奉之所造也。

查嗣瑮诗：阿尼哥后孰知名？脱活争传正奉精。昔日黄冠今紫绶，莫将抟换等闲轻。

劳宗茂《谒东岳行宫诗》：绛阙东郊近，神功仰大生。祀隆三代典，化洽万方平。肃肃冠裳侍，森森羽卫萦。缅思刘正奉，妙手发精诚（像为元正奉大夫刘元塑）。

考按：刘銮应作刘元，观《(道园)学古录》《辍耕录》可证其误。至銮在元前别是一人，详见皇城天庆宫所引《析津日记》条下。庙内赵孟頫碑存，虞集、赵世延二碑今无考。

（清吴长元《宸垣识略》卷十二）

（十一）《道咸以来朝野杂记》

（三月）十五日至二十八日为东岳庙开庙之期，较每月朔望为热闹，谓之诞辰会（俗呼掸尘）。盖东岳天齐大帝之附会。至二十七八木日，游人香客为最盛，出入朝阳门者肩摩毂击也。

（清崇彝《道咸以来朝野杂记》）

（十二）《光绪顺天府志》

东岳庙在朝阳门外，南向，内外围垣二重，庙门三间，牌坊门三间，瞻岱门五间。正殿七间，两庑各三间，回廊各三十六间，连檐通脊。前为甬道，左右御碑亭各一，燎炉二，左右墙门各一。后殿五间，左右庑各三间，回廊各七间，三面环楼三十三间。庙门内钟、鼓楼各一，庙门外石梁三，左右铁狮各一。前建琉璃坊，东西牌坊各一。凡殿宇门庑坊绿琉璃边，门楹丹腰，梁栋五采。御碑亭覆黄琉璃，钟、鼓楼覆绿琉璃。元延祐中张留孙创始，至治壬戌、泰定乙丑迭加修建，天历元年始行落成。明洪武三年，诏定岳镇神号，略曰：为治之道，必本于礼。岳镇之封，起自唐宋。夫英灵之气，萃而为神，必受命于上帝，渎礼不经，莫此为甚。今依古定制，并去前代所封名号，五岳称东岳泰山之神。正统十二年八月，京师重建东岳庙成。本朝康熙三十九年灾，赐帑重建，有圣祖御制碑文。乾隆二十六年重修，有高宗御制碑文。

（清周家楣、缪荃孙等编纂《光绪顺天府志·京师志六·祠祀》）

（十三）《天咫偶闻》

朝阳门外之东岳庙始自元时。赵子昂所书张留孙碑尚在东阶下。其神像旧云出刘正奉塑，康熙中毁于火。考《道园学古录》《刘正奉塑像记》，则刘所塑东岳庙神像在长春宫东，与此无涉。其误自《燕都游览志》始，竹垞因之。乃游者犹啧啧称叹不止，此南人所谓"隔壁帐"也。每岁三月望至下旬有庙市，若值谒陵，于此小憩，行宫即在佛楼下。

（清震钧《天咫偶闻》卷八）

（十四）《话梦集》《春明梦录》《东华琐录》

元时杏花，齐化门外最繁，东岳庙石台，群公赋诗张宴，传为盛事。果逻啰洛易之诗云："上东门外杏花开，千树红云绕石台。最忆奎章虞阁老，白头骑马看花来。"至明时则东门花事衰落，西郊渐盛。万历后，摩诃庵杏花多至千余株，朱养淳太傅诗云："摩诃庵外袖吟鞭，繁杏春开十里田。曾与村翁旧相识，看花不费酒家钱。"

（清沈太侔《东华琐录》）

（十五）《燕京岁时记》

东岳庙在朝阳门外二里许。除朔望外，每至三月，自十五日起开庙半月，士女云集，至二十八日为尤盛，俗谓之掸尘会，其实乃东岳大帝诞辰也。庙有七十二司，司各有神主之。相传速报司之神为岳武穆，最著灵异。凡负屈含冤心迹不明者，率于此处设誓盟心，其报最速。阶前有秦桧跪像，见者莫不唾之，已不辨面目矣。后阁有梓潼帝君，亦著灵异，科举之年，祈祷相属。神座右有铜骡一匹，颇能愈人疾病，病耳者则摩其耳，病目者则拭其目，病足者则抚其足。阁东有甲胄之像数，半身没于地中，俗传为杨家将云云，究不知其为何神也。庙中道教碑乃元翰林院承旨赵孟𫖯所书，字画虽真，丰神已失，想为俗工凿治矣。

谨按《日下旧闻考》：东岳庙乃元延祐中建，以祀东岳天齐仁圣帝。前明正统中益拓其宇，两庑设七十二司，后设帝妃行宫。本朝康熙三十七年居民不戒而毁于火，特颁内帑修之，阅三岁而落成，殿阁廊庑，视旧加饰。乾隆二十六年复加修葺，规制益崇。故至今祇谒东陵时，必于此拈香用膳焉。

（清富察敦崇《燕京岁时记·东岳庙》）

（十六）《北京庙宇的变迁》

元代至治二年（1322年），道士吴全节继承他师父张留孙未完的志愿，在齐化门外所购的地基上创建了这座庙，元主题名叫"仁圣宫"。三年后，皇帝的女儿又捐款建寝宫。大殿和寝宫中间用廊柱连接，现存的穿堂虽是清代重建的，但它的规制仍保存了元代的旧式。此庙毁于元末兵灾，明正统十二年（1447年）重建。清康熙三十九年（1700年）又遭火灾，四十一年（1702年）再建，除东西配庑仍保留有完整的元代木架外，东耳殿和东院的几座平房都还残留有明代的建筑法式。全部殿座规模宏大，院内元、明、清碑碣林立，是一座极有价值的庙宇，惜门前原有的两座木牌楼于1950年夏初，辅华火药厂爆炸时波及毁去。

按：文中所述"庙毁于元末兵灾"于史无征。又关于清康熙朝火灾及重

东岳庙概述 | 77

建年代，亦系因袭前人之误说，属于"尽信书"之累云。

（俞同奎《北京庙宇的变迁·东岳庙》）

（十七）《京华古迹寻踪》

我小的时候，每逢初一和十五，总喜欢出朝阳门（那时叫齐化门）去逛东岳庙。那是北京几大寺庙之一。解放后，起初改为公安学校，后来不知是不是也拆掉盖成大楼了。

像雍和宫一样，东岳庙前面也有座宏伟的牌楼。庙很大，一进山门，两边是四大金刚踩着八大怪。大雄宝殿后面是座阎王殿，那位留着两撇胡子的阎王老爷，手里拿着朱笔，面前摆了本生死簿。只要他在谁的名字上钩那么一下，那人阳寿就结束了。

然而真正令我看了胆战心惊的还不是那本生死簿，而是庙里的七十二司。用木栅栏隔开来的是阴曹地府的一间间酷刑室。每一司都是针对阳世一种罪愆所准备的惩罚。记得还有个割了舌头的泥塑像，犯人在阳世撒过谎，来到阴间就处以割舌之刑。后来读意大利诗人但丁的《神曲》时，心里就再现了东岳庙七十二司那可怕的形象。

然而就在东岳庙东隔壁的九天宫，却是截然不同的一种景象。顾名思义，九天宫就是阳世行善者，死后将升入的天堂。这是一座山形的巨大木质建筑，宛若由一朵朵云彩堆积而成。云间有一木梯，蜿蜒而上。每次逛完东岳庙，我都必然登上九天宫，吃力地爬到它的顶部，恍若站在九天之上来俯瞰人间了。

这两座毗邻的建筑物，代表两种迥然不同的境界，真是赏罚分明。我就是在对七十二司的恐惧和对九天宫的憧憬中，糊里糊涂地度过少年时代的。

按：从旧籍和明清人笔记记载，东岳庙从未有过阴司的阎王殿和酷刑室之设。萧老显然把神路街路东的"十八狱庙"和东岳庙的七十二司记混了。近年出版的古老照片册也大多把十八狱庙的受刑者，误注为东岳庙塑像，遂以讹传讹地沿袭下来。

（《京华古迹寻踪》，北京燕山出版社1996年版第205页萧乾《九天宫与东岳庙》）

（十八）《琉璃厂杂记》

出朝阳门二里，前有金碧牌坊雄峙若城阙者，东岳庙也。建自元延祐中，明正统十二年重修，拓其宇，两庑设七十二司，后建置帝妃行宫。嘉靖、万历迭修之。清康熙三十七年灾，三十九年出广善库金修复，三年而讫工，立丰碑覆以亭。齐天仁圣帝像、侍从像及其东三茅君、西炳灵公像，相传元刘元塑。今观三茅、炳灵像颇寻常，且不及明塑七十二司，惟仁圣帝巍巍然有帝王之度，四侍从若忧深而虑远，两介士威猛而爽飒，洵杰构。所谓"塑土范金抟换法"或庶几耶。开山张宗师即赵孟頫碑所谓上卿玄教大宗师张留孙，吴宗师乃其弟子吴全节。张像端严，吴像清穆，骎骎乎追踪刘元矣。殿东西碑林立，老槐间之斜出而筛阴，清净无纤尘，读者忘倦。赵世延、虞集二碑已无存，赵孟頫碑今完好，两碑不应独毁。外峙乾隆诗碑，西配以一碑，皆旧刻磨去者，隐隐有痕迹，其是耶？物有幸有不幸也。明碑凡十七，白纸会、灯会、供香会等无足述。正统重修碑、御制万历四年敕修碑，张居正撰；二十年敕修碑，赵志皋撰；王锡爵亦有碑，此其荦荦者。殿内铜造五供，嘉靖己丑造；殿前铜炉重千三百斤，万历丁亥太监陈仓等造。后为杰阁，三面环抱，中奉玉帝，古柏森森，别一境界。持鸟者有禁。朔望开庙，远近士女瞻礼，数百年如一日。神道设教岂不信欤！

（民国周肇祥《琉璃厂杂记》四）

（十九）《白云观志》

1. 东岳庙小史

东岳庙在北京朝阳门外，祭泰山神也。俗传此神掌死生、管灵魂。《后汉书·方术传》云：许曼祖父峻，少尝笃疾，三年不愈，乃谒太山请命，可以足知由来之久矣。更征之于礼文，岳渎祭祀视诸公侯。秦始皇即位三年，东游海上，礼祠齐国八神，其一曰天主，祠天齐（《史记》二八《封禅书》）。唐玄宗开元十三年（725年）十一月壬辰，封泰山神为大齐王，礼秩加三公一等（《文献通考·郊社》一六），盖袭秦礼也。宋真宗大中祥符元年（1008年）为仁圣天齐王，修饰庙宇，五年（1012年）更上天齐仁圣帝之尊号（同上书）。元世祖至元二十八年（1291年）春为天齐大生仁皇帝（《元史》七六《祭祀志》）；仁宗延祐年间，张留孙创建本庙于此地，未成而没，弟子吴全节绍述师志，英宗至治二年（1322年）作大殿、大门，大殿奉祠大生仁皇帝；明年作东西庑。泰定帝二年（1325年），鲁国大长公主发私财作帝及帝妃塑像；文宗天历元年（1328年），赐"昭德殿"之名（虞集、吴澄、赵世延诸碑）。明太祖洪武三年（1370年）诏定岳镇神号，依古制并去前代所封名号，单称东岳泰山之神，祭以三月（《明史》四九《礼志》）。英宗正统十二年（1447年）五月，益拓其宇，两庑设地狱七十二司，后设帝妃行宫，宫中侍者或身乳保领婴儿以嬉，或为妃奉膳奉匜。有二浴盆，受水数十石，道士赞目疾者，入者辄洗。帝妃前悬一金钱，道士赞入者投钱，中则得子。入者罄所携钱以出（英宗碑，《帝京景物略》卷之二）。神宗万历三年（1575年），帝奉皇太后旨，发官帑修治之（张居正碑），二十年（1592年）复加缮葺藻饰（赵志皋碑）。清康熙三年（1664年）三月失火全烧，唯存左右道院而已。三十七年（1698年）再罹回禄，于是翌年降敕命其再建，始于三十九年（1700年）三月，成于四十一年（1702年）六月（圣祖御碑）。乾隆二十六年（1761年）十二月复加修葺以至于今日（高宗御碑），正殿曰"灵昭发育"，圣祖御书；又额曰"岳宗昭觋"，联曰"木德承天，橐籥阴阳甄品汇；青祇司令，监观上下仰灵威"。寝宫额曰"苍灵赞化"，联曰"作镇统元，居五岳之长；资生合撰，妙万物而神"。后层玉皇阁额曰"碧霄宰化"，皆乾隆御书。正殿院中恭立圣祖及高宗御制碑文。

按：文中所述"清康熙三年三月失火全烧，唯存左右道院而已"一说，疑系引用王士禛《香祖笔记》"庚辰（康熙三十九年）三月"误为甲辰（康熙三年）三月，实际东岳庙灾在戊寅（康熙三十七年），王氏所谓"庚辰三月"，实为灾后重修之年代，故甲辰、庚辰说皆误。

2. 东岳庙与白云观之异同

现今道教分为二派：曰纯阳系，白云观者为其太宗；曰天师系，东岳庙者其最著者也。此二派不相同，余既述于本书（《白云观志》）第九，道教分派，此章更记以补前文遗漏。

白云观道士皆以修真念经为务，比之于佛教稍类禅宗；东岳庙所奉神圣，勿论儒、释、道三教，其他如财神、子孙娘娘、药王、鲁班、马神、瘟神、月下老人，悉无不斋祀。又天府行政之地，故兼察善恶，是所以七十二司、十八地狱之存在也，故其道士掌祈祷符咒之术，可谓巫祝之流，故每年庙会（三月十五日至二十九日）每月庙会（十五日）辄瞻礼进香，络绎于途，其信者团体有掸尘会者，善男信女出资以掸玄庙内塑像上所积之灰尘为事业，又有献花会者，购置纸花于各殿也，又有献纸会者，购进纸张以供殿宇窗棂裱糊之需也；又有放生会者，购买飞禽若干笼，放之于正殿前者也。白云观则无此等事。燕九、九皇两节，赛者固多，然以全年概之，不及东岳庙颇远矣。故其进香收入自亦寡少，恐十分之一乎。

白云观者，天下道教十方丛林之首刹也。纯阳系之道士皆属白云观之监督指导。东岳庙不然，天下各处东岳庙虽大小不同，皆持同一权限，均仰江西龙虎山天师府之管辖。

3. 七十六司说

山东泰山有酆都庙，又设七十五司。《岱史》卷九（《道藏》续集八字号，上海版P1093）云：酆都庙在岱宗南麓，其神为北阴酆都大帝，配以冥府十王。又云森罗殿左为阎王庙，有七十五司及三曹对案之神，神各塑像，俗传为地狱云。若夫伪高里〔山名，泰安州西南二清（华）里〕为蒿里，拟奈河（水名，在高里山之左）为幽明两界之境，皆出俗传，顾炎武既辨之于《山东考古录》，北京东岳庙亦与之同，故设七十二司神像于庙内（后加四司）以示劝惩，速报司、掌都察司等是也。每一司之门口都供一铁制香炉，其上面刻着"大明圣母慈圣皇太后李圣诚造，万历己酉（三十七年，1609年）孟夏吉日，慈宁宫管事提督太监王臣呈奏"之三十五字者最多。慈圣皇太后者，神宗皇帝母也。按七十二司之名数由来，盖本于三十六洞天、七十二福地或由泰山所封禅七十二君欤？明英宗时代始建之于本庙（第一《东岳庙小史》参照），唯庙内乾隆三十二年（1767年）柳河张绶所撰《东岳庙庆司会碑记》曰"自汉明帝始也"，然不可信。窃唯七十二司说生于道佛二教之混合，明帝时代则佛教初期，恐未有此事也。各司前有木牌，皆详记其缘起。石桥君倩人写之为一本，君又曰此系于民国八年（1919年）刘澄园撰文、厉真孝出资揭之。余借览之，虽荒唐不经，所谓民间信仰之研究，未必有无小补，故得君允许，附载于兹焉。

按：该文中提及之"石桥君"，名石桥丑雄，时任日本驻北平公使馆馆员。日本侵华期间，任北京公务局技佐，战后将其任职时所集有关北京之资料整理后著书立说，成为研究北京风物的学者。

[[日本]小柳司气太《白云观志》，
昭和九年（1934年）三月版]

（二十）《北京寺庙历史资料》

坐落东郊二分署朝阳门外大街路北二四二号，建于元朝延祐年，系本庙道祖张留孙捐资创建，嗣祖吴全节继续建成，属私建。本庙面积六十一亩五分，共楼殿房三百六十四间；附属房屋灰棚一间，天仙宫庙一处。管理及使用状况为照旧管理及租赁。庙内法物有东岳大帝暨碧霞元君、关帝、文昌帝君、孔子、药王、岳夫子、真武玉皇等位神像共一千二百七十二尊泥胎，东岳经一部，真武经十三部，玉皇经十部，拔罪经七部，其余诸品经卷并无整齐者。道教碑一座，铜钟两口，铜五供两份，铜香炉一个，铜磬两口，铜特一匹，铜海灯一个，样鼓两个，铜香炉两个，小铜钟一口，铁钟一口，铁五供一份，铜鼎一个，铁香炉一百七十一个，铁香池三个，铁刀一把，铁磬大小二十八个，另有石狮子一对，石桌一张，石碑一百三十六座，旗杆六根，松槐树一百二十棵，砖燎炉三座，木牌坊两座，琉璃牌坊一座。

（《北京寺庙历史资料》第601页《东岳庙》）

坐落朝阳门外大街路北二四二号，建于元延祐年，属私建。不动产土地九十一亩，房屋三百七十六间，琉璃牌坊一座，木牌坊两座。管理及使用状况为住持管理，除神殿及自住房屋外，余房出租、停灵。庙内法物有神像一千三百一十六尊，礼器四百三十件，法案器五十一件，经典三十一部，雕刻八件，石桌一个，绘画八扇，供桌一百五十八张，另有石碑一百三十七座，石狮一对，旗杆六根，松槐树一百二十棵，砖燎炉两座。

（《北京寺庙历史资料·东岳庙·道庙》）

（二十一）《春明叙旧》

在先农坛业余体校中国象棋班的师兄何左峰过年时来家，告诉我朝外东岳庙已由中兴文物建筑公司修葺一新。提起东岳庙，让我想起了光绪初年的一段公案。

光绪六年十一月十三日，西城粉子胡同的户部右侍郎、他他拉氏长叙以第二女嫁与朝内拐棒胡同山西布政使博尔济吉特氏葆亨之子为婚。御史邓承修在十一月十二日前去拐棒胡同道喜，受到门房的冷遇，遂生报复之心。十一月十三日，他穿石青色褂子去了，目的就是恶心人。不仅如此，他还上了个折子。《光绪朝东华录》记载："邓承修奏，本月十三日为圣祖仁皇帝忌辰，朝廷素服，薄海同遵。风闻户部右侍郎长叙，以是日嫁第二女与署山西巡抚、布政司葆亨之子为婚，公然发帖，宾客满门，鼓乐喧阗。……俱以二品大员，世受国恩，内跻卿二，外任封疆，而藐法妄为一至于此。……查长叙为前任陕西总督裕泰之子，现任广州将军长善之弟。……交部严加议处，寻部议革职。"

被革职的葆亨不仅事出意外，还觉得窝囊。他让外孙子、宗室毓逖（字琴孙）给做了一个一米多长的铁算盘，上题"毫厘不爽"四个字，悬挂于东岳庙大殿西山墙上，意思是让阎王爷给算算，给主持公道。据说，御史邓承修没几年就死了。据葆亨的后人讲，这个铁算盘一直到1949年还有。

上边提到的侍郎长叙是珍妃、瑾妃的本家；而宗室毓逖（字琴孙）系雍正帝第五子和亲王弘昼后裔，他在地安门西大街开过信诚杠房，很有名气，凡皇亲国戚的白事大多数由他家经办。而毓逖长孙就是军队师级干部、著名书法家启骧。与启骧宗支较近的就是北师大教授启功、书法家启源先生。

（《春明叙旧》第366页冯其利《东岳庙内悬挂大算盘》）

（二十二）《清代社会文化丛书》

东岳庙在北京朝阳门外大街路北，正对神路街，为道教正一派在北方的重要道观，与白云观齐名。农历每月初一、十五均开庙供善男信女烧香敬神。

正月初一至十五、三月十五日至四月初一日有庙市。三月二十八日为东岳大帝诞辰，故三月的活动多而隆重，进香者十分踊跃。届时朝阳门外大街两侧商贩云集，卖香纸蜡烛的、卖各种食品的、卖儿童玩具的、卖日用器皿的等一应俱全。游人拥挤，十分热闹。

东岳庙始建于元延祐六年（1319年），建成于至治三年（1323年），赐名东岳仁圣宫。为东汉时道教创始人张道陵（天师）第三十八代传人张留孙筹资兴建。元成宗铁穆耳于大德八年（1304年）封张留孙为玄教大法师，正一教主，统领道教龙虎山、茅山、阁皂山三大名山。他发愿修建东岳庙，但工程开始不久即羽化，由其弟子吴全节继承师志建成，作为东岳大帝行宫。元泰定二年（1325年），鲁国大长公主出巨资建帝妃寝宫，赐名昭德殿。历代不断扩建，规模很大，占地近百亩，有殿堂共600余间。其现存建筑多为清代所建，但中轴线上建筑的格局及庑殿斗拱等仍保留着元代建筑的形制和特点。

东岳庙分东、中、西三路，中路以（依）次为山门、钟鼓楼、戟门、岱宗宝殿、育德殿、玉皇殿、帝妃寝宫、后罩楼等。中路左右两庑有地狱七十二司、广嗣殿、太子殿、阜财殿等。岱宗宝殿东西耳房为三茅真人祠堂、吴全节祠堂、张留孙祠堂等。后罩楼为娘娘殿、斗母殿、关帝殿、灶君殿、喜神殿等。楼下有三间御座房，据说清代后期皇帝到东陵祭祖，到东岳庙进香，要在此休息用膳。东路有伏魔大帝殿、丫髻山九位娘娘殿、江东殿等和一座颇精致的花园。西路有东岳庙祠堂、玉皇阁、三皇殿、药王药圣殿、显化殿、马王殿、妙峰山娘娘殿、鲁班殿、三官殿、瘟神殿、阎王殿、判官殿等。中国民间所奉祀的神，东岳庙几乎都有。有人说东岳庙是一幅迷信全图，可谓名副其实。

东岳庙主祀为泰山神东岳大帝。道教以泰山为"群山之祖，五岳之宗"，泰山神当然也成为五岳诸神之尊了。历代皇帝都把祭泰山神列为重要祀典，很多帝王都亲到泰山举行封禅典祀。对泰山神也不断加封，唐武后万岁通天元年（696年）尊为天齐神君。唐玄宗开元十三年（725年）加封天齐王。宋真宗大中祥符元年（1008年）诏封为东岳天齐仁圣王，四年（1011年）又加为东岳天齐仁圣帝，夫人封为淑明坤德皇后。元世祖至元十八年（1281

年）加封为东岳天齐大生仁圣帝，故世称东岳大帝。执掌人间贵贱尊卑之数，管十八地狱、六案簿籍、七十二司、生死修短之权。也就是说世人活人的生死荣辱由他主宰，人死后的鬼魂也由他安排，无怪乎东岳庙的香火久盛不衰了。

地狱七十二司。东岳大帝"百鬼之主帅也"。掌管七十二司。明英宗时在中路庑殿中设地狱七十二司。其塑像是依据轮回报应等宗教幻想塑出来的，很多恶鬼青面獠牙，面目狰狞，十分恐怖。有：福寿司、恶化司、速报司、现报司、孽障司等名目。速报司主神为宋代抗金名将民族英雄岳飞。现报司主神为明将领周遇吉，也有说是宋末抗元英雄文天祥。传说如有恶人诬陷善良，受害人到此二司烧香祈祷，诉说冤情，害人者马上就会受惩罚，故曰速报、现报。再就是阎王殿，十八层地狱，内容为从人死后进入鬼门关一直到"轮回殿"喝"迷魂汤"重新转世的全过程。行善的人死后，在阴曹地府也受到优待，既可转生到富贵官宦人家继续享福，甚至还可成神。作恶的人，根据不同情况，要受到不同的惩罚。如在阳间造谣生事诬陷好人的，要下拔舌地狱，割下他的舌头。如生前大秤买小秤卖的，在地狱里要用秤钩钩住他的脊梁骨吊起来。这些鬼魂不是打入十八层地狱永世不得翻身，就是转生为牛马等供人役使。目的是劝人为善。《都门赘语·东岳庙诗》云："七十五司信有无，朝阳门外万人趋。也知善恶终须报，不怕官刑怕鬼诛。"

东岳庙也打"金钱眼"。在帝后寝宫，帝后塑像前悬一木制大"金钱"，钱眼中也系一小铜锣。道士骗人说：在一定距离用铜钱击中金钱者即可得贵子。在"不孝有三，无后为大"的封建社会里，谁不想多得贵子光祖耀宗。众香客纷纷用铜钱投击金钱。《帝京景物略》也说："东岳庙帝妃前，悬一金钱，道士赞中者得子，入者辄投以钱，不中不止，中者喜，益不止，罄所携以出。"这一段话，把人们争强好胜心理说得很形象。生否贵子无人得知，庙中道士却可大得其利。北京寺庙共有三处打金钱眼的，形式虽不同，但目的是一个——敛钱。

东岳庙殿堂的"机关"。传说旧时东岳庙有的殿堂安装有"机关"，开关设在临门处，触动"机关"，殿中的判官、夜叉、小鬼等就动起来，有的还会走动，实在恐怖可怕。育德殿的"机关"尤为吓人。如踩在开关上，便由门两侧各出一个夜叉，把来人用绳索套上带到神像前的香炉前。传说有一个乡下人，不明底细，进殿烧香，踩在开关上，夜叉出来把来人吓死了。事情告到官府，下令把"机关"拆除了。

给我讲述此事的两位老人，也是听前辈讲的，给他俩讲的人也没有亲眼目睹过。究竟有没有这些"机关"，我姑妄言之，读者姑妄听之吧。反正东岳庙很多东西都是骗人的。

东岳大帝出巡。三月二十八日东岳大帝诞辰，不但在庙内隆重祭祀，还要出巡上街游行。出游时帝乘八抬大轿，前有旌旗鼓乐导引，有信徒扮作判官、夜叉以及披枷戴锁的"罪人"随行。后有多档民间花会紧跟，边走边表演。"帝之游所经，妇女满楼，士商满坊肆，行者满路，骈观之。"其盛况可见一斑。

东岳庙东岳大帝像，相传为元昭文馆学士刘元所塑。至今北京有刘蓝塑胡同，即当年刘元所居之处。东岳庙的碑刻也很有名，共有140多座，最著名的是元代大书法家赵孟頫书的《张天师道教碑》。很多碑刻被毁，此碑幸存，现已妥加保护。

北京解放以后，东岳庙被一些单位占用，所有附属文物已荡然无存，建筑也有拆改，尽管如此，这一大规模的古建筑群还是保存下来了。1957年公布为北京市重点文物保护单位。现庙中单位已经迁出，正在进行修缮。根据北京市文物事业管理局的规划，将在这里建一座民俗博物馆。不久的将来，东岳庙将以崭新的面貌接待中外游人。

（《清代社会文化丛书·风俗卷》
郭子升《东岳庙七十二司》）

按：文中所述：

1. 庙市日期应为三月十五至三月二十八日。

2. 庙始建年代应为元代至治二年（1322年），建成年代应为天历元年（1328年）。

3. 张道陵的第三十八代传人应是张留孙的师祖而非张留孙。由于天师的承嗣是父死子继或兄终弟及，而留孙虽与道陵同姓，但并无血缘关系，因此他始终未敢受天师封号。故文中所谓《张天师道教碑》一名也不确，实为《张留孙道行碑》。

4. 庙的中路所列殿名中，育德殿实际就是帝妃寝宫。而玉皇阁只是后罩楼上层正间的三间阁楼，不叫"玉皇殿"。

5. 所谓七十二司殿内设"机关"，割舌、钩脊梁骨等酷刑，实际是在神路街路东十八狱庙中。因两庙离得很近，常被误认为东岳庙内有酷刑室之设。

6. 刘蓝塑胡同之得名，因胡同内路东的道观天庆宫内有元代匠师刘銮塑的像，而非"当年刘元所居之处"。刘銮和刘元本不是同一个人（参阅《宸垣识略》卷十二）。

（二十三）《紫禁城内外》

东岳庙，坐落在京城朝阳门外，庙宇宏伟端庄，前后六进院落。庙门前有一座华丽的雕花三门七顶绿琉璃瓦牌坊，牌坊前后有"秩祀岱宗"、"永延帝祚"八个字，传说为明宰相严嵩手笔。

山门，据传距庙门有三里地远，位于通惠河边。每日早晚，老道需要跃马扬鞭去关闭山门。

庙，始建于元朝延祐年间，初建的庙名为东岳仁圣宫。明清时多次重建、修葺及扩展，终于形成后来的占地九十六亩，有六进正院及东、西跨院带大花园的规模。

由于是敕建东岳庙，所使用的建筑材料十分讲究，砖瓦均为砖窑定制，并有资格使用御用黄琉璃瓦，整个庙宇颇有皇家辉煌气魄。

东岳庙，顾名思义，所供奉的神为东岳天齐大生仁圣帝，被老百姓简称为东岳大帝的泰山神及他的下属衙门——七十二司。

北京的这座泰山神庙所属教派为正一派，与那个"澄心定意"、"与物无私"，主张"全神炼气，出家修真"的全真派不甚相同，正一派崇拜鬼神，"专恃符箓，祈雨驱鬼"，也就是以画符念咒、驱鬼降妖为己任。

东岳庙，虽然为官庙，但人却是以师收徒，徒成师后又收徒，徒奉师如父如祖的家庭式关系组织在一起的，所以东岳庙又被称为子孙庙。住持传位不搞选贤制，也仿照封建大家庭式的祖传长子、长子传长孙的血统继承制，由师父传给大徒弟，大徒弟再传给本人的大徒弟。

东岳庙这家子孙庙，每辈道士限定最多只能收四个徒弟。这样这个庙在最旺盛的四辈同堂的时代，那么大的一个庙宇，全庙道士也只达到过十五名。

清时，道录司（道教事务最高领导机关）设在东岳庙，庙增加了衙门气势，设有类似衙役的庙役，负责执法值班。庙设有班房，班房内备有鞭、板、锁、枷等刑具。道录司对违反道规戒律的道士有拘捕施刑的权力，也有将违法道士移交刑部按律制裁的责任。

在道录司任职的东岳庙住持不叫方丈，称为老爷，有官服、顶戴及朝靴等。住持的官阶相当于御史，官服上的补（pǔ）子为仙鹤（háo）。

不但各品级的道士按官阶每月由宫廷发给钱粮，东岳大帝这座神像本身也享有侯爷的待遇，按时从皇家领取俸禄，加之香火地的物产、达官贵人的捐资、念经费及庙室停灵费等多项收入，使东岳庙的老道们始终过着富裕的阔家子弟生活，庙中养着名贵的小巴儿狗。道士们脸涂官粉，身着软绸道袍，飘飘然过街招摇。

东岳庙始终与历代王朝保持着密切关系。

那位发愿以自己俸禄修建东岳庙的正一派祖师张留孙，与元世祖忽必烈交往甚密，被授过"上卿玄教宗师"、"辅成赞化保运玄教大宗师"等职，赐银印、玉印。

其大弟子吴全节也同样深得朝廷赏识，多次被授高职，赐玉印，并在元仁宗的支持下，修建起这座大都东岳仁圣宫。

明清时，东岳庙与朝廷关系有增无减。特别是在清代，联系更加广泛，从皇帝、太后、皇后、嫔妃到王公大臣乃至宫廷太监，哪一个阶层都曾与东岳庙有过密切接触。

除了东岳庙是为了朝廷服务的皇族家庙这一重要原因外，还另有一个其他庙宇无法相争的条件，那就是东岳庙恰好坐落在清廷祭祀东陵的必经之路上。每当浩浩荡荡的銮驾仪仗出朝阳门东谒皇陵时，这个庙就是这支队伍休息的第一站。因此庙里特意在后楼为皇帝设置了御座房，在花园里为慈禧太后准备了休息室。光绪年间，在庙里还发生过一次隆裕皇后险些翻轿子的事故。

那次由八个太监抬着隆裕的轿子，往后面的御座房去休息，在走到岱宗宝殿东廊拐弯时，走在外面的太监一脚踏空，眼看轿子就要翻倒。这一翻的后果十分严重：因为他们是行走在离地面有三尺距离的高台上。倘若翻倒，轿子会整个反扣在地面上，皇后会来个倒栽葱，那么八个太监的命会一股脑儿被断送。万幸的是，那轿子竟然没有翻倒。太监们认为，这一定是东岳大帝保佑了他们，使他们逃避了这场杀身之祸。

东岳庙还有一个特殊的作用，那就是宫内嫔妃们与自己家里亲人偷偷聚首的地方。

宫门深似海，嫔妃贵人们一旦被选入宫，犹如泥牛入海，人入牢房，永无与亲人相见的可能。而东谒祖陵途中的东岳庙，就成了她们得以见亲人的珍贵机会。每逢这时，家里亲人便早早等候在庙里，抓紧时间与久别的骨肉见上一面。想那场面，一定是兴奋激动而又悲哀难言。

清廷太监与东岳庙的关系更是亲密异常。

这一亲密关系大概主要源于他们同为不能婚娶，不能享受俗家人生活的天伦之乐的相同命运，所以有不少太监从清宫中出来之后，是到僧道庙宇中安身的，东岳庙就接收过几位老太监，帮他们度过残生。

而太监们对东岳庙也有过极大的资助，除了一些有头面的大太监的捐银外，清廷太监们还组织过一个白纸神账会，为七十二司提供笔墨账本，供神仙们记载人世善恶。太监们以集资一万两白银为本钱，存入鼓楼大街的纸店，每年三月二十二日，纸店以白纸抵利息，交给太监，到东岳庙来举办焚旧账本、换新账簿的盛会。七十二司，每司年年有大账，月月有小账，其纸的消耗量也是很可观的。

东岳庙在这一天要请他们吃一顿极富特色的自制的烧羊肉。

东岳庙虽属正一派教道观，道士们由于长年养尊处优，富足悠闲，清规戒律便渐渐松懈，不但可以娶妻生子，亦可以大啖荤腥，并且食不厌精，几乎人人练出一套高明的烹调手艺，创造出多种具有东岳庙风味的荤素佳肴，其中就有一种极脍炙人口的烧羊肉。

烧羊肉的做法并不难，首先把整块羊肉放进锅内，配好各种调料，大火烧开，小火炖烂。然后捞出来，用香油炸成金黄色，再捞出，趁着热切成片，浇上姜末、酱油醋等，这就可以上桌了。外焦里嫩，其味道鲜美异常，赛过螃蟹，这菜的名字也就叫"赛螃蟹"。

难的是，烧羊肉时的黄酱没地方找去。原来这是道士们自己精工细制酿造的酱，而酿的方法又是由皇宫里传出来的"苏造酱"酿法，自然与北京城六必居或天源的黄酱有所不同。与众不同的调味品加上与众不同的老道们的精湛手艺，就烧出了与众不同的"赛螃蟹"。

宫里的太监们特别赏识这个荤食，每上东岳庙必点这个菜，每次大吃一顿不算，还要人人手拿一包走，回到宫里，还要对那些没吃过这个菜的太监撺掇说："还不上东岳庙吃赛螃蟹去！"勾得人馋虫儿上来，也要千方百计找理由上庙里一饱口福。

清宫中各色人等活着的时候与东岳庙打交道，死了以后，有不少人还继续与之发生联系。

在讲这一段之前，我们先讲一讲东岳庙的住持。

东岳庙前后有过两位有名气的住持。

一位是清雍正时的娄近垣，他是正一派的一位著名道士，一直四处云游。到了京师北京后，原本打算借住在本派的东岳庙里，但东岳庙是子孙庙，不接待外人（大概是有点排外意思），娄近垣就只好到西便门外的白云观挂单（道家用语：暂住）。

这时的雍正刚刚上台，他是要尽了阴谋诡计登上金銮宝殿的。北京有一句老话儿："不做亏心事，不怕半夜鬼叫门。"可雍正怕，他得了精神衰弱症，常在睡梦中，如鬼附体似的大叫："楼上有个老道！"

为了解除皇帝的心病，宫内便派人满城遍寻"楼上的老道"，终于在白云观寻到了那位远来的楼上老道娄近垣，不由分说，把他请进宫。

雍正"弑亲面南"的政治传闻早已朝野遍闻，娄老道自然也有耳闻，便郑重地告之雍正，是阴魂索命造成的病因，应该做道场超度亡灵，同时封那八位皇兄弟的亡灵为掌管风、云、雷、雨、冰、雾、雪、霜的神，建庙以祀，他们才不会来骚扰皇帝。雍正顿时大悦，心中愁云一扫而光，依言办理。

这样就在皇城盖了几座庙,被后人称作故宫外八庙。

娄近垣治病有功,被赐掌管道录司大印及京城正一派东岳庙住持职务,并被赐住大光明殿。

这就是那位是东岳庙住持却不住东岳庙的娄住持娄老道的故事。

他救过皇帝的命。

华明馨是东岳庙近代的一位住持,是位遵循道戒道律以善为本的老道,享年八十余年而羽化。他历经清末民初的种种社会动荡,为老百姓做了不少好事,他还曾救过老百姓的命。

八国联军侵入北京时,那位天下第一尊的慈禧带着光绪逃往西安,把偌大的北京城和老百姓丢给外国侵略者。当时京郊义和团奋力杀敌,把外国侵略者杀得恼羞成怒,德、日、法三国鬼子进驻东岳庙后,扬言要对中国人进行报复,要杀光朝阳门外所有的老百姓。华住持立刻进行阻拦,说:"你们不要滥杀无辜。中国道教主张积德行善,多做好事。如果做了坏事,就会受到东岳大帝的惩罚,下十八层地狱。"还给他们讲了许多东岳大帝显圣扬善抑恶的神话故事。外国侵略者对中国道教的因果报应故事感到很新奇,似信非信,没有对当地老百姓进行屠杀。

侵略者滚蛋后,免受杀戮的朝阳门、东直门、东便门三城门外的老百姓对华住持感激涕零,给华住持送了一块"大德曰生"的金字大匾。华住持祥和谦逊,力辞不受。众人只好将此匾献给庙里的神仙,以示对华住持的感谢。

中国最后那位皇后隆裕生前来过东岳庙几次,作为太后,死后一周年,也是在东岳庙做的道场。

时间为清逊帝溥仪九岁时,由华明馨主持。

这次道场声势很盛大,很隆重。华住持穿着那身与御史级别相等的、带仙鹤补子的宗教首领官服,站在左正一的位置上,也就是道场的总指挥位置,两位高公站在一左一右位置上。其余左演法、右演法、左执铃、右执铃等各戴衔的三十多位道士也都相应站在自己的位置上,一边打响器,一边抑扬顿挫地齐声诵唱《太乙救苦经》《消灾经》等,去超度那消逝的最后一代王朝的太后。

清代时,老道们的打扮仍是明代装束,清道录司属宗教衙门,所以官服为清式。东岳庙的老道一直对道录司的官服深感自豪，因为那服装与御史服装相同。御史的品级不等，权力却很大，是皇上御前的相当于今天检察院官员的权力，任何人都可以参，连王爷都不在话下。而东岳庙道录司老爷的补子跟御史的补子一模一样，所以那光荣也应是相等的。

因而东岳庙老道十分珍惜这光荣，非有皇家宫廷活动不穿。

为了表示对清廷的忠诚，东岳庙的老道们还一改道家传统发式，将满发也剃成半发，直到清王朝被推翻，才恢复道士的汉家打扮，又蓄满发。这是题外话了。

隆裕的道场在东岳庙里是规格最高的，在正殿也就是主建筑岱宗宝殿里举行，以后的其余各色人等再也没有谁能享受过这等待遇，只能屈尊在西跨院。

穿过位于东岳庙中轴线上七十二司的西偃月门，有一片小院，每个小院里都有几间殿房，供奉着各路神仙，同时也空着几间殿堂房屋，这些空殿房就是日常停灵用的。再往西，有个通往元老胡同的大门，就是专供灵柩进出使用的。

停灵费也是东岳庙的一项大收入。

直隶总督荣禄荣中堂的母亲去世，就是在东岳庙西跨院停灵、办的道场。

这道场的繁华铺张没有谁比得上。

朝廷官员全出动，预先在元老胡同两侧站好，满目红顶子蓝顶子；而这时棺材还没出朝阳门。

荣禄家妇女坐着轿跟在棺材后面送殡，男人骑马在棺材前头，先一步到元老胡同来。只有荣禄坐轿子，轿子打着帘。

华明馨华住持此时尽地主之谊，穿戴整齐，也站在西门外恭候。荣禄一路走来，对任何官员都不拿眼睛瞧，唯独走到华住持旁边，立刻叫停轿，跟尾儿走下轿子，执着华明馨的手说："大哥，您怎么总不上我那儿去啦？"

在荣禄未及高位之前，华明馨与他是老朋友。那会子兴拜把兄弟，两人就结了金兰之交。华常到荣禄宅上走动，等到荣禄官拜显赫，华明馨就不去了。不贪权势富贵，是出家人的本分。

听荣禄这么一说，华明馨华住持很得体地回答道："我不去，是省得给你找麻烦。平时求我办事的人太多，人家知道我跟你关系不错，倘若我常去你那儿，他们会让我托你办事，那还不是给你找麻烦了吗？"

荣禄母亲的丧事排场极大，棺材为八八六十四杠，竟进不了元老胡同，只好临时换成六六三十六杠才抬进灵堂。在东岳庙停灵的时间很长，停了七七四十九天。在这期间，发生了一件轰动东岳庙内外的大事。

荣禄是孝子，为慈母办道场，朝廷内外，趋炎附势者众，天天有人祭席。全北京各有名的饭庄全部被请出来大显身手，每天，都有饭庄的伙计挑着圆箩盒，内里满盛全席，在灵堂外排着队等着祭奠。张家祭完席李家紧跟着祭，王家磕完头刚一站身，赵家就已经跪下了，就这么拥挤。

饽饽桌子（同蒙族人一样，满族人管点心叫饽饽）——一种专用的祭祀桌，三尺多长，二尺多宽，一层一层往上码好各式各样的饽饽，形成宝塔状——摆满殿前月台，一般人家仅摆三排，这次摆了二十排。这排桌刚摆好，马上撤下再摆另一排。饽饽多得都没法用手捡，干脆用木锨撮。

庙里打杂役的伙计都吃腻了，见了饽饽就干呕。

就在这当口出事了。

北京当时还没有警察，由负责地方社会治安的五营骑兵派了一个小队，四十多人，围着西跨院日夜巡逻。院内，由庙里伙计值班。这天夜里，伙计在院里巡视，发现一个黑影一闪，伙计一喊，那黑影就跑，原来是个偷东西的窃贼。伙计紧追不放，贼在爬墙的时候，被伙计一把抓住大腿，逮住了。那贼原来手里还拿着家伙呢，临逮住前，还把伙计脑袋打破了。

到荣中堂家灵堂来偷东西，这贼的胆子也忒大了，定严惩不贷！

按平时说，小偷小摸判不了死罪。可这回，荣中堂不以贼论处，而以盗窃坟墓治罪，送交刑部重办。

按大清律论，盗窃坟墓者当斩！死罪！一条命眼瞅就被断送在荣中堂家的灵堂上。

就在此时，走出了华明馨华仹住持，他劝荣禄道：贼不是有意盗墓，而是偷窃庙中财物，请对刑部讲讲，不要以盗墓论罪了。

荣禄看在华住持的大面子上说："好好，我听您的。"

幸亏华明馨的说情，那贼被饶了死罪，只判了几年活受罪。

这就是发生在东岳庙里那件没惊天却动了地的盗窃案。

（《紫禁城内外》，中国城市出版社1996年版，
张淑媛、张淑新《东岳庙轶事》）

（二十四）《文史资料选编》

我叫傅长青，生于宣统三年（1911年），世居北京朝阳门外草场。我父亲叫傅连生，以卖黄土为生。我年幼时家境贫寒，七岁患病，母亲到隔壁东岳庙烧香求神保佑，许愿说，只要我的病好，情愿把我送进东岳庙出家当长期道士。[①] 后来，我的病好了。家里就托一个街坊（在东岳庙做事的庙役），去问庙里的老住持华明馨要不要我，华叫他带我去东岳庙一趟，华见后认为可以收下，可是嫌我年岁太小，等大一点再进庙。

我八岁那年在东岳庙下院天仙宫上私塾，一天，东岳庙道士来取房租，学校老师指着我对他说："他是你们庙里的小老道。"那个道士回去对华住持讲了我在天仙宫上学的事，华立刻叫庙役找我到庙里念书。于是在我还不到九岁时就正式出家进庙当道士了。进庙后住持给我取法名洞奎，是东岳庙最小的徒弟。解放后，1953年我脱了道袍，去了长发。1958年参加了商业工作，才脱离了东岳庙。

下边是我在东岳庙出家三十多年的见闻，写出来，供大家参考。

1. 东岳庙的沿革与建筑

东岳庙位于北京朝阳门外大街，元延祐己未年（1319年）为正一派玄教大宗师张留孙自资兴建。未建成，张即去世，由其弟子吴全节继续修建。元英宗壬戌年（1322年）建成大殿、大门。次年建成四子殿和东西两庑。泰定乙丑年（1325年）完成东岳大帝及其后的塑像。元末曾遭兵燹。明英宗正统中重建时，扩建了东西两庑，设七十二司。清康熙三十七年（1698年）复遭火灾，逾二年，于三十九年奉旨重建，经三年建成。乾隆二十六年（1761

[①] 过去许愿出家的有"长期"和"记名"两种，长期的要进庙出家，记名的只认个师父起个法名，不用进庙。

年）重新修葺，全部油漆一新。道光年间由东岳庙住持马宜麟募化十方，重建东西两跨院。东岳庙自元至清，历代均有所修葺，始具今日之规模。

庙的名称，初建时称"仁圣堂"，天历元年改称"昭德殿"，明太祖洪武三年（1370年）改称"东岳庙"，相沿至今。

东岳庙是华北著名的道教圣地，建筑气势雄伟，殿堂层叠，布局别致。整个庙宇由中、东、西三个部分组成。从山门经牌楼门、瞻岱门、岱宗宝殿、育德殿到后楼为中轴线，这是东岳庙的主体建筑，另有东西两跨院和西南小院，占地面积共约九十六亩。它的布局大致如下：

山门位于神路街北面，山门外对面建有一座三孔七顶琉璃瓦牌楼，相传这是东岳大帝出入必经之路，所以叫神路街。原来的山门外东西两边各有一座木牌楼，解放后在展宽马路时拆掉了。山门两旁有石狮一对。山门正面挂一块横匾，原来上书"东岳庙"三字。因为东岳庙为私人所建，经明朝敕建后，重新换上了一块"敕建东岳庙"的横匾，原来的一块横匾移挂在山门背面了。山门内东侧有鼓楼，西侧有钟楼。鼓楼立额上题"龟音"二字，钟楼立额上题"鲸音"二字。

进山门是一座绿色琉璃瓦的牌楼门，门楼上绘二龙戏珠花纹，颜色鲜艳，姿态生动。

过牌楼门是三间过厅式的大殿叫瞻岱门，俗称"龙虎门"。后殿挂着东岳大帝"宝训"，说的都是些劝善规过之辞。原文很长，我仅仅记得开头几句："积善之家如春苑之草，不见其长，日有所增；人为恶事如磨刀之石，不见其损，日有所亏。"殿内塑有哼哈二将和十太保像。

出瞻岱门是条御道直通岱宗宝殿。岱宗宝殿为东岳庙的主殿，是按"明三暗九"的结构建筑的，殿宇巍峨。东岳大帝坐像就在这座殿里。殿的东西两庑有连檐通脊回廊，向南延伸连接瞻岱门，四个配殿和七十二司分列左右。

过岱宗宝殿经穿堂到后院为昭德殿，乾隆时改为育德殿。因两殿之间有长廊通道，形成工字形，所以也叫工字殿。殿为三层建筑。

出育德殿为后楼。后楼分上下两层，除殿宇外还有御座房，乃清朝皇帝来庙祭祀或去东陵祭祖时休憩所在。

分列在中轴线两边的是东西两个跨院，共有殿宇二百多间。东跨院除殿宇外，还有两亩多地的花园。西跨院除殿宇外，有住房，有专供停放灵柩用的房屋。西南小院也有房屋多间。

东岳庙原为私人所建，按照历代封建王朝的制度，凡是私人建造的庙宇一律不得用黄色琉璃瓦，只能用绿色琉璃瓦，还不能全部用琉璃瓦盖顶。所以东岳庙殿宇的顶子上脊和周边用的是三层绿色琉璃瓦，当中用的是灰色筒瓦。庙内只有康熙、乾隆的两座碑亭上顶全部用的是黄色琉璃瓦。

东岳庙的主要建筑材料用的是铁松，质地坚硬耐久，至今庙宇坚固，不歪不扭。

2. 殿宇·神像

东岳庙有殿宇房屋六百多间，供奉神像三千多尊，除东岳大帝坐像高一丈二尺外，其他神像均身高八九尺。神像造型庄严，意态生动，七十二司各塑像更是鬼斧神工。

东岳大帝的坐像供奉在岱宗宝殿。相传伏羲时有一妇人，夜梦二日入口，后生二子，长子金蝉氏，是东华帝君；次子金虹氏，为东岳天齐仁圣大帝。东岳大帝为泰山之神，主管人间生死、富贵、贫贱、善恶、疾苦，总管七十二司。大帝头戴冕旒，着帝王服，手执圭、玉。身旁站立四侍童、四丞相、四卫士。像前供案上摆着云、锣、伞、盖、花、罐、鱼、长金漆玲珑八宝一堂和香炉、蜡扦、花瓶等精致铜五供一套。供案前有一盏长明灯，长明灯里一次能装香油三百六十斤，终年长明不灭，每天只要提两次捻儿，每年清一次油底。还有一个鎏金香炉，炉上刻"心香上达"四个阴文字。香火盛的时候，从初一到十五，炉身烫手。殿内东西两边存放着高六尺大鼓和高八尺铜钟。铜钟现存白云观。殿内悬挂"功宏业震"匾一方，殿外挂"岱宗昭祝"铜匾一方，都是乾隆御笔。到清光绪年间，宫里四十八处太监送来了两块匾。这里有个故事。传说有次隆裕皇后到东陵祭祖，路过东岳庙，由八个太监抬着轿子从山门经岱宗宝殿到东跨院临时的御座房休憩。轿经东廊转弯时，因路窄又高出地面，靠外边的太监一脚蹬空，轿子一歪，眼看有翻下去的危险，结果轿子没有翻，平安地抬过去了。抬轿的太监们个个心中庆幸，因为抬翻了皇后的轿子，要犯杀头罪的。于是宫里四十八处太监联合给东岳大帝挂了两块长一丈、宽四尺的大木匾，上面刻了"神灵默佑"、"万寿无疆"八个字。

东沿岱宗宝殿为东岳庙开山人张留孙宗师祠堂和三茅君殿。三茅君殿祀正一教尊神三茅司命真君像；西沿岱宗宝殿为张宗师徒弟吴全节祠堂和大帝第三子炳灵公殿。炳灵公殿祀炳灵公像。东庑配殿为阜财殿，西庑配殿为广嗣殿。广嗣殿里供的是送子娘娘和子孙爷。在旧社会，有些求子嗣的人到这里"拴娃娃"。记得我十五六岁那年，三月里一天下午，京剧大师梅兰芳的夫人福芝芳也来过。

传说管人间善恶、祸福、因果报应的七十二司分列在左右回廊各三十六间，后增设四司，实际为七十六司，祀八十四位神灵，其中有的司是祀双座神灵的。各司皆有司名，按"职掌"可以分以下七大部分：

（1）东岳大帝行政部分

除四丞相及判官外，有以下各司：

官职司、都签押司、曹吏司、城隍司、真官土地司、水府司、山神司、门神司、山林鬼神司、行雨地分司、行瘟疫司、风伯司。

（2）都察调查记录部分

都察司、词状司、生死司、举意司、较量司、土地司、僧道司。

（3）磨勘逮捕及划分善恶部分

磨勘司、勾生死司、追取罪人照证司、取人司、引路司、催行司。

（4）定案及核实善恶并起诉部分

①奖赏方面

注福司、增福延寿司、忠孝司、善报司、正直司、长寿司、子孙司、修功德司、悯众司、放生司、施药司、看经司、斋僧道司、三月长斋司、还魂司、十五种善生司。

②惩戒罪行方面

阴谋司、欺昧司、积财司、行污司、杀生司、毒药司、堕胎落子司、掠剩财物司、贼盗司、忤逆司。

（5）审判部分

推勘司、枉死司、十五种恶死司、生死勾押推勘司。

（6）执行部分

①地狱

见报司、速报司、地狱司、索命司、苦楚司、恶报司、宿业疾病司、黄病司、促寿司。

②轮回

注生贵贱司、所生贵贱司、畜牲司、飞禽司、水族司、胎生司、湿生司、卵生司、化生司。

（7）压制管理游荡者部分

魍魉司、精怪司、无主孤魂司。

各司除行雨地分司神像，头戴行雨龙王帽、着王服，速报司岳飞神像头戴龙纱帽、着王服，真宫土地司神像均头戴日月冠、着天衣寿带外，其余各司神像均头戴方纱帽，身着官袍玉带，手执笏，或执笔、执账簿、执簿册，或合掌等。神像分善像、恶像两类。从它们的衣冠来看，近乎明代装束。

育德殿是东岳大帝寝宫，殿内挂娄近垣书"玄妙赞化"匾，供奉东岳大帝及帝后神像，两旁各侍立五位宫女，均手捧帝后梳洗用具。殿东西方各置一个高一丈多的大木箱，是帝后的衣箱。东西配殿为东岳大帝长子宣灵侯殿、次子佑灵侯殿、四子惠东侯殿。殿另设帝、后东西沐浴堂。

后楼楼上正中为玉皇阁，楼下为东岳大帝之女碧霞元君殿，两旁楼上下有文昌帝君殿、斗母殿、大仙殿、喜神殿、灵官殿、关帝殿、灶君殿、真武殿，各殿均塑有神像。西边楼下还有三间御座房，是供皇帝来庙祭典，或去东陵祭祖路过这里休憩之用。

关于大仙殿有过这样的传说：原来后楼东北角墙上只挂了一张大仙爷的画像。后来，梅兰芳的岳母福四老太太认为大仙灵验，献了一座三尺多高的用樟木雕刻的神龛，把大仙爷的画像供奉在里面。后来前门外廊房二条正通银号经理张少泉，在他的银号里代销当时伪政府发行的黄河奖券，张来庙里烧香求大仙爷保佑头奖号码能落在他代销的奖券内。到开奖的那天，说来也巧，头奖券恰好是由他那里卖出去的。从此人们都喜欢到他那里去买奖券，张赚了不少钱，于是就到东岳庙还愿，在后楼东侧修了座大仙殿，并按照神龛里大仙爷画像塑了一座神像。那些想发财的人就都到这里来烧香叩头。

喜神殿也有一段传说：清宫里承应宫廷奏乐演戏事务的升平署总管太监武长寿，于民国十三年（1924年）离开清宫后，来庙里居住。民国十八年（1929年），由他发起联络当时梨园界的名流陈德霖、王瑶卿、朱素云、余叔岩、谭小培、裘桂仙、梅兰芳、杨小楼等人，在北平第一舞台唱一场义务戏，以全部所得在后楼楼下修了喜神殿（喜神是梨园界供奉的祖师）。

东侧跨院里竖有马宜麟道士当年扩建东西两跨院经过的石碑，碑的背面镌刻有马道士像。院里有江东殿、玄坛殿、魁星阁，还有供皇室女眷来庙休憩的御座房和丫髻山九位娘娘的行宫。行宫里除塑天仙圣母娘娘像外，东侧供仓神，西侧供药王。药王手执串铃，身旁卧一只老虎。传说这只老虎吃了一个妇女，妇女头上戴的簪子扎在老虎嘴里，吞不下，吐不出，老虎疼痛难受，就请药王爷为它医治。药王爷也怕老虎咬住他的手，就拿串铃把老虎的牙齿撑起来，将簪子拔了出来。以后这只老虎就一直蹲在药王爷身边。

东跨院后院是花园，花园里风景幽美，种植了各种花卉和树木。

西侧跨院除住房外，有玉皇殿、玉皇阁、火神殿、斗母殿、娘娘殿等。玉皇殿祀玉皇大帝铜像一尊。玉皇阁供有玉皇帝铜像，阁顶是按照天空的形象塑造的，有彩云，有星座，有二郎神杨戬，有天鼓、雷公，东西方向有二十八星宿神像，均手执星辰旗。院里有东岳宝殿，也祀有东岳大帝坐像。这尊坐像是康熙年间东岳庙遭火灾时，恐延及岱宗宝殿，就把岱宗宝殿内的神像移到这里来的。

西南小院里有显化殿、阎罗殿、判官殿、马王殿、瘟神殿、三皇殿、药王殿、鲁班殿和妙峰山娘娘行宫、月老殿等。三皇殿里供有伏羲、神农、黄帝三皇像，药王殿东供药圣华佗，西供药王孙思邈，两边为十大名医。鲁班殿有南北两个，南边一个原来是由棚行经管，后来因为行业之间发生争执，营造业来庙进香受到歧视，于是朝内森茂木厂及几家营造厂又在北头修盖了一座鲁班殿。

3. 碑碣·文物

东岳庙曾以石碑、匾额、楹联三多著称。每个殿前都有匾额、楹联。可惜时间太久，我记不清了。庙里的石碑，原来约有大小一百二十多座，几经破坏，现仅存二十多座。比较名贵的石碑有赵孟頫书的道教碑、虞集书的仁圣宫碑、赵世延书的昭德碑。

道教碑是元代为纪念东岳庙创始人玄教大宗师张留孙而树立的。碑文记载的是张的生平事迹，赵孟頫奉旨书写。赵孟頫为我国著名的书法家。据说他书写的道教碑，全国有两座：一在山东泰安岳庙，一在北京东岳庙。东岳庙的这块道教碑，碑身高四米多，造型古朴大方，螭首龟趺，雄壮瑰丽，碑石质地坚实，是北京著名的碑碣之一，有国宝之称。现已为文物局辟为重点保护文物之一。解放前每年暮春三月，琉璃厂书画店派专人来庙搭上席棚，把碑文拓下揭裱成字帖出售。因为庙里不收他们的钱，他们每次都要送给庙里拓片若干份，故经常有人来庙购买字帖。道教碑位于东岳庙正院御路东侧张宗师祠堂前。

仁圣碑为记载玄教大宗师张留孙弟子嗣玄教大宗师吴全节继续完成先师遗志的事迹。虞集为元代大文学家，工隶草，所书仁圣碑碑文字体遒劲，亦为书法中珍品。可惜此碑今已无存。

昭德碑记载昭德殿修建经过。此碑为元代书法家赵世延书。世延为赵孟頫之弟，工楷书，不幸昭德碑在清代一次火灾中焚毁。

此外，在御路左右有两座碑亭，两碑一为康熙御笔，一为乾隆御笔。在牌楼门左右也有两座石碑，这两座碑的形状、大小完全相同。东侧碑为乾隆所写，西侧碑则一字皆无，称为"无字碑"。传说当年乾隆写完东边碑后，还没来得及写西边的碑就去世了。当时谁也不敢书写西边石碑与御笔并列，所以西边这块碑只好是个无字碑了。

有的碑由于雕工精巧引人喜爱。如有块石碑上刻着头梳双髻的两道童，栩栩如生，不管你从哪个方向看去，他们都用眼看着你笑，人们称之为"机灵鬼儿"；有块石碑上雕有两条蟠龙，龙头在碑顶上盘旋交错，姿态生动，如果两个人各站在碑的前后两面，通过蟠龙彼此都可以看见，故人们称之为"透龙碑儿"；还有块石碑上刻着一群小猴在捅马蜂窝，马蜂飞起来追蜇小猴，小猴抱头躲闪、逃避，神态生动逼真，人们称之为"不吃亏儿"。岱宗宝殿西侧走廊上有块方石，上面露出颗颗豆大闪闪发光的小金点儿，人们管这叫"小金豆子"，后来被人们顺口说成"小精豆子"了。

东岳庙的文物，从我进庙后见到的有速报司的兵器、算盘和太监塑像；文昌宫前的铜骡瓷马；山门对面的琉璃牌坊；岱宗宝殿门槛内外地面正中的大理石和殿里的铜钟。

速报司里面挂着四件兵器：枪、圆锤、棱锤、抓。抓这件兵器很出奇，它有五个齿，三个节，节是活的，打出去以后齿就张开，好像老鹰的爪子，往回一拉，节一活动就收拢起来。1936年，前门外打磨厂有个专做兵器的铺子，来庙把"抓"借去按原样做了一个，但是"节"做不好，打出去收不回来，爪子张开了也合不上。

速报司外面南墙上，原来挂着一个长六尺、高二尺的大算盘。相传这个大算盘为清朝一个侍郎还愿所献（参阅本书《志书选摘》二十一）。

速报司里还有个穿清朝服装的小太监塑像。这个小太监是清光绪时宫里的人，叫顾德喜，长得很漂亮，像个大姑娘。人们给他取了个外号，叫他"顾大姐"。有次，光绪皇帝也叫他"顾大姐"，他心里不乐意，就小声回了一句"小王八"。旁边另一个小太监听到了说："你骂皇上小王八，叫太后知道了还得了！"吓得他逃出宫，跑到庙里来了。以后他打听宫里没有再提此事，就又回宫去了。他怕将来死后有罪，就出钱按自己的模样塑了一个像，放在速报司的侍童中间，意思是他死后到这里来做侍童。

文昌殿的铜骡、瓷马，相传是文昌帝君坐骑，是神兽，能止痛祛病，人们哪个部位疼痛就抚摸铜骡、瓷马的哪个部位，摸后就会不痛。因此，这个殿的香火也很盛，实际上铜骡不是骡子，它的蹄子中间有道缝，是分瓣的，它的名字叫"特"；瓷马也不是瓷的，是用香面子做的。瓷马现在已经没有了，铜骡现存白云观。

山门对面的琉璃瓦牌楼，建于明万历三十五年（1607年），是三孔七顶琉璃瓦建筑，造型别致。牌楼上有块石匾，南面刻"秩祀岱宗"，北面刻"永延帝祚"，字是阳文的。据传北面的四个字只有在阴暗处才能看得清楚，所以有些旅游者在这里拍照，总是拍不出字来。

在岱宗宝殿门槛内外地面正中，各砌着一块长方形的石头。门内的一块石头长七尺，宽三尺，叫拜台；门外的一块长四尺，宽三尺。这两块石头质地坚硬，花纹清晰，色泽好像大理石。虽经众人踩踏，却一点没有磨损的痕迹。我幼年进庙时见它是那样平滑光亮，一直到现在，依然如故。

岱宗殿里的铜钟高八尺，钟身刻有云龙花纹；下口刻八卦，但不是全八卦，而是刻的乾卦（☰）。据说全国只有三口钟的八卦是这种刻法。一口钟在天坛，一口钟在东岳庙，另一口钟是故宫御花园的景阳钟。这三处代表了天、地、人三才（天指天上玉皇大帝，地指东岳大帝，人指人间帝王）。

4. 东岳庙的内部组织

据我所知，北京的道教有两大派：一为全真龙门派，宗祖是丘长春，白云观属于这一派。另一派是清微派，东岳庙即属此派。

东岳庙的开山祖师张留孙是道教正一派张道陵天师的后裔。元成宗（1265—1307）曾封张留孙为正一派玄教大宗师。东岳庙兴建后，明朝南京朝天宫三道士来到北京。这三个道士都是清微派，他们奉敕为三宫（灵济宫、显灵宫、朝天宫）道士。在朝外的东岳庙为灵济宫，地安门外火神庙为显灵宫，前门三洞关帝庙为朝天宫。当时一个叫禹贵黉的道士为东岳庙住持，他开始收徒传道，这是清微法派第一代。所以东岳庙道士第一代就从"贵"字排起，以下命名排辈的顺序是"贵、宗、应、守、全、真、道、正、德、存、诚、传、尚、贤、源、洁、宜、良、明、化、吉、洞、中、清、泰、慕、红、颜"二十八个字。禹贵黉则是东岳庙的第一代道徒，我是二十二代"洞"字辈的。到解放前已传到第二十三代"中"字辈。当时庙里连我只剩下六个道士，后来都相继离去。

由于东岳庙是以师徒传代，所以也叫子孙庙。它好像一个大家庭，住持就是家长，下边有兄弟、叔侄、子孙……老住持死后，由下一代长徒继承。东岳庙规模虽然很大，但是在全盛时代四世同堂时，庙里的道士也不超过十五人。每个道士一到相当年龄就由住持安排收徒传道。我进庙那年住持是华明馨老道士，我叫他师祖，还有一位师祖叫魏明益。另外，还有刘化廉、马化图、邓化平三位师爷。我的师父叫张吉荫，三个师叔叫郑吉年、邸吉瑞、郭吉秀。当时庙里连我共有十个道士。

东岳庙自明代敕封成为官庙以后，人们称住持当家的为老爷，对住持以下的道士就冠以姓氏称某老爷。除了道士以外，还有庙役（属道录司的官人）二十人。庙役是世袭的，专做勤杂和值班等工作。值班有班房，每班五人，五天一轮换。班房内放有鞭、板、锁、棍四种刑具。对不守道规、违反教律或行强恶化的道士，庙役有权拘捕交道录司具文送交刑部判处。

道录司是明清两代掌管道教事务的官署，属内务府掌仪司管辖。北京原为三宫道士掌教。后来从江西来了一个正一派道士娄近垣，他从通州进入北京，本想在东岳庙挂单住宿，因为东岳庙是子孙庙，不留住外人，他就住到白云观去了。当时正值雍正皇帝杀害诸王子兄弟后，心虚胆怯，精神恍惚，说胡话"楼上有个老道"，于是朝廷就派人在城内外遍寻老道。当听说白云观住着一个姓娄的道士，和雍正皇帝说的"楼"字同音，就把娄叫进宫去。娄进宫看后，认为雍正的疾病是由于凶死的诸皇子阴魂作祟所致，于是奉旨在雍和宫（原雍正的王府）后院做法事除魔。以后每年七月十五日都在这里念经超度亡灵，娄趁机奏请雍正皇帝册封八位王子为神，故此修建了风神庙、云神庙、雷神庙、雨神庙、冰神庙、雾神庙、雪神庙、霜神庙（这八个庙称作内八庙），八个庙宇的修筑由正一派和三宫道士担任。娄近垣为雍正治病除魔有功，敕赐掌管道录司正印兼东岳庙正住持，赐住大光明殿。但娄在东岳庙只是挂名住持，不曾来庙里住过，庙里的一切庙务仍由原住持掌管。

5. 庙规·庙会

东岳庙庙规很严，每天早晨五点钟起床，梳洗完毕，打扫殿堂；然后给师父铺床叠被，打送茶饭，生活跟店铺学徒一般。华明馨住持的时候庙规更严，侍候人站立何处都有规定，杯内倒茶多少也有定量，不能冲人咳嗽，放置东西不能出响声，不许随便说话接话。我幼年时期就因为接话茬儿挨过打。住持出入，徒弟和值班人要侍立在班房门口迎送，下辈对长辈要绝对服从。徒弟外出要请假，回来要销假，不准在外面住宿，如果在城里念经放焰口，城门关了回不来，必须住在指定的庙里，如到亲友处住宿，要得到师父的准许，等等。

东岳庙每天早晨由庙役在山门内鸣钟、击鼓后，再开山门。鸣钟是紧敲十八下，慢敲十八下，不紧不慢敲十八下；鼓击三通，以九为数。每天早晚两遍。帝、后驾临，庙里要悬灯，挂旗，挂幡，钟鼓声整天不停。清末朝阳门外一带商号，每天早晨听到东岳庙的钟声一响，就开始下板营业。

每年除夕关山门。正月初一庙里住持自午夜一点钟起，就开始到庙里所有的神像前顶礼进香，香烧齐了，再敲岱宗宝殿里的大鼓、铜钟，我也敲过。山门内的庙役听到大殿钟鼓声，就在钟鼓楼鸣钟、击鼓，开山门。这天有很多善男信女天不亮就伫立在庙门口等候，山门一开就跑进去抢烧头炷香，以示虔诚。可是奔到殿里一看，早有一炷熊熊燃烧着的香插在香炉里了。

在重要开庙的日子，东岳庙六根旗杆（指山门外的两根旗杆，牌楼门内的两根幡杆，岱宗殿前的两根灯杆）上旌旗招展，红灯高悬。这六根旗杆在其他庙里是没有的，民国以后就不挂旗子了。只是在民国十八年（1929年）喜神殿开光时，从三月十四日起，又挂了半个月的旗子。

过去，每天夜里，东岳庙庙役还要摇着一个铜铎，围绕七十二司走一遍。传说七十二司的阴曹地府听到铎响就升堂。据知当时北京只有三个铜铎：一个在东岳庙；一个在天坛，天坛铎响是通知天上神仙升殿；还有一个在刑部，刑部铎响是通知提审犯人过堂。我进庙时，铜铎已经在庚子年间丢失了。

道士出家原来都是留满发，俗称带发修行。古人说"儒道不分"就是指的留满发梳髻。实际上还是有区别的，从发髻上的别针来看儒家是横着别，道家是竖着别。东岳庙道士成了道官以后，就随着清朝制度改留半发了。我刚进庙时，从师祖到我都是留半发。到我十五岁时已进入民国年代，我就带头留满发了，我以下的师弟和徒弟也都跟着留了满发。

东岳庙的庙会很多，如每年正月初一的开庙式，每月初一、十五既是庙日又是热闹的集市庙会，三月二十八日是东岳大帝诞辰；从三月十五日至二十八日要举行加庙会，所以正月、三月香火最旺。明清以来各行各业组织的各种善会就有二十多个，每逢开庙的日子，各善会都按自己规定的时间到庙里举办各种善会，每会一二百人不等。如掸尘会、净炉会、献花会、三伏净水会、蜜供会、灯笼会、糊窗会、供粥会、施茶会、白纸神账会、万善掸尘会、众善掸尘会、献盐会、敬惜字纸会、白纸献花会等。

东岳庙道士念经与白云观道士念经不同。白云观道士念经俗称"禅念",没有音乐,声调是平的,是流水板。东岳庙道士念经时有笙管乐器和法器伴奏,如同唱歌一样,用的是高腔。可惜有的乐器自清乾隆以后就逐渐失传了。传下来的法器不及原来的十分之一。我进庙时就没有乐器了。我学过镏、铙、铛、钹、手鼓、座鼓、忏钟、木鱼等法器。东岳庙道士念的经文很多,有《玉皇经》《求雨经》《赐福经》《三官经》《九天雷祖经》《大雨龙王经》《高上玉皇本行集经》《早晚功课经》等等。我进庙以后,学过的经、卷、法器至今没忘。

6. 经济来源

东岳庙太子殿前原来有座碑,碑上记载说,东岳庙在明朝时有香火地几十顷,到了清朝就不收地租了。我进庙的时候,庙里没有一亩香火地,只有坟地四十亩,坟地周围的空地由看坟人种植,庙里不收租。东岳庙除了庙产之外,出租的房屋只有天仙宫和庙西边的香蜡铺。每年量入为出,最多只能剩几百元现洋。而东岳庙每年却有一些零修碎补的地方,这就要根据年终结余的多少来安排下一年的修补项目:钱多大修,钱少小修。即使有的施主发愿修庙,庙里只有往外搭钱的分儿,决无剩余。据我知道东岳庙的经济来源有以下三个方面。

(1) 朝廷给的钱粮

东岳庙成为官庙以后,道士由朝廷封品级:正座为高功、副高功;以下分左右正一,左右知馨、表白各一,无封的道士为道众。以后有缺就从道众中补。不管有封无封,都由朝廷按月发给钱粮。东岳大帝每年另有供奉。

(2) 施主的施舍和香火钱

东岳庙是北京香火最盛的道教庙,加上是官庙,所以明、清两朝的王公大臣、达官显贵经常到庙里来进香乞福,许愿还愿,他们是庙里的大施主。每逢初一、十五和三月东岳大帝诞辰开庙的日子,城乡居民来庙烧香的人犹如潮涌;一些大户人家的太太们也定期来庙里进香,她们也是东岳庙的大施主。另外各善会组织是庙里的长期施主。我记得民国二十八年(1939年),大军阀曹锟的一个刘姓的老婆,住在天津英租界,她来北京东岳庙进香许过愿,要重新油饰彩画东岳庙。她出钱由庙里经修,第一次修了山门、钟鼓楼、牌楼，大殿佛面和门窗见新；第二次修了七十二司，所有损坏了的塑像都重新修补完好。前后两次花了大约现洋三万元。这件事是我到天津和她接头办理的。另外，东岳庙独有的六根旗杆因年久失修，是一个叫松佑亭的施主重新给旗杆披麻、挂灰；后来又由梅兰芳把这六根旗杆从上到下全用铁皮包上，以防腐朽。

香钱的收入也是庙里的经济来源之一。香钱收入有固定分法：全庙初一、十五这两天的香钱，庙里分二成，庙役分八成；岱宗宝殿的香钱，庙里分五成，庙役分五成；正月初一财神殿、广嗣殿及各司香钱都由庙役分，庙里不提成。庙役分钱是用抓牌的办法，分到哪几个殿值班，就分哪几个殿的香钱。施主施舍的灯油钱、修缮钱，全归庙里。不开庙时进的香钱也归庙役分配。庙里的日常用项大部分靠香钱收入开支。

（3）停灵、念经、做道场的收入

东岳庙西跨院有二十来间房是专供停放灵柩的地方，这是因为从前灵柩不准进城而设立的。东岳庙在朝阳门外，东通通县，当地是水陆交通的要道，有些官员、绅商死在外地，灵柩要运回北京安葬，不能运进城里，便都停放在庙内。这也是庙里的一项主要收入。庙里雇有伙计三四人专门伺候停灵的。我记得有个叫那彦图王爷夫人的灵柩，竟在庙里停放了五十多年。

在旧社会，有些人家办丧事，要请和尚、道士念经，做道场，放焰口。每到周年、祭日、旧历七月十五日、十月初一这些日子，有的在家里或在庙里设灵牌念经，局面大小根据经济情况而定。那时一般大户人家办丧事，都喜欢请东岳庙的道士念经。因为东岳庙道士的法衣多，有时送一回疏，[①] 换一套法衣，以示阔气。开始，请东岳庙的道士念经都先不讲价钱，事后给封香资。封香资只有多封的，没有少给的。后来慢慢地就先讲价钱了，念经管斋的一天五角，不管斋的每天一元。

东岳庙因为是子孙庙，道士人少，不够出一棚经，大都同火神庙道士共同出经。因为火神庙道士念经的韵调、做道场的仪式都和东岳庙相同，念经的经份都归道士自己。我在庙里的时候，每月都外出念十五天经，如

---

① 送疏：人们把自己所求、所做的事写在纸上焚烧，禀报上天，叫送疏。

果再有放焰口的，就有二十天在外面，单是这项收入就足够道士的生活费用了。

东岳庙经济公开，账目清楚，制度严明。住持交往广开支大，只有他一人用钱由庙里开支，但是他不能管钱，另派两个人管账。住持用钱也要从账房领取，用多用少回来如实报销，剩的钱要交回。一般道士是不能动用庙里钱财的，如遇急需，可以借支，以后归还。两个管账的一个管日用流水账，一个管大账，前一天的流水账第二天过在大账上，一目了然。

庙里的生活，每天吃两顿，早上粗粮，下午吃二米饭（大米加小米）。东岳庙的道士吃荤，只有每月初一、十五和所供神灵的诞辰日才吃斋。每天十几个道士只有半斤肉，每餐一个炒菜，一个熬菜。伙食虽不算好，但是庙里上供撤下来的点心长年堆着吃不完。那时我在庙里吃糕点都吃腻了，还不如吃烧饼香。到了秋天，吃着自己在庙里栽种的树上果子特别有滋味，尤其是石榴，又大又甜。我们有时把石榴放到冬天擦手防裂。这些好吃的果子非一般居民所能经常吃到的。

学徒进庙后，庙里管穿，家境富裕的自己添置点穿戴也可以。贫寒道士一切由庙里供给，不过穿的都是粗布衣袍。

7. 东岳庙和上层统治者及绅商的关系

东岳庙因为是官庙，与宫廷的关系十分密切。庙里有御座房专供帝、后来庙时休憩，帝、后去东陵祭祖，出朝阳门外，东岳庙是第一个茶站。在封建时代，嫔妃选进宫去，同家里亲人很难见面。但嫔妃随同帝、后去东陵祭祖，路过东岳庙时，可以约家人会面。当皇帝、皇后驾临东岳庙时，庙里的正、副住持都要穿上带"补子"（道袍上绣飞雀以表明品级）的道袍、朝靴，手持"手香炉"跪在山门外两旁接送。皇帝来时自带宝座，走时带走。宫里太监也常来庙传差、办事，有差的不用招待，没差来时，由庙里招待。清末时有几个太监，如安德海、李莲英、张德福等都常到庙里来。民国十三年（1924年）溥仪离宫时，有几个太监出宫后不愿意回家，就住在东岳庙里。

1900年，八国联军入侵中国，在未进北京以前，北京齐化门（即今朝阳门）、东直门、东便门一带的居民在"保清灭洋"的口号下，纷纷参加了义和团。就在东岳庙的弓房里设坛、练武，有的团勇就住在庙里。义和团失败以后，八国联军侵入北京，它的前站就住在东岳庙的后楼和东西跨院。前站包括德、法、日三国的军队，指挥是一个德国人，名叫萨震德。他们把庙里历代传下来的文玩、书画、经卷、祠堂里的画像以及所存的珍贵物品洗劫一空。只有成亲王写的八扇屏没有劫走，因下面落款写的是"皇十四子"（外国人不知皇十四子是谁）。他们把要掠走的东西都列成表，强迫当时庙里的华明馨住持签字，当作赠品。萨震德还对华住持说："齐坏（化）门，没有好人，他们杀了我们的人。"恶狠狠地表示要屠杀当地的居民进行报复。华住持对他说："你们不要冤枉好人，你们做事要留德行。"萨震德听了以后，没有逞凶就走了，齐化门一带的居民避免了一场大灾难。

八国联军走了以后，齐化门、东直门、东便门、关厢的绅商百姓对华住持非常感激，就联名给他送了一块长六尺、高二尺、黑底金字、周围绘着龙饰的阳文大木匾，匾上刻了"大德曰生"四个字。华住持表示不敢接受，于是就在"大德曰生"四个字的正上方添了一个"献"字，表示是供献给神灵的。这块匾后来挂在育德殿的正面。

民国军阀混战期间，不管是谁占据了北京城，都要在东岳庙驻兵。壬子年间（1912年），军阀曹锟第三镇在东岳庙里驻军，管带叫刘文明。那年正月十二日朝阳门外兵变，抢劫了广隆当铺，劫后起火，火势向东蔓延，眼看要危及东岳庙。当时庙里钟、鼓两楼里都存放有军队炮弹，如果烧到这里，方圆一里内势必炸成火坑。刘找到庙里住持华明馨商议，叫道士们赶快收拾财物躲到安全地带去。华住持说："一般道士可以出去躲一躲，主要负责人不能走，应与庙同归于尽。"不料火烧到庙西邻香蜡铺处就熄灭了。大家认为"这是庙里大帝显圣"。那些住在东岳庙里的官兵看到七十二司尽是些因果报应的故事，也觉触目惊心，所以他们在庙里也不敢胡作非为。有的一心想升官发财，便在庙里求神许愿。

东岳庙在明、清两代香火极盛。东岳庙庙大神多，"善男信女"不论是求福、求寿，还是为消灾除病、报冤雪恨的；或是五行八作企求生意兴隆的，都到东岳庙来烧香求神。东岳庙所在的朝外大街地处东通通州东八县和天津的交通要道，是个热闹的城乡集市，人们来烧香，又可赶集。这样，东岳庙的香火也促进了朝外大街的繁荣。当时朝外大街有些商店远近闻名，如永星斋的糕点、泰源亨纸店、宝记茶庄、元顺永油盐粮店、聚祥益布店、梧树楼首饰店、元发铁器铺、天馨楼香蜡铺等。这些商号在当时多是随着供应香客的需要而发展兴隆起来的。

（《文史资料选编》第二十二辑，北京出版社1984年版，
傅长青《回忆东岳庙》）

（二十五）《东岳庙七十六司考证》

1. 掌都签押司

签押就是将各种文书签押盖印。凡行文定案，须由堂司官签章画押。阳间公事如此，阴司亦如此。都签押就是总签押处。诸君须知，循吏成神与佛仙因果不同，据佛经云：鬼神证果优于人而劣于天，其优劣即是苦乐有别。佛仙证果享的是清福，无拘无束，自在逍遥，不在上帝权限之内，唯神官乃是负责任的人，比佛仙劳苦得多，不能擅离职守，不能自在逍遥，与阳间地方官责任相同，比人间宰官有十二种神福：第一寿命比人间长；第二同僚都是正直之人，没有忧谗畏讥之烦恼；第三不生各种灾病；第四不用巴结上司酒饭局；第五不用昏夜乞怜，叩尝差使；第六不忧薪俸不足；第七只要不懒便无处分；第八具足五种神通，不伤脑筋，不耗心血；第九生前本性不迷，益能惕励自勉；第十夫人尚可随任，恩爱可以到头；第十一权限分明，无人掣肘；第十二年久功多，上升天曹，身超日月之上。以此看来，做神官比做人官舒服得多了，若是比较佛仙，未免累赘太多，自己虽没有烦恼，但看罪鬼烦恼，心里亦是不好受，非等到上升天曹，不看罪鬼烦恼可就更舒服了。按佛仙神虽都属灵魂世界，唯天神地祇之福比佛仙不足，比人道有余，所以讲修道的人都不愿意入轮回，即或是前生修福，今生投胎在富贵之家，已将前生善因忘了，再一不信因果，不信有鬼神，再做些恶事，便堕入地狱。假如此人堕在阴间地狱五百年，试问这五百年中，日夜六时受诸般罪苦，比阳世五年有期徒刑可厉害得多。若阳世有罪恶之人，赶紧向佛前诚心忏悔，改恶从善，诵经持斋，发菩萨愿，以功补过，免入地狱。所幸者，人道有自新之路，若等堕在地狱，想忏悔而不能。如《楞严经》上淫女摩登伽，欲毁阿难戒体，随后见佛闻法，顿悔前非，精进佛道，反倒成了阿罗汉，这便是人间有自新之路的一个真凭据。或问神道不如佛仙自在究竟是何原因？总而言之，惩忿窒欲的功夫，敌不住禅师真人的修持就完哩。或问僧道乃受过戒坛的人，若是知法犯法，命终后当如之何？若是阳间官吏，罪加一等，阴司的刑罚罪加三等。其神官若看见这佛门败类鬼魂一到，竟把他当作魔看待。《大乘金刚论》上曾说过：只因他有自残佛教的名誉，有断灭佛种的关系，所以宝莲香比丘尼知法犯法，堕无间狱便是个真凭据。这些位神官到审问鬼犯的时候，眼睛瞪得有铃铛么大，腮帮子鼓得如琉璃泡一样，喊出这一嗓子真赛过劈雷，简直是拷打路劫明火呢。以此看来，我们三教子弟，千万别知法犯法。不用说笞杖交加，就凭这副脸子亦实在是难瞧呕。

诗曰：嗔声发动似洪涛，霹雳当空震地曹。能使老奸成战栗，惯教孽鬼作哀号。生前本是心肠直，殁后仍然意气豪。倘有邪魔侵正法，虽无佛命亦操刀。

2. 掌生死司

东岳大帝所掌之生死是人间之生死，如人死为羊，羊死为人，都归大帝所掌，乃一概是人间凡夫死此生彼之范围。其天上之生死便不在大帝之权限了。所有人间之神鬼，大帝都有驱使之权，若论护国安民，最亲最近当属大帝为第一，其与佛菩萨不同的地位，乃是佛教只管救众生，不管杀众生，只管教育，不管刑罚。大帝之责任乃是遇善则赏，遇恶则惩。只因有警察司法两种责任在身，并没有说法传经的间暇，所以未有若许经典传留在世，我们凡夫若有脱轮回出生死的大愿，大帝是极乐的一件事，所以对待出生死的老修行，确确乎是极力保护，比妒佛的魔王性质可是大不相同。所有佛子道子虽然供养本教的祖师，万不可不恭敬保护修行人的东岳大帝。大帝在人间所负的责任，比阎罗王重大得多，比不管传教的修行人更重大得多，人间凡夫若打算出了生死苦海，不归东岳大帝所辖，须有立志做工夫的法门。佛教的工夫是出三界，道教的工夫是升天，若提起做工夫来，无论佛教道教，可实在不是一件容易事，真得要吃尽苦中苦，方为人上人。如释迦、观音、文昌、吕祖便是榜样。观佛教法门有多种，唯有守楞严三昧是最好，念佛法门更好；道教工夫也有多种，唯有结丹最妙。以这两种法门，非大丈夫做不到。第一件先要把淫欲断绝，淫欲一日不断，简直无工夫可做。就说我是神教弟子、儒门弟子，倒是名实相符，再者，佛道两教弟子未发出世自利的心，当先发往世利他的心，这才能悲智双修，功行两圆。《楞严经》上说："自未得度，先度人者，菩萨发心，自觉已圆，能觉他者，如来应世。"《起信论纂注》云："二利之中，利他为最。"钟离祖云："有功无行如无足，有行无功目不全。功行两圆足目备，谁云无分作神仙。"由此可见，无论已成佛未成佛，已成仙未成仙，都有应世度人的心肠，何尝是尽为自己打算呢。我劝现在佛教道教有热心的方丈、居士，总要把宣讲所、研究会、中小学校、图书馆成立起来，可就佛光普照啦。要是再等候梁武帝、唐太宗做总统，那不是倚赖性质吗。顾昆山说得好："天下之任，匹夫有责。"我将这两句转告佛道两教，总是要性相齐修，自他兼利才算妥当，如世尊雪山修道，入定六年便出山说法；黄帝鼎湖结丹，乳哺三年便办国政，何尝是打一辈子木鱼，坐一辈子蒲团呢！像以上这些话，仿佛跟老修行过不去似的，只因是老修行品行端正，戒律精严，可以为人师表，能使人心服口服，势不能不责成老修行负责任。总而言之，还是得有品行、有廉耻、有道德的人，才能传续佛种呢。

诗曰：关心教脉写新诗，只为苍生意太痴。长喙尖牙排佛老，绮言恶口谤神祇。可悲道侣多柔弱，更叹僧寮少护持。造就人才弘正法，桑榆晚景勿迟迟。

3. 掌生死勾押推勘司

各司中有推勘、有磨勘，此司又是生死勾押之推勘，若不通法律之人，实在莫明其理，到了生死勾押之时，便是最后的判决。是必生，是必死，就在这勾押时候。推勘司好比是初级审判厅，磨勘司好比是高等审判厅，生死勾押推勘司好比是大理院。罪人到此便是应生应死不能再改变的判决了。

诗曰：刑罚令人透胆寒，权衡裁判赖秋官。生前断罪心当细，戮后申冤活已难。倘遇嫌疑勤讨论，须防谎告助波澜。法厅独立非行政，讵可随时定猛宽。

4. 掌斋僧道司

僧道的责任乃是佛祖传教、布道的替身，若论其责任乃是非常之重大，所以高僧高道，必要流通佛祖的经典，传布佛祖的大法以劝人为善、普度众生为必应有之责任，所行所为反乎此便是溺职，便是负佛祖之委任；其次是看护佛祖的庙宇，供养佛祖的遗像，使形式上有所庄严，社会上有所皈依。即使劳得声嘶音哑，手肿足痛，亦要将庙宇修葺得不坍塌，佛像不残毁。虽不能为佛祖做替身，亦足以不尸位素餐了。僧道以有这两种责任在身，便不能再去为商作贾，衣食便要缺乏。衣食缺乏当以何养身护体呢？并没有别的法子，只能是依靠好善的大施主捐财布施，使他衣食两足，他才能精神足满，传布佛法。由此看来，这位斋僧道的大善士，功德是最大了。皆因有这般极大功德，不能不给这位大善士特立一司，专为记载他的功德，然后再把他的功德簿交在善报司，增延他的福寿。增延福寿的善报总不算小，可仍旧是脱不了人间八苦的烦恼，仍是个有限的善报。这位大施主要是奉佛教，再肯持菩萨戒或是五戒十善；奉道教持天仙大戒或初真戒，佛教叫作福慧双修，道教叫作功行两圆，等到死后或往生西方，或上朝金阙，比那吃肉饮酒不断淫的土地老爷太太们舒服得多呢。

诗曰：历朝证果高僧道，募十方能度十方。托钵本非因口腹，化人聊以代穹苍。翻经传世慈悲广，取坎填离寿命长。说法设斋两有益，看来都是热心肠。

5. 掌修功德司

作书发佞谪奸，笔下未免绮语，殊不知世情愈薄风俗愈下，恶人多则善人裹足；善人裹足不前，则恶人愈无从仿效，则为善者谓之愚，为恶者谓之智。为恶则可以肥家润身，为善则受人损害而反遭困苦。管登之居士曰：魔强法弱则护法须折严于慑，此正值其时矣。古人著书立言纯而不杂，予今笔下杂而不纯，非得已也，乃被时势所迫耳。窃思太上立德，其次立功，其次立言。功是功行，德是道德。若将功德连用解释，做善事是功，由善事成就了利益便是德。比如说，设立学校是功，造出人才来是德，功德有大有小，有显有隐，有真有假。钱多才学足能做大功德，钱少才学小能做小功德；人能看见的善是显功德，看不见的善是隐功德；利人利物是真功德，由利人而私己是假功德。假功德愈多真功德愈少，假功德就如裨贩如来造种种业一般，不但损人而且害教，其罪比杀人尤甚，所以修功德的人须要把眼睛长住了，须分别他是真功德还是假功德，然后再搭伙修功德。倘能独立修行则不必搭伙，自然不受罣误之谤。所以非有热心修不了功德。修功德便是佛教所说的修福，修福便是与人方便而自己方便，我发心利人而人未必利我，而神灵在暗中利我。立这修功德一司，专考察世人所修的功德，将他所修功德簿交在善报司，由善报司再交在增延福寿司或子孙司而补报修功德人的善心。

诗曰：光阴逝矣同流水，莫把雄心任意挥。济世法王诚可敬，强权风俗实堪哀。若多善士修功德，定少孤魂泣夜台。寄语僧寮传正教，免教空手宝山回。

6. 掌看经司

考经字作常字解，乃是常住不灭之意。按经字正解是织布的竖线，纬是横线，所以皆用纟字旁。我国六书有假借一门，所以借用这经字加之于书字之上，为群书之根砥。凡圣人所著之书叫作经，贤人所著之书叫作传。此司所云看经，乃儒、释、道三教经典都在其内，不可专在佛、道两教注意。儒教经典乃是处世做人之法，是入圣之阶梯，更不可忽略不讲；释、道二经乃是出世成佛成仙之法，较儒经更深一层，凡是好学乐道之士，须将三教经典都要看看才能圆满。现在儒教经典，各学样照旧读诵，毋庸赘言，谨将佛、道两教经典目录大纲列后：佛教经典共分三藏：一经藏，二律藏，三论藏，后又增添西土撰述、此方撰述二种，叫杂藏，共四藏。经藏分五部：华严部、方等部、般若部、法华部、涅槃部。有小乘经、大乘律、小乘律、西土大乘释经论、此土大乘释经论、西土大乘宗经论、此土大乘宗经论、小乘论、西土撰述、此方撰述。以上系由佛藏目录誊写。藏经内容又分作十二部：一长行、二重颂、三授记、四孤起、五无问自说、六因缘、七譬喻、八本事、九本生、十方广、十一未曾有、十二论议，其名曰十二部经。道教全藏经典分作七部十二类，曰洞真部、洞玄部、洞神部、太玄部、太平部、太清部、正一部，如本庙《东岳大帝济生经》《碧霞元君护国经》，都在这正一部之内。十二类曰本文类、神符类、玉诀类、灵图类、谱录类、戒律类、威仪类、方法类、众术类、记传类、赞颂类、表奏类。以上由道藏目录誊写。现在佛教全藏已由上海哈同花园频伽精舍用铅字翻印售卖，每部分四大箱，定价二百四十元。道教全藏其版已无，四川省二仙庵于清光绪二十九年翻刻木版《道藏辑要》一部共二十八函，每部定价足银五十两整。今佛道二教弟子若肯发愿振兴佛道二教，非买阅全藏不可。现在北京法源寺已有佛教图书馆。唯道教图书馆尚付阙如，若有道教热心善士买一部《道藏辑要》，再立一处道教图书馆则更妙矣。考古佛仙传留经典，乃为自度度人所用，《起信论纂》注云："二利之中，利他为最。"《名贤集》云："但行好事，莫问前程；与人方便，自己方便。"佛子果有出生死之心，须在救人度人上注意。所以看经亦要拣选有用于世间者。佛教经典有三部最重要，曰《圆觉经》、曰《楞严经》、曰《大方便佛报恩经》；道教经书有三种，曰《太上感应篇》、曰《文昌化书》、曰《吕祖全书》；儒教书有三种，曰《王阳明集》、赞刘忠介公《人谱》、陈宏谋《五种遗规》。以上三教之经书最有补于世间，比敲打唱念之赞颂祈祷大不相同。果能将此九种经书熟读力行，无论信哪一教，便是那教的功臣伟人了。

劝佛子弘通佛教诗：佛说楞严若太空，鬼神天地尽包容。声闻不懂求天帝，菩萨原来讲大同。变化慈容应妇女，斡旋权教度愚蒙。因何证到超三界，只为修成漏尽通。

菩萨应身三十二，天人恭敬礼为师。引权归实明真性，救苦寻声现大悲。能度生灵离浩劫，岂同神鬼管当时。修行不发观音愿，六道轮回无了期。

世尊当日度人天，祇树林中说万缘。普度迷津归觉路，顿超苦海上慈船。人王感泣回心勇，居士惊闻信道坚。口上工夫悲智广，无穷福德不唐捐。

宗教衰颓世道忧，弘通佛法赖僧谋。全凭众子勤劳愿，能感群黎涕泗流。五戒遵行嘉俗化，三皈解脱耻风偷。自他俱利方圆满，莫把工夫只自修。

居士须为护法神，娑婆世界作功臣。纵横铁笔书因果，鼓动焦唇激隐沦。绝大勋名传佛教，非常事业度人伦。火坑炼个莲花朵，才算金刚不坏身。

劝道士阐扬道教诗：堪叹玄门万卷书，多年图板已模糊。流通皆赖真方士，振作全凭大丈夫。国粹沦亡应有恨，民心昏钝竟难苏。天魔外道兴兵马，洞里幽人知也无。

传教还当造大才，独修自了总堪哀。值钱狐腋纷纷去，减价羊皮片片来。妙法阐扬凭汝作，天衣组织待谁裁。速张颠倒乾坤手，好把轩辕血脉培。

懒病湮沉痛不瘳，宜知未雨早绸缪。玄门当效纯阳祖，儒教应思定远侯。商客贪财游海市，道人入定避戈矛。欲求功行两圆满，莫向山坳学楚囚。

传经造典由方士，护法降魔赖宰官。道广乡间德亦广，民安地面事皆安。生前作圣非为苦，殁后成神总不难。保教功勋呈玉阙，各垂青史古今看。

7. 掌注生贵贱司

看世上坐汽车人和拉人力车的人比较起来，一是乐到极处，一是苦到极处。不信宗教的愚民，你要问他既同是人类，为什么有舒服的有不舒服的，他也是说不出原理来。唯有讲轮回因果的宗教家，确确乎是有所答。这一能答不要紧，能使富人生慈悲心，穷人生不作歹的心，富人乐善好施，穷人不做恶事，可不就是个国治而后天下平了嘛。考元世祖那样的厉害，明太祖那样的专制，唯独对待宗教却是非常保护，非常的提倡。你细想想，他倒是为什么许的？细想起来，这叫作有心有肺大政治家，所以不反对宗教，不能说鬼神是迷信。不但是元、明二帝有这个心思，就是清雍正皇帝还下过上谕，封紫阳张真人为大觉圆通禅师呢。各司有所生贵贱司，这里又是注生贵贱司，虽然只差一个字，却有先后的分别。注生管的是未定以前，所生管的是既定以后。按注生乃是由今生做了善恶便要注定他的来生贵贱之苦乐，今生虽然坐汽车，要是做出阴毒损坏狠的事来，下辈子就叫他拉人力车；今生虽然拉人力车，只要是不偷人的车，不昧坐车人的财物，不做亏心事，口角上留德，下辈子就叫他坐车不拉车。所以太上老君说得好：祸福无门，惟人自召；孟子曰：祸福无不自己求之者，再也不错。此司就是专管转贵转贱的责任。

诗曰：今生命运赖前生，贵贱穷通已注清。往日奸贤会造定，此时苦乐自分明。善为至宝千年用，心作良田百世耕。努力但须行好事，不劳星卜问前程。

8. 掌三月长斋司

三月长斋乃是正三、五、九三个月，此斋乃专为在家之善男信女而言，若出家僧道，乃应当吃一辈子长斋，不可限定三个月。在家修行吃三个月长斋可有什么好处呢？据《提谓经》上说：诸天考察人间罪福，每年有三覆八校，每月有六奏，吃三个月长斋，就是在三覆之月；吃八王斋，就是八校之日；吃六斋，就是六奏之日。这些个斋日，都是天帝、四天王、四镇、五官司命鬼神按例考校之期，所以在家者应当斋戒，既要持斋，必须持戒。持戒就是杀、盗、淫、妄、酒五戒。每逢吃斋之日，虽正色亦不可犯，葱、蒜、韭菜也吃不得。果能按以上数种斋戒双持，虽不能往生极乐，上到天堂，亦颇能在人世间减罪增福。盖古神圣传道设教，但有一长可取，一善可录，便要极力提倡而鼓吹之，所以设此一司专记载这班善男信女的功德而酬答他们的福报。以此来看，持三个月长斋尚有功德，若在家修行，肯其持终身长斋，功德更是不可限量了。《教乘法数》云：长斋在世间有五种福：一少病，二身安，三少淫，四少睡，五生天知宿命。又《普济慈航》云：四天王每月六日巡行南瞻部洲，初八、二十三使者巡，十四、二十九太子巡，十五、三十天王亲巡，考察人间何人忠孝友悌，何人正直公平，何人慈悲方便，何人信仰三教，戒杀持斋广修众善，如是人等增加福寿，再考察何人忤逆父母，何人祸国殃民，何人欺诈奸淫，何人狠戾暴虐，何人毁谤释老、宰杀生命、广造诸恶，如是人等削福减寿。又正、五、九三个月乃是天王分镇南洲考察罪福，又玉皇大帝在正、五、九月以大圆宝镜正照南洲考察罪福。此六奏之日及正、五、九三个月应当诸恶莫做，诸善奉行，忏悔修省，诵经念佛，至嘱至嘱。又《斋经科注》云：为善去恶，理应相续，虽制六日，余日亦不可为恶。若待天神巡视而后修善，不几为小人之掩不善而著善乎。君子视之，已见肺肝，谓天神之可欺乎。夫受六斋及三月长斋者，非谓平日便可为恶义。大戒五戒秉之终身，入关斋戒加于六日，譬如列国诸侯，平日何尝不修政布德；士农工贾平日何尝不勤职业，迨夫巡狩省试之期，亦必倍加警饬，故梵网有不敬好时之戒，而善生经中亦制不受六斋得失意罪，良有以也。

素食诗（彭南钧）：素食吾偏惯，尤宜暑月斋。不缘调口腹，那得固筋骸？香饭功弥胜，溪茶味最佳。摄生非肉食，愿与告同侪。

偶吟：蔬水箪瓢乐可寻，孔门颜巷道腴深。清斋非染萧梁教，野性原无肉食心。

素菜诗（苏轼）：秋来霜露满东园，芦菔生儿芥有孙。我与何曾（晋在臣，喜食肉）同一饱，馋夫何苦食鸡豚。椒汤麦饭暖丹田，麦饭椒汤亦可怜。试向楼头高处望，人家几处未炊烟。

9. 掌勾生死司

各司中既有掌生死司，又有生死勾押推勘司，这里又是勾生死司。按勾生死司当在勾押推勘司以后，推勘妥当便用笔一勾才算完事。人间凡夫碌碌庸庸，只认作是出娘胎算是生，咽气入殓算是死，阴阳二气还于太虚，气化清风肉化泥，就算是把这辈子交代完了。只因他不信有鬼魂的果报，所以把怕死搁在心上，上品的贤人君子以生前死后的名誉为重，以行善为自己之本分，有天堂地狱也作善，无天堂地狱也是作善，凡所有不信佛教专重儒教的贤人，皆是如此。虽然不信佛教，可专讲究正心修身，虽没有灶王爷作监察，他也要必慎其独。要是口尊孔子、笔敬孔子，行出事来不敬孔子，那叫作名教罪人。其余凡夫以肉食为重、名誉为轻的人，他说哪有天堂地狱，两般尽在人间，若是以身试法的人，可以遭世间之牢狱；若是漏网之辈以及暗室亏心的人，只要旁人看不见，他算是拣着便宜了，或是被人看见，只因他势力大人不敢惹他，他也算是拣着便宜了。因为有此原故，所以孔子不破坏鬼神宗教，左丘明也把鬼神果报登在《左传》上以及墨子著书也要注明鬼一篇。考周朝神道设教，曾有交鬼神的男巫女祝便当作法师聘用，他们虽然能论鬼神因果，乃是为人间世打算，并无出轮回的功夫，而且法门太窄，尚说不到生死之大法。其河伯娶妇之事，乃是地痞假借神道骗财，诓哄愚民，不可认作是神道设教的毛病。只因人心愈恶，国家愈乱，巫祝的能力担不了这么大责任，这才感动了我西方教主释迦牟尼佛发大慈悲化身托梦于汉明帝，这才大法东来，度我中土，以权实二乘普度众生，经律论三藏显密皆全，精粗具备，诸菩萨罗汉应运降生，翻经造典，具足乃行，令诸苦恼众生弃妄归真，究心般若，入涅槃海，行大自在；更有观世音菩萨以慈度南，以威度北，应身无量，救我东方，所以家家佛龛内都有观世音菩萨的圣像。道教有一位圣神乃是历代列入祀典，掌管文衡的那位文昌帝君，自周幽王时以至于南宋，很有许多的灵验。请看《文昌化书》便知其详。还有一位大觉金仙吕纯阳祖师，观《吕祖全书》，自唐朝以来颇有若许度人的圣迹，所以各行省都有吕祖祠、吕祖阁等。这四位大圣人，虽然教分儒、释、道，若论其怜爱我们的慈悲心肠却都是一个样，无非是等位不同。这四位圣人乃是只管劝善度人，不管惩恶刑人，乃是教育界一部分的责任。唯有我东岳大帝，掌的乃是警察司法责任，罚恶而兼赏善，有一日的人类便负一日的责任，比文昌、吕祖显然辛劳万分，总是爱我们的原故，这才对我们善有所赏，恶有所罚，乃是明刑弼教的愿心，所以我们常拜东岳大帝的心，不可比常拜佛仙分作两样。地藏王菩萨云："地狱不空，誓不成佛。"我东岳大帝所负责任，若恶人一日不断，亦一日不能歇肩，有朝一日天下只有善人而无恶人，那便是大帝愿满之时。所以今日勾生，明日勾死，众生妄想一日不歇。生死一日不断，这支勾生死的笔一日不停，我们人民若是出生死的善人多，大帝还少受许多的勤劳呢。大帝垂训云："不因享祀而降福，不因不祀而降祸。"请诸位细想想这两句，绝不是迷信话吧。

诗曰：五浊凡夫善不修，佛仙慈悯为人忧。丹经传下升天术，内典撑来出世舟。燕处焚巢争富贵，鱼游热筌度春秋。尘劳非独为生死，事事终成一笔勾。

10. 掌取人司

取人就是追魂取命。凡人生平做了恶事，到了恶贯满盈的时候，就是死期将至了。听老前辈说，凡阴司鬼卒传人，须先知会本地面土地，由土地带到这死人的家里，把他的鬼魂带到灶王之座前，被灶王大数落、大责备一阵，然后再带到城隍庙报到销册，再到东岳庙领批，要是应该下地狱，就拉他向地下一钻，就跟借土遁一样，就到了阴曹地府，在枉死城里拘留去吧。要是敬佛持戒修福的善士临圆寂的时候，比有罪的鬼魂可大不相同了，有西方阿弥陀佛、观世音菩萨、大势至菩萨，足踏祥云，眉间放光，用莲花托子把这位大善人接引到极乐世界去。以此看来，要比那用锁链子套了走的，可真舒服多了。要是奉道教功行两圆的真人，可以上朝金阙，面谒玉皇，成为大觉天仙。有功无行的道人魂归海岛成为地仙，要是大起尘劳，尽节玄门，印经造典，修福修慧的真人，临羽化的时候，有祖师率领仙童，手执幡幢前来迎接；有功无行的道人，祖师遣派散仙来领了走；要是功行两无，再破戒律，不但天仙、地仙成不了，照旧是由鬼卒把他拿到东岳庙掌僧道司投案。这位司官先问他这笔十方饭账应当怎么还。要是儒教有德行的官吏，也不用打坐，也不用念经，也不用三自皈依，也不用五气朝元，也不用吃素，也不用戒酒，也不用画符念咒，也不用祈祷神佛，也不用降妖斩鬼，只要把那孝悌忠信礼义廉耻这八德保全住了，虽不知道有灶王爷作监督，也要必慎其独，时时省察，非求因果方为善，不为功名始读书，生前不必跪子时香，死后至小也有个福德正神当当。

诗曰：一切唯心由佛说，强行造作却何之。文章虽是邀名帖，经典非同遣兴诗。若肯深耕培粪土，莫须求稔祷神祇。纯儒不懂升天事，亦有朝真上帝时。

慧师未诵《楞严咒》，弗打钟鱼磬兴铛。岂有神通诛鬼魅，并无手笔弄文章。何曾希冀朝莲海，只以慈航作乐乡。无所住心真彻悟，不知哪里是西方。

道德真经言五千，不云拔宅上西天。不闻空住三千界，不讲长生十种仙。不论鼎炉生水火，不谈烹炼与抽添。雌雄黑白明知守，不敢尊为天下先。

11. 掌掠剩财物司

古诗云："分外钱财汤泼雪，骗来田地水堆沙。若将狡谲为生计，恰似朝开暮落花。"《大学》上说："仁者以财发身，不仁者以身发财。"又说："货悖而入者亦悖而出。"请思前清庚子之乱，抢人的又被人抢，那叫作"狼吃狼"，又叫作"狼叼了喂了狗啦"。又俗说："跟官的钱，下水船"，"买卖钱，六十年"。按跟官不怕弄钱，只怕是来得伤阴功，若不伤阴功也能保守延长；买卖钱来得不公平，恐怕连六十年都到不了。不但是跟官做买卖，悖入便要悖出，就是做官的来财不正，比跟官做买卖的恶报还尤甚呢！请想，欺侮周朝的那个秦国有多么厉害，居然被吕不韦给乱了血统，我看比下水船可吃亏得多。本来士农工商既挺身做事便为治生起见，中外古今皆同一理，所以越国大夫曾贸易，孔门弟子亦生涯，可见治生一道圣贤不免，所以孟子说：仕非为贫而有时乎为贫。周公、郭子仪、韩琦、裴度、范仲淹，哪一位不是财主，到而今人都知道他们是圣贤，不知他们是财主。以此可见财来得正，虽多可取，来得不正，虽少不贪，总而言之我使了他的钱，教他没用不甘心的地方，这便是生财的大道，绝担不了诳骗二字的名声。按掠剩二字义，掠是削夺，剩是所贪不义之财。考《搜神记》有掠刷使者，此使者如查世人由不义所剩之财，便暗中刷而掠之，使其消耗殆尽。此司之掠剩即掠刷使者之责任也。

诗曰：害他害我两相因，不义钱财怒鬼神。杀世凶刀终杀己，烧人毒焰自烧身。断肠鸩酒难消渴，过手铜山莫救贫。荡尽家资空有泪，穷途残喘怨谁嗔（《返性图》）。

12. 掌增延福寿司

《佛说三世因果经》云："今生富贵为何因？三世舍财装佛金；食不充口为何因？三世不肯施贫人；今生短命为何因？前世好杀众生身；今生长命为何因？前世为人多放生。"《太上感应篇》上说："其有曾行恶事后自改悔，诸恶莫作，众善奉行。一日有三善，三年天必降之福；一日有三恶，三年天必降之祸。"以《因果经》比较《感应篇》，《因果经》是迟报，《感应篇》是速报。考现在的时机，宜提倡速报为紧要，因为此时众生不信佛神的人很多，既不信佛神，便不信有神明鉴察了；既不信有鉴察，便不信因果报应了。为何要提倡速报呢？只因现在的人能看见现在的事，他眼见是善有善服，恶有恶服，自然生了恐惧之心，自然就向善背恶了。今将古人的速报抄录一件以备参考。若要多看这类事，可以看《墨子·明鬼篇》，还有《二十二史·感应录》，清彭希涑编（即尺木侄），此三事实系由史书摘抄，绝非凭空捏造，我们便拿它做个真实不虚的见证，我们好爱国家，保教保种。考大明神宗时代有一位士子，江南吴江人，姓袁名黄，表字学海，奉佛教后改名了凡。他这一天上慈云寺烧香，遇见一个老人跟他说：你是仕途中人，明年可以做秀才，为何不下考场呢？了凡就问他是什么缘故，老人说：我姓孔，乃云南人，平生研究邵子皇极神教，凡人之一生穷通寿夭，一概都算得准。你某年做知县，某年做大尹，没有儿子送终，某年必死。袁了凡听他这话半信半疑，自己想我倒看它是应验是不应验。于是乎一步登天，居然就做上了知县，正是孔先生所说的那一年。这天公事之余随便私访，一直走到栖霞山中，遇见一位高僧，自称云谷禅师。僧俗对坐一室，三夜不眠。禅师现出了宰官居士身，一说这世间因果法，先给他种上善根，这叫作先以欲勾牵，后令入佛智。于是说：你坐了三天三夜并不困倦，不起妄念，平常可有什么功夫呢？了凡说道：北子蒙孔先生算了命，现在之事已经应验了，未来之事也一定应验。既有定数便不能转，所以不起妄念。禅师笑道：我只当你是个豪杰，原来也是个凡夫，人生虽有定数，唯有积善之人，数固拘他不得，极恶之人，教也拘他不得。你竟在定数上倚赖，不知设法动转，不是凡夫是什么？了凡问道：难道说定数也有个动转吗？禅师道：命自我作，福自己求，儒教是这么说；我教典上说，求子得子，求寿得寿，那不是能动转吗。妄语是佛教大忌，佛菩萨绝无妄语，你从今以后多做善事，不做丝毫恶事，倒看看孔某所说的定数，能给它动转了不能。了凡听这一片妙语大有道理，于是乎在善事上足干一气，其功绩有原书可查，此不赘述。不到三年功夫，居然夫人生了儿子，长得天庭饱满，地阁方圆，一见人就笑，谁瞧见谁爱，而且是真结实，连一点病都不生。这一下子可把袁了凡乐大发了，跪在佛前发了个大愿，表文上说"自无始以来，迷失真性，枉受轮回，今幸生人道，诚心忏悔破戒障道重罪，勤修种种善道，睹诸众生现溺苦海，不愿升天独受乐趣；睹诸众生昏沉颠倒，不愿证声闻缘觉自超三界，但愿诸佛怜我，圣贤助我，即赐神丹或逢仙草，证五通仙果，住浊恶世救度众生，力持大法永不息灭，又愿得六神通，智慧顿开，辩才无量，一切法门靡不精进，世间众艺饶擅古今，使外道阐提垂首折服，作如来之金汤，护正法于无尽"云云。以此篇表文颇有身肉骨血与众生共的神气，其中有一众生未成佛誓不于此取泥洹之愿心，尚有一个取泥洹的念头在。观了凡这种愿心，连泥洹都不取了，简直是舍了我啦，这叫作一片真空超出太极，非有救世心的菩萨做不到。又因以行善把定数给破了，又做了一篇破定数的歌儿，歌曰："再休去寻人算卦，把吉凶只问你自家，什么是羊刃七杀，哪又是生克制化。行好的，好路儿等他；行恶的，恶路儿安插。磨穿铁砚，一定高车驷马；粪多力勤，定作成得意苗稼；克勤克俭，广益下高楼大厦；吃喝嫖赌，终须是赤身露胯。再休提丙丁乙甲，再休提流年造化。上天赐福，不论你地处三狭；鬼神报应，不问你属羊属马。只要存心把工夫密加，正心修身护持佛法，阴骘二字常在心头上挂，自然地丰衣足食寿命大，这就是造命的妙法，再休把子平六爻闲磕予。"按原书，孔先生说了凡寿只五十四已经不验，直至七十四岁无疾而终。可见增延福寿都在自己心地上的力量，此司才能着把手，破了它的一生定数。

诗曰：草恃机谋莫靠天，莫将命运费精研。一生定数须能转，半世尘情要看穿。忠恕宽容忘旧恶，慈悲仁义结良缘。避凶趋吉能安分，福寿终归得保全。

13. 掌官职司

吕纯阳祖师说："三世为人始做吏，四世为人始做官。"可见做官非由人道转生不可。按国家设官分职无非是以护国保民为目的，最要紧的官莫过于行政司法，其亲政临民之官，又莫过于各省县知事，每县得一循良爱民之官则小民受惠靡涯，无论教育之优劣、实业之盛衰、风俗之良否，皆视县官之政策为转移，唯有黑暗时代，好官难做，若果有清廉之官，则书班皂隶必少进外财，未免受穷受苦，又有鱼肉乡里之绅士每视清官为赘疣。若一定做清官，必由刁绅串通蠹役在地方造案，而由大僚之群小运动褫职，所以清官难做。若果欲清官不降调，非由大僚不受运动不可，若自大僚至于知事一概上下其手，贿赂公行，小民既有冤抑，则大僚回护属员，则民冤终不得申矣。国多冤民国必乱，家多败子家必亡。李自成檄文说："狱囚累累士无报礼之心，征敛重重民有偕亡之恨。"可见亡国之苗头未必不因此而起。欲求家齐，非有好家长不可，欲求民情舒畅，非由省长发慈悲之心不可。凡做官的人前世修福、或祖父有德今生才能做官，今生做好官，命终或升天、或成神，若做害民之官可就难免堕入三途去了。再做官果有身后的倚仗，又不可清面刻酷，书班皂隶薪水极薄，必要设法体恤，衣食足而后礼义兴，所以《阴骘文》上说不但不虐民而且不酷吏即是此意。

诗曰：积功莫胜宰官身，剪恶安良造善因。任重权高颁命令，位卑职小上条陈。罪因入狱年年少，政体争强日日新。历代纂修循吏传，看来都是爱民人。

14. 掌追取罪人照证司

人间捕快捕盗未曾捕捉以前，先在他的巢穴一带挂上椿。什么叫挂椿呢？就是先用侦探把他探明白了，然后再下手捕拿，以免有诬良为盗之罪。若是阴司追取罪人，也要先查照见证明白了，然后才能下手。倘或拿错了，等到坏了尸身再还魂，那可比阳间拿错了贼麻烦，所以立这一司就仿佛探访局一样的责任。凡世间管政刑的神祇，生前便是疾恶如仇的官，比佛菩萨的性情不同，虽有嗔恨，乃是正嗔，不是邪嗔。他生前以铁面无私处世，专与小人做对头，你就叫他横起三界大享清福，他也绝不忍以自在之乐埋没这条侠肠；你要跟他说饶经八万劫终是落空亡，究竟有生有灭，他自然有话对答，他说他不是为享寂灭之乐所以才忠肝义胆，慷慨性成，乃是为明刑弼教的愿心，而且是鞠躬尽瘁死而后已，你要跟他讲演长生不死，他反倒不大赞成。他说他虽然成不了佛，到底给被屈含冤的良民解恨哩。此篇如此立说，乃是形容神道的心理，病后用药的针砭。若真是讲修行的人，还是习学佛菩萨的性情乃是根本上的解决。忠告各位佛子总要把《大方便佛报恩经》看看，务必要仿照修行；玄门道士须把《文昌化书》看着，务必要仿照修行，以《大报恩经》如来所受的苦恼并非无人仿效。如《楞严经》当时是印度的国宝，不准传到他国，乃是般刺密谛祖师破死命携来的，这才译成汉文，度我中土，而且绝不敢以我国作逋逃薮，这才邀上了一位居士房融帮同翻译以求急速完竣，以便回国请罪。设若当时将他定成死罪，他是绝不后悔的。可见这位祖师真是当仁不让于师了。若佛子置教脉兴衰于不问，直不如做个精进护教的罗刹有热心哩。若一定以自了为主义，绝不是佛菩萨的本心，佛子其知之。

诗曰：魔强法弱谁之过？教脉干枯最可伤。发起总须赖佛子，振兴切莫待人王。经营财产舒冷眼，解脱生灵用热肠。行满功成归净土，弥陀接引到西方。

15. 掌词状司

法律是维持道德所用，法律亦是由道德所发生，究竟不出道德之范围。道德只能治己，法律用以治人。法律含有强迫性质，乃勒令使人归于道德也，凡有不道德之行为便以法律绳之，使其归于道德而后已。社会之道德果皆纯良则不必有法律，所以《玉历钞传》云："人心果无地狱，阴司地狱亦空。"只因不道德之行为有损于道德竟致不能持平，故不得已始有法律之设施。揆法律之原理本为辅助道德之不足，而法律家竟颠倒曲直以巧言利口而使法律蹂躏者，实在是大伤道德之元气，大坏法律之名誉，大损天地之太和，大亏自己之品行，大污祖宗之血脉，大缺心上之阴骘，大受冤民之怨恨，大扫鬼神之嗔怒，大促一生之寿命，大绝子孙之福禄，死后灵魂入大火坑，囚大铁城，下大油锅，登大刀山，为大饿鬼。法律家作孽为何遭这样大报呢？皆因阳间法律，凡知法犯法罪加一等，阴司亦复如是。如盗跖作恶尚可以有个防备，若道德界内人作恶，使人最难预防，其罪在阴谋之地位，所以比平常之人罪报不同，凡有舞文弄墨、调词唆讼、捏造黑白、陷害愚民者及阴图取利写无理之词状者，皆归此司审讯办理。

诗曰：法律之官好积功，莫施巧计害贫穷。炉中有火休添炭，雪里生寒莫助风。船到江心牢把舵，箭安弦上慢开弓。当权若不行方便，财宝盈箱总是空。

门政书差黑腐肠，虎威盖世乱王章。借公酷助昏官虐，乘势苛求枉法赃。扇毒蛇心能覆雨，垂涎狗脸欲生霜。昧心钱有滔天罪，此辈从来无下场。

羊豕无端罹虎威，那堪涸鲋叹嘘唏。哀鸿畏虐伤其瘁，穷乌呼冤失所依。压地冰山终瓦解，熏天火焰易灰飞。砚池墨是千行泪，笔救苍生愿不违。

守分求财福必加，神天冥鉴不曾差。休唆李氏欺张氏，莫令南家害北家。死后免为双角兽，生前休做两头蛇。许多报在人间世，奇祸奇穷枉叹嗟（《返性图》）。

16. 掌曹吏司

所有重大案情则有三曹对案，何为三曹？曰天曹、地曹、人曹。此三曹互相校对，彼此符合，则此案始能判决，曹吏即是写供、誊录、书记、速记之流。曹吏虽不是重要吃紧之员，可也是舛错不得的。这类差使，俗说才高的汉子不干，无才的汉子干不了。怎见得呢？就拿世间比方吧，要是两榜进士出身，要叫他当书班，你问他干不干，他是决定不干的；要是不通文理，笔下迟钝，心不敏捷，脑筋不灵，像这类人你叫他做写供之吏，他想干也不能。唯有三曹曹吏可比人间书吏之职要高。天曹叫天吏，阴司叫判官；那考察人间善恶的神，有年曹、月曹、日曹、时曹，称为四值功曹，可以说是人曹，论其心地不论是哪一曹，全都是聪明正直，大公无私，要一点弊病都没有，所以比人间曹吏高贵得多。人间的书吏要是也大公无私，弊病毫无，又焉知不是将来的曹吏呢。

诗曰：生前刀笔惩强果，殁后阴司事更忙。裁判庭前呈稿本，森罗殿上录刑章。为贫才使酬劳俸，守分曹辞枉法赃。不似石豪村内吏，魂随诸鬼入油铛。

17. 掌行瘟疫司

医书上说："冬不藏精，春必温病。"温和瘟不一样，温由自己造，瘟从天上来。《关圣帝君觉世经》上说："不修片善，行诸恶事，便有官司口舌、水火盗贼、恶毒瘟疫，近报在身，远报子孙。神明鉴察，毫发不紊。"以此看来，有何种恶事在前，便有何种恶报在后。人造的病人能治，天降的灾人难医。请看西洋各国的医家真是研究得尽美尽善，唯独遇见鼠疫跟猩红热他亦是空张两只手，不是火葬就是隔离，闹了归齐，应当死一千，不能死八百，火葬隔离亦是耗费国帑，枉费徒劳咧。还有前清时代，每值瘟疫流行，便有土棍地痞按户捐钱，高搭席棚挂瘟神像，酒肉俱备，锣鼓喧天，其名曰送瘟神，再不想瘟神乃是奉天承运，受命降灾，他绝不敢受人间的贿赂，私自卖放，只因是僧道不肯学祖师传教的劳苦，所以民智不开，被外教说祖师是假神。只因受土匪之愚弄，竟把瘟神的名誉给败坏了，又把上天的本意辜负了。国家宗教师既把真理埋没，不肯宣讲度人，这才招出保清灭洋的祸来。人民要打算躲瘟病，方法只有一个，就是诸恶莫做，众善奉行，一团慈祥正气充满五脏，瘟疫虽猛亦绝侵不进来。请看宋文丞相天祥在狱中受病不病的道理便明白了。文公被元世祖下在狱中，劝他投降。文公至死不能从命，可就把他收在极潮湿的屋子里。和长疥长疮的罪人在一处，直收禁了二年。别的罪人都受潮得病，唯独文公疾病毫无，他便做了一篇《正气歌》，内有四句是："哀哉沮洳场，为我安乐国；岂有他谬巧，阴阳不能贼。"自己不得病的道理便知是由正气充塞所致，所以诸邪不能近身，诸病不能近体。请看文公若赶到瘟疫流行之时，绝入不了隔离室，亦不用火葬，亦用不着送瘟神。

诗曰：一片邪氛塞太空，遭灾切莫怨天公。虽多妙药功偏少，即有名医术亦穷。只为人心难警觉，故招时疫遍流通。劝君不必击锣鼓，正气能将恶气攻。

18. 掌飞禽司

古诗云："劝君莫打三春鸟，子在巢中望母归。"这两句只可对有慈心的人说，若遇心肠狠毒的人，向他说破了嘴也不中用。考鸟枪装的是铁砂子，每个铁砂子有一钱重，每个鸟雀只有二两重，便如同五斤重的炮弹打在百斤重的人身上一样。官兵击盗寇乃是击打有罪之人，唯有用枪打鸟的人，他既敢打无罪的鸟，便敢打无罪的人了。他就是当了路劫明伙，必定枪伤事主，给地面上留人命案。人都说赌博能生盗案，岂知打鸟又能生出人命案来，怎么呢？假如有人肩扛鸟枪，腰系药壶，官兵看他是打鸟的人，不加禁止。他要是以打鸟作幌子，暗中为去打人，打死了人他一跑，岂不是给地方上留人命案嘛。地方上出了弃凶逃走的案子，地方官还不担处分嘛。他或是明中打鸟，暗中去当路劫，官兵又如何知道呢。可见持枪打鸟，不但给地方上留人命案，还能给地方留盗案呢。在以前什刹海河沿一带有人持枪打野鸭子，现在蒙警察已经禁止了。城内既能禁止，城外亦能禁止；北京既能禁止，全国亦能禁止，唯看地方官之热心如何。宋朝程明道夫子做上元主簿的时候，见儿童用胶竿黏鸟，便出示禁止。胶竿尚且禁止何况是鸟枪，更不能不禁止了。古人既办得到，今人亦有办得到的，谨将今人的德政列下：民国五年（1916年）九月初十日《爱国白话报》上说：提督江宇澄正堂，以每届秋尽冬来，即有一帮土匪在各城角楼一带持枪打鸟，发生危险、妨碍治安莫此为甚，昨已传令各营兵，嗣后遇有前项情事，一经拿获，先行游街示众三日再从重惩办。按此传令乃防止发生危险和妨碍治安，其五营地面所辖甚广，倘能满贴告示则功德无量了。若所有京兆地方皆能如此，不但拯救物命，命盗各案自然不发生。《经》云：救人一命胜造七级宝塔，而我佛等视众生犹如己子，救物命即是救人命。救一命为一善，京畿一年少死十万生灵，十年便少死一百万，比起做天仙之一千三百善何啻天壤呢。

慈寿禅师戒杀倡：世上多杀生，遂有刀兵劫；负命杀汝身，欠财焚汝宅。离散汝妻子，曾破他巢穴；报应各相宜，洗耳听佛说。

19. 掌山林鬼神司

《观世音大悲经》云："药草神、树林神、土神、山神皆来集会，此诸神皆在山林鬼神之内。若问鬼神的分别，神的神通大，鬼的神通小；神能管鬼，鬼则怕神。如阎王的皂隶称夜叉，土地爷的差人称小鬼，便可证明神能管鬼。"《论语》云："祷尔于上下神祇。"上是天上，下是地下，神是天神，祇是地祇，所有地上的神都是地祇。神和神又不同，四大天王永在天上，土地永在地上。阎罗永在地下，灶君虽长驻人间，可以上天奏事，唯有成正果的佛仙，则无论天上地下，随便游行，都到得了，比永居一处的鬼神又神通大多了。人死后成佛、成仙、成神、成鬼，都因生前的修持如何，所以《华严经》上说："应观法界性，一切唯心造。"裴休说："可以整心虑趋菩提，唯人道惟能耳。"《楞严经》观世音菩萨云："若有诸天乐出天伦，我现天身而为说法。"凡天人欲出天伦，须降生在人间修炼立功，才能出得了五衰之苦而皈依佛乘，跳出三界之外，不囿于五行之中。盖人生世间比三途乐得多，只怕是迷失本性，为声色货利所缠不知解脱。念书的士子，就听见孔子说：未知生焉知死。他就认为是定而不可移的话，未免太顽固了。唯有佛经、道经，专说的是生前死后，大大地补充了孔教之不足，发孔子之所未发，明孔子之所未明。这些顽固士子，他不说佛老是攻乎异端，便说是非其鬼而祭之谄也，他再不说《中庸》上有句"鬼神之为德"，《论语》上还有个"祭神如神在"呢，盖大圣人降世救民，万不能不给普通人类留教育的地步，而后人党同伐异，唯我独尊，便不是大同主义了。世上人果肯持大同主义，非儒、释、道三教都尊不可，所以文昌帝君说广行三教而不说广行道教毁谤他教，真是一位大同圣神。其历代列入祀典，何尝不是尊敬大同圣神呢。

诗曰：古佛金仙与大儒，皆从心地下工夫。孔门传道能经世，释教行权可警愚。弟子莫须分意见，祖师都具好规模。大同虽是无消息，三教将来铸一炉。

20. 掌宿业疾病司

宿业就是宿世的冤业。佛说："欲知前世因，今生受者是；欲知后世果，今生做者因。"若是得了宿业疾病，任你是十大名医也无法医治，业一日偿不完，病一日不能好。前三年，北京有一人，左腿上长了个疮，经中医数人治皆无效，可就请了一位洋医将左腿截去。待数日，右腿上照旧长了一个，又请洋医将右腿截去。待数日两臂各长一个，于是乎不敢再请洋医。看此人定是宿业而无可疑。果欲医治宿业疾病，别无他法，唯有长跪佛前忏悔赎罪，发愿持戒修福，善功既增，恶业自减。佛所说："若人欲了知，三世一切佛，应观法界性，一切惟心造。"那再也是不错的。唐朝有一位悟达老和尚，膝盖上长了个人面疮，可就往四川苍龙山寻一位高僧医治。这疮说道：我是汉朝晁错，他是袁盎，他在景帝面前谗我，将我杀了，只因他十世做高僧，我报不了仇，赶到如今他在帝前受宠，动了富贵的念头，我这才能附在他身上，做了人头疮。从此悟达改了欲念，立志清修，辅佐唐帝，护法救民，这才将冤仇解释。由此看来，要打算医治宿业疾病，就只有这一种立志行善的好法子了。

诗曰：诵咒持经忏宿冤，须将戒律在心存。克制人欲还天理，自有神明度鬼魂。悔过诚能抛药草，祭天不可宰鸡豚。浑身解脱真干净，许尔灵山见世尊。

21. 掌畜牲司

畜牲就是横生，飞禽是扁毛畜牲，走兽是柔毛畜牲。《楞严经》上说："情多想少流入横生，重为毛群，轻为羽族。"业轻些的变作飞禽，业重些的变为走兽。古仙云："畜牲本是人来作，人畜轮回古到今。若不披毛并带角，劝君休用畜牲心。"还有劝善对联云："死后免为双角兽，生前莫作两头蛇。"这都是劝人不可作恶之言。我们所学人间的格物致知之道，只能学个眼前现在的有形有像之格致，要讨论鬼神死生无形无像之格致，虽孔孟不能道其详。所幸古佛古仙有宿命通，能知生前死后及鬼神报应、人畜转轮之因果，说得具足圆满，井井有条。宗教家云："善人的灵魂升天堂，恶人的灵魂下地狱。"若问他半善半恶的人是教他升天呢，还是教他下地狱呢？若教他升天，他又有恶，若教他下地狱，他又有善，未免教人为起难来。唯有佛经又能说出个六道轮回，可比不说轮回的经典活动多了。设若不说出个轮回来，天堂地狱终久有个人满之患，一有轮回，自然就没有人满之患了。以此看来，释迦牟尼佛所说之法真教人问不短哩。若把天堂地狱抛开不说，只说正心修身，莫若尊奉孔教，直不必说我是个宗教家。既说我是个宗教家，就得演说天堂地狱；既说天堂地狱，就必须要说轮回；既说出个轮回可就容易起信了。佛经所设天堂地狱，并不是空言大纲，而且还有细目。天堂是怎么个形式，天人是怎么个乐法；地狱是怎么个形式，罪鬼是怎么个苦法，都是色色俱全，绝不能知其表不知其里，知其粗不知其细。佛经说法不用东摘西借，亦不用南接北扯，就凭这三藏十二部，白了头发亦说不完，要哲学有哲学，要科学有科学，真称得起是取之不尽、用之不竭了。我们人民对待佛神，务必要虔心信仰，努力报恩，给佛神做个传教弟子。世间多一个善人，阴司就少一个饿鬼。所以《金刚经》上说："财施不如法施。"唯传法一事，缺财可是不行，唯有求众善士能出力的出力，能出财的出财。出财叫修福，出力叫修慧。或只能修福不能修慧，亦必蒙佛神怜悯，提进天堂福地；或只能修慧不能修福，亦能蒙佛神拯出苦海而登彼岸；若能福慧双修，财法双施，可就更好了。唯有出财的善士须要长住了眼睛，留神裨贩派的宗教贼，别叫他修五脏庵去。

诗曰：天堂地狱本非虚，详细情形载佛书。普度众生宣果报，自修本性讲真如。善增恶减成神道，想少情多变马驴。世界圣贤皆莫谤，免教舌上长痛疽。

22．掌水府司

水府就是龙宫海藏。本来我东岳大帝是地祇中最尊之神，大海与旱地相毗连，所以龙宫水府大帝也有管辖之权。其水府龙王之权限，只在水内，不像大帝所管的事情多。如鱼鳖之水族虽属于龙王之一部分，而散在江河之水族便不能超出大帝所辖之境界了。如人民有淹死在海内者，其鬼魂便由海中夜叉送出海外，交在旱地之土地神收管，可见山原水泽彼此都有连带关系。所以水部与旱地上之交际，便一概归大帝措置掌管了。

诗曰：地盘大海水茫茫，实有龙宫在里藏。受戒免遭金翅啄，潜形不被网钩伤。含灵亦晓尊天主，蠢动皆知奉法王。此物虽然身未现，可将周易细参详。

23．掌地狱司

佛教《婆沙论》上说：南瞻部洲之下就是地球底下的大地狱，洲上又有边地狱、独地狱，或在山谷中，或在山上头，或在旷野中，或在海边庙中，这是小地狱。地下大地狱分二种：一种是热地狱，一种是寒地狱；热狱有八层，寒狱有八层。地上小地狱分三种：一山间，二水间，三旷野。地上的小地狱又叫作孤独地狱。《庄椿录》上说："孤独地狱在阎浮提诸外，或旷野，或山间，或海边庙中，共有八万四千座，其罪报比地下的大狱转轻些。"小注上说："如泰山酆都所掌系山间之地狱。"若按《庄椿录》上说，东岳所掌之地狱是地上之小地狱，地下之大地狱则另当别论。若愿考察地狱之详细，或看《法界安立图》(明释仁潮编纂)、或看《玉历钞传》、或看《楞严经》第八卷可以互相参考。文浅看《玉历》，文深看《楞严》，以及四《阿含》皆可。以上系按《法界安立图》译成白话，颠倒错讹之处恐其不免，识者谅之。本来作白话就不容易，译白话更不容易，将外国文译成国文尤其不容易。如鸠摩罗什祖师奉命译《金刚经》时，手下比丘及居士有三百余人，那时候立译经馆，与现在立清史馆是一样手续，每年亦颇用许多经费，虽然是鸠摩罗什一人承头，也不是他一人的手笔，唯有《楞严经》，乃是武则天秉政时候，由般剌密谛用舜不告而娶之计，私携此经出境，来到中华，自己不敢自专，又会同居士房融译成的，可见祖师虚心极了。此经的奥妙，意思也好，文章也好，内容外表无不具足，诵出的音韵真称得起是掷地金声，而且显密具备，权实并行，虽然来在诸经之后，倒成了诸经的一个开路先锋，所以谛闲法师来京便要先讲《楞严》。凡研究此经的人，亦须将各种经典做个辅助参考，等到讲演之时分外的材料多。若论开通民智，总是先讲小乘经典，不幸的是缺少白话经典。若有热心比丘、居士能将小乘经典先选对时机译成白话，可真是功德无量了。但愿诸君须以时机时势为要，万不可胶柱鼓瑟，以译白话认作是擅改佛语，贻误众生。其翻译之道，以经义为本，不必拘泥句读，应倒装的就倒装过来，应添字的就添上字，总求看经的人容易明白是最要紧的。大抵译书之法出不了这个理，即或译的不圆满，尚有原经在，绝不算是有过无功。文话白话的区别，就在乎是一个字多，一个字少，字少省眼费心，字多省心费眼，既要译白话就别怕费字，反正看书人的程度须跟书上的文字平等他才看的明白。译书的人，既打算发普度愿，可非有从权将就缩小的心思不可。诸君如不信，仙教丹经有多种，到底是《西游记》销的多；罗汉说法有多种，究竟是《济公传》卖的多。若看此时的大势，非从造就凡夫入手不可。

诗曰：孽木自招还自受，幽冥神鬼确无权。人心万事凝为善，地狱诸刑化作烟。利己损他休拜斗，欺愚凌弱莫祈天。屠刀一放谁能阻，池火腾光现白莲。

24. 掌十五种善生司

一者所生之处常逢善王，二者掌生善国，三者常值好时，四者常逢善友，五者身根常得具足，六者道心纯熟，七者不犯禁戒，八者所有眷属恩义和顺，九者资具财食常得丰足，十者恒得他人恭敬扶持，十一者所有财宝无他劫夺，十二者意欲所求皆为称遂，十三者龙天善神恒常拥卫，十四者所生之处见佛闻法，十五者所闻正法悟甚深义。按《大悲经》云："是十五种善生，本司匾额是十五种善死，用生字妥抑用死字妥，不可不详加审察。"据《南华经》云："生即是死，死即是生。"吕东莱云："哀莫大于心死，而身死次之。"李二曲云："颜渊命短，虽死犹生。"考古圣贤既不以生死为二，则用字之取择，当以善恶而分别之。既是造善因而得善果，修福田而得福报，仍是用善生较善死为妥，故谨从《大悲经》。本庙乃由张宗师所创，匾额字义谅无错伪，仆阅经不多，知识浅陋，或善死在《道藏》亦未可知，诸善士如知有善死字样，则请代为更正，幸莫大焉。

诗曰：苦乐穷通虽是命，须知命运自心生。谋身目的依因果，处世方针忌满盈。善士宽容能迪吉，小人行险总担惊。雄狮猛烈威群兽，亦有忘神陷阱坑。

25. 掌十五种恶死司

一者饥饿困苦死，二者枷禁杖楚死，三者冤家仇对死，四者军阵相杀死，五者虎狼恶兽残害死，六者毒蛇虺蝎所中死，七者水火焚漂死，八者毒药所中死，九者蛊毒害死，十者狂乱失念死，十一者山树崖岸坠落死，十二者恶人厌魅死，十三者邪神恶鬼得便死，十四者恶病缠身死，十五者非分自害死（录观世音菩萨《大悲经》）。

诗曰：冤冤相报最堪悲，蝉被螳螂利爪欺。那晓螳螂身背后，枝头又有雀跟随。

人事相争更可伤，衰颓六国遇秦皇。谁知楚汉干戈起，兵到咸阳二世亡。
看来安分是便宜，碌碌庸庸度日时。既不造因焉结果，亦无欢喜亦无悲。
世上财多人共趋，得便宜处失便宜。虽然弱肉遭强食，强者终须有弱时。

26. 掌无主孤魂司

考本司对联之语意，乃是无儿子的鬼魂并无人烧钱化纸、上供烧香，所以叫作无主的孤魂。据我小子揣度，罗侯罗九岁出家，并未娶妻，难道说他是个无主孤魂吗？吕祖未得度以前父母妻子全都死绝，难道说他亦是个无主孤魂吗？二位祖师，一位是佛，一位是仙，万不能说他们是无主孤魂。二祖既不是无主孤魂，其凡夫只要没儿，可以称他是无主孤魂，而卫石碏大义灭亲，邓伯道弃子留侄，并不是佛仙，难道说他们亦是个无主孤魂吗？以此看来，有主无主不在乎有儿无儿，只在乎生前的道德何如。请思目莲之母倒是有儿子呢，敢自她堕在饿鬼道，有儿亦是救不了。目莲以天眼通看见他母在饿鬼道中受苦，不觉两泪交流，捧钵送饭，他母把饭往口中一送，此饭便化成火炭，终不能下咽，这又何尝不是有儿子呢。以此看来，无儿不算孤魂，究竟什么人可算是无主孤魂呢？按佛教传徒不外持戒、说法二端，而愚僧既不好学研究经典，又不肯严持戒律，等到命终以后，西方阿弥陀佛看他是佛门败类，绝不能前来接引往生西方，便与凡夫同入鬼道，面见阎王老子，阎王看他罪小，还不够下地狱的资格；若派他当判官，他又不会写供；派他做夜叉，他又举不动狼牙棒；若叫他投胎转生，人间又没有他的缺；若把他送到城隍庙当差役，城隍又不敢擅用佛门弟子，这叫作大庙不收小庙不留，只可把他送出阴界，做一个人间的无主孤魂，等到放焰口召请的时候，捡些施食饽饽解饿，喝点香菜水解渴。谨将焰口本子上的召请写在下面："一心召请，吃荤和尚，饮酒僧徒，精修五戒未全；贪痴优婆塞等，鲁鱼亥豕，哪知秘密真宗；张口结舌，不晓苦空妙谛。呜乎，经堂冷落尘堆壁，佛殿凄凉月作灯，如是缁衣僧众之流，来受无遮甘露法食；又有无功无行、戒律未全之方士，亦有召请；一心召请骗财巫觋，误事真人，捉妖反被妖打，斩鬼竟遭鬼迷，三华无效，无遭未许标名，五气难朝，地府不容展限。呜乎，妄想不除铅汞走，淫心未断鼎炉崩。如是修行道士之流，一类孤魂等众，来受无遮甘露法食。"

诗曰：肯将正气包天地，岂论无儿与有儿。缓向五伦研苦乐，速从万物发慈悲。须将蠢动含灵拯，务把人心世道持。不向权机寻执着，空来空去始为奇。

27. 掌行雨地分司

有一位道友专研究大乘法，最瞧不起小乘法。他说因果不是一乘，他要用一乘破坏因果，好把他的大乘材展出来，简直他要把权法取消，他打算修成个一只眼一条腿的佛爷，殊不知达天禅师说得好："实法是度己用，权法是度人用。"再也不错。我可以跟他说，人参鹿茸虽属贵品，但不是治感冒停食用的。《中庸》上说得好："故天之生物，必因其材而笃焉。"《金刚经》云："如来为发大乘者说，为发最上乘者说。"可见《金刚经》上的材料，不是度凡夫用的。你可别错下了药，担个杀人不用刀的罪名。你要不听，这欲界鬼神的宝杵亦不软哩。闲言少叙，还是说咱们的因果法，这行雨地分司乃是看哪块地方的善人多，便教它风调雨顺，五谷丰登；要是恶人多的地方，未免旱涝不均。其实并不是雨露不均，乃是人心不均的原故。所以齐妇含冤，三年不雨，邹衍下狱，六月飞霜。上古尧舜时代，人心醇厚，故有五日一风，十日一雨，乃是普遍均沾，并不必有分不分之一说，只因后来风俗轻薄，所以龙神降雨也要多费一番周折，这才有个不均的果报在后。孟夫子说："人皆可以为尧舜。"以此看来，不必求人人为尧舜，但求有权柄、有势力的人，都存个尧舜之心，自然就天心顺、民自安了。宫之奇云："鬼神非人是亲，惟德是依。神所凭依，将在德矣。"愿诸君三思斯言。

诗曰：风云雨露非人力，皆恃苍穹鞠养恩。惟有仁慈邀眷佑，何须祈祷润郊原。要将白眼观天理，总把丹心效世尊。堪笑乡愚迷本性，猪羊香烛祭鼋鼍。

28. 掌风伯司

《楞严经》云："复有无量日月天子、风伯、雨师、云师、雷师并电伯等。"以上乃是第七卷所说的护法神。按伯作长字讲，乃是为师中之长的意思。风伯便是掌风的头目神。世人只知雨的用处大，不晓风的好处。其风的功用最能消热去湿，功用跟雨露平等，所以尧舜时代有五日一风、十日一雨之瑞。春联上所说"五风十雨皆为瑞"，就是这个典故。其正阳门观音庙的旗子写的是"和风甘雨"，以此看来，竟有雨没有风亦是不成功的，所以前清初叶，在东华门外北池子建有风神庙、云神庙，每年派大臣致祭，可见风神乃是列入祀典的神。风雨之神，由释迦佛祖之于前，蒙圣君贤祖倡之于后，以有此两种凭据，他决定不是假神。格致学上说："地气热则涨而上腾，他处冷气流来补之则为风。"这风既是由地气所生，又何必有神主之呢？殊不知风神乃是以神通力使风，并不会造风，就如同人能决水一般，决诸东方则东流，决诸西方则西流。近有大哲学家著书立说，一定说是没有神，等他自己做出事来，可又是不道德。我有一句话忠告负教育责任者，教育宗旨既是以道德为主，便不可与神教反对而加毁谤。现在提倡神教，正是提倡道德。提倡道德正是深合教育宗旨。自古以来以至于今，三教传道并行不悖，所以民国约法准其人民信教自由，而约法上既准其信教自由，佛道两教便不是异端，不是左道。况且历代三教宗师所著之书不要版权，这就是我们中国圣教原有的道德。佛经仙传既是不要版权，乃是爱人不私己之德，若近日破坏神佛的大哲学家，著书必要版权，这是怎么个原故。虽然，哲学家以高贾自居，与道德上却倒没有什么损处，可是对待神佛便加毁谤，未免大大的有伤道德，嗣后再著书，既不赞成佛教，不可破坏佛教，亦算笔下阴功、口角的德行，不但是己身造福不浅，小民亦受惠无涯了。再者，破坏不怕破坏，须要在邪正上着眼，若是正教劝人为善，虽不尊亦不必毁；若是邪教害人，地方官必有个惩办权衡。若笔头上破邪教，亦要把正教株连上，那可是缺德的很了。你要不听，速报司必给你个果报，教你知道知道。

诗曰：祀典传留已有年，并非皇帝爱神仙。只因辅助公庭律，是以颁行《感应篇》。朝旨恒言尊古德，王章最重礼先贤。而今总统循民意，亦往圜丘祭上天。

黜迷四首：古人留下封神榜，本是消闲解闷书。只有天尊开杀戒，并无佛祖讲真如。妖魔滚滚皆捏造，法宝纷纷属子虚。敬告群黎分皂白，莫听邪教乱安居。

妖怪神仙辨弗明，竟由外道任纵横。混将大胆师兄请，乱把鸿钧老祖迎。草野既多愚百姓，朝廷恰有傻公卿。痴儿闯下滔天祸，赔款如山补不清。

愚昧不知持佛戒，杀生果腹最堪伤。鱼鳖入网无人救，牛狗遭刀有客尝。父母残年称废物，孩儿染病拈高香。水灾浩劫淹庐舍，又祷金龙四大王。

国运原随劫运来，无辜神佛亦遭灾。孩儿念念违天理，稚子呶呶上讲台。丧我权衡因利己，遵他嘱咐为图财。中华人把中华害，开水浇坟实可哀。

附录：北京东华门内风神庙风神名称：应时显佑利济风伯之神，和风兴农之神，惠风福田之神，薰风保禾之神，景风舒苗之神，金风利穑之神，凉风秀实之神，朔风阜物之神，严风获谷之神。

江西铅山县有病之家延巫祈祷，鼓角喧阗，多所愚惑。蒋太史士铨有驱巫诗，录之以风焉：巫祝纷纷行鬼教，可怜不遇西门豹；呵神叱鬼啼复笑，病者惊疑医莫效。东邻夜半击巫鼓，扰我酣眠魂梦苦；披衣踏月登邻堂，妻孥含泣子卧床。老巫摇头作神语，手持龙角咒白虎；狰狞鬼怪神数层，杂以淫娃真可憎。木鸢金帖隐旗帜，高爇本命符牌灯；我裂神像付一炬，脚踏余灰折弓弩。吹灯骂巫巫疾走，宾客循墙皆舌吐；巫神巫鬼纷窜逐，明晨病者起食粥。师楷为作驱巫诗，三日传诵城乡知；前闻太守召巫召己魂，鼓乐送巫归庙门。吁嗟乎，妖由人兴何不闻。

29. 掌较量司

较量便是较量锱铢。凡善恶之大小，果报之轻重，总教它不爽分毫，就如同用算盘算钱一样，绝教它错不了账。此善恶簿中的报应亦是分毫不能错的。本庙有两盘大算盘，那就是满愿人挂的，反正是谁占过便宜谁明白，谁吃过苦子谁知道。如果是善人净吃苦子，恶人净占便宜，那还叫作天地有知、鬼神有灵吗？既然是善人有占便宜的时候，恶人有吃亏的时候，那一定是天地有知、鬼神有灵了，所以速报、见报两司的神像都有人庄严见新，那总是这位施主报恩来了。我国商业中只占便宜不吃苦子的就是当商，第一不能赊账，第二不准抹小零还要往里拐小零，第三货物不能损失，第四留便宜东西。每月的利息虽不大，就怕日子一多，真有个对盒子赚赚。别的铺子都有个含糊，唯独当业的章程真跟天律一样，丝毫不能更改，可也是含糊不得，果真一含糊，账目必要错乱。要考前清庚子以前，银钱行市并无大涨大落，当年十吊便是三百文利息，而且是出入满钱。只因大闹钱荒，钱盘忽涨忽落，便由当业商会公议，拟妥了一个当钱合银的章程，以免亏折母金，又加上出九八入满钱，又扣一分底子。就这么一改章程不要紧，可就把穷人多吃上点苦子。设若钱盘合十七吊八一两，若当一钱银子，每月便是三厘利，若本利合钱，合成一吊八百三十三个四什么，若算柜外头一吊八百三十文，这三个四什么便要亏折，只是往里拐不往外拐，便合成三厘为六十文，便是一吊八百四十文了，柜外头叮就多吃上六个六的苦子，这还算是明亏。前年我当了一票当，四钱银子本，当七个月去赎，合十七吊八一两，应当本利合钱往里拐合八吊六百二十文。没想到这奸狡的伙计他也要按六十文一钱合算，他说是八吊八百文，教我再暗吃一百八十文亏，所幸我是受过苦的人，不能不在技术上留心，我自己算好了来的，跟他大谈算学，教他用十七吊八作法数，用四钱八分四厘作实数一乘，便合成八吊六百一十五个二零，往里拐便是八吊六百二了。设若我不会算学，这一百八十文就算是丢了。那些无夫子的寡妇，可不知道她受过这苦子没有。按此时北京市面穷苦者多，我但求各当铺的伙友不可再跟穷人亏心，也算是造福不浅。东岳庙这两盘珠算可也是较量锱铢的物儿，它也能够往前进位呀！

诗曰：刻薄成家不久长，况施巧计侮孤孀！欺愚虽享当时快，孽报难逃后日偿。频动焦唇箴富贾，大挥铁笔劝奸商。公平贸易如山稳，狡诈从来无下场。

30. 掌堕胎落子司

考察堕胎落子的事有二种：一种是妇人嫌子女多服打胎药，一种是贪淫孀妇闺女怕人知道，所以才做出这有伤人道的事来。正式夫妇要是嫌子女多，给它个寡欲节制，择子宫已闭之时，自然就不怀孕了，若是不肯节制以吃打胎药为长策，不但妇人身体损伤，阴律亦是不能饶恕的。唯有奸人妻女，无论她怀孕不怀孕，反正阴司的火柱是为她预备的。若行淫不打胎，只抱几次火柱，若再加上打胎，还得在油锅里炸上几回。按婴儿在母腹中，既不可损，其溺女及掐死私孩，虽然是打不了人命官司，阴司可是以人命看待。皆因是阴司论魂不论身的原故。中国宗教家说得好："谁是父来谁是子，谁是夫来谁是妻。一个家庭一出戏，阳世三间搭伙计。"其打胎溺女，正是掌柜的害伙计，焉能够无罪呢？人人都有姐和妹，家家都有妻和女，凡养女的人家，虽然在婚姻上不能不注意，总然不可挑拣过甚。俗话说"女大不中留，留来留去是怨仇"，再也不错，有钱的人家使唤奴仆，无论男女都要选择年高老成者为妥。还有少住亲戚家，少听戏，少走走逛逛，这也是防微避嫌的事。贫寒的人家少教大闺女上街、站街、串门子，租房住务必要择邻而居。此事虽说是关乎祖上的阴功、父母的德行，总要多加防范为妥。家中有认字的闺女，做父兄的须禁买言情小说，多买圣经贤传等有益身心之书。我国既是称礼义之邦，其《列女传》也务必要提倡提倡。人民少做一种丑事，道德便增长一级，风俗便挽回一天。谅有慈悲心的人，必以我言为不谬。

诗曰：弥天孽淫起闺房，做到伤胎更断肠。罪在阳间污可掩，案归阴府命皆偿。虽然劝勉诸医士，更得哀求各药坊。倘破多金来购买，不存此品不开方。

家长宜禁孀妇闺女看电影说：考历代先儒都有家庭教育，所以古书有《颜氏家训》《温公家范》《杨忠愍家训》《曾文正家训》、刘向《列女传》、陈宏谋《教女遗规》等书，如《朱子小学》亦多家庭教育。观我首善之区讲家庭教育之人，不知究有若干，若果有守礼之家庭，绝不肯令寡妇闺女出门听戏，况现在电影院所演者，诲淫诲盗无奇不有，造孽无比，贻害青年。若是守节的青年孀妇，难说她心里不明白吗，其闺女虽是未开知识，亦难免她心里要思索一番，这一思索不要紧，药铺的加味逍遥丸、当归补血汤必要多卖上几料。不但是孀妇闺女不宜去看，就是夫在外省妻在京守家的小妇人，亦不可由她去看，不但不教她去看，葱蒜韭薤之五辛菜都不可教她吃。诸位家长可以把《本草》看看，考察葱蒜韭是怎么个性质就明白了。按《楞严经》禁戒比丘吃五辛味菜，叫作除其助因。愚下不赞成妇女去看，亦为的是除其助因。医学上说：心是君，肾是臣；君出令，臣行令；君火不动则相火不动。所以，佛教以摄心为本，所以八关斋不准修行人观戏，乃怕的是见可欲则破戒，只因佛教劝凡夫先离欲然后才能出生死，离欲还恐怕做不到，反倒去依欲，岂不是火上浇油吗？我但劝各家长，若果是有维持家教之心，须要把乾纲兴起来，给它个未雨绸缪，防微杜渐，别竟由着犯家法的女子胡闹，若等到秽德彰闻，丑声四布，那就晚啦。

诗曰：立志偏将国粹扶，而今家教太模糊。精研佛理全人道，考据医书做楷模。社会嚣风难速灭，间阎土匪不胜诛。疾呼三教奇男子，能挽狂澜是丈夫。

31. 掌阴谋司

"阴谋暗算害人家，大眼分明自不花。事到头来方懊悔，始知前日念头差。"按阴谋害人罪极重大，所以阳律谋杀比斗杀罪重；西洋军法战场活擒不杀，若逢侦探杀无赦，其理同。阳世既重诛阴谋，阴司定罪更重。如唐李林甫筑偃月堂，在内设计谋害忠良；宋秦桧夫妇阴谋害岳武穆王，都是暗用阴谋。阴司罚李林甫七世为娼，九世为牛；秦桧至今不能出地狱，而且岳公坟前有秦桧、万俟窝之铁像。后人有诗云："青山有幸埋忠骨，白铁无辜铸佞臣。"皆是褒忠贬奸之意。君子之得名如此，小人之受罪如彼，可见阴谋害人之罪深极矣。

诗曰：恶恐人知为大恶，相居尔室暗中看。阴谋毒狠施奸险，天地神祇见肺肝。诬指贤良成乱贼，赞教忠义受摧残。请观明史严公子，奉旨刑诛罪不宽。

32. 掌欺昧司

欺是以强凌弱，以智侮愚；昧是巧设机谋，明瞒暗骗。如欺孤寡，射飞猎走是强凌弱；秀才侮弄乡老是智欺愚。如假借不还是明瞒；设圈套诳人是暗骗。这是分两种解释：按欺昧即是欺心，欺心即是亏心，一有亏心这才生出诈骗行为。凡有欺昧心的人都是聪明人，因为聪明而工于作恶，俗名曰滑头，文名曰小人，语云：有才无德谓之小人。大抵能制服小人的人有三种：一种是圣人，圣人比小人道高德重，智慧具足；一种是豪杰，豪杰是慷慨性成，威武不屈；一种是小人，小人见小人各不相下。圣人制服小人叫作明下典刑，豪杰制服小人叫作为民除害，小人制服小人叫作以毒攻毒。被欺昧之人有三种：一种是贤人，一种是愚人，一种是懦夫。贤人的性质，是以道德约束自己为主，而且时时刻刻省察，恐怕自己有过错。虽然明乎察己，难免暗于知人，平日绝不预备机心以防敌人。小人看他是君子可欺，便觉有隙可入，一伸手便是百发百中，真是挨死打；愚人是以贪便宜为主，能见利不能见害，又叫作是非不明、黍麦不辨，见了便宜就贪，受伤害才明白；懦夫的心中无果断，虽有算计但用得不恰，胆小志弱，犹疑不定，受了害吃了亏自己认命，性情在半贤半愚之间。此司专管做欺昧的鬼魂，欺昧愚人的罪报轻，入有间地狱；欺昧贤人的罪报重，入无间地狱。

诗曰：以强压弱最堪悲，愚者常遭智者欺。能使善人成裹足，并令君子亦攒眉。机谋只管当时富，果报难逃后日危。草怕严霜霜怕日，悖来悖去有何疑。

33. 掌僧道司

前清官制，有僧录司、道录司之设。若有不守清规之僧道，便将他驱逐出庙，另改换戒律清净之僧道住持，现在改建民国，便将僧道两司取消以便合符信教自由之约法。唯有东岳大帝所辖之僧道司万无取消之理。本司若见戒律清净传布佛法之僧，使听极乐世界阿弥陀佛接引往生；若道士金丹已成，功行圆满，便听其升在天堂或名山洞府，以享清净自在之乐。若逢拆庙卖像不守清规之僧道，便将他下在地狱受苦，治他个知法犯法之罪，这便是掌僧道司之责任。按本司若对待平常僧道，可以说是掌，若对待高僧高道，便以护法神自称了。

诗曰：仙佛何尝原有种，乃从尘世做凡夫。药王尝草医灾疾，持地推车垫路途。成道钟离为武将，升天吕祖是鸿儒。看来苦乐由心造，法自师传修在吾。

34. 掌城隍司

大凡传教劝善，第一须令人信仰，不生疑惑，这才能有把握。欲求有把握，须有真实不虚的凭据。既有凭据在手，无论他是何等不信鬼神的读书人，亦教他把疑团打破，在社会上做个好人，给国家做个大器。要论搜寻凭据，须向古书上追求。古书有正史有野史，正史是奉君命所编，野史是私家纂辑，凡要传布神道，须在正史上找凭据。野史上虽实事颇多，唯有方而不圆的儒家，他把野史看作是稗官小说一流，不足以取信，非得要奉上谕编的，那才算达到他忠君之目的。考史馆修史书若没有野史作参考，反正是不够材料，所以清史馆在各行省设有征访购书员，可见私家名儒撰述，颇补正史之不足哩。今将《六艺通考》上所说城隍之历史，照本誊录下来，无论正史、野史，一概全录，足可以给城隍神做个见证。无奈原字太多，史文古雅，译白话不太省事，莫若照原文圈好句读，做好符记以便解释。如文理浅的人看不懂，再向文深的夫子讨教就是了。谨将原文列下：

《冬夜笺记》谓城隍之名见于《周易》泰之上六，城复于隍是也。又引《礼记》天子大蜡八伊耆氏始为蜡。注：伊耆，尧也。蜡神八，水庸居七。水，隍也。庸，城也。《春秋》：郑灾，祈于四鄘；宋灾，用马于四鄘。鄘，同墉。由此推之，祀城隍盖始于尧时矣。城隍之有庙则始于吴。

《宾退录》谓芜湖城隍庙建于吴赤乌二年是也，唯祀城隍神则见于六朝。按《北史》，齐慕容俨镇郢城以祀城隍神破梁军。《隋书》五行志：梁武陵王祭祀城隍神，将烹牛，有赤蛇绕牛口。全唐代祀之者渐多，《唐文粹》有李阳冰《缙云县城隍记》，谓城隍祀典所无，惟吴越有之。《张曲江集》有祭洪州城隍神文。杜子美诗有"十年过父老，几日赛城隍"之句。《杜樊川集》有祭城隍祈雨文，则唐中叶各州县皆有城隍。陆放翁《宁德县城隍庙记》亦谓唐以来郡县皆祭城隍。五代吴越王钱镠有《重修墙神庙碑记》，以城为墙者，避朱全忠父讳也。其封城隍为王者，见于后唐废帝清泰元年；封城隍及其夫人者，见于元文宗天历二年。明太祖初诏天下各府县建城隍庙，封京城隍为帝，开封、临濠、东平、和滁之城隍为王，府为侯，县为伯。洪武三年去封号，但称某府县城隍之神。《宋史》苏缄殉节于邕州，人呼为苏城隍。

《春明梦余录》谓镇江、庆元、宁国、太平、华亭、芜湖等郡邑城隍神皆以为纪信；龙且、籁袁、瑞吉、建昌、临江、南康皆以为灌婴。《杭州府志》载，明代按察司南海周新为杭州城隍；《南雍记》以萧何为南阳城隍；《纪闻》以桓彝为宣州城隍；《江宁府志》以文文山为江宁城隍；《中吴纪声》以春申君黄歇为苏州城隍；《幽怪录》以赵汝涧为澧州城隍；《冷庐杂志》以张睢阳为湖州城隍；《金川琐记》以本朝（即前清）吴一嵩为金川城隍；《劝戒录》以本朝李赓芸为漳州城隍；《续琦亭集》以钱忠介为鄞县城隍；侍郎张同敞为桂林城隍。其他如粤省城隍为倪文毅、雷州城隍为陈冯宝、南京都城隍为于忠肃、北京都城隍为杨忠愍，此类甚多。以上节录《六艺通考》。

按神祇不出欲界，故有眷属。是以城隍土地皆有夫人。生前戒淫守礼，不出儒教范围，故殁后眷属即生前眷属。若夫不贪而妇愿其贪，则弗能为殁后眷属矣。今为廉吏之夫人，果愿殁后为神妇，则当以赞助廉洁为本。若较长生殿中之私语，自有圣凡之判耳。

诗曰：廉吏从来好下场，全凭天理做城隍。生前只为怜黎庶，殁后方能谒玉皇。节义同标青史册，庄严共坐寝宫床。虽然不若超三界，总比人间寿命长。

市上山中僧道多，常遭地痞受消磨。除凶即是安良善，护法强如礼佛陀。铁面诛奸推孝肃，仁心判事属东坡。空来仍何空中去，果果因因自不讹。

35. 掌贼盗司

暗偷为贼，明抢为盗。盗罪虽大而属阳，贼罪虽小而属阴。格言曰："善欲人见不是真善，恶恐人知便是大恶。"盗能令人看得见，乃人见其恶也；贼不令人见，乃恶恐人知者也。无论贼也盗也，盗也贼也，其罪均为平等。今列贼表一篇而盗在内焉。贼分三种：曰国贼，曰社会贼，曰家庭贼。国贼分三种：借外敌报私仇、贪外财害同胞曰卖国贼，卖土地卖利权曰卖产贼，杀人取财、弃法受赂曰害民贼。社会贼分四种：暗用淫智奸人妻女曰淫贼，满口仁义居心盗跖曰文明贼，得人爵弃天爵曰宗教贼，明办善举暗入私囊曰公益贼。家庭贼分二种：有钱吃喝嫖赌，没钱坑崩拐骗曰男贼；主妇往娘家偷，姑奶奶往婆家偷曰女贼。以下贼种有能在阳世犯案者，有不能犯案者。不犯者谓之漏网。呜乎，暗室亏心神目如电，阳世网疏而阴世网密也。

诗曰：偷儿非只在穿窬，诳骗欺蒙共一途。三教本来皆佛圣，九流原不是江湖。求财弗正汤消雪，食禄无功水泼炉。但祝同心严盗戒，好将大乘法轮扶。

楞严说到断偷时，近事闻之泪欲垂。本为众生成正觉，免教诸子落邪恩。精灵必定遭雷打，妖魅难逃被杵笞。果愿西方莲上坐，须防神贩乱清规。

36．掌山神司

各司中既有山林鬼神司，已将山神包括在内了，又何必另有个掌山神司。殊不知多神教的性质有多神教的好处。多神教的神都是由生前做人时候的修持，这即是王阳明说的圣贤人人可做的意思。其广设多神，正是鼓励后人行善之意，神愈多成神的凭据愈多。多神教的好处皆因是有凭据，这才能在社会上起信，社会上才知道他不是假神，所以学他的品行道德，塑画他的神像。为什么多神教是有凭据的呢？比方说，知县衙门就用一个县知事，书班皂隶全都不要，你想这个知县能做不能做。一个人既办不了许多的事，所以古代有三公论道、六卿分职。人间既是有这些位官员，而阴府亦不能是一位阎王爷了。阴府既不是一位阎王，所以东岳大帝亦必须有七十六司，此司既是掌管山神，其药草树林便不归此司所管了。立法、司法、行政三权鼎立，各专责成。现世各国如此，所以佛教东度以来，虽为天人之师，绝不破坏多神教，这叫作船多不碍泽。三教鼎立自汉至清足有二千来年，只是众生根有利钝，业感不同，结果亦异，所以各从所好，这叫作无命令的信教自由。佛教大乘经典深奥难明，非上智不能领悟，唯权教似与神道混同，以普门品有求妻、求子、求长寿，所以家家供养观世音；道教讲性命不离《心经》《周易》，亦非草野凡夫所能深入。佛道二教以讲因果为初步，以出轮回为终极，若教化中下之人，非有宣讲所开导不可，其乡处山居，皆恃多神教维持人心，所以村庄父老，目中只有土地爷、龙王爷，不知道有玉皇上帝。我国风俗习惯自古如此，所以梁氏云：人民程度离开明甚远，必须鼓励宗教，而鬼神虽不出佛说十二类生，惟度凡夫初步切不可将鬼神一笔抹倒。倘以最上乘法而施之于未学之人，倘其扞格不入，未免强其所难，根钝凡夫反生障碍，况佛教包括太广，戒禁颇严，倘使其知而难行，必致弃而生厌，无所适从，总以先种善根为本，虽不能出离生死，尚不致堕入三途，倘有可造就者再行提携深入，弃权归实，自不难入涅槃门矣。发心传教之佛子，谅以余言为不谬。

诗曰：中华传布多神教，善士愈多神愈多。圣迹千年留榜样，芳名万古不销磨。东瀛亦祭关夫子，南越曾尊马伏波。非是愚迷供土偶，只因忠义耐吟哦。

37. 掌土地司

土地在地祇中是最小的职分，土地之上司便是城隍。城隍好比是区官，土地便是巡官。《西游记》上孙大圣要遇见土地，比甲拉达待朱车兵厉害。看书人不可以《西游记》上的土地无价值便要藐视他，那可是有罪。《西游记》是天仙丘真人所撰，外表是小说，内容是丹经。只因天仙地祇尊卑已定，所以丘祖借笔游戏三昧，倒是无关紧要，要是我们平民，可别把土地看成是不要紧的神。土地在世的时候，心不慈善不能做土地，好嫖赌不能做土地，伦常乖舛不能做土地，可见做土地非是个善人不可。土地神职虽然小，道德可比人间的贪官大，所以称呼福德正神，其所以不能如城隍职分大者，只因是生前功德比城隍小；其所以不能如僧道死后享清福者，只因是酒肉不能断，嗔恨不能断，正色不能断。嗜好愈大，浊气愈重，故此不能飞升，皆因业感比僧道不同。若生前爱护佛法，殁后可以做护法伽蓝，比管人鬼的土地又清高一层，只能享寺庙之香火素食，不能受人民之酒肉供养，所以造因不同，结果亦异。今将禅门佛事中土地赞列下："当山土地，护法伽蓝。一十八位并合堂，义勇武安王，盖世无双，永镇中华邦。"以此可见护法土地的心愿比不慈悲、不道德的候补佛仙强多了。不但人民不可以小看了土地，就是高僧高道都当尊敬土地唎。土地庙有一副对联是"千处有求千处应，一方诚敬一方灵"，可见保护人鬼的权力亦总算不小。据《七修类稿》上说：明太祖微行至酒肆，客座已满，便将土地移在地下，曰：此位且让我坐。嗣后闻知是太祖驾到，便不敢将土地供在桌上了。

诗曰：莫嫌土地权衡小，莫笑方中官职微。每遇善人皆庇佑，若逢恶鬼亦施威。云何殁后成神果，只为生前喜肉肥。菩萨天仙来下降。折腰叩首诵归依。

38. 掌精怪司

《中庸》上说："国家将兴，必有祯祥；国家将亡，必有妖孽。"所以各省府县志上备有祥异一门。祥即是祥瑞，如鉴书上载凤鸣岐山、一禾九穗之事；异即是怪异，如马化为人、青龙现帝座、宫庭鬼哭、遍地生毛之事，此皆妖孽，史不绝书。精怪即是精灵妖怪，忽隐忽现，警示先兆。不但历朝有此异事，即人家逢家败之时，亦有精怪出现咧。《玉枢经》上说："若人居止，鸟鼠送妖，蛇虫嫁孽，抛砖掷瓦，惊鸡弄狗，邀求祭祀，以至影胁梦逼，及于奸盗，而敢据其所居以为巢穴，遂使生人被惑，庭户不清，夜啸于梁，昼鸣其室，牛马犬豕亦遭瘟疫，祸连骨肉，灾及妻孥，淫祠妖社，党庇神奸，吊客频仍，丧车叠出。"按此经所说，都是富家将败所见的情形，只因是财多则思淫，骄奢邪侈则孽作，孽作则鬼神怒，鬼神怒则患作，患作则家败，家败则贫穷，贫穷则受苦。凡有富贵之家，若不愿发生这种情形，须把范仲淹、袁了凡的历史看看，亦仿照他们的行为，子子孙孙永远照此而行，自然这产业财帛永远就保住了，焉能发生闹妖精的祸呢。

诗曰：牛鬼蛇神本不奇，皆从人世酿成之。齐襄淫虐逢猪死，宋景贤明禳彗移。噩退何曾需诀咒，冤缠枉自请巫医。劝君抛却旁门术，四戒全持魔可离。

39. 掌魍魉司

据《玉篇》云：魍魉是水神，如三岁小儿，赤黑色。《地藏经》云："是产难时，有无数魍魉精魅，欲食腥血。"《楞严经》云："贪明为罪，是人罪毕；遇精为形，名魍魉鬼。"达天禅师云："魍是其形暗昧；魉是其形不定；贪明是贪求邪见、妄作聪明而为地狱种子，受罪完时，感日精月华之气成为魍魉。"《抱朴子》云："魍魉是山精，形如小儿，一只脚，侵犯人，又好学人声迷惑于人。"此司掌管魍魉，乃是严禁它迷惑于人之意。

诗曰：只以当初种恶因，故从地狱受沉沦。前生曾做乖张汉，今世方成怪物身。踽踽成群迷旅客，啾啾结党惑行人。金刚掷下降魔杵，气散形销化作尘。

40. 掌门神司

门神的历史，曾由文益堂在《爱国报》上登过一次，乃是从《西游记》脱胎。《西游记》一书，乃是丘祖内丹寓言。这门神一段故事，正史上并未曾登载，鄙人撰这部七十六司考证，搜寻典故，总多从正史上探讨，恐怕的是招泰山北斗老先生们讥刺，唯有历代史书，乃是由奉天承运皇帝诏曰的上谕施行，谅这些位历代史官，乃是董狐的性质居多，他们绝不肯凭空捏造。将无做有，实在是信而有征，秉笔直书。您要不信，请到清史馆调查，准有《宗教志》一门。鄙人做此七十六司之缘由，乃是爱我们国家风俗之意，所以不能不用心筹划，请诸君原谅。考《明史·礼志》，于洪武八年，礼部进呈五祀之礼：第一祀是孟春祀户神，设祭坛在皇宫门前；第二祀是孟夏祀灶神，设坛在御厨内；第三祀是季夏祀中雷神，设祭坛在乾清宫；第四祀是孟秋祀门神，设祭坛在午门前；第五祀是孟冬祀井神，设祭坛在宫内大庭井前。以此看来，这祭门神亦在祀典内五祀之一了。按现在我国政府对待宗教，约法上是信教自由，政府亦不经管，亦不破坏，唯我们供佛信神之弟子，可真得把天良发现出来，想法子维持维持。这神道设教乃是佛佛相印，祖祖相传，自生自产的一部分大国粹，又是社会教育界一部分大补助，与国家人民大有益处，又与我们中国大多数人心理相合，可真得提倡提倡了。要果然真是黄帝子孙，他绝不破坏黄老所传之教。前清光绪二十年的时候，有工艺局的爱国烟出现，盒上写着："是中国人，用中国烟；利不外溢，情不外迁。"我今亦有四句：是中国人，奉中国教；祖宗沾光，子孙得好。

诗曰：饭后茶余谈鬼神，奇书奇事味津津。推敲物理非迷信，鼓舞文章种善因。祈祷莫论灵与验，修行慢辨假和真。香花皆是中华货，掌教权衡是国人。

41. 掌枉死司

枉死有他害、自害、误被害三种。他害是被人谋害，自害是自尽，误被害或是行船落水、车轧火焚等事，此三种只因是阳寿未尽，转生最难，所以游魂漂泊，冷落无依，难免因忿而闹扰市宅，唯有护国保民之将士兵卒以及尽忠尽烈之义夫节妇，虽枉死而不在此列。在阳世可以加封请表，在阴世亦是个正气浩然，其阎罗王亦必格外恭敬哩。虽属枉死，究竟不是枉死，忠孝者而归忠孝司所管，正直者而归正直司所管。此司所辖之枉死鬼，乃一般无功德之愚夫愚妇耳。另有一种枉死之人，乃是由舒服作乐而死者。凡是枉死之人乃皆是由不舒服而死，唯花钱作乐而死者，较枉死又不同，若说他不是枉死，可又是作乐而亡，其死在疑似不明之间。或此种之枉死鬼归行污司收留亦未可知。《药师琉璃本愿经》云：闻如来说，凡夫有九种横死，其第三种便是耽淫嗜酒，放逸无度，横为非人夺其精气。以是观之，花下之鬼，虽不用刀砍斧劈，亦在横死之条咧。

诗曰：不喜庭花喜野花，采花花谢减芳华。爱花恋色真伤德，好色贪花不顾家。窗下弄花聊歇足，花前做鬼亦滋牙。酆都城内花难觅，虽欲寻花路已差。

42. 掌索命司

索命就是冤鬼索命，所有被害之屈死鬼都在此司挂号登簿。做鬼虽被屈含冤，也有个能索不能索，如害人之犯改恶从善，做利国福民之事，此冤便不能索，由此司将此冤鬼安置乐土，便将冤仇解释；或者害人之犯已由官署明正典刑，既有官替报仇，此冤亦不必索了；此害人犯如怙恶不改，又未经阳世明正典型，便有个鬼报在后了。如明清两代贡院开科时，待众举子入场之后，便有院卒到黄昏时便将院门关闭，手执黑旗挨号喊叫，叫的是："有冤的报冤，有仇的报仇，哪屋有对头往哪屋里找，千万别错进了号。"等到第二天，您瞧吧，有用裤腰带上吊的，有用裁纸刀自刎的，有在卷子上写状词的，有画小脚鞋和两把头的，有说这人是某知县的儿子，有说那人是某大臣的孙子，这类强盗官在阳世虽能仗势害人，阴司可是不容毫发的。以此看来，人命既不可害，畜牲的命亦是害不得的。请看掌杀牲司的果报便知道了。

诗曰：恶妇强横鞭弱婢，昏官暴虐枉良民。先奸后弃含羞忿，东骗西蒙结怨嗔。致令孤魂冤莫释，索求仇敌气方伸。善人不做欺凌事，睡梦之间亦定神。

43. 掌推勘司

推是推问，勘是校勘。审判厅有推事就是专管问案；校勘是复审之意。

《楞严经》云："二习相交，故有勘问权诈考试，推鞫察访，披究照明。善恶童子手执文簿，辞辩诸事。"这段经文乃是对待毁谤佛教的外道说法。外道中伶牙俐齿的人很多，而且著书立说，毁谤佛教。等到他死后，便由阎王判官据理力争，非把他这毁骂佛教的语言问秃鲁了不可，把他问得牙白口清，甘心认罪，这才要施展严刑，治他个毁谤佛教的重罪。此司不但是推勘邪师，就是遇见奸盗邪淫的罪犯，也是个照法办理。阴司的审判官，生前都是廉干之官，聪明正直，执法如山，不能徇情，不能像阳世的污吏，不问出口供来便定罪案，阴司是做不到的。这些位司官受几年劳苦，立几年功绩，便上升享福，后来的循吏再来补缺。

诗曰：外道喧哄乱主宾，乡愚那辨假如真。邪言绮语欺贤圣，昧己瞒心谤鬼神。不晓循环轮转果，岂知善恶死生因。倘能赛会宣经典，始悟谁为梦里人。

44. 掌行污司

污就是淫污，用淫字不雅观，所以用污字替代。皆因淫邪之事都是不干不净，所以叫作淫污。行污就是做奸人妇女的行为，又因万恶淫为首，所以特立一司，严惩淫犯以警未来之人。本来大地众生凡有知觉性者，都仗的是色欲留传种子，所以好色之心，贤者不免，无非有轻重浓淡正邪的分别就是了。考古今夫妇之道，守礼守节，知羞知耻者有之，你要叫他淫机身心俱断，断性亦无而证佛菩提位，恐怕是不大容易。须知上至三十三天，下至四大部洲，皆因不能离欲，所以才有生有灭，再不知人本由色欲而生，还由色欲而死，若再加上滥情邪淫，不用等到来世，当时就是个短命报。佛祖因为此关难破，很是为难，研究再三皆无可奈何，所以说优婆塞戒邪淫不戒正色。淫爱微薄者，只要他能持十善便可上升三十三天呢。此司专指邪淫一端而言，就是那嫖妓，虽然是一买一卖，究竟逃不出邪淫的范围，只可是仍在行污之内，其余之淫孽罪案不胜枚举，罪名更重大了。阴司的火柱就是为此罪而设，真是可怕得很。阳世犯邪淫之人，倘能改过自新，立志赎罪，发愿行善，护持佛法，必能减去火柱之罪，只怕是不肯改过便是自找死路了。若再能淫心永断，酒肉不餐，便是放下屠刀立地成佛，再能忆佛念佛，现前当来必定见佛，谁说蒿里不隐灵芝、污泥不生青莲呢？若等到了阴司，受上苦可就晚了。

所以说人身一失，万劫难复，再也不错的。

诗曰：色胆弥天顷刻中，残灯暗室两心同。雨云入梦终成患，神鬼当空不放松。世德百年从此斩，灵光一点自今矇。鹏程有志须回首，莫向情关问路通。

一念滔天悔末由，终身误在美人钩。情魔未许登金榜，色鬼焉能上玉楼。豪杰参通花世界，佛仙唤作粉骷髅。古来第是风流阵，孽债循环在后头（《返性图》）。

戒狎妓诗：孽海茫茫泛渡舟，撑篙摇橹望回头。一朝恩爱千年恨，片刻风流数世忧。大地光阴如促电，凡尘欢喜似浮沤。良言苦劝群公子，莫往娼家做应酬。

青年多少恋花丛，烛影光兼粉黛红。能舞娇姿迷浪子，惯谈媚语困英雄。丹书最以精为宝，内典曾言色即空。待到众芳摇落后，看来都是可怜虫。

世间消遣原多种，何必烟花作乐乡。护体须怜真种子，挥金莫买假心肠。前贤最喜伦常美，西哲曾论血统详。斩断情丝无挂碍，觉人底是法中王。

戒调戏妇女诗：好色须由正式婚，邪淫非礼丑难言。片时易造通天孽，万古难销堕地魂。设计调情削祖德，忘生殉欲负亲恩。寄言觅死登徒子，好把良心仔细论。

读毕《离骚》架上收，翻新复又阅《红楼》。纷纷邀宠群相妒，种种争妍各有忧。鸟语方能招弹弩，兵强难免动戈矛。娑婆若许风流事，恩爱原来不到头。

东风送淑感年华，冷眼闲窥蝶恋花。救苦无人宣木铎，贪声有客弄琵琶。持躬应晓三思悔，处世须防一念差。寄语痴儿登彼岸，莫将欢喜结冤家。

45. 掌放生司

我们轩辕黄帝纪元四千六百十年的时候，正是当今中华民国元年岁在壬子那一年，彼时由新政府更变旧章颁布临时约法，其中最当注意的一件事就是信教自由那一条，于是乎和尚老道听见有这一件痛快事，真是乐得手舞足蹈，不知不觉就要借此"自由"二字各谋合适的地位，本来前清时代设有僧录、道录两司而管辖之，乃是有一位人王做外护法神，一定是力量大得多。自从改建共和政体，可就把一位大护法神取消了。这一取消护法神不要紧，这一群卧底的活魔可就现了原形、露了本相，拆庙的拆庙，盗像的盗像，胡闹的胡闹，眼瞧着就要糟糕。虽然是山重水复疑无路，所幸者柳暗花明又一村，南京、北京所有戒律严明大比丘们，三拳两脚互相精进，成立了佛教大会以求战胜魔军维持正法，南京名曰佛教总会，北京名曰中央佛教公会，北京白云观亦立了道教会，于是乎拆庙夺产之事稍为敛迹。以佛道两教会的章程，真称得是具足圆满，万善皆备，唯有道教会第一次布告内附有戒杀放生会一事，更是特别的善举。闻其进行大略，乃是由各会员等请求政府，拟将打鸟捕田鸡等事列在警律之内，作为国法办理。我听见有这种根本的解决，可比买鸟放生的法子妙得多呀。为什么要请求加入警律呢？皆因是放生的人愈多，捕生的人亦愈多，所以宰羊的老师跟羊说道："他不吃我不宰，他不买我不卖，你疼痛死了别恨我。"这位老师把罪名满归在吃肉的人身上了，其网鸟的人也未必不这样说呢。以此可见，请由行政衙门出告示禁止可比买了放省事得多。又有说是对待买鸟卖鸟的人，可以将鸟雀列在嗜好品内，请财政部大加捐税，卖鸟的人上税，养鸟的人上捐，鸟笼子上贴捐牌，捐要大不要小，亦是个第一办法。鸟雀虽被囚在竹笼子里，总算是为筹款尽命，只因我们民国只有五分钟热度，三人以下之团体，半年以内之结会，始终是未见实行，说得到办不到。若现在佛道两教的弟子要肯其接续办理，所有过去现在未来的扁毛畜牲都要感激得落泪了。

邵尧夫放小鱼诗：纤鲜不足留，一失此生休。放尔江湖去，宽渠鼎镬游。更宜深避网，慎勿误吞钩。天下多庖者，无令落庶羞。

苏东坡善机诗：卷帘归乳燕，穴牖出痴蝇。爱鼠长留饭，怜蛾纱罩灯。

寿光禅师放生诗：放生赎命事虽庸，无限阴功在此中。一岁积成千种福，十年培就万重功。已赴网罗遭困厄，将投汤火近惊冲。临刑遇赦恩无量，彼寿隆兮尔寿隆。

吕祖放生育子延寿歌：汝欲延生听我语，凡事惺惺须恕己。汝欲延生须放生，这是循环真道理。他若死时你救他，你若死时天救你。延生生子别无方，戒杀放生而已矣。

46. 掌杀生司

佛曰："若卵生，若胎生，若湿生，若化生，我皆令入无余涅槃而灭度之。"所以说等视众生如一子，害禽兽和害人所差无异。按历代祀天供肉用牛。叫作祀以太牢，就是祭关帝、祭城隍，都不能用牛，何况是凡人更不说吃牛了。如今中国人被西风所染，说牛肉可以滋补，一传十，十传百，牛肉便盛行了。再不想西洋是西洋的风俗，我国是我国的风俗，又何必在嗜好上和西洋学呢。现代大外交家伍廷芳氏日日吃素，日本国大隈伯爵亦吃的是素，并未常吃牛，又何尝身体不健壮呢。更有一般极残忍的人，专喜吃铁雀、田鸡、活虾、鸽子等等，那更是有伤天地好生之德了。要打算拯救物命不遭杀害之惨，非有大善士联名求官署，用法律发慈悲不可，若仅用善书劝戒杀那是不中用的。此司若遇好杀生不知改悔者，便将他打入地狱受罪。

诗曰：鱼跃鸢飞本自由，何尝同我是雠仇。只因智劣遭罗网，竟以形殊作虏囚。命丧刀砧尸不整，魂归鼎沸气难留。大呼富贵诸君子，莫使东厨血泪流。

47. 掌施药司

《阴骘文》上说："舍药材以拯疾苦，施茶水以解渴烦。"每到夏天有善士施舍暑汤，乃是一举而二善备，又能去暑，又能解渴。此时提署江正堂，每到夏天便令各官厅添设暑汤，真乃是民之父母的心肠。《玉历钞传》上说：送药施医可保儿孙富贵。考明朝有一位罗庆同先生，以卖药为生，每遇穷人无钱买药便赊给他，倘若不还，便不强索，而且细心炮制，绝不敢偷工减料。生有二子，一位是双泉先生，一位是念庵先生，全都是进士出身，而且是公正廉明，这就是能济贫的好处。其有能出财施药的善人，功德就更大了。查舍药之善举，乃是配丸散膏丹的多，若再能施舍草药，比丸药显着活便。因丸药有治群病的，有单治一种病的，若论不耽误事，还是单治一种病的妥当。我曾祖和祖父施舍过治抽疯外贴的药，他自己说："我这药是肉皮上贴的，有病便治，无病也害不死人。倘若我舍内服药，穷人图省钱，把药吃错了，怎么好。"这种思想虽然固执，总算是小心的原故。我祖若父忠厚传家，慈祥处世，这才产生我这么一个孺子来，虽然不富不贵，乃是以安贫乐道为志。黄巩曰："人生至公卿，富贵矣，然不过二三十年。惟立身行道，千载不朽。"我既以立身行道为志，足可以说是祖父的善报了。考警察令有考验药品之善政，不但是考验卖药，就是舍药亦要看看原方，这都是加惠黎民之心，我们别嫌它麻烦才好。此司能考察有舍药的善士，便给他登在簿上而降他的善报，绝湮没不了他的这一片热肠。

诗曰：病苦呻吟最可悲，贫穷有疾更难支。拾来干草方炊火，典却青衫为请医。虽向苍天祈性命，全凭妙剂补心脾。善人若肯垂怜悯，慷慨施财助药资。

48. 掌善报司

此司乃是各善报的总机关部，凡有应收入、应交出的善报，都由此司所管。如注福长寿等司均归此司知会办理，或当速报，或当现报，均由此司存案备查。如善人半途又作恶，此司便撤销其福寿，而将功过平均折算之，若恶多善少，即是情多想少；恶少善多，即是情少想多。他造什么因，便还报什么果，报应昭昭，不爽分毫。

诗曰：天地之气皆正气，善人乃天地之纪。人之初生性皆善，与天地心无二理。后来心皆天地心，做奇男子奇女子。奇耶不过一善字，一心便能了生死。天所庇佑地所钦，神所呵护鬼所喜。为善之人无他长，报之以福而已矣（《返性图》）。

49. 掌恶报司

此司乃是各恶报的总机关部，凡有应收入、应交出的恶报都由此司主掌，如掠剩、促寿等司均归此司知会办理，或当速报，或当现报，均由此司存案备查。如恶人后自改悔，力行善事以赎前愆者，此司便将其善恶折算之，造若干因，结若干果，如天平之公，不偏于轻重也。

诗曰：一边祥云一边雾，左司欢笑右司怒。案牍未启心胆寒，从头黑气重重布。生平肝肺如列眉，海水难洗腥闻簿。几行判词皆铁围，一支斑管即铜柱。砚池化作滚油铛，笔底攒成刀剑树。急急解往前头去，鬼役张牙赤发竖（《返性图》）。

50. 掌忠孝司

文学家有言："文似看山不喜平。"若运笔平铺直叙，未免平淡无奇，所以古诗有"奇文共欣赏"之句。今鄙人动笔也要学学奇文的法子，只因旧式的老善书大家都看厌了，故此变通办理，未免稍近谲谏之语，非得已也。以此看来，一代有一代的佛魔，一代有一代的护法神降生。现在白话报盛行，凡有新奇的演说人都爱看，所以鄙人亦仿照东施效颦、刻鹄类鹜的习气，在此献丑。无论作的好不好，反正不外乎护法爱国的宗旨就完啦。鄙人对佛教最崇拜观世音菩萨，只因他老人家最能通权达变，不能像大比丘，走道迈四方步，更不像泰山北斗的韩文公，除了孔子之外不准你供别的神。简直地说吧，现在是大同时代，信教自由的时代，要再打算毁谤佛老，那叫作兴不开，又叫作白费劲，无论你怎么择毛似的择的那么清楚，早晚有个混同统一的那一天，地球碎了宗教也完不了，新地球出世的时候，弥勒佛还要下降救世呢。考尽忠尽孝有智愚之不同：有智忠智孝，有愚忠愚孝，无论智也罢，愚也罢，论其心地之诚实却倒是一个样，无非智的做得到家，愚的反倒误事。要按天律对待忠孝之人，只看他忠不忠、孝不孝，至于是智是愚，奖励可是所差无几。我们做人的要打算忠于国、孝于亲，总是拣智忠智孝办理为妥。昔大舜不告而娶，那是智孝；曾子受木杖几乎丧命，那是愚孝；伊尹放太甲于桐那是智忠，蒙恬受矫诏而死那是愚忠。总而言之，智忠智孝叫作发而皆中节，愚忠愚孝叫作发而不中节。总是当避嫌疑的则必避，不当避嫌疑的必不避，只要我居心瞒不过天地鬼神比什么都强。若是尽在书本上传名，反弄成假造作了。

诗曰：报恩经上事多奇，佛为双亲损四肢。儿活父亡儿不孝，父生儿死父无慈。绝粮被困难求饱，割肉为餐暂解饥。逃到邻邦筋骨露，世间伦理确无亏。

人言佛教无忠孝，忠孝原来广又多。堪济十方离苦恼，能超九祖出婆娑。盂兰圣会因哀母，护国人王为止戈。敬告儒家多阅藏，纲常大义尽包罗。

佛典包含若太仓，休将一粟断兴亡。顽儒坐井观天小，大士垂恩救世长。果满三祇宣圣德，功圆万行降慈祥。只因累劫多忠孝，故在尘寰作法王。

51. 掌忤逆司

世间第一件大罪就是不孝父母，忤逆为不孝之最重。不孝虽不一端，唯忤逆罪属第一，所以父母讼不孝的儿子叫作讼忤逆。按阳间人子若够上忤逆的罪名，官律乃定成死刑。愚民不知字义深浅，凡讼不孝，便说是讼忤逆，未免措辞过重。按此司所辖忤逆之子便是大不孝的儿子，非打入无间地狱不可。阳世讼不孝，若有他舅舅出来作保，准其改过自新，官署便令他向父母赔罪，当时放出。若到了阴司，罪案已成便无可赦之理由，就是请出他姥姥来亦无效了。总而言之，阳间有改过自新之路，等到了阴司想改过而不能。可见阴司的刑律比阳间重大的多了。以此看来，凡不孝之鬼良心已丧，根本已失，等罪满出地狱后，再想转生人道，那可是难上加难。凡为人子者，千万不可薄待父母。人子若能照古经书上的那种孝父母之法，乃是伦理中第一件大功德，所以叫作百善孝当先，殁后有成神之希望。然而为父母者亦需有一番家庭教育的功夫，孔子家儿不知怒，曾子家儿不知骂，只因父母不怒不骂，儿子亦不知什么叫怒，什么叫骂。若果然为父母者能以身作则，力行家庭教育，儿子即或不孝，亦到不了忤逆的结果，为父母者其知之。按《蒙经注解》云：忤逆之类又分作五：一逆天、二逆地、三逆君、四逆亲、五逆师，叫作五逆。本司塑有秦王氏的罪像，只因她潛死国家的栋梁，便是逆君。还有毁谤我释迦牟尼佛的人，亦算是忤逆，只因佛是天人之师，偏骂他是魔鬼，不是逆师是什么。还有呵风骂雨的人亦算是忤逆，风雨本由天地所发，他居然敢骂，不是逆天逆地是什么？

王中书撰劝孝歌：奉劝为人子，《孝经》宜早读。古来行孝人，略举为表率：杨香救父危，虎不敢肆毒；伯俞泣母杖，为母衰无力；孟宗哭凋竹，三冬笋自出。如何今时人，不效古风俗。何不思此身，形体谁养育？何不思此身，德性是式谷；何不思此身，家业谁给足？亲恩说不尽，聊具粗与俗。闻歌憬然悟，免得伤莪蓼。勿以不孝头，枉戴人间屋；勿以不孝身，枉穿人间服；勿以不孝口，枉食人间谷。天地虽广大，难容忤逆族。及早悔前非，莫待神诛戮。

52. 掌所生贵贱司

这所生贵贱司乃是在注生贵贱司以后。注生是定而不移，所生是可以移，有鉴察考查的责任。如考察富贵人有不道德的行为，就给速报司、见报司行文，叫这两司降他的报应。他要是由害人而利己，速报司就给子孙娘娘打知会，给他个败家破产的儿子，给他抖落一下子，教他在棺材里打崩儿，教他站在望乡台上跺脚。要是看见穷人有好心眼儿。给子孙娘娘打知会，给他个不馋不懒、成家立业的儿子，教他享后半世的舒服，这就是所生贵贱司的责任。

诗曰：人生莫作千年计，在世须留阴骘多。富贵又穷穷又富，沧江成路路成河。贤良自有贤良报，凶恶还遭凶恶魔。莫道苍天无报应，十年之后看如何（《传家必读》）。

53. 掌注福司

人生以来都愿意享福不愿意受罪，古今不能易此理。享福有清福浊福之分，清浊虽然都是福，据我看还是享清福好。什么是清福呢？乃是专在修身养性上下功夫，内除妄念，外离烦恼，无拘无束，逍遥自在，以焚香诵经为乐道，以种花栽竹为消遣，游戏林泉，饱看山水，结有德之朋，绝无益之友；口不餐腥膻，身不着淫欲，其清福的好处，非此篇所能形容。请把陶渊明《归去来辞》读一遍，再把韩退之《送李愿归盘谷序》念一遍，就知道清福的乐子大不大啦。而且享清福不分贫富，明月清风，不用钱买；醒来歌舞，醉时安眠。请看巢父、许由，给他个皇帝他都不做；庄周、段干木，给他个宰相他都不为；还有明代唐伯虎、金圣叹，这二位乃是个风流潇洒放荡不羁之人，你要令他学程明道衽席之上无欢笑，再叫他学陆象山闺门肃若朝廷，他是绝不乐为，他把那农工商贾都看作是浑身的烟火气，未免俗不可耐，他不但把荣华富贵不放在心上，就是那列入祀典的先贤先儒，他都看成是如茧自缚咧。以唐、金二位之品行，虽不如程、朱醇厚，他那一种嬉笑怒骂的活泼性质亦足以与抱屈含冤者解颐消忿咧。你要教他希图荣利、剥削小民，他是绝不乐为；你要教他做个文明土匪、邪僻流氓，他是更不肯做，你要教他在二臣传上立传，拜冯道为老师，他是更不肯干。虽然是放荡不羁，风流自命，他宁做个社会之消遣物，给众人醒疲凑趣，他绝不肯贪婪无厌，给儿孙做马牛。那唐、金二先生设若生在今日，他在道德范围内总可以立得住脚跟咧。清福既分出循理及风流二派，浊福亦分出循理及放荡二种。何为放荡之浊福呢？自年幼进书房读书，父母师长先把这做官养家印在这孩儿的脑筋里，做官有势无人敢欺，挣钱发财可以饱暖。古人中的良相循吏，都被看作是傻老，洁人高士都看成是呆人，等到把功名弄到手，他必要骑快马、坐热车，不抽鸦片烟不算阔，再一结交这胎里红阔少，终日打牌吃酒，嫖娼宿妓，若这么一折腾，银钱一去不能复回，可就生出坑蒙拐骗的行为，行之日久名誉扫地不能挽回，便酿成人亡家败，这就是浪荡浊福的结果；其循理之享浊福者，挣若干银钱便去置房买地、开商店、放利息，还要应酬交欢有势有财的亲友，为的是给儿孙谋地步，吃穿按着本等，不敢大攘大抢，所处是居安思危的地位，在家中做个勤俭有道的大家长，知足的不再出门，把日子交在儿子手里，可以享几年晚福；不知足的照旧是左天平、右算盘，出入流水老账永不肯离手，儿子们想多要一文钱那叫作白说，儿媳妇们心里不满意，把老头子恨的牙长，盼着老头子早死，为的是一朝钱到手便把令来行，这是循理一派的浊福。按此司所注来生的福乃是循理之浊福，其浪荡之浊福乃自寻苦恼，不在注福之内。其享清福者乃非有道心的享不了，比停在吉祥板上不闭眼的老头子迥乎不同，也不在注福范围之内哩。

诗曰：无事在怀为极乐，有钱买米不生愁。餐三饱饭常知足，得一帆风便可收。惟大英雄能本色，是真名士自风流。世间富贵多烦恼，何若庸夫少后忧。

54. 掌胎生司

《楞严经》上说："卵唯想生，胎因情有。"其人种与兽种都是由情所生。人与畜情的分别，只因人的情纯粹，畜的情驳杂。纯粹的情即是钟情，驳杂之情即是滥情。所有古今义夫节妇都是由钟情所致，奸夫淫妇都是滥情所致。所以猪狗牛羊都没有一定配偶，故此说它是滥情的畜类，人间的滥情种子，只因他未受教育，不明因果，你要令他做个义夫节妇，他是大不以为然，总因他的习染不良之故。如性理书上专讲究变化气质，他若明其义理，穷其利害，自能变化稍易，施之教育，自不费难，前日虽犯今日亦能改悔。唯有初世为人的劣败种子未免旧习难改，虽有贤师勤加教诲，他也未必能移了他的原质本色。所以孔子说下愚不移，可叹可叹。孔子虽圣，见盗跖而生愁；释迦虽佛，度北洲则遗恨。以此看来，若世间人果能发乎情，止乎礼，有忿能惩，有欲能窒，就算是大丈夫队中人了。

诗曰：猪狗牛羊皆是命，只因匹偶不相同。人遵轨范知伦理，畜乱规模没始终。熟读春秋褒正士，细看郑卫刺淫风。中华虽是无奇枝，惟有婚姻慎所从。

55. 掌卵生司

《金刚经》云："若卵生，若胎生，若湿生，若化生，我皆令入无余涅槃而灭度之。"我释迦牟尼佛不但不杀生，而且还要度生；不但自己度生，还要劝人度生，不但是度天度人，所有极弱小的湿化，都看作是自己身上的肉。佛祖看自己既得了不生不灭的幸福，亦愿意众生跟他同享幸福，其对待众生以及外道，乃是个怜悯之心，绝不是嫉妒之心，比外道破坏佛教的性质不同。可叹凡夫自沉沦在苦海中，如同鱼游釜底一般，只因是火未旺、水未热，所以不知痛苦，若等到水沸汤滚之时岂不晚了。他所以不信佛法者，只因他看不见釜底有火，他反倒说佛祖的话是诳他误他，岂不可怜耶。人民信佛尊佛行佛作佛并不增于彼佛，谤佛毁佛诬佛妒佛并不减于彼佛，只因是佛祖慈心生祸患，爱多管闲事，这才惹出这一片麻烦是非，我们凡夫俗子果能信佛尊佛，虽没有佛祖度生的本领，我们先由不害生做起。俗语说铁杵磨针，功到自成，日子一久自然就发生出度生的本领来了。度人的心一发生，则心上的慈光可就与佛光混成一体，身虽未在西方而此人已被西方的气吸住了。就仿佛空气吸住地球一样，永远出不了轨道的。所可怜灯光本小，他反说日光是外道，未免可笑了。今日佛教不能普及的原因，只因是受佛恩的人只管自己不管他人，一再说佛恩难报。据我想佛恩并不难报，只因你是怕树叶打着脑袋，为"我"的心太重，不肯去报，所以才腆着脸屈着心说是难报。其实佛祖施恩并不求你报，就怕你是过了河就拆桥自顾自，就算你是修成了金刚之身，佛祖都不大喜欢。伯夷虽然是入了圣伦，他一辈子何尝做过一件痛快事，唯有我观世音菩萨，本来已成佛了，而自己甘心降级，重新又做菩萨，而且还要与众生随缘同流，现身说法，必欲求度尽众生而后已，所以受了好大的委曲，费了若许的周折，以善巧方便而成就之或解脱之，又提携我们，又警觉我们，又奖劝我们，使我们出了苦海、上了觉岸为止。我但愿大比丘、大比丘尼都发出观世音菩萨的愿心来，给佛教争一口气，庙产和香火地自然就入不了老虎口了。

按此篇可以另起题目作为宣讲演说的材料。若看卵生的原理，乃在湿生司说明。

诗曰：一心自觉非容易，何况垂慈觉别人。拯罪怜愚思地藏，尊经著论效天亲。度生须学观音智，医疾当知药上仁。佛法弘通弥世界，如来位下作功臣。

56. 掌湿生司

《楞严经》上并没有指出什么虫子是湿生，就说是含灵软动的物儿。按湿生总是由潮湿土内或水内所生之物，也不怀胎，也不生卵。其四生之中有若许难分别的。如鱼在水中可又生卵，蚁在土中亦是生卵，蝙蝠有翅又是胎生，蝉虽化生又产于土内。若打算研究其构造形式，需看动物教科书，若探讨生物的原理，须手托《楞严经》，请问能讲经的法师去。到底什么是"卵唯想生、胎因情有"？怎么叫作"湿以合成，化以离应"？"和合暖"是什么？"和合触"怎么讲？以这经上的动物学原理可比教科书难讲。不用说佛法比科学麻烦，就是《黄帝内经》也比解剖生理学还显着费事呢。所以不信佛法的凡夫，皆因他尽在有形有质上注意，不晓得无形无质的原理，所以他一听说五眼六通，就说是聊斋志异，殊不知《聊斋》一书，也是传学才子蒲留仙撰的，总是阅过《藏经》他才能发出神怪的文章。所以度儒家先要跟他谈历史上的神鬼报应，他既信有神有鬼，然后再用佛经一罩，可就容易起他的信了。其留传偶像一事，亦是古圣贤苦心度人之方便，不可用《金刚经》上"凡所有相"等语破之。另有一种儒家，只信神可不信佛菩萨，可不知他是怎么个脑气筋，大概是嗜好不同的原故。佛教戒肉，他偏爱吃肉；佛教戒酒，他偏爱喝酒。只因是气味不投，也就难怪他不信佛了。或者看佛经文义深奥而格格不入的，亦是不能起信之一端。现在若有发菩提心之佛门弟子，肯其把深文译成白话，教他们一看就明白，可就把像经僧保住了。

诗曰：佛到西方归寂天，世间留下像经僧。有经无像民难警，有像无经法不兴。讲演全凭僧侣办，护持皆赖宰官矜。众生免堕三途苦，亦是禅门最上乘。

57. 掌化生司

化生就是蝉萤蠹蚊之类。如萤是腐草化的，蚊是水中生的。若雨水存在盆里，经日光一晒便化生觔斗虫，文名叫孑孓，俟日久形大，便浮在水上化成蚊子飞去，飞到人身上吃血，被人拍死。若遇见佛心的人，设法驱逐远离它，不肯把它打死，这就是佛凡不同的地方。晋朝有一位孝子吴猛，家贫买不起蚊帐，自己又不忍杀生，可就想了一条苦主意：自己先叫蚊子把他咬了，他说蚊子把血吃饱了就不咬他父亲了。这位吴猛真是又孝又慈，大有割肉喂鹰的苦行，一概是损己利人之心，连个蚊子都不肯害，你要教他吃人膏脂他更不肯做了。人间管他叫废物，又叫傻小子。其实他不是傻，亦不是废物，他是五行不能缚的人，凡夫肉眼如何看的出来呢。

诗曰：满腔仁恕观吴猛，今古同称孝子身。戒杀浑如知佛理，爱亲究竟见天真。成名果报由慈悯，作圣功夫自苦辛。虽未坛前然顶臂，命终亦是往生人。

58. 掌水族司

水族本是归龙王所属，其江河淮济之水族，乃是寄居在旱地上，既在旱地境内而被大帝管辖，自然为大帝之属下了，其开江决渎便听大帝之指挥命令而亦有被保护之利益、被处罚之刑律。如人民贪口腹之欲，杀害水族，便由大帝降杀害水族人之罪。水怪害人，便由大帝降害人之水怪罪。以此看来，倘能有谋生之路，大可以不做捕鱼之人，以免累世冤冤相报。所以佛经说法以杀害为五戒之第一。人民倘肯戒杀，视畜牲命如人命，自然就是善心发现了。善心既生，自然合乎天地好生之德了。最可恨是捕田鸡的人，把田鸡活剥皮，剥下皮来和没头的小孩儿一样；做酥鱼的盒子铺是活刮鱼鳞，简直叫作剐鱼。但愿好吃活物的人，请到河边看看活剥田鸡，再到酥鱼铺看看活剐小鱼，比宰猪羊又残忍万分了。原来杀一个田鸡就吃那两条大腿，其余皮肉满都不要。以此看来，光凭嘴劝是不中用的，还得想法子运动地方官禁止为最上的妙策。

诗曰：生灵惨死已多端，肢体分离不忍看。佛教须开戒杀会，道家当立放生团。弘通正法凭僧侣，管理刑章赖宰官。更祝闲居无事汉，发心先折钓鱼竿。

59. 掌长寿司

佛曰："欲求长寿，当行戒杀。"不杀便是仁。所以孔子曰："仁者寿。"《中庸》曰："故大德者必得其寿。"《洪范》上说：一曰寿，二曰富，三曰康宁云云，其名曰五福。所以《春联集要》上说："天上四时春作首，人间五福寿为先。"所以会享尘福的人，必要在卫生上多注意，所为的是长寿。如果妻财子禄一应俱全，等不到四十而不惑就见了阎王，可也真算是委曲。所以有钱阔大爷绝不愿意早死，没想到这种阔少，平时在饮食、空气、日光、运动上无一事不讲究，居然会得了虚痨重病而死，你可说怪不怪。其实不怪，有钱的人以衣食住完美为享福，所以今日杀鸭，明日宰鸡，后日烹活虾，大后日汆鲤鱼，按这几种动物肉的分子内含有蛋白质，都是动火的东西，能令精血发炎、淫情荡摇，家中妻妾不足，继之以嫖，内外两色，昼夜加攻，不病则已，一病则百病乘虚而入，今日请张大夫用鹿茸，明日请李大夫用肉桂，这位说是阳虚，那位说是阴亏，左补右补虚不受补，补来补去，吃药拉药，药方子换成殃榜啦。若问他速死的造因，就是杀生果腹的原故。不吃鱼鸭淫情不动，淫机不动不得虚痨，虚痨不得则不致死，再不思天地有好生之德，所以成汤网开三面，子夏方长不折，苏东坡爱鼠常留饭、怜蛾纱罩灯，这都是爱惜物命的圣贤，位位都得长寿。世人无论贫富，苟不欲得长寿则已，果欲得长寿，须由戒杀放生上做起，不但身子康健少病，就是阎王爷亦在生死簿上给你多添上两笔咧。

诗曰：佛祖为何能永寿，只因立志断攀缘。荆针满腹徒求药，烦恼填胸枉坐禅。急把六尘勤洒扫，莫将三毒苦缠绵。虽然不是居山洞，也算长生自在仙。

60. 掌促寿司

促寿就是短寿。佛经上说好杀生得短命报，《感应篇》上说："凡人有过，大则夺纪，小则夺算。"十二年为一纪，百日为一算。过大少活十二年，过小少活一百天。自己所做的坏事，瞒得了人，瞒不了神，所以说是暗室亏心神目如电。您请看奢富之家，茶来张手，饭来张口，油瓶子倒了不管扶，又冻不着又饿不着，又不着急，又不生气，没想到他会夭亡。您说这是怎么回事，没别的原故，只因他穷奢极侈、暴殄天物，或仗势欺人，或倚富压贫，或逼良为娼，钱愈多造孽愈大，未免有伤天地之和，所以天地司过之神看他闹得不像话，莫若通知勾生死司，把他早早勾回去，省得他再弄出大祸来，害了他一家子并殃及社会。要是穷人造孽，比富人遭报还快，皆因他前生本来不修福，今生又不知忏悔，再要造孽可就堕入畜牲道去了。可见人之寿长并无增于鬼神，人之寿短亦无损于鬼神。只因鬼神之为德乃是安良除莠之意，所以我们不可不尊敬鬼神，不可误信哲学家的演说诬谤他是迷信，捏造他是假神。

诗曰：酒色膏粱恋不休，复将烟毒作戈矛。每因闲气生烦恼，常为钱财结寇仇。现在频愁柴米贵，将来又为子孙忧。脾虚肾败多肝郁，既有名医术莫筹。

61. 掌催行司

催行就是催着快走，如犯人畏罪逗留，便由夜叉催逼他快走，恐怕误了到案限期。或是行文不见覆回，亦要再送催文，以便速结此案。凡有应催之事便归此司所管。按阴府之差使与人间情形略同，无非比人间严明持公，爽快敏捷。大抵人死之后，当这类差使的人虽然是生前不做恶事，总因是造福造的少，所以死后反倒奔忙劳碌，跟犯人打麻烦，所便宜的是大公无私，用不着胁肩谄笑，令色足恭，只要是不贻误公事，亦可以由地曹转升天曹。凡有修行好道的人，不但应当持戒，还须在造福上用力，一者佛豚不枯，二者佛种不断，教传的愈盛，善人则日见其多。若修行人不肯在人间造福，就用持戒为本分，做个清闲自在汉，虽然是生前舒服，死后便不舒服了。凡有修道好安逸的人，死后便叫他当个差使，若果然修行了一辈子，死后做个神差鬼使，可也真是委屈得很。我劝修道的人赶紧站起来，把嘴唇活动活动，把笔管活动活动，把腿脚活动活动，把银钱活动活动，自然就一直超入如来地了。反正一句话：乐是苦因，苦是乐因，生前乐则死后苦，生前苦则死后乐，君请择于斯二者。以如此立论，并不是跟好安逸的人过不去，只因教脉不盛，都是不肯负责任的原故。考教脉兴盛的时候，无论是在家或出家者都是全体负责任，这才阐扬得起来。如唐太宗弘通佛教便有玄奘取经，张宗师发愿传教便有元世祖助东岳庙。到现在哲学人物愣诬说宗教是迷信，不管提倡而且毁谤，奉教佛子、道子又不敢据理辩白，据我看将来的结果，早晚把庙宇塌完了为止，把经卷糊了窗户算完，地藏王菩萨也成不了佛啦，阎罗王也累出了汗啦，可真是个活糟。或者是到了否极泰来的时候亦未可知。咳，只怕是龙多了四靠，互相推诿，可就完了结咧。

诗曰：行愿弘深推普贤，纯阳功满始朝天。般剌抗旨偷经卷，大志焚身结佛缘。摩诘施房曾做寺，旌阳拔宅竟成渊。昌黎文字如山斗，亦向潮州礼大颠。

62. 掌黄病司

各司中有掌行瘟疫司，此司是掌黄病司。瘟疫既是天降之灾，黄病亦在天灾之列，瘟疫与黄病之分别，即瘟疫死的人数多，黄病死的人数少。总而言之叫作天命收人，比兵灾柔和一点。黄病现今已不多见，此时之灾只有白喉、麻疹、霍乱、大头瘟，都是要命的恶症。要是命不该死，吃两剂药就能好，要是该死你就是把名医都请到了，共同拟方也无效。听前辈说，黄病是先从眼珠黄起，次及头面全身，便为不治之症。要论防病卫生的法子，唯有《黄帝内经》真是我们中华一种大国粹，其中讲生理卫生的根由，西洋人都没说到哩。此书上说"不治已病治未病"，可见和管配药包治管好的先生们大不相同了。谚云："心不病则身不病。"未治身病先治心病。若论能治心病，唯有佛经最好。医家不赞成佛经的人，总是怕夺了他的饭碗子的原故。做医家要果肯研究佛经，其中有两位药王、药圣二菩萨还是医家的祖师呢。《楞严经》上药王菩萨说："我无始劫为世良医，口中尝此娑婆世界草木金石，名数凡有十万八千，如是悉知苦酸咸淡甘辛等味，并诸和合俱生变异，是冷是热，有毒无毒，悉能遍知。承事如来，了知味性，非空非有……"以此看来，医家功德不但是济世活人，而且能成佛作祖，以这药王菩萨便是个榜样。古人既是有活人之功德，能超凡入圣，今世医家果肯研究佛经，修己度人，焉知不能成佛做菩萨呢，只怕的是不见金钱眼不开，若给多金管打胎。一定跟钱干上可就成不了佛啦。

诗曰：岐黄传授长生术，冷眼慈肠救世人。脉动浮沉分缓急，药由佐使辨君臣。贫穷医价当从减，亲友酬仪莫认真。倘使孤茕能续命，不成罗汉亦成神。

63. 掌毒药司

此司所掌毒药乃是专管用毒药害人的鬼魂及被害的鬼魂。毒药有急毒、有慢毒，如砒霜、硫磺等是急毒，烟酒是慢毒，鸦片急毒又兼慢毒。所有得酒嗝及瘾死的烟鬼都归此司所管。近来又添一种吗啡针鬼，叫作零碎滚钉板，比烟鬼又难受得多了。所以受毒药而死的鬼魂，若平常处世有道德，蒙此司用神通可以解救他的苦处，能叫他不犯瘾；若是平日缺德，只可教他做瘾鬼，给饿鬼添个难友儿。考药性酒本是治病的药品，用之得当可以疗病，用之不当便出毛病，所以佛经呼饮酒为遮罪，能遮杀盗淫妄的罪。市俗尝言："酒是穿肠毒药，色是刮骨钢刀。"可见饮酒一端真是得要加慎重，若果然酒后缺德，大概阴司必有个安置。其儒教虽不戒酒，乃是有个限制。孔子说"不为酒困"，又说"不及乱"，何尝不是限制呢。要论持戒极严有斩钉截铁的功夫，真得属佛教力量足。所以真奉佛教的真弟子，可实在是确无嗜好，也无怪乎人家就张口敢说横超三界，皆因是忍得住嗜好的原故。

诗曰：尘寰嗜好害多人，长寿先宜绝六尘。性毒洋烟能弱骨，味甘美酒实伤身。取财不义如留患，用药非当亦损神。病榻呻吟求速死，自寻苦恼向谁嗔。

64. 掌积财司

《朱子小学》上说："常留盈余，以备不足。"乃是理财家节俭之法，并不是教你把银子化成铊子埋在地下，使社会金融停滞；也不是教你片善不为，净添产业。而且俭是俭，啬是啬；俭是不妄用，啬是刻薄；俭是约束自己之嗜好，啬是富而不仁。其富而仁者，若遇人有急难，必要量力相助。如范纯仁助苏曼卿三丧之费并广设义田，这便是慷慨好义的人，比怕穷死的啬刻鬼迥乎不同，而且范公财来得光明正大，去得亦正大光明。设若今人财不光明，更应该努力好善，又可免罪又可修福又可享美名。若是今日为善明日又去使损阴功的钱，直不必供养佛神叩头礼拜了。总而言之，神明正直无私曲，不受人间枉法赃。你要是财来的明白，财去的清楚，那更是锦上添花；来的要是不明白，总叫它去的明白，也是个侠义之事，上天必要赦罪增福的。为人要知道天下的银钱原是天下公共的，不过有这口气在，替天地流通这种东西，只求个现在取之有名、用之得当就是了，用得当万金也不算虚花，用得不当一文也叫作枉费。若果然会花钱的人，不但授者心安，受者心安，连那银子亦不枉生存天地间了。以此看来，积财不怕积财，须想将来叫它销在什么地方，落在什么人手里。

诗曰：得好休时便好休，人生世上一蜉蝣。石崇未享千年富，韩信空成十面谋。花满三春莺带恨，菊开九月雁含愁。山林隐者多安乐，何必荣封万户侯（《罗状元诗》）。

65. 掌还魂司

世间眼小如豆的腐儒，他说是神鬼无知，上供人吃，念经和尚饱，烧纸风刮了。人死后并没有魂。既不信有魂，他便不信宗教；既不信宗教，他绝不提倡宗教；既不提倡宗教，便要毁谤宗教；宗教既毁，则民无所措手足。行善者谓之愚，作恶者谓之智，是非颠倒，道德沦亡，由道德风俗而变为法律风俗，由法律风俗而变为竞争风俗，由竞争风俗而变为残害风俗，残害不已互相谋叛，则国不成国，世界不成世界了。这都是不信有魂之罪人酿成的。他既不信有魂，可就不信有鬼神了。若世间果无鬼神，字典上就不必有那两个字。有鬼神便有魂，况且仓颉造字乃是先有物而后造字，绝不是先造字后有物。世间要没有这种物，仓颉绝造不出这种字来。据宗教家云："有福德者为神，无福德者为鬼。"纯阳是神，纯阴是鬼，半阴半阳是人。成神成鬼，当以人类为中心点。人生善多恶少则阳多阴少。如《楞严经》上说："情少想多即为飞仙大力鬼王、飞行夜叉地行罗刹。"人生恶多善少则阴多阳少，故说："情多想少，流入横生，重为毛群，轻为羽族。"人要纯善无恶，则是"纯想即飞，必生天上"；人要纯恶无善，则是"纯情即沉入阿鼻狱"。以此看来，这灵魂是一定有的。魂的名称释道不同，反正都说的是这一个，无非有尊卑大小之别。佛经称法身，又称魂灵，又叫神识。佛菩萨称法身，声闻称魂灵，凡夫称神识。如佛有三身：法身、报身、化身。《四十二章经》上说："阿那含者，寿终魂灵上十九天。"《楞严经》上说："亡者神识，见大铁城火蛇火狗。"道经称阳神，又叫灵魂。《丹经》上说："炼阳神了出阳神。"《三元经》上说："收降恶曜灵魂群魔鬼部，以清浊世。"《黄庭内景经》详注上说："投胎转生，魂不至，胎不落。"以这魂不至胎不落确有考察，如《曾文正公大事记》上说，其曾祖竟希公，梦巨物蜿蜒自空而下，醒则文正降生。这巨物就是文正公的魂，巨形便是龙种。只因专制时代皇帝称龙，所以《大事记》上不敢说是龙，就用巨物含混替代，以免遭朝廷忌讳，受祸不轻。按龙之一物，人间看作是尊贵，佛经把它列入畜道，无非比凡人有神通就是了。凭以上这些确实的考证，谅诸位不至于不信无魂了吧。既信是有魂，还是那句话："诸恶莫作，众善奉行。"纯善的灵魂升天堂，纯恶的灵魂下地狱，半恶半善的灵魂转生人，七分善三分恶的灵魂成神祇，七分恶三分善的灵魂变畜牲。考还魂之事正史不载，其历代野史传记时常见之。去年北京《爱国白话报》曾登有安南人在山东有借尸还魂之新闻，蒙巡按使赠给银两。还魂之事等等不一，有在棺内还魂者，有在床上还魂者。这类新闻尚不多见。我倒愿意多见，好叫他把阴司的情形说说，也好在社会上添一种劝善材料。

诗曰：堪叹顽儒心志昏，谤诽佛教语喧喧。既知云里能含水，应断身中心住魂。不向果因寻妙理，无从前后溯渊源。鬼神生死宜深究，免使群氓造业冤。

附《还魂记》（录民国六年二月十八日《北京中华新报》）：广东佛山窑边社有某氏妇，已生有子女数人，与老姑同居一室，平日事姑颇尽妇道。月前因疾屡医不效，至一日夜——即正月初十日夜内气绝殒命，翁姑子女环哭尽哀。因日期不合，停尸未殓。三号早——即正月十二日早晨家人方传棺木为之殓殁，突见该妇欠身遽起，蹲坐床上，张目四顾。群恐尸变，纷纷走避，则见觅履下床，缓步入房。察无恶意，始知其得庆更生。家人悲喜交集，左右坊邻亦齐来讯问。据彼自言，死后出门，惘惘不知所之，跋涉数十里，至一所在如城门状，见一黄冠老人状如土地者阻其去路，以杖叩之，豁然顿醒，病亦若失云云。

66. 掌见报司

见音现，就当作现字用。见报就是现世现报，比速报略慢些，乃是等不到死，今生今世便有报应，亦等不到来世，亦不用子孙替代，近者十年以内，远者六十年以前便就看见他遭报了。如窦氏济人高折五枝之桂，袁了凡短命不死，董永葬父遇仙女为妻，范文正公生孝子，这都是现在的善报；如朱温被子所杀，杨广乐极生悲，放重利瞎眼，打鸟坐枪，这都是现世恶报。人生一世劳劳碌碌，所求的是幸福，所怕的是受苦，要肯守定本分，不做坏名誉的事，久而久之必定有个生路，又有神明鉴察，必定子孙有益。要是不安本分，常做坏名誉的事，久而久之，必定有个死路。若再加上神明鉴察，格外还有个飞灾横祸呢。

诗曰：作恶休疑果报迟，只缘余德尚支持。请看水浅舟停日，便见灯消火灭时。鱼啄钩虫真可畏，鸟贪网粟最堪危。寄言弄巧红尘客，多读神仙警世词。

67. 掌正直司

正直就是不邪不曲，邪僻话不说，邪僻事不做，心里不曲曲弯弯，俗语说没有钩儿心就是正直。像朱云、颜杲卿、包拯、杨继盛一流人物，那都是铁面无私、聪明正直之人。正直是自生自具，非外诱所能移，就如同真金不怕火炼一般，无论是邦有道、邦无道，都敢跟国贼碰碰胸脯子，也不论你是君主，也敢谏你一下子，也无论你是宠臣，也敢骂你一下子。邦君虽然无道，他绝不卷而怀之，脑袋掉了绝不后悔。你教他怕事躲着贼走他绝不干，你要劝他入山修道躲心净，非招他一顿骂不可。要说我大中华自有历史以来，这些位正直不曲的大人物，为国家流血的可亦真不算少。在朝有忠臣，在野有烈士，这是国家一流人物。还有家庭正直之人物，无论对待儿女媳妇，乃是一律看待，绝不因儿女是自生必要偏疼，媳妇是外来应当苦待。细想起来，人要正直无私敢自是一件便宜事而不是吃亏的事。请想大汉关壮缪公（缪音穆），他老人家在世的时候，也不念佛经，也不看道藏，可就把我孔夫子这部春秋熟烂在腹中，那时候他老人家亦不求进天堂，亦不求往西方，就把这纲常大义认作是自己本分，绝不是因为死后有成佛之希望，这才肯勉强持戒。万没想到就凭一个正直不曲，居然他老人家成了神咧。可见这成神的因果，真是一点儿造作都没有。我说这话，儒教人可别得意自美，历代要没有佛道两教帮忙，净指着韩祖宗作原道、朱爷爷注论语，可真造就不出这些善人来。我再告诉儒教迈四方步的老家伙，你们要愿意君子道长、小人道消，只可提倡宗教，不可破坏宗教。孔子立言，给宗教留着地步呢。你们当以孔子的言语做标准，别用排佛老之贤人的文章做枕头。我再告佛教四众，你们奉佛教，立志在横超三界大享清福，须要想想自己的行为够超三界的资格不够？要果然存心处世跟菩萨一样，你们便是肉身菩萨，要就凭持斋祈祷，救鬼不救人，管凉不管酸，就算是佛门弟子，所言所行都不正直，一肚子私心，你就是有万贯家财，能造塔塑像，给佛殿油饰门面，恐怕是功不补过，瑜不掩瑕。奉佛教的人要不把正直印在心肺上，不用说西方天堂不要你这拿念珠的老虎，你就在城隍爷驾前当马童、土地爷阶前做小鬼，他都不愿意留你。我再告诉奉佛道两教的大善人，持戒一端那是本分，并不算特别的功德。要是打算跟忠臣烈士比比，是非把佛道两教广传普度不可。总教我们国民人人脑筋上都有个三世因果在，那才算是真报佛恩呢。而忠臣烈士虽然正直，可是断不了嗔恨，所以关夫子《觉世经》上说："若负吾教，请试吾刀。"我们三教弟子再能把嗔性戒断，用释迦佛忍辱之主义及观世音三十二应之活动，可比忠烈嗔恨又高多层了。孙真人有四句歌说得好："欲求长生先戒性，火不出兮神自定。木因遇火始成灰，人能戒性方延命。"以此看来，佛神的性质可是两股子劲头儿，乃是各有所长，你们诸位瞧着办吧！诸位也不必因为是两股子劲为难，请看观世音菩萨或慈或威，或定或慧，救护诸生，得大自在，乃是恩威并施，忍嗔双用，不偏在一件上做事。总而言之，神鬼是阴阳所局的，佛菩萨是操纵阴阳的，谅诸位可以明白了。

诗曰：耿耿忠诚贯太虚，平生不枉读诗书。可称善性同天地，能致良知似古初。恒弄刀环夸石磴，每听琴韵骂相如。除奸铲恶施威武，意使冤民意气舒。

68. 掌子孙司

谚云：人生须三子俱全：一是银子，二是儿子，三是胡子。其实胡子有没有都不要紧，唯有银子最要紧，儿子亦是不可少的。您请看家家佛龛里头又是送子观音，又是子孙娘娘，又是张仙爷，又是白马先锋，又是增福财神，以此可见社会上人的心理，都是把银子、儿子看得很重哩。唯有观世音菩萨乃是度人出生死的一位老祖师，送子一事是他老人家的善巧方便，只因为有这融通导俗的慈悲，可真是受了点子便宜香火。其实并不满意，人要有个好儿子，他可以生事之以礼，死葬之以礼、祭之以礼，即或留下产业，也是他自己身上掉下来的肉倾受，总比便宜了外人强的多。所有世间凡夫的心理都是这个样子，凡有奔忙挣钱之老当家的，人都说他是为儿孙做马牛，要细想起来，赶上这个浮于事的年头儿，到底是有产业妥当，虽然做个马牛，后辈儿孙可省心得多。不但是儿孙省心，连自己的坟头儿都年年有人添土哩。可是能创业治家的人，只可说他是好汉子，不可说他是冤小子，所可怕的一件事就是生了浪子跟痴儿。浪子说：我爸爸给我留下这些银钱，就是安上两份外家，有得是房产，先不用花房钱。痴儿说：有房产还得去取钱、还得去修理，莫若把它卖了搁在家里，爱花多少花多少有多么省事。再交上几个哄哥儿架弄秧子的朋友，到不了五年，人财两空，把妻子送回娘家，自己一住小店儿就算完结。创业的这位老人自己有这口三寸气在，所有房契、地契、铺底、股票、储蓄票都在自己手内把着，儿子不敢怎么样他，等到自己上了望乡台的时候，眼瞧着他们捣乱，不但儿子们分赃不匀，连出门子的姑奶奶还要抽个尖儿揩点油呢。自己满打算回去给他们出个主意，只是这夜叉不往回放，可真把人急坏了，但则见"对打对骂，家里纷争。遗嘱不遵，教令不行。妇人调唆，子女强横。劈箱砍柜，茶碗飞腾。礼法紊乱，万事改更。说合不好，诉讼大兴。或请律师，或托人情。死吃一口，越弄越穷。三党亲戚，彼此讥评。殡不能出，只好封灵。尸身已烂，臭气熏蒸。警察干预，有碍卫生。闻见如此，心似油烹"。以此看来，凡是创业的老人，个个都愿意生养安分守业的儿子，都不愿意生出荒唐鬼的儿子那是一定不错，若果然愿意生养好儿子，我有一条妙计，管保百发百中。你把那前清李元度所纂的《国朝先正事略》看看，《名儒传》内有一位彭定求先生，江苏长州人，康熙进士第一，此公非常好善，生子启丰，雍正五年进士；孙绍谦，乾隆举人；绍观，乾隆进士；绍升，乾隆己丑进士，字允初，称尺木先生，法名际清，道号知归子。佛教有《居士传》系公所纂，真是一位比一位强，不但富贵，而且循良，绝没有为分产争斗之事。世间创业的人要肯跟彭定求老前辈学一学，也不枉担了个做牛马的虚名。

诗曰：谨慎持躬抱杞忧，故将家计费绸缪。勤劳奔走因防患，俭约经营为节流。幸福全凭辛苦得，安康都自老成修。富而仁是英雄汉，非与儿孙做马牛。

69. 掌引路司

大凡世间善人死后无论男女其灵魂蒙东岳大帝派金童玉女，手持幡幢前来引路，归到福地。大概这一司是专管给善人引路用的。我看那有力之家，临死时候有家人用油拌灯花纸，由屋内直点到大门以外，其名叫作引路灯。以此看来，这也是人子尽心的一件事。据我愚想，若果是善人命终，其头上身上自生极大光明，简直用不着引路灯。还有持戒念佛的人，命终被西方三圣用佛光摄了走，更用不着引路灯了，不但有引路灯，还有什么喂狗饼、打狗棒，言其为的是过恶狗村的时候好喂狗打狗，再也不想想，若果做了善事升天或往西方，绝定到不了阴司，恶狗从何而来？要是恶人之魂一定要过恶狗村的。要论这恶狗村，绝不能只有一条狗，总得有个几千条，就凭这两根三寸长的打狗棒，五分重的几块饼，可是打的过来呀，可喂的过来呀。还有一种奸道淫僧，自己腆着脸愣敢说口持经咒虽做恶也无妨，谁想到阴司还有一种妙法呢。据善书上说，无谁比丘、比丘尼、优婆塞、优婆夷，若身穿佛衣，口诵佛咒，做出与戒律大不相符的事来，照旧是向油锅内一抛，他就一念《大悲咒》，居然炸不了他，于是乎由阎罗王知会各处土地、灶王，考察谁家养私孩子，便把他推入此孩躯壳之内，不用说再念《大悲咒》，连"南无"二字都记不清了。随时由他妈、他姥姥或是他舅母，用手一掐脖子，照旧是下入油锅，翻几个滚儿，这叫作多饶一面儿。以此看来，又持戒又念经实在是锦上添花，若只持戒不念经亦绝入不了三途，若是只念经不持戒，莫若一早出城，到野地喊喊嗓子，闹两句西皮，比念经还强呢。何以故？科学家有话：先吸收些新鲜空气以重卫生。话可又说回来了，若是先做恶事后来改悔，再加上烧香供神、持戒念经，则必将以前之罪取消，后来之功折罪，比特赦还公道呢。如《楞严》淫女摩登伽要毁坏阿难尊者的戒体，一定是有罪的人了，后听文殊菩萨说偈，居然证到阿罗汉果，以此可见：一念之善即是天堂，一念之恶即是地狱。所以说放下屠刀立地成佛再也不错。我但愿有罪的人，赶紧向东岳大帝驾前忏悔，发愿行善止恶，奉佛敬神。即或成不了阿罗汉，总有个神仙做。所以太上老君说"欲求天仙，当立一千三百善"，那绝不是妄语咧。

诗曰：笑容满面立云霄，可喜生前作善饶。凤日虽为甘苦恼，而今真是大逍遥。天堂绝少风流案，佛国从无宦海潮。伞盖幡幢齐引路，扬眉吐气步金桥。

70. 掌磨勘司

磨勘二字有研究审定之意，所以历代乡会试场有磨勘试卷之差务。此司乃是犯人有罪由其他司所定的罪案，再将案卷磨勘一番，以免有失出失入之过。怎么叫失出失入呢？把罪定轻了叫失出，定重了叫失入，阳间的刑法衙门有初审、再审、会审之案，恐怕把罪名定得不均平，所以要格外慎重。阳间既是如此，阴府比阳世法律更严，所以设磨勘一司，专为审查轻重所用，乃是对上不亏天理，对下不屈枉犯人之意。

诗曰：执法明刑若石坚，片言折狱弗迟延。聆音辨色多寻讨，济弱扶倾善保全。惩恶由来伸国法，雪冤便是护人权。维持原判皆循理，不以私情徇属员。

71. 掌都察司

前清会典则例有都察院衙门，此衙门之官员称为御史，有督管考察官吏之责任。若京外各官有犯公罪及私罪者，便准御史弹劾奏参，然后查实按律治罪。此司之责任虽与御史相同，性质却不一样，所有城隍、土地诸神都是生前行善，为官清正，死后成神，更不能不清正了，乃是绝无私罪可寻，然而在公罪上疏忽则在所不免。所以便有降调的处分，其性质不一样，只因是有公罪而无私罪的原故，虽然公罪不算大过失而究竟难逃误事之责，所以不能不设此一司，使各神官有精进心、谨慎心，无退转心、疏忽心耳。按都察院之责任，不但是督查官吏之臧否，凡天下之利病都倚仗都察院，宣布上德，疏通民隐，就是本司亦有督查善恶之责，奏请施行之权，不只是督查神官而已。

诗曰：正直聪明本是慈，每逢利弊便言之。全篇理论惊人笔，满纸烟云济世辞。法正官清焉有害，政通民顺在无私。举参不避亲和怨，模范堪为仕宦师。

72. 掌苦楚司

《书经》上有六极：一曰凶短折，二曰疾，三曰忧，四曰贫，五曰恶，六曰弱。佛经说人间有八苦：一曰生时苦，二曰老时苦，三曰病时苦，四曰死时苦，五曰爱别离苦，六曰怨憎会苦，七曰求不得苦，八曰五阴炽盛苦。按六极之苦尚有能逃出者及不能逃出者，唯佛经所说八苦乃是个个逃不出去。这苦楚司所掌之苦，在六极之中不在八苦之内。箕子所陈《洪范》只能说眼前之事，若追问他何为受六极因果之苦，则箕子一概不知。果欲知六极因果之苦，非向佛经上讨问不可，不但知道，而且说的很详细。按六极之苦当以贫穷居第一，人要穷极了或冻饿而死，或自尽而死，皆因是被穷所挤，手内缺财，未免就生忧愁，一生忧愁，不是伤脾便是伤肝，五脏不合，百病丛生。知羞耻者才能得病，若逢人顾羞耻之人，便做出害人的恶事来了。手内缺财，处处受人敌视便是弱，所以说愈穷愈吃亏。若看苦楚司所掌之苦，就是一个穷便把各种苦都包在其内了。《六言杂字》说："富贵贫穷寿夭，生死离合悲欢，注定生辰八字，皆有夙世根源。"这夙世根源四字乃是由佛经取材。若问今生受苦之处，皆因前世享用过分，富而不仁以及枉法贪财偷盗拐骗。前世如此，今生便受苦楚，今生命运要是应当受苦，你就投生在富贵之家也必赶上败家之时，有房产被火烧，有铺产必遇一个黑心领东的给你做亏空了，拿假账一搪塞完事，或遇见一个荒唐鬼爸爸，把产业给你抖落净了，钱花完了他一死，等临到你自己过日子。真是寸草不留，你去务农，蝗虫单吃你这块地；你开铺子，伙友全是狼狈；你就是拉胶皮车也有贼偷你的车，你就是讨饭，搁坏了的饭人家才给你吃，你瞧瞧这苦楚有多么厉害。人要今生受苦万不可怨天尤人，总该怨恨自己前世不良，赶紧向佛前努力忏悔，发心诸恶莫作，众善奉行。你要等不到来世，见报司还赐你个儿子哩。你要心地不厚，再做犯法之事，不但巡警拿你，死后还有个刀山教你登登呢。

诗曰：苦楚临身最可怜，须从果处溯因缘。欲知今世遭穷困，总是前生造过愆。负米养亲师子路，安贫乐道法颜渊。债偿福至归元境，一点灵光到佛天。

73. 掌举意司

湛湛青天不可欺，未曾举意已先知。劝君莫做亏心事，古往今来放过谁。请看纲鉴上，历代君臣之冤冤相报不胜其书，如本庙对联云："阳世奸雄，违天害理皆由己；阴司报应，古往今来放过谁？"其意相同。此指恶报而言，若有修道善士发愿传教，普度众生，绍隆佛种能使不绝，亦是举意。经此司调查登簿，便由护法神助其成功，满其心愿，得大安稳，获大总持，可见佛神不负人矣。

诗曰：枕边平日听钟声，万种柔肠动感情。人祸天灾弥世界，愁云怨雾罩苍生。善俦已往天堂去，恶种多投地狱行。总是因财方举意，不知何日息纷争。

74. 掌悯众司

子贡曰：如有博施于民而能济众何如，文王发政施仁必先孤独鳏寡。现在各国在嗜好品上多收税，必需品少收税，这都是悯众之心；警察厅所设贫民院、济良所、教养局、贫儿学校以及江统领之夏日暑汤，亦是加惠黎民之意。大都全国人类贫民居多，立法行政之宰官，能在贫民身上多注意，便是悯众之仁；富户宽恕奴仆，恩周乡里，无一不是悯众之举。如能慈心不杀鸟兽昆虫，更是悯众之大慈大悲矣。人为恶神既知，人为善神亦知，果报昭彰，丝毫不爽，故此特设此司，专为登录悯众之善人，若报之以福寿增延尚是小焉者耳。

诗曰：悯众全凭政治家，怜贫一念德无涯。肯从草野哀茕独，胜似禅林诵《法华》。常用货捐须少敛，必需品税莫多加。勤勤培植阴功树，桂子兰孙定发芽。

75．掌速报司

速报就是快报。太上老君说："善恶之报，如影随形。"就是又近又快之意。如做贼没等到卖赃就被捕快拿着就是速报；杀人逃跑，跑不远就被捕；奸人妻女没等到回家妻女已被人奸了，亦是速报。有钱不还债，安心坑人又遭人骗；张口骂人被人还口更是速报。做官贪赃被王法抄家，连祖产都饶上，尤其是速报。凡做恶事，随后便有报应，皆是速报。古人有一首《报应歌》说的很好："生败子，疾病缠；妻和女，伴人眠。从前只说拣便宜，那知后来要利钱。处处东岳庙，都有大算盘；不拘数，有人还，一倍要你加二三。"或有未做过恶事亦遭家败人亡之祸，那是什么原故？其故有三种：一种是前世罪报未完，今世再来补偿；一种是祖上造罪子孙替受；一种是家长细行不修子孙效尤。以此可见迟报速报终须有报再也不错。

诗曰：击鼓声随岂待迟，更如形影不相离。电流定是雷来际，云密原为雨到时。爱众必能蒙众爱，欺人复又被人欺。造因结果无虚伪，报应循环实可悲。

附《善报速报灵验记》：鄙人于民国五年到护国寺松竹阁订画佛像一轴，该画铺掌柜德君说：阁下找画佛像是一种大功德，可以对佛祖无愧，我的笔不污秽，无论何种画活全敢应允，惟有春宫概不应酬，第一，我铺匾上以佛字作幌子，佛神以慈悲化度风俗为主，我若画此活便是败坏风俗；第二，我铺中徒弟都是童子，受无形损害；第三，我不画春宫尚有他活可以度日，总不至于饿死。有此三种原因，无论付若干银子，一定不应此活，不意于光绪五年二月有红托泥布大鞍车，随跟班一名，到铺前下车，此公年六十余，精神足满，眉目慈善，面带笑容，进门定活，手持上好之绢，极贵之花锦，定画春宫十二页，不怕钱多，只要手工好。我便将三种原因说明，此公含笑上车而去。至三钟时，只见跟班一人来，请我到宅面议。我便说：无论如何不敢应允，请回宅替说，画店颇多，何必单选敝号。跟班说：我们大人请到宅，不是方才之活，请放心去吧。于是随其到宅，直入客厅，见此公站起来说：我在廊房头条一带画店，未有不应此活者，今阁下不应，正合我心也。见大绢二张铺于案上，拟画三大士像三轴，连裱带画需银若干。我见此公至诚。不敢多取，只说需十二两，此公情愿外送八两，务必求细。嗣后蒙此公介绍善友，订画佛像及各种画活足有三百余两。以此可见佛祖不负苦心人了。又说：现在我年已六十四，眼不花，手不颤，让我吃这碗饭，非佛祖可怜我耶。按画店乃是商业性质，与宗教之慈善家不同，居然肯存此一念之仁，意得速报于无意之中。但愿各画店皆存此心，定有善报随其后也。

76. 掌真官土地司

近时发明一种管专门不管普通的哲学家，他说神道设教是凭空捏造，出自杜撰，再不想《西游》《封神》《聊斋》虽然是凭空捏造，确乎是有所本。就是历代名儒才子，总不出记问之学。不但是名儒才子都由六经制艺出身，就是孔夫子乃因有《诗》《书》《易》的根底，这才能做得了《春秋》一部，何况是历代热心的大宗教家，焉能凭空捏造呢。若果然是凭空捏造，须看与社会有益无益，果然有益，便将无作有、以假作真亦未为不可，何况是有所本，不是出自杜撰呢。观下面参考书便知不是凭空捏造了。自司马公所著《史记》以至于张廷玉所修《明史》，共有二十四史，俟《清史》告成共二十五史。考《宋史·徐应镳传》上说：临安太学是岳武穆故宅，所以供岳元帅为太学土地神；又浙江《杭州府志》上说：学使署内土地神是范文正公；又王渔洋《池北偶谈》上说：明南良土地庙祀的是蹇忠；又《陔余丛考》上说：北京翰林院吏部所供之土地神是韩昌黎；又《夷坚志》上说：湖州乌镇普静寺是梁朝沈约所舍，住持僧供沈约为土地神。按以上诸大名儒既称为土地神，总比平常之土地神不同。看本司匾额上无掌字，必比被掌之土地又超越高尚了。再道经《安土地咒》云："元始安镇,普告万灵,岳渎真官,土地祇灵。"按此咒既称岳渎真官,或者是五岳四渎之土地神,称真官土地亦未可定。

诗曰:欲做神官不用求,全凭心地下功修。城隍弗是居山洞,土地何尝作比丘。武穆精忠驱狲狖,亭侯亮节读《春秋》。生前英勇人皆慕,建筑祠堂遍九州。

按:《东岳庙七十六司考证》是民国六年(1917年)北京的一位善士刘澄圆撰写的。

据《道藏》续集《岱史》载,泰山酆都庙阎王殿内塑有七十五司像,就是俗传的地狱之神。所谓某某司,亦即东岳大帝统辖下的阴司地府官员之谓。北京朝外东岳庙岱宗宝殿两旁配庑内曾设有七十六司。据元人虞集《东岳仁圣宫碑》载"列庑如官舍,各有职掌,皆肖人而位之",以及吴澄《大都东岳仁圣宫碑》"于癸亥(至治三年,1323年)春,成四子殿、成东庑西庑,神像各如其序"来看,东岳庙始建时即已塑了神像。但当时有多少司,各碑均无记载。

东岳庙的东西配庑共七十二间,如果按"列庑如官舍"、"神像各如其序"推测,当时应只有七十二司。明正统十二年(1447年)英宗朱祁镇在《御制东岳庙碑》上说:"廊庑分置如官司者八十有一,各有职掌。"此时神像显然又增多了,而且经过改塑,衣冠服饰已易为明制。以后,七十二间配庑又被腾出四间,用作张留孙、吴全节、泰山府君和蒿里(应为高里)丈人祠堂,只余下六十八间做官舍。这样,由于官员多房舍不足,于是其中八间内出现了双座神像合署办公的情况。各司门前从前只悬挂有匾额,上书某某司,由于其具体职责没有明确的说明,于是刘澄圆根据匾额上的名称,花了两年时间,用白话编写出各司职务的考证材料。脱稿后,由五戒居士厉真孝(子嘉)捐赠数十元大洋,将说明写在木板上,钉挂在各司门前。民国八年(1919年),东岳庙住持华明馨出资,将木板上的说明文字印刷成书,只出版了一百册。以后二十余年间,又由各善男信女们再版了九次,数量也不过数千册。

据刘氏自序上说:"叹予生不逢时,屡遭颠险。九岁丧父,十六母亡。既处乱世之秋,又逢灾劫之况,沉沦苦海,亦足悲矣。"他的身世固然很不幸,再加上民初政治风云激荡,人民生活不安定。人们往往把希望寄托在神佛上，出版传抄此书的人也多抱此种心念。于是"澄是以束身自爱，奉事空王。谨遵咐嘱以祈护念；精研般若，严净毗卢"，成为一名虔诚热心的宣扬佛道的善士。正如华明馨住持所说："居士（刘澄圆）亦发大同主义之心，补鬼神护法之不足，补教育法律之不足，其愿亦良苦矣。"刘氏一片倡善嫉恶之情跃然纸上。

但刘氏幼年失怙，文化水平有限，以致书中的措辞、用字、语法甚至断句上每多舛误，尤其是思想内容上的封建性糟粕甚多，非但不合时宜，且常给人以牵强附会、荒诞不经之感。但从劝善惩恶的角度看，其出发点和愿望还是善良的。因此，我们还是把它整理出来，在整理过程中，除去把错别字和明显的语法错误以及生涩难懂的语句稍加修正外，为了保留其原有风格和语气，绝大部分文字未加修改，以便直接用做民俗学和民间宗教研究、参考的素材。

二、其他有关东岳庙的史料目录

（一）《东岳大帝本纪》附炳灵公、碧霞元君

考东方朔《神异经》云：我国上古时，盘古氏五音之苗裔称玄英氏，玄英氏之子称金轮王，又称少海氏，少海氏之妻称弥轮夫人。夫人夜梦口吞二日，自此身怀有孕，生二子，长子称金蝉氏，次子称金虹氏。金蝉氏后称东华帝君，金虹氏即是东岳大帝。金虹氏在长白山佑民有功，至伏羲氏时封为太岁，称太华真人，掌天仙大籍，遂以岁为姓，以崇为名。大帝之夫人乃水一天尊之女。至汉明帝永平年间封大帝为泰山元帅，道藏经云：五岳之神分掌世间人物，各有所属。泰山乃天帝之孙，群灵之府，为五岳祖，主掌人民贵贱尊卑之数，管十八地狱、六案簿籍、七十二司、生死修短之权。《唐会典》云：武后垂拱二年七月初一日封东岳为天中王；武后通天元年四月初一日尊为天齐神君；唐玄宗开元十三年封天齐王，至宋真宗祥符元年十月十五日诏封东岳天齐仁圣王；祥符四年五月又尊为帝号，称东岳天齐仁圣帝，夫人尊为淑明皇后。元世祖至元十八年加封东岳天齐大生仁圣帝，故至今称东岳大帝。按封泰山不自汉朝始，考司马迁《史记·封禅书》云：齐桓公既霸，会

诸侯于葵丘而欲封禅，管仲曰：古者封泰山禅梁父者七十二家，而夷吾所记者十有二焉。昔无怀氏封泰山，伏羲氏封泰山，神农封泰山，炎帝封泰山，黄帝封泰山，颛顼封泰山，帝喾封泰山，尧封泰山，舜封泰山，禹封泰山，汤封泰山，周成王封泰山。以是观之历代帝王封泰山已在五千年以前矣。大帝生五子一女，惟第三子炳灵公及女天仙娘娘心地最慈，惠爱黎庶。《文献通考》云：唐长兴三年，诏以泰山三郎为威权将军，宋太宗始封上昊炳灵公，祥符元年二月二十五日封至圣炳灵王。女碧霞元君称天仙娘娘，又称泰山娘娘。据《博物志》云：周文王以太公望为灌坛令，一年之内风不鸣条，文王梦见一妇人甚丽，当道而诉曰：我东海泰山神女，嫁为西海妇，欲东归，今灌坛令当吾道，太公有德，我不敢以疾风骤雨自西而来。按泰山在今山东泰安县，有东岳大帝本宫。本庙是东岳之行宫。元朝提倡宗教乃是三教并重，又因人民信佛信神者不一，故于齐化门外创建行宫以及赏善罚恶于无形，至明清二朝又重修立碣而保存之，今政府已知神道设教之用意，故恢复祀典，崇德报功，只因被大势所趋，实不能如历代之提倡办理，故法令只能信教自由。予敬告发愿诸君，今而后除保存中国宗教外，更当由诸恶莫做、众善奉行上做起，庶几乎我东岳大帝始能护佑之也。

诗曰：岱为五岳宗，泰为群山祖。号为金虹氏，长白山居古。始自伏羲年，掌天仙籍谱。尧迄秦汉间，位居天都府。帝岳封于唐，天齐仁圣主。人世生死期，居民贵贱伍。寿禄与长短，一一列篡组。赏则荣华衮，罚则严钺斧。案籍三千界，司列七十五。万物出乎震，洋洋恩德普。

(《返性图》)

（二）东岳天齐仁圣大帝宝诰

赫天玄英之祖，金轮少海之宗。弥仙母梦日光生，紫府圣人东华第。昔建功于长白，始受封于羲皇。初号泰华真人，汉明泰山元帅，唐会崇恩圣帝，圣朝敕字大生。位镇坤维，功参乾造，凡居品汇，悉隶生成。仁以德仁，回阳春于掌上；圣心益圣，丽日月于中天。五岳称赞于东方，三界独尊于地界；仰奉行于天令，俯纠察于阴司；掌人间赏罚之权，专天下死生之柄；惩奸恶而狱分三十六主，司祸福而案判七十二曹；行善者注升天堂，沉迷者打入地狱；示大慈恩威之相，开众生生化之门；福与天齐，功高无量；大悲大愿，大圣大仁；地祇至尊，东岳天齐仁圣大帝；祸淫福善，威权自在天尊。

（《东岳济生保命经》）

（三）东岳夫人淑明坤德皇后宝诰

乾元配位，坤德合形。淑气明明，婉春融于三界；德兹育育，澄秋月于万方，与圣同明，普天共仰；大贤大惠，大善大慈。东岳正宫，淑明坤德皇后，闺范师表夫人。

（《东岳济生保命经》）

（四）东岳大帝宝训

天地无私，神明鉴察，不为享祭而降福，不为失礼而降祸。凡人有势不可使尽，有福不可享尽，贫穷不可欺尽。此三者乃天运循环，周而复始，故一日行善，福虽未至，祸自远矣；一日行恶，祸虽未至，福自远矣。行善之人如春园之草，不见其长，日有所增；行恶之人如磨刀之石，不见其损，日有所亏。损人利己，切宜戒之，一毫之善，与人方便；一毫之恶，劝人莫做。衣食随缘，自然快乐，算什么命，问什么卜。欺人是祸，饶人是福。天网恢恢，报应自速。谛听吾言，神人鉴服。

（五）三茅真君

真君姓茅讳盈，长安咸阳南关人。其祖讳喜，字扶伦，仕秦庄襄王，封广信侯。其父乃广信侯第六子，讳祥，字伯英。生三子：长子讳盈，字叔申；次子讳固，字季伟；幼子讳衷，字思知。真君年十八弃家入恒山，读《老子》及《周易》，修养数年，复又出山，广行方便，济物利人。后遇仙师赐长生之术，得证天仙道果，即太上所谓欲求天仙者，当立一千三百善是也。汉平帝元寿二年八月己酉，玉帝因真君功行两圆，故授之以神玺玉章，后又授为太玄真人，领东岳上卿，治官赤城，与东岳大帝同签世间生死，共管阴府之事。至宋太宗封佑圣真君，真宗加封九天司命上部赐福佑圣真君。《玉匣记》云：

真君十月初三日圣诞,三月十八日得道。考道教宗派有三茅派,系真君所传。

(《神仙传》)

诗曰:有功无行如无足,有行无功目不全。功行两圆足目备,谁云无分做神仙。

跨鹤乘鸾驾紫雾,玉皇有敕登仙路。九玄七祖尽超升,度了群生方自度。

(《性命圭旨》)

大道修来有易难,亦知由我亦由天。若非积行修阴德,动有群魔做障缘。

(《悟真篇》)

(六)泰山府君

府君崔姓,祈州鼓城人。父让,世为富农,道义纯良,乡里推重,年已五十尚未立子。与妻商曰:我平日所为,常存利济之心。今尚无嗣,拟与卿共祷北岳求子。妻允之,祷毕还家。是夜夫妻同梦仙童手擎一盒曰:帝赐盒中物,令君夫妻吞之。遂启盒,见美玉二枚,各吞其一,觉遂娠,于隋大业二年六月六日产一子,神采颖秀,大异常儿,命名子玉。幼习举业,过目成诵,不与群儿游戏。乡人皆曰:积善之家,天赐其子也。唐太宗贞观七年,诏举天下贤良赴都,府君在焉,各赐县令出身,府君除潞州长子县令,正直无私,洞察秋毫。捕盗则人赃俱获,无一漏网者。虽暗室之动作,府君皆知焉。郡人皆言:府君昼则断阳,夜则断阴。时五月出示曰:此月望日及望后一日不得杀生射猎,如犯者阴阳俱罪之。时有善射者朱寒奇,往郊外射兔一只,藏而入城,被门吏搜得送县。府君曰:尔故犯,欲受阳罚?受阴罚?朱曰:愿受阴罚。遂放之还。夜就枕,见黄衣吏率夜叉锁己而去,至公庭,见崔公王者官服,审判诸犯罪状,或促其寿,或殃其子孙,或灭其福禄。至审朱时,则兔在案前踞焉。崔公曰:世间以人畜有别,天视之如一,故曰以天地之心待生育。佛曰:等视众生如一子,其理同也。尔害兔命罪在不赦,俟尔寿尽当偿兔命也。尔能自此改恶从善,或有转机,否则十年内死期至矣。今先责鞭背二十,以志其过。朱醒,觉背痛,不能仰卧焉。府君后迁磁州,又迁卫州,奇迹颇多。命终时则空中有箫韶管乐之音,呼二子曰:吾将去世矣,不得大恸。取笔书百字铭以训其子,时年六十有四。后玄宗幸蜀,夜梦神告曰：愿陛下勿过虑，贼不久而灭矣。帝问曰：君何神？曰：予磁州令崔子玉也。玄宗迁都后建庙，封灵圣护国侯，至武宗加封护国威灵公，宋真宗东封岱岳加王号。

诗曰：神明累累数无穷，非是捏言制造工。道果为修三百善，金仙因立一千功。群黎虽遍于天下，诸圣多生在亚东。这个理由人共晓，不需祈祷问苍穹。

（《搜神记》）

（七）蒿里丈人

赵相公，长安蒿里人，世务农业，忠厚传家，诗书继世。相公习举业，登进士第，居官鲠直，处正无私。累陈谏疏，皇帝不听，乃触阶尸谏而死，郡人立其祠。今长安西二十里有蒿里相公墓。至唐睿宗封直烈侯，俗呼为丈人也。

诗曰：凌云壮志日销磨，爱国情深积愤多。烈魄已离蒿里去，忠魂应自汨罗过。烟霾暗暗愁如许，风雪阴阴惨若何。碑在长安传不朽，令人读罢泪滂沱。

（《搜神记》）

（八）阜财神

鄙人平素敬神无分中外，只要是生前有道德便生尊敬之心，皆因佛仙神的修持法门各不相同。我先把佛仙神的责任分清楚了，再烧这一炷香，总不算是暴殄天物、迷信性成。按财神是被动的地位，只能管财，不能生财，就如同风从虎、云从龙一样，虎能使风，不会造风；龙能驾云，不会生云。凡供养财神的人，都是盼望发财所致，殊不知生财大道需在因果上追求，造发财的因，自然就结发财的果。大富由命，小富由勤。勤俭二字就是发财的因，权子母剩盈余就是发财的果。若学问、见识、阅历三者俱缺，不但不能发财，而且冻馁不免。财神的责任好比是财政部总长，各衙署向他领应得之饷他才敢发，不在应得之例他不敢滥发。财神管财亦是这个样子。财神手内虽然钱多，乃是赐给修福人所用，万不能有猪头三牲的贿赂便滥发公共的财。我劝祈祷财神的人，发财之心乃是人所必有，须要按照生财大道去做，就是不祈祷财神，财神绝不见怪，皆因是聪明正直为神，既在东岳大帝驾前当差，也照旧是位不因享祀而降福，不因不奉而降祸的神明了。或问既不祈祷财神，还有什么发财的法子呢？要问这发财的法子，唯有遵照佛经所说的话：欲求财富当行布施，欲得智慧当求学问。我们总在布施、学问上追求，自然就能发财了。

诗曰：群鱼缺水不能游，人若无钱失自由。年暮福田年壮造，善酬果报善功修。愚痴懒惰能遭苦，勤俭贤明定少忧。天下财神皆正直，不须祷拜妄祈求。

（九）广嗣神

唐尧出巡，一民颂曰：愿圣人富寿多男子。以此看来，有钱有寿没有儿子亦是人间一大缺憾。儿子虽然要多，须有郭汾阳那种福气，曾文正那种教育。要像齐桓公的群公子大闹朝堂，置父尸于不顾，晋献公之九子互相杀戮，可是不如不多为妙。可见尧舜传贤不传子，真是省心极了。古今富家翁死后，众儿子为分产打官司，弄得家败人亡亦是儿子多的坏处。以此看来，孔子四世单传到现在亦没绝后。若在这殿里求子，须求个福德智慧之男，生前能尽孝，死后能尽礼就算不错。要是刻薄成家，蒙子孙娘娘赐一个败家子，反倒不如不求。做父母的须要忠厚传家，诗书教子，诸恶莫作，众善奉行，然后再来求子，自然得个成家守分的儿子。如窦禹钧就是后人的榜样，把儿子既求到手，还要用心抚养而教训之。若来一个不到几岁就死，反倒加上一层伤心。既有了儿，一定愿意他长寿喽。欲求长寿，须照以下七条办理，那才不辜负子孙娘娘的一片苦心哩：第一条胎教。胎教之法，《朱子小学》上已说过，《达生编》上亦有禁食诸物、禁看诸物之言。现在日本已有胎教之书，中华书局已译成售卖。第二条戒杀放生。做父母的既不杀生，亦不可教小儿杀生，如捅蜂房、养蟋蟀、捕蝉、笼鸟、粘蜻蜓、捻蚂蚁，这都是儿童难免的事，做父母须以市上所卖之泥纸玩物游戏之。第三条种子严守戒期。戒期就是不宜种子之日，有天忌、地忌、人忌之别。倘或不信便生灾患，妇人遭产厄者未必不因此而起。天忌便是酷暑严寒之日、疾风雷雨之时；地忌是日月星辰之下、井观寺灶之旁；人忌便是忧愤疾病之际、佛神圣诞之期。以上三忌皆须遵守。第四条慎风寒，节饮食。小儿乃天真之性，并无七情六欲，而病为内因。所受之病，有因胎教不良者。据西医考验，嫖妓男子若染梅毒而家内种子者，其毒能延及三世；又云法国革命时代人心惊恐，生子多病而夭。以此看来，胎教不可不讲了。以上乃禀于先天之病，其风寒暑湿燥侵入儿身，若留心检点，不能不责成父母。其饮食五味各有所偏，稍有不慎即成牙疳之患，所谓病从口入是也。此乃禀于后天之病。第五条择医而治。现在医生有世传，有儒医，有半通之医，有庸医。无论其名医、儒医，总择其不粗心、不妄贪者为妥。其药性一书，果能知文，可以作闲书阅看也。惟洋医只可令其治外，不可令其治内，要紧要紧。第六条端身作则，为父母之性情不良便是根基不正。若以瞽瞍生舜，古今又有几人哉。所以起居动静必当法肃辞严，先自约束。孔子家儿不知怒，曾子家儿不知骂，皆以身作则故也。第七条防损童身。儿童未识字以前，禁止他人戏弄儿便，亦不准自己抚摩。既识字以后，禁看言情小说。平日所近，须依傍老成之人。苟有无知恶少，无论其亲戚宗族、邻居仆役，不可不极力避之，总使十六岁以前不损元气为妥。禁止早婚之国以此故耳。倘若疏于防范，凿破混沌，急行娶亲为妙，为父母者不可不留心注意也。窃思人为万物之灵，留传种子乃人伦大事，故《中庸》云：君子之道造端乎夫妇，不可作游戏观之。按子孙娘娘就是九天卫房圣母元君，乃是有夫之妇，不是佛，不是仙，是怜爱世间小孩儿的天神。

诗曰：后顾无人最可伤，老天有眼慰枯杨。秀兰叶满频增庆，若李花开不是香。贵子岂因时命好，佳儿都为善缘偿。如君种得千年果，窦桂三槐百世昌。

(《返性图》)

(十) 张宗师传

张留孙者字师汉，信州贵溪人，少时入龙虎山为道士。有道人相之曰：神仙宰相也。至元十三年从天师张宗演入朝。世祖与语，称旨，遂留侍阙下。

世祖尝亲祀崛殿，皇太子侍，忽风雨暴至，众骇惧，留孙祷之，立止。又尝次日月山，昭睿顺圣皇后得疾，危甚，亟召留孙请祷，既而后梦有朱衣长髯从甲士导朱辇白兽行草间者，觉而异之，以问留孙。对曰：甲士导辇兽者，臣所佩法箓中将吏也；朱衣长髯者，汉祖天师也；行草间者，春时也。殿下之疾，其及春而瘳乎。后命取所事画像以进，视之果梦中所见者，帝后大悦，即命留孙为天师。留孙固辞不敢当，乃号之上卿，命尚方铸宝剑以赐，建崇真宫于两京，俾留孙居之，专掌祠事。十五年授玄教宗师，赐银印，又特任其父信州路治中，寻复升江东道同知宣慰司事。是时天下大定，世祖思与民休息。留孙待诏尚方，因论黄老治道贵清净，圣人在宥天下之旨，深契主衷，及将以完泽为相，命留孙筮之，得同人之豫，留孙进曰：同人柔得位而进应乎乾，君臣之合也，豫利建侯命相之事也，何吉如之，愿陛下勿疑。及拜完泽，天下果以为得贤相。大德中加号玄教大宗师，同知集贤院道教事，且追封其三代皆魏国公，官阶品俱第一。武宗立，召见赐坐，升大真人，知集贤院位大学士上，寻又加特进。进讲《老子》推明谦让之道。及仁宗即位，犹恒诵其言，且谕近臣曰：累朝旧德仅余张上卿尔，进开府仪同三司，加号辅成赞化保运玄教大宗师，刻玉为玄教大宗师印以赐。至治元年十二月卒，年七十四。天历元年追赠道祖神应真君，其徒吴全节嗣。

颂张宗师七律二首：首创东郊青帝祠，两廊善恶各分司。曾将解梦承君悦，每以安民奏主知。龙虎山中培道体，上清宫里筑丹基。修行不执西来意，造寺书经总是慈。

智慧能将国教扶，神明述绍有良谟。奇才每抱掀天志，正法堪操定世符。素本俭慈尊太上，常存谨慎效先儒。平生安享无谗谤，只为交欢士大夫。

（《元史》二〇二《释老传》）

（十一）元成宗加张留孙大宗师诰命

制曰：教传正一，爰登入室之科；因出九重，膺锡升阶之号。玄教宗师志道弘教冲玄大真人、总摄江淮荆襄等路道教都提点同知、集贤院道教事张留孙，烟霞异质，松鹤真姿。握玉府之灵诠，岌玄门之隆栋。飙轮赴阙，服勤二纪之余；宝箓颂禧，历侍三朝之久；日月际亨嘉之会，风雷随指顾之间。丹符用胜于灵犀，瑶枢功参于铸象。辅玄有诀，讵须黄石之一编；姑射所居，曷羡赤松之八表。祇承异渥，益阐宗风。可授玄教大宗师志道弘教冲玄真人，总摄江淮荆襄等路道教都提点同知集贤院事。

（《龙虎山志》）

（十二）玄教吴宗师堂

玄教是道教的尊称，宗师就是祖师，堂是祠堂，连贯上解释便是道教正一派吴公全节之祖师的祠堂。宗师讳全节，是张宗师第三位高足弟子。张宗师羽化后，蒙元英宗诏以吴宗师承袭总摄道教之职。东廊以北赵孟𫖯所撰道教碑铭便是吴宗师发心刊石以便永垂不朽。考《顺天府志》上说：本庙方鸠工庀材，建造伊始，是时正值元英宗至治十二年张宗师辞世羽化，蒙英宗派吴公承袭总摄道教之职，吴宗师便将五朝皇帝所赐张宗师的储蓄金，将本庙工程告竣。以此可见张吴二宗师的修持乃才德两全，这才能受皇帝的爵禄与人民供养呢。若后世道士都有张吴二真人的本领，道教可就振兴啦。

诗曰：吴公刊勒去思碑，孟𫖯书铭善护持。舒畅人心凭帝主，辉煌庙貌赖宗师。惟求政府尊三教，更愿苍生禀四知，历代加封崇祀典，佑民护国复何疑。

既往圜丘礼上苍，佛仙亦是降祯祥。勿刨庙宇为官署，莫拆神台改学堂。国粹经营非易易，殿廊销毁总惶惶。上官若肯循民意，子贵孙荣寿且康。

（十三）吴宗师传

吴全节字成季，饶州安仁人。年十三学道于龙虎山。至元二十四年至京师。从留孙见世祖。三十一年成宗至自朔方，召见，赐古雕玉蟠螭环一，敕每岁从行侍幸，所可给庐帐车马衣服糜饩，着为令。大德十一年授玄教嗣师，赐银印，秩二品。至大元年，赐七宝金冠、织金文之服。三年授赠其祖昭文馆大学士，封其父司徒饶国公，母饶国太夫人，名其所居之乡曰荣禄，里曰具庆。至治元年留孙卒，二年制授特进上卿玄教大宗师、崇文弘道玄德广化真人，总摄江淮荆襄等处道教、知集贤院道教事。玉印一、银印二并授之。全节尝代祀岳渎，还，成宗问曰：卿所过郡县有善治民者乎？对曰：臣过洛阳，太守卢挚平易无为而民以安靖，成宗曰：吾忆其人，即日召拜集贤学士。成宗崩，仁宗至自怀孟，有狂士以危言评翰林学士阎复者，事叵测，全节力为言于李孟，孟以闻，仁宗意解，复告老而去。当时以为得敬大臣体而不以口语伤贤者，全节盖有力焉。全节雅好结士大夫，无所不倾其交，长者尤见亲而敬，推毂善类唯恐不尽其力，至有振穷周急，又未尝以恩怨异其心，当时以为颇有侠气云。全节卒，年八十有二，其徒夏文泳嗣。

澄圆附志：按《护国经》世尊以末世佛法重托人王宰官，以其权大耳。考历代提倡宗教，无不得力于人王宰官者，而吴公之得力处，不特得于君心，而且得于士大夫心，盖人主对士大夫每用其侦察之术。其吴公受赐何尝非左右皆曰贤乎。民国改造二年，龙虎山之香火地已被省吏夺去，蒙长江巡阅使张少轩（印勋）向袁总统讨还，佛教会联合步军统领江宇澄（印朝宗），教会始得成立。以是观之，今而后佛子果欲保存香火地，先要结交士大夫。

（《元史·释老传》）

（十四）题龙虎山崇禧观

曲林古观水西流，天遗皇华驷玉虬。高士远分龙虎派，哲人久伴凤凰游。楼台山色三峰晓，池馆泉声五月秋。云案凝香浮洞府，坐令和气霭丹丘。

（吴全节）

（十五）繁禧观

门前流水泛桃花，回首蓬山别一家。曾把金茎仓沆瀣，闲挥玉麈看琵琶。火存丹鼎春长好，卷掩黄庭日欲斜。心与江湖天共远，大开瀛海驻吾槎。

（吴全节）

（十六）元成宗授吴全节总摄真人诰命

制曰：朕惟国家崇玄教，欲隆万寿之禧，道宫有嗣师，式副九重之望。爰颁纶綍，俾领簪缨。咨尔冲素崇道玄德法师、江淮荆襄等路道教都提点吴全节，早冠儒流，秀钟道貌。佛气凤超于天禀，仙班宜近于日华。历事三朝，追经二纪。志虑圣道之学，欲裨社稷之谟。顷侍先皇，亲承顾问。论宁地应天之贤，惟安人恤民之言。祝厘虽任其劳，费财尝陈于谏。伟器拔俗，侧席思贤。朕登宝之云初，卿操履之尤谨。不有殊渥，曷表清忠，爰命宫臣，亟扬廷号。谓德之通玄者，可弘太上之道；道之崇文者，可继域中之师。订六字之既佳，示四方而可泰。不特桂堂之有托，久惟竹殿之得人。于戏，全季子高节之风，谅卿不移初志；如法善光禄之爵，在朕尚有好官。益茂嘉猷，祗承明命。可加授玄教嗣宗师、总摄江淮荆襄等路道教都提点、崇文弘道玄德真人。

（《龙虎山志》）

（十七）历代封禅志

唐虞二月，东巡守至于岱宗，柴望秩于山川，肆觐东后。五载一巡守，群后四朝。(《舜典》)

夏后氏因之。

周十二年，王巡狩殷国。岁二日，东巡狩至于岱宗，柴而望祀山川，觐诸侯于明堂。(《周礼》)

秦始皇帝二十八年东巡郡县至于泰山始封禅。

汉武帝元封元年东巡海上。夏四月还至奉高，封泰山禅。宣帝神爵元年制诏太常，祀东岳于博，使者持节侍祠。

东汉光武帝建武三十年，群臣请封禅，春三月，帝东巡狩祭泰山，章帝元和二年二月，东巡狩至泰山，柴祭天地群神如故事。安帝延光三年二月丙子东巡狩，辛卯幸泰山，柴告岱宗。

晋武帝太康元年九月，卫瓘等请封禅。

南宋文帝元嘉末年，诏学士山谦之草封禅仪属。

北魏太武太平真君十二年十一月，帝南征过岱，祀以太牢。

隋文帝开皇九年平陈，朝野皆请封禅。十五年春正月，帝行幸兖州，遂次泰山，为坛祭之。

后周太祖广顺二年五月亲征兖州，遣翰林学士窦仪祭东岳庙。

唐太宗贞观十五年正月朝集，使赵郡王孝恭等诣阙请封禅，帝手诏谢之。

宋太祖建隆元年六月平泽潞，遣官祭泰山庙。

金世宗大定四年，诏以立春祭东岳于泰安州，其封爵仍唐宋之旧。

元世祖至元二十八年春二月，加上东岳为天齐大生仁圣帝。

明太祖洪武十年八月，以天下宁谧，遣李文忠、道士吴永舆等代祭泰山，立碑岳庙。诏自今后岁以仲秋请诏致祭。

清世祖顺治十八年秋八月朔，遣侍读学士左敬祖祭东岳。圣祖康熙六年八月，遣内秘书院学士刘芳躅祭东岳。康熙三十九年，奉诏重修北京东岳庙。世宗雍正七年，诏修东岳庙。高宗乾隆十三年二月，躬祀岱庙。

三、重要碑刻录文

元赵孟頫《张留孙道行碑》

元虞集《东岳仁圣宫碑》

元赵世延《昭德殿碑》

元吴澄《大都东岳仁圣宫碑》

明英宗朱祁镇《御制东岳庙碑》

明张居正《敕修东岳庙记》

明王锡爵《东岳庙碑记》

明赵志皋《敕修东岳庙碑记》

清圣祖玄烨《东岳庙碑文》

清高宗弘历《东岳庙重修碑记》

清咸丰三年《地界碑》

(一)元赵孟頫《张留孙道行碑》

大元敕赐开府仪同三司上卿辅成赞化保运玄教大宗师志道弘教冲玄仁靖大真人知集贤院事领诸路道教事张公碑铭并序

翰林院学士承旨荣禄大夫知制诰兼修国史臣赵孟頫奉敕撰并书丹篆额世祖圣德神功文武皇帝受命上玄，混一四海，拔豪杰异材以自辅翼，盖不惟处之将相大臣，时则有若开府仪同三司上卿辅成赞化保运玄教大宗师张公，则以方外显矣。公讳留孙，字师汉，系出汉文成侯，至唐宰相文瓘之子孙，始居江南，其分居信州贵溪者，世为士族。公生宋之季年，因从伯兄闻诗学道龙虎山上清宫，授黄帝老子之书及正一符箓祠祭天地百神之法，羽衣高冠，修髯广颐，状貌甚伟。有相者过之曰："异哉贵人，七分神仙三分宰辅也。"岁己未，世祖军武昌，已闻嗣汉天师张宗演名，间使通问，及得江南，亟召之，从其徒数十人以来，皆美材奇士。及入见，有锡予，上独目公而伟之，于是宗演归而公留。上时时召问，因及虚心正身，崇俭爱民以保天下之说，深合上意。裕宗在东宫寝疾，上以为忧，诏公往护视，疾寻瘳，上悦。上幸日月山，昭睿顺圣皇后又寝疾，上命贵臣趣公祷祈以其法，中宫夜梦髯神绛衣朱縠行青草间，介士白兽拥导，以问公，公曰："青草生意也，明疾以春愈。"果然。后从公求所祷神像礼之，见画者与梦契，益以为神，乃诏两都各建上帝祠宇，皆赐名曰崇真之宫，并以居公。赐平江、嘉兴田若干顷，大都昌平栗园若干亩给其用，而号公曰天师。公曰："天师有世嗣，臣不可称天师。"于是以宗演为天师，别诏尚方作玉具剑，刻文曰："大元皇帝赐张上卿佩之。"号曰上卿玄教宗师，总摄道教，服宝冠、金织衣裳、玉佩珠履，执圭以奉祀事，即家起其父九德为信州治中佐郡，以愿谨闻，超拜浙东宣慰同知，又改江东，以便家进，其高弟门人皆给馆传车马，行幸无所不从。公或留禁中，至夜即辍，乘辇使归，导以卫士，虽固却不听也。上曰："古者天子皆亲巡方岳，今海内初定，恐劳吾民，上卿其乘驿马五十以代朕行。"是时上亟欲周知遐迩搜访遗逸，故以近臣不公而敕宰相百官祖饯国南门外，还朝多所奏荐，上籍其名聘焉，擢公商议集贤院事。初集贤、翰林共一院，用公奏始分翰林掌诏诰国史，集贤馆天下贤士以领道教，置道官及宫观主者给印视五品，为其道者复徭役，或以道家书当焚，上既允其奏，裕宗以公言请曰：黄老之言，治国家有不可废者。上始悔悟，集儒臣论定所当传者，俾天下复崇其教，而嗣汉天师之传，自宗演至于今凡四世，皆以公论建矣。会廷议开通惠河未决，召问公，公曰：河成诚便利，愿敕有司勿重伤民可也。武宗、仁宗之始生也，上皆命公拟名以进。仁宗五岁时，译为梵文，今届讳是也。上将相完泽，命公以易筮，遇同人之豫，公曰：同人柔得中而应乎乾，豫利建侯，象为君臣咸吉，诚相完泽，天下幸甚。明日拜完泽右丞相，上不豫，谕隆福宫曰："张上卿事朕岁久，终始一德，宜令诸皇孙尊信其道。"又谕公善事嗣皇帝云。未几上崩，成宗归自潜邸，隆福太后遣重臣从公郊迎，行至，公下马立道左，上令就骑，且语之曰："卿家老君犹尔睡耶？"意谓焚经后道教中衰也，公对曰："老君今当觉矣！"上悦，车驾屡亲祠崇真，敕留守段贞益买民地充拓其旧，期年讫功，上临幸落成。明年有星孛于正北，诏公祷之，奏曰："臣闻人事失于下，则灾异见于上，愿陛下省躬修德以祈天也。"上曰："卿戒甚至，朕不敢忽。"未几，两都及河东地震，又命公祷之，公曰："今命臣祠上帝，徒取故事，受辞于有司，臣窃为陛下惧！"上曰："卿言是也，朕之一心，天实监之，赖卿礼祠以达之尔。"遂祷于崇真，有白鹤数百翔集中庭，诏文臣阎复等作颂刻石。上尝御便殿命公进讲《南华经》，公推广成子语黄帝之说，上感叹，加特赐上卿玄教大宗师，以公生日赐玉冠、上尊良马，隆福宫、中宫皆有锡赉，自是岁以为常。兴圣太皇太后还自怀孟，以公先朝旧臣，加礼尤重。武宗践祚，升公大真人，知集贤院领诸路道教事，寻加特进，封其三代皆一品，以其兄弟之子二人备宿卫，命其弟子吴全节为玄教嗣师。仁宗雅好文治，常从容召公论道，公曰："圣人至德，保体清净则永寿万年，庶类以成而天下自治。"是时文学之士并进，而公言最为简要矣。加号辅成赞化保运玄教大宗师，敕将作院刻玉为印，文曰"玄教大宗师"，以赐公。上御嘉禧殿，谓宰臣曰："知朕有耆德之臣乎？张上卿是也。"皆对曰："诚如圣言。"明日加开府仪同三司，封其弟子七人皆为真人，其四佩银印，以宣命者十二人，赠其祖师八人、故弟子二人皆为真人；加赠其曾祖宏纲曰集贤大学士、光禄大夫上柱国，谥安惠；祖粹夫曰金紫光禄大夫、大司徒上柱国，谥康穆；考九德曰开府仪同三司、大司徒上柱国，谥文简，皆封魏国公，其妣皆封魏国夫人，其从子在宿卫者皆受四品官。公年七十，诏图其像，命孟頫赞之曰："道德之全，玄之又玄。时而出之，溥博渊泉。其动也天游，其静也自然。人皆谓我智，而我初无言；人皆谓我贵，而我不敢为天下先，赞化育而不居，宝慈俭以乾乾，故位三公，揖万乘，独立乎方之外而坐阅乎大椿之年。微臣作颂，承命自天，穆如清风，万古其传。"识以皇帝之宝，赐宴崇真宫，宣徽使光禄卿具酒馔，教坊备法乐，朝臣咸与，兴圣宫、中宫赐金帛上尊有差，公谢曰："臣师老氏之学，以满盈为戒，而臣蒙被恩数过盛，既耄补报无日，愿乞骸骨还山。"不许。今上皇帝即位，待公如先朝故事。至治元年十二月壬子，公焚香室中，召诸弟子曰："吾教以清静无为为本，慈俭不敢为天下先，其宗旨也。今玄教特被宠遇五朝四十七年，尔徒见其盛也，其亦知吾之战战栗栗。至于今而后知其免夫，尚思恪恭乃事，以报称朝廷，勿堕成规，则吾志也。"言毕端坐而逝，寿七十四。讣闻中宫，皆遣贵臣致赗，举朝会吊，巷无居人。比敛容貌不变，体质轻软如举空衣。彻奠就道，云日晦冥，寒风惨恻，林木为之缟素，行路嗟异。明年三月，归其丧于故山，弟子七十五人：余以诚、何恩荣、吴全节、王寿衍、孙益谦、李奕芳、毛颖达、夏文泳、薛廷凤、陈日新、上官与龄、舒致祥、张嗣房、何斯可、徐天麟、丁应松、彭齐年、薛起东、李世昌、张德隆、薛玄羲、陈彦伦、詹处敬、于有兴、王景平、蔡仲哲、彭尧臣、张汝翼、冯瑞京、祝永庆、蔡允中、张善式、董袭常、王国宾、曹载静、余克刚、丁迪吉、张居逊、董宇定、王用亨、张显良、徐守勤、彭一宁、刘若冲等，将葬之山东之南山。于是皇帝若曰："玄教嗣师全节，其袭玄教大宗师，知集贤院，总摄道教事，予告归治丧，前翰林学士承旨孟頫其著铭文书刻表世。"臣孟頫再拜受命而言曰："至元二十四年，世祖皇帝用荐者言，召见臣孟頫以为兵部郎，数赐顾问。是时张公已贵，而南北故老儒臣多在朝廷。臣去国三十年，复被仁宗皇帝收召，待罪禁近，而世祖时同朝略无在者，或仅见其子孙，独张公以高道厚德，服勤累朝，身受恩宠，超越常伦，而其心欿然，恒恐惧自持，至于服食起居之奉，才取仅给，初不知其贵且盛也。每进见必陈说古今治乱成败之理，多所裨益。士大夫赖公荐扬，致位尊显者数十百人，及以过失获谴赖公救解，自贷于死者亦如之，公未尝言，惟恐其人知之，故亦不得而称焉。呜呼，先皇帝弃群臣，老臣伏在田里且三年矣，张公亦遂去世，感叹存没，不亦悲乎！今上皇帝不以臣远去老病且死，犹记忆之，命以论次公事，呜呼，旨意所及，岂直为张公哀荣哉。烈圣涵煦之盛，可得而论矣，臣其敢辞，故为之铭曰：

  维昔圣神，化成无为。群工在廷，职效其思。厥有至人，克相之道。
  河润山辉，不宰而保。功力既兴，程能责文。至德闵嗟，邈其不闻。
  于皇世祖，智靡遗策。万方具来，将与休息。文议术权，并以治言。
  列教分宗，其端益繇。帝曰吁哉，畴若玄式。言信动化，静以为极。
  禬祠炼修，慨彼余支。和光至柔，维公得师。成庙承休，守若画一。
  式敬耆老，以永终吉。冠圭佩舃，导通神明。孰究所存，徒咨显荣。
  桓桓武皇，百辟维竞。曰予外臣，其位特进。极盛弥文，仁考之仁。
  多仪郁兴，为章如云。人华厥家，公又尚教。上溯下治，旁泽兼造。
  圣皇御天，赫其有临。公不少留，以究皇心。生荣殁哀，公则终始。
  老成不遗，恫我后死。大道之行，传宗在人。令闻令望，蔚乎群真。
  天子有诏，伐石表世。玄风洋洋，永赞至治。

天历二年五月　日
特进上卿玄教大宗师崇文弘道玄德广化真人、总摄江淮荆襄等处道教、知集贤院道教事嗣孙吴全节立石，四明茅绍之模刻。

（二）元虞集《东岳仁圣宫碑》

延祐中，故开府仪同三司上卿玄教大宗师张留孙，买地于大都齐化门外，规以为宫，奉祀东岳天齐仁圣帝，仁宗皇帝闻之，给以大农之财，辞不拜，第降诏书护作，方鸠工而留孙殁。后阙年，今特进上卿玄教大宗师吴全节，大发累朝赐金，以成其先师之志。至治壬戌作大殿、作大门，殿以祀大生帝，前作露台以设乐，门有卫神；明年作东西庑，东西庑之间特起如殿者四，以奉其佐神之尊贵者。列庑如官舍，各有职掌，皆肖人而位之。筑馆于东以居奉祀之士。总名之曰东岳仁圣宫。泰定乙丑，鲁国大长公主自京师归其食邑之全宁，道出东门，有祷于大生帝，出私钱钜万，俾作神寝，象帝与其妃夫人媵侍之容。天历建元，今皇帝既即大位，遣使迎大长公主于全宁，还及国门，皇后迎母于郊，主礼神拜贶而后即其邸，天子乃赐神寝名曰昭德殿云。宫广深若干亩，为屋若干楹，高大宏丽，足以久远。岁时内廷出香币致祭，都人有祈祷，咸得至焉。有敕，命臣集撰文，勒诸丽牲之碑。其辞曰：

> 帝奠九土，辨方秩祀。封岳维五，咸在天子。有岩岱宗，望之东郊。
> 雨云来敷，曾不崇朝。有坛有宫，神师攸作。苍龙青旗，百神祇若。
> 天子神圣，惠于民人。眷言度思，昭德维新。丹楹朱户，纳陛登陂。
> 青青五组，兼币加璧。礼有举之，祇益以因。即祠不违，天子之仁。
> 徂徕有原，新甫有㯠。乐具在廷，远者来辑。庑盈大享，寝陈燕诗。
> 神具乐康，以惠我私。春日载阳，帝籍于耜。以先农人，祈我穑事。
> 我观我稼，视迹知远。尔煦尔泽，自我畿甸。相彼柔桑，被于沃饶。
> 相彼元鸟，亦集其条。溅溅流水，驾言来被。受弓载韣，思皇朱芾。
> 出其闉闍，士女车徒。来尸来宗，寿夭在予。佑我民庶，克修孝弟。
> 以养以赋，以受多祉。兵侵弗惊，灾疠弗婴。熙熙有生，以乐治平。
> 天子万年，成功则告。刻文登丰，则有贞玉。

（元虞集《道园学古录》）

（三）元赵世延《昭德殿碑》

古者天子祭天地山川岁遍，稽之虞舜，二月东巡狩至于岱宗，柴望秩于山川，肆觐东后，历群岳如岱礼，至冬乃毕。秦汉以来，时巡之礼，或讲或辍，鲜绍乎古矣。礼五岳视三公，至唐始封以王爵，司马承祯又请旁立真君祠，宋因加帝号，岱曰仁圣，自是祠遍郡国。皇元有天下，世祖皇帝岁遣使赍香帛诣祠致祭。至元辛卯加封大生。于以祈纯嘏以永皇图，百嘉以厚民生也。国初城大都，规模宏远，祖社朝市、庙学官署无一不备，独东岳庙未建。玄教大宗师张开府留孙于延祐末买地城东，拟建东岳庙。事既闻，仁宗命政府庀役。开府辞曰："臣愿以私钱为之，倘费国财劳民力，非臣之所以报效也。"上益嘉赏，遂敕有司护持，勿得阻挠。方得涓吉鸠工而开府遽厌世。嗣宗师吴特进念师志未毕，竭心经营，不惜劳费，于至治壬戌春成大殿、成大门；癸亥春成四子殿、成东西庑，诸神之像各如其序，而后殿则未遑也。泰定乙丑，徽文懿福贞寿大长公主东归，过祠有祷，捐缗钱若干缗，竟其所未竟者。天历改元，皇上入纂正绪，公主来朝，适后殿落成，事彻宸听，赐名昭德。命大司徒臣香沙奉宣玉音，谕臣世延文诸贞珉，用昭悠久。臣惟五气流行，木位东方，四时顺布，春居岁首。仁者木之德，生者春之用。然则天地发育万物之功，皆本于东方。故群岳祀之方域，而岱宗祠遍海宇。虽与礼经稍殊，然推原所以致人心向往之深者，其在兹乎。诗曰：泰山岩岩，鲁邦所瞻。泰山盖鲁之望也，今主食邑于鲁，则诸侯得祭其山川在境内者，以邦君之母有事于望祀，宜乎神之听之，异于季氏之族矣。况际圣天子膺天景命，百灵莫不受职，其于默佑显相宗社亿万年无疆之休者，宜何如哉，是宜为铭。铭曰：

两仪肇分，元气流行。方岳奠位，于赫厥灵。岩岩岱宗，惟鲁之望。时巡首途，秩祀攸尚。帝出乎震，春育无穷。仁圣大生，代有褒崇。相我国家，熙洽民物。昭明在上，有祷弗咈。贞寿之东，历祠捐金。五禩来归，灵宇靖深。帝曰休征，维天允棐。悃愊全受，若合符轨。含齿戴发，周不欢心。天子万年，式诏来今。曰雨曰赐，毋怼毋忒。有年屡书，报祀无歝。

（四）元吴澄《大都东岳仁圣宫碑》

天子祭天下名山，岳为众山之宗，岱又诸岳之宗也。东岳泰山之有祠宜矣，而古今祠祭礼各不同。岳者地祇也，祭之以坛壝而弗庙。五岳四渎立庙自拓跋氏始。当时惟总立一庙于桑乾水之阴。逮唐乃各立一庙于五岳之麓。若东岳泰山之庙遍天下则刻肇于宋氏之中叶。古者祭五岳之礼视三公，盖天者帝也，地者后也，诸神诸祇皆帝后之臣也。天之日月，地之岳渎，臣之最贵者，三公为臣之极品，故祭之礼与公齐等，祭之秩次如公而非以公爵爵之也。唐先天开元间，谓汉以来王亦爵也，位公之右，于是封岳祇而爵之曰王。宋大中祥符间，致隆岳祠，犹以王爵为未崇极，于是尊岳祇而号之曰帝，意在于尊之而已，礼之可不可有不暇计。吁咈哉！若神僭窃同天地，所以起大贤之慨也。既庙之，又爵之，既爵之，又像之，地祇而肖像若人焉，至于今莫之或改也。我世祖皇帝平一海内，制作之事未遑，尚仍前代之旧。

东岳旧号天齐仁圣，复加新号曰大生，郡县并如金宋时，有庙以祭东岳。大都新筑，规模宏远，祖社朝市、庙学官署无一不备，独东岳庙未建。玄教大宗师张开府留孙职掌祷祀，晨夕亲密。钦承上意，买地城东拟建东岳庙。事既彻闻，仁宗命政府庀役，开府辞曰："臣愿以私钱为之，倘费国财、劳民力，非臣之所以报效也。"上益嘉赏，遂敕有司护持，勿得阻挠。方将涓吉鸠工而开府遽厌世。嗣宗师吴特进全节深念师志未毕，竭心经营，不惜劳费，于壬戌春成大殿、成大门，于癸亥春成四子殿、成东庑西庑，神像各如其序。鲁国大长公主捐资构后寝，敕赐庙额曰仁圣宫。特进以书来请记，予观先开府之报上恩，今特进之继师志，忠敬出于一诚，其美可书也。而予因及古今祠祭循习之由，以俟议礼者之讨论。方今袭累朝积德之余，际百年兴礼之会，明圣在上，仁贤布列，必将追复二帝三王之懿，尽革魏唐金宋之驳。其于东岳也，礼以地祇而不人其像，尊比三公而不帝其号，兆之如四望而不屋其祠，庋县于其方岳而不遍祠于郡县。夫如是，虽元圣复生，必无曾谓泰山不如林放之叹。乘太平之基，新一代之典，昭示万世之法程，斯其时矣，何幸吾身亲见之哉！

（元吴澄《吴文正集》）

（五）明英宗朱祁镇《御制东岳庙碑》

朕惟天生万物，必资五行四时之佐而后能成生长收藏之功，君主万民必严五岳四渎之祀而后能成惠养奠安之政，是故圣王之制祭祀，能御大灾则祀之，能捍大惠则祀之。观于舜陟帝位与天巡守四方，必望秩于山川；武王大正于商，必告所过名山大川之类是已，而况君为百神之主，国之大事，祀又为首乎。于乎君必祠神以礼，则神为君于民所欲与聚、所恶勿施，不独御大、捍大患而已。神必庇君以惠，则君为民于神，辨方秩祀，筑宫肖像，不独望而祭之，过而告之而已，此东岳庙所为建于都城也欤。天下之岳有五，而泰山居其东，民之所欲莫大于生，而东则生之所从始，故书称泰山曰岱宗，以其以生物为德，为五岳之尊也，庙向祀其神于都城之东，示欲厚民生也。国家祀典于凡山川之神，春祈秋报，既享祀于郊矣，然惟天子得以亲之，而非民庶所得渎也。士女车徒来尸来宗，得以尽其禳禬之私于岁时者，独非有所望于庙乎。乃诏有司治故地于朝阳门外，规以为庙，中作二殿，前名岱岳，以奉东岳泰山之神；后名育德，俾作神寝。其前为门，环以廊庑，分置如官司者八十有一，各有职掌。其间东西左右特起如殿者四，以居其辅神之贵者，皆肖像如其生。又前为门者二，旁各有祠以享其翊庙之神，有馆以舍其奉神之士。庙之广深凡若干亩，为屋总若干楹，壮伟宏丽，称其神之所栖。盖经始于正统十二年五月十八日，而落成于八月十五日。材出于公素备工用役之常赋而民无有知者。岁时致以香币，冀神运其生生之机于无穷，亦顺民所欲之一也。乃勒祝神之辞于石曰：

自昔帝王，建国分方。封岳维五，以尊厥疆。神各受职，入阴出阳。
运机肤寸，赞化彼苍。有若岱宗，峻临旸谷。出云敷雨，不疾而速。
何枯不春，何焦不沃。弘帝之仁，锡民之福。其在五岳，专职发生。
苍龙青旂，八极游行。或长或养，资其蘗萌。凡百有就，实肇兹灵。
秩视三公，岳孰为首。曰维泰山，独钟神秀。徂徕新甫，峙其左右。
咸效乃长，以相以佑。神照其泽，虽曰自东。民之沐之，四海攸同。
望祀有典，豆笾既丰。神之享之，惟鉴于恭。都人小大，皆感神惠。
岩岩莫瞻，衷情何慰。予允念兹，乃诏工吏。为神筑宫，城之震位。
上以祠神，下以顺民。民为神式，神与民亲。佐其孝弟，弭其灾屯。
副其祷禳，昭神之仁。有堂翼然，有像俨若。神之临之，如在岱岳。
匪徒庇民，卫我郊郭。疵疠弗兴，兵祲不作。人理其阳，神司其阴。
阴阳表里，同此一心。生生之道，惟神是谌。以为神职，神可不任。
宜旸而旸，宣雨而雨。神之在山，则应下土。惟恶是夺，惟善是予。
神之在庙，则翊予度。

大明正统十二年八月二十五日

（六）明张居正《敕修东岳庙记》

特进光禄大夫左柱国少师兼太子太师吏部尚书中极殿大学士知制诰经筵事国史会典总裁臣张居正奉敕撰

詹事府主簿管典籍事兼司经局正字预修国史会典侍经筵官臣何初谨书

自古五帝建国，肃恭群祀，列在祀典大祝领之，士民不得奉，而民间所为号祝歌舞，其事诞漫，祠官不至也。惟岱宗之神，自绳契以来，秩在祝史，通乎上下。今天下郡国皆有东岳庙，而京师则庙朝阳门之东，相传唐宋时已有，国朝正统中益恢崇之，岁遣太常致祭，燠旱则祷焉，而都人士女祈祉禳灾，亦各自财以祠云。巨尝读睿皇帝所制庙碑，大要归于厚民生、顺民欲，明德远矣。百余年来庙寝倾圮，神将弗妥，士女兴嗟。圣母慈圣皇太后闻之曰："吾其重祠而敬祀，其一新之，然勿以烦有司。"乃捐膏沐资若干缗，皇上祗顺慈意，亦出帑储若干缗，潞王、公主及诸官御中贵复佐若干缗，命司礼监太监冯保择内臣廉干者董其役。工始于万历乙亥年八月，迄周岁而落成，其殿寝门闼之名、廊庑庖湢之制大都不易其故，而挠者隆之，毁者完之，垩者藻饰之。又于左右建鲸鼍楼，东为监斋堂，规模环丽，迥异畴昔，岿然若青都紫极矣。既告成事，上以圣母意，诏臣为之祀，臣闻圣王先成民而后致力于神，亦有为民而徼福于神者，故御灾捍患祭法所载，何可忽诸，且圣人以神道设教，岱居东方，其德曰生，往牒所称，触石生云，膏雨天下，生也冥运，阴骘赫如雷霆，使人弗罹于天宪亦生也。君人者，思则庆云，威则迅雷，其要归于永底，蒸民之生，而愚夫愚妇刑赏所不及者，神实司其祸福之柄，盖亦有阴翊皇度者焉，祀之非黩也，不宁惟是。臣仰窥圣母垂恩储祉，保护皇躬，将广建功德以祈万年胤祚，虽无文咸秩矧，又祀典所载，而皇上孝奉慈闱，仰答玄贶，虽节用之旨，时佩而有其举之莫敢废也。今赖天地之灵，山川之佑，丰庑屡报，四夷咸宾，是御灾捍患，允符祀典，而睿皇帝所称厚民生、顺民欲者，亶在兹矣。臣谨恭纪其事，而系之以辞曰：

瞻彼岱岳，是为天孙。乘震秉箓，生化之门。位镇一隅，仁流八极。
率土是临，矧兹京国。京国有庙，肇禋百年。弗缮其故，何以告虔。
惟皇穆清，盻蠁征应。乃新神居，聿遵慈命。既拓其基，亦除其庼。
琳宫中起，缭垣外周。厥宇峨峨，厥灵濯濯。谁谓邦畿，俨彼乔岳。
维岳有神，帝则绥之。惟帝之德，后则基之。神介繁祉，笃我帝后。
泰山之维，泰山之久。亦佑下民，自天降康。时雨而雨，时阳而阳。
臣拜稽首，勒此贞石。亿万斯年，昭垂罔极。

万历四年十一月初八日

（七）明王锡爵《东岳庙碑记》

赐进士及第光禄大夫武英殿大学士太子太保礼部尚书太仓王锡爵撰
诰敕房掌典籍事务中书舍人上海王国栋书

岁季春当品汇发生之候，世相传为青帝诞辰。兹惟大明皇贵妃郑氏暨皇三太子集诸官眷、中官等，制帝后冠服束带、香帛纸马及宫殿廊庑神祇咸致礼有差。自庚寅迄壬辰历三岁盛典告成，徵言勒石，用垂久远。于是中官刘坤、刘朝、孙进预以状来视。予时在告将行坚辞，且诘之曰：皇妃、皇子富贵极天下，福泽无复可加，兹举也，岂求福耶，或以修来世耶，抑又有出于一身之外而大有所祈报也。中官等磬折而前曰：履厚福者祈不加增，修来世者报不在近，神道甚远，幽理唯通。中官伏睹祝史所孙，窃知皇妃、皇子所为齐心礼岱者，不为一身计，不过为主上祝釐、为苍生答贶，宫中无所事事，此以殚厥心焉尔。愿鸿笔勿终靳也。予欣然曰：有是哉，予故不以言谀人，敢以谀神，然一念忠君爱民之心，自筮仕至今未忘，乍闻而祝釐、答贶一语，实触丹臆，乃扬言曰：大哉乾元，万物资始；至哉坤元，万物资生。易言造化生物之功浩矣，然率育之命，又必思之青帝，俾掌岱宗为四岳首，宗伯岁举典礼，秩祀时有加焉。矧今天子神圣，昭格两间，凡天地山川之神得以祚我圣躬，福我黎庶，何所不效其灵。贵妃命而等恪恭东岱敦末祀事，上为天子祝釐，祈于万寿无疆；下为苍生答贶，祈于万民，是若合上下以承庥，报神慈之恐后，是诚为社稷，非为身也。而告予曰：履厚无所增，修来不及远，若与身果无与者，予则以为福一人则一人安，福天下则天下举安。休徵集于九重，利泽衍于四海，太平之福，盖将与天无极，贵妃、皇子所赖以享于无穷者，政在于此。谓福不加增而报不在近者，而言不亦浅乎。且神人异道，幽明异通，以人事神，以明格幽，圣人犹不轻议，顾善不善之旨不可诬也。夫举动弗善则为非义，冀望弗善则为弗经，称引弗善则为弗典，修祀比于职、宗于义，起得矣。祈福归于主上于理道顺矣；述词系于崇报，于典礼协矣，一举而三善备，虽垂之久远，天下后世即议其迹不敢尽非其心；即指其渎不得不嘉其意。史称姜嫄助高辛而配天之功终古未央，后妃佐周文而樛木之风于今为烈，宫阙有裨于明庭，帝天克享于内德其来尚矣，而执此往矣，世必不以予言为诬也，遂从而颂曰：

> 维神司福，维主握符。司福之柄，赫其天都。握福之纪，绵绵帝图。
> 俨彼岱宗，岁走万夫。虔共祀事，实禀中壶。何以尽忠，一诚默孚。
> 何以尽物，九旒纯朱。神具悦止，依然来徂。亦既锡止，宝箓飞凫。
> 社稷永赖，宫府无虞。天子万寿，与天为徒。勒之贞珉，与日同旿。

大明万历二十年岁在壬辰季春立石

（八）明赵志皋《敕修东岳庙碑记》

资善大夫礼部尚书兼东阁大学士制诰经筵日讲玉牒总裁臣赵志皋奉敕谨撰

承直郎大理寺左寺副预修国史玉牒侍经筵官臣赵应宿谨书并篆额

都城朝阳门外里许有东岳庙，正统中敕建，英宗皇帝御制碑在焉，越百余年，而我皇上以圣母慈圣皇太后旨，拓而新之。维时万历丙子，迄今壬辰，十又七年矣。皇上寝寐灵岳，肦蟺神交，敬祀重祠益虔弗懈，于是复出帑储若干缗，命司礼监太监张诚选委内臣陈朝用缮葺藻饰，更于寝殿左右作配殿，缭以楼疏，前树棹楔，赐额曰"宏仁锡福"。经始于二月二十六日，落成于次年三月十一日。上命立石庙庭而诏臣志皋为之记，臣维古帝王怀柔百神，崇隆祀事，自群望而下，罔不祗肃，矧东岳称岱宗，为五岳长，始育品汇，兴致云雨，其冥威阴骘，鉴视淫善，能佐维辟之威福于冯莫仿佛之中，其功巨，故在昔望秩潦瘗以为彝典，而乃傅郭就郊，栖神于庙，不烦登封，遣使于以寓仰止而致精禋间值云汉之忧，有司则步而祷耳，其了近且祈报之所，坛墠闳伉，与众庶隔绝，而庙虽领于祠官，都人士女咸得不时奔走瞻谒，祈且禳焉，以遂其私而徼神之佑，其泽尤均而溥也。皇上与神合契，顺民所欲，绎慈意而勿忘，饬崇构于未圮，神栖益丽，像设加严，天孙闶怪，倍感逾劝，且有日新之贶，川增之祜，纷纶叠委，以效厥灵。臣拜手稽首，恭纪日月，而系之辞曰：

> 节彼岱宗，群岳推雄。握其生机，运于无穷。触石出云，品汇攸殖。
> 捍患御灾，皇度以翊。叩皆桴答，祈即响臻。元德阴功，与造化均。
> 人仰神庥，国资神庇。有庙在坰，于震之位。我皇出震，咸秩无文。

祗承慈命，肃恭明神。大宝初登，神居已焕。今二十春，亦复漫漶。
好用有式，皇心有虔。民力不烦，帑缗再捐。饰其咸容，润其棁节。
益之殿楼，崇之棹楔。弥完而密，载洁以䃺。贯仍于旧，美乃逾前。
维兹庙功，岂曰神媚。慈意是泽，繄民是惠。神其庎止，式悦乃心。
昭尔锡美，报此精忱。何以报之，右我文母。纯嘏永绥，泰山齐寿。
又何报之，福我元元。兵祲不作，安于泰山。泰山不骞，神报无歝。
臣庸作诗，勒于贞石。

万历二十年

（九）清圣祖玄烨《东岳庙碑文》

京师朝阳门外向有东岳庙，自元明迄今历有年所。康熙三十七年，居民不戒而毁于火。其明年，朕发广善库金，鸠工庀材，命和硕裕亲王董其事，不劳一民，不兴一役。经始于三十九年三月，讫工于四十一年六月，不三岁而落成。殿阁廊庑，视旧加饬焉。夫五岳为名山之长，而泰山尤群岳之宗；于时为春，于德为仁，而其神之灵又能肤寸成云，霖雨天下，故诸岳止祀于其方，而泰山之祠遍宇内，崇德报功，所从来久矣。朕即位以来殚心治理，访求民隐，阅视河工，屡经鲁地，皆命专官致祭，凡以为苍生祈福祉也。兹朝阳既都城之巽位，而东岳庙又适在其地，则因其方位之宜，以隆望秩之典，亦礼之可以义起者。然则斯庙之成也，神既得所凭依，而民亦遂其瞻仰。自兹以往，风雨以节，寒暑以时，俾海宇得休养生息，以共乐于丰穰之世，庶于朕四十余年惠爱黎元之意其稍有慰乎！爰书重建之岁月以昭示来兹云尔。

康熙岁次甲申冬十一月上旬御笔

（十）清高宗弘历《东岳庙重修碑记》

乾隆辛巳嘉平之望，重葺朝阳门外东岳庙蒇工，既亲莅落成，会献岁时巡南服，道经岱宗，念往牒用事得失所由，兹于有司请记而阐其义曰：古祀岳之文，壝而弗屋，神而弗像，升柴必以其方，故举典称望焉。今四岳各望乎境，而泰山之祠遍天下，岂不以大生之德，扬诩万汇，食则思报国，与民共之，匪犹夫肆觐告功间时特行者比耶？讼礼者谓庙之肇兴，博综舆志，未有在宋大中祥符前者。其视委巷尸祝，晋公而王，晋王而帝，踵事非制等尔。夫末俗位号崇奉，为道流袭，故不足论，论天下立庙，则彼佹然岳麓者，已自唐而具五矣，亦岂有虞氏之旧哉！独怪云云亭亭，蒲轮菹席以来，不七十二代之訾议而惟一庙为龈龈乎！盖神人之交非其道，虽登山记封磔而不得谓之禀经。如其道，即祠飨逮方陬而不得谓之戾。古宋臣苏轼有言：神在天下如水之在地中，掘井得泉，不得谓水专在是。矧东岳长群望，而兹庙直朝阳，以准易之出震齐巽，又谁曰不宜！斯役也，距皇祖四十一年命将作庀事，垂六十载于今，斤甃其剥敚而漆垩其氤昧。三涂重庑，式塈式完，支费一出内帑，鸠工周一岁以成，皆得备书，且为迎神送神歌，丽诸乐石，俾展时事。

乾隆二十有六年岁在辛巳十二月中浣之吉御笔

（十一）清咸丰三年《地界碑》

钦命巡视东城察院麟光吴廷溥查得东岳庙地基辽阔□□□□□殿前有碑一座□□□□□□正统十二年立上列庙□□下详界址东至东街西至西街南至南大街北至北街□□□柒拾壹丈广肆拾伍丈此系前明庙址年岁久远一时未能查出今将□□□□□址开后南墙垣一道计长贰拾捌丈紧靠大街北面墙一道长贰拾捌丈紧靠后街东面墙垣一道计长柒拾伍丈二尺西面墙垣一道计长捌拾丈伍尺又将房屋间数开后中路六层计殿宇房屋贰佰叁拾陆间东廊一带计殿宇房屋壹佰壹拾柒间东廊北边另有义学一所计房屋叁拾陆间门在后街西廊一带计殿宇房屋贰佰拾间以上四处共殿宇房屋陆佰另玖间东廊西廊及义学等处均系官地其房屋均系募缘修理管理公事之人不得占为私业道光三十年正月前任巡城察院申明　例禁出示晓谕在案咸丰□年二月丈量界址取具道众供词切结并移交左翼街道厅大兴县等衙门如有盗买盗卖蒙混投税及拆毁墙垣希图侵占者即行拿究至义学为士人读书之所门在后街不由东廊行走昭肃静若由东廊行走即应禀官查勘将后街之门堵塞以便稽查毋许前后开门致滋弊混现当整顿捕务之时凡有来历不明形迹诡秘之徒严密查拿毋稍徇隐该庙住持道众及义学人等一体遵

照如敢故违拿究不贷凛之慎之

　　咸丰叁年岁次癸丑孟春月　　日前翰林院侍读学士殷寿彭书东城副指挥施明　监摹

按：以上文字乃朝阳区文物管理所前所长蒿延龄于1992年8月20日抄录于东岳庙东院工地一碑。此碑现残断为三，且多处文字残缺（即文中有"□"处）。

附：东岳庙碑林内的碑刻目录

《张留孙道行碑》（赵孟頫书）	元天历二年五月
《御制东岳庙碑》	明正统十二年八月
《岱岳行祠善会碑记》	明嘉靖三十九年三月
《岳帝司神修茸续基碑记》	明嘉靖三十九年
《东岳庙重新圣像碑记》	明隆庆四年八月
《敕修东岳庙记》（张居正撰）	明万历四年十一月
《东岳庙供奉香火义会碑记》	万历己酉（十三年）
《东岳庙圣会碑记》	万历十五年三月
《东岳庙会众碑记》	万历十八年
《东岳庙碑记》	万历十八年九月
《东岳庙建立冥用什物圣会碑记》	万历十九年
《岳庙会众碑记》	万历十九年
《初建东岳庙会众碑记》	万历二十年
《东岳庙碑记》（王锡爵撰）	万历二十年
《敕修东岳庙碑记》（赵志皋撰）	万历二十年
《圣会碑文》	万历二十一年
《钦造岱岳灵应玄妙舍像碑铭》	万历三十四年
《神明圣会碑记》	万历三十五年
《东岳庙长香会碑记》	万历庚申（四十八年）
《东岳庙四季进贡白纸会碑记》	天启四年

《东岳天齐大生仁圣帝白纸圣会》	天启七年
《东岳大帝碑序》	崇祯二年
《东安关公会施茶碑》	崇祯二年
《东岳天齐大生仁圣帝善会碑记》	崇祯己巳（二年）
《东岳庙长明海灯圣会碑》	崇祯壬申（五年）
《敕建东岳庙碑记》	崇祯五年
《年例进贡白纸圣会碑记》	崇祯六年
《敕建东岳庙圣前进贡碑记》	崇祯甲戌（七年）
《六顶进贡白纸圣会碑记》	崇祯十三年三月
《重建东岳庙金灯碑记》	清顺治五年
《敕建东岳庙四季进贡白纸圣会碑记》	顺治五年
《白纸圣会碑记》	顺治七年
《重修炳灵殿记》	顺治八年
《东岳庙祈嗣善会题名碑》	顺治九年
《敕建东岳天齐仁圣大帝庙大供会碑记》	顺治十二年
《悬挂金灯老会碑记》	顺治十三年
《都城东岳庙寿桃会碑记》	顺治十七年
《东岳大帝圣会碑记》	康熙四年
《散司会碑记》	康熙九年
《四季年例进贡圣会碑记》	康熙十二年
《大善重整白纸老会》	康熙十三年
《东岳庙路灯老会碑记》	康熙十七年
《二顶圣会碑记》	康熙十七年
《四顶圣会记》	康熙辛酉（二十年）
《白纸老会碑记》	康熙二十二年
《金牛圣会进香碑记》	康熙二十三年
《东岳庙扫尘会碑记》	康熙二十九年
《东华门外散司会碑记》	康熙二十九年
《东岳庙白纸会碑记》	康熙三十年

碑记	年代
《东岳庙扫尘会碑记》	康熙三十年
《光禄寺寿桃老会碑记》	康熙三十年
《东岳庙甲子会碑记》	康熙癸酉（三十二年）
《东岳庙三顶圣会碑记》	康熙三十二年
《东岳帝君碑文》	康熙戊寅（三十七年）三月
《攒香圣会碑记》	康熙三十九年
《东岳庙香会记》	康熙四十五年
《东直门内□□会碑》	康熙四十六年
《扫尘会碑记》	康熙戊子（四十七年）
《庆司会碑记》	康熙四十八年
《东岳庙速报司岳武穆鄂长碑记》	康熙五十一年八月
《走香圣会碑记》	康熙壬辰年（五十一年）
《东岳庙路灯老会碑记》	康熙五十五年五月
《东岳庙子午胜会碑记》	康熙五十五年
《子午进膳胜会》	康熙五十六年
《东岳庙甲子上香圣会碑记》	康熙己亥（五十八年）
《老悬灯会碑记》	康熙五十九年
《万善重修净水老会碑》	雍正八年六月
《献花圣会碑记》	雍正九年
《掸尘会碑记》	雍正十一年
《献花圣会碑记》	乾隆元年
《东岳白纸老会碑记》	乾隆二年
《朝阳门外东岳庙掸尘会碑记》	乾隆五年三月
《盘香会碑记》	乾隆五年
《东岳庙献花胜会碑记》	乾隆六年
《东岳庙集义献茶豆老会碑记》	乾隆八年
《如意供茶老会碑记》	乾隆十三年
《三伏供献净水会碑记》	乾隆十三年
《东岳庙献花胜会碑记》	乾隆二十一年

碑名	年代
《东岳庙路灯会碑记》	乾隆二十二年
《散司老会碑记》	乾隆二十七年
《齐化门东岳庙掸尘会碑记》	乾隆二十七年十二月
《东岳庙路灯碑记》	乾隆二十七年
《净炉会记》	乾隆二十八年
《羊行老会碑记》	乾隆二十九年
《东岳庙庆司会碑记》	乾隆三十三年
《掸尘老会碑》	乾隆三十九年六月
《献茶老会碑记》	乾隆乙巳年（五十年）
《东岳庙献灯碑记》	乾隆五十七年
《万善吉庆悬灯老会碑》	嘉庆元年
《万善掸尘放生老会》	嘉庆三年五月
《重整供膳香灯老会》	道光十年
《东岳天齐庙供养记》	道光十六年
《山东掸尘老会》	道光十七年
《白纸献花会碑》	同治六年三月
《东岳庙拂尘碑记》	同治六年三月
《东岳庙掸尘会碑记》	同治七年三月
《净水会碑》	光绪二年
《掸尘会碑记》	光绪五年
《净炉老会碑》	光绪十三年
《重建老掸尘会碑记》	光绪十八年三月
《公议众善重整诚献清茶圣会碑》	光绪十九年三月
《白纸献花会碑》	光绪二十年三月
《香灯供膳会碑记》	光绪二十二年
《香灯供膳窗户纸会碑记》	光绪丙午（三十二年）
《净炉供粥会》	民国戊午（七年）
《掸尘放生会》	民国壬戌（十一年）

按：上列碑目录是在民国十九年（1930年）四月一日刘澄圆调查抄录的

《北京东岳庙碑文目录》的基础上，结合"文革"前夕的调查记录，理顺原有的年代顺序，改正了碑刻首题，增补个别漏掉的碑目，经重新整理编排的。由于仅限于岱岳碑林部分的碑刻，未能包括碑亭、前院及跨院诸碑，因名《东岳庙碑林内的碑刻目录》。

天　坛

翻开北京地图，看到外城偏东有一片形制奇特的绿地，形状南方北圆，里面还有一些圆形、方形的建筑物，这里就是闻名中外的天坛。

天坛位于北京崇文区天桥南大街和永定门内大街东侧，正阳门和崇文门以南，天坛是"圜丘"、"祈谷"两坛的总称，为明清两代帝王祭天、祈谷（祈祷丰年）和祈雨的场所，每年冬天、正月上辛日和孟夏（夏季的首月），皇帝都要到天坛来举行祭天、祈谷和祈雨的仪式。

在中国的封建社会里，统治阶级制造了多种多样的祭祀礼仪，天地日月、风云雷雨、山川社稷、土地太岁、三皇五帝、历代帝王、列祖列宗等等无所不祭，一整套重叠繁复的神权祭祀，构成了束缚广大劳苦大众的沉重枷锁。皇帝自命为"天子"，因之祭天的礼仪搞得更加隆重而神秘。汉唐以来，郊祀天地便成为大礼。明太祖朱元璋推翻了元帝国建都南京后，在钟山之阳建圜丘以祭天，山之阴建方泽以祭地。至洪武十一年（1378年）建立了大祀殿，改为天地合祀。明成祖朱棣迁都北京，营建宫殿坛庙，仍仿南京旧制，于永乐十八年（1420年）在北京南郊（当时尚未修建外城，正阳门以南即属郊外）建成天地坛，合祀皇天后土。世宗嘉靖九年（1530年）恢复四郊分祀，在北郊建方泽坛祭地（皇地祇），东郊建朝日坛祭日（大明之神），西郊建夕月坛祭月（夜明之神），将天地坛专门用做祭天祈谷之所，于嘉靖十三年（1534年）正式改名天坛。到了清乾隆年间，再次经过改建和扩建，更增强了祭祀性建筑的效果。

天坛面积广阔，占地273万平方米，约等于北京外城的十分之一、故宫的两倍或北海的四倍，它是我国现存规模最大、形制最精美的一处封建社会坛庙建筑群，为中国建筑史增添了光辉灿烂的一页。

咸丰十年（1860年），英法联军进入北京，将圆明园大肆焚掠后，乘着战胜的余威进入安定门，随后便侵占了天坛，这是天坛进入外兵之始。以后在光绪二十六年（1900年）八国联军进北京时，英美侵略军在天坛建立总兵站，天坛遭到了严重的破坏，祭器祭具被大量掠夺盗劫。军阀混战时，张勋曾在天坛祈年殿设司令部，民国六年（1917年）七月初，段祺瑞和张勋的军队在北京巷战，天坛也成了战场。

早在民国二年（1913年）时，当时的外交部曾发行过专供外国人游览天坛的"介绍券"，到了民国七年（1918年）才开始发售一般游览券，是为天坛公开开放之始。

解放前，天坛由于遭受了长期的摧残破坏，已是残破不堪，到处荒芜一片。建国后，人民政府才加以大力修葺，维修了建筑物，斩除了荒草，进行了大面积的绿化，将天坛改变成了人们的游息场所。

随着封建社会的消亡，天坛已经失去了原有的作用，但是古代匠师们在建筑工程技术和艺术上的智慧和卓越的创造力，却凝聚在绚丽壮观的红墙、白石、蓝瓦之中。坛内遍植四五百年树龄的古柏，苍郁蔽天，更加衬托出建筑物的壮丽。每当人们在天坛里漫游徜徉，沉浸在美好的享受中的时候，总要为我们祖先所创造的灿烂文化而骄傲，为生长在历史悠久的文明古国中而自豪。

一、天坛的坛墙和坛门

天坛有坛墙两重，称为外坛墙和内坛墙。天坛是明初天地坛的旧址，当时天地合祀，为了把天地的形象表现在坛墙上，两重坛墙都被修成南方北圆的形式，以象征"天圆地方"。像这样半圆半方的墙形，在其他建筑中是没有的，所以从前叫它"天地墙"。到了嘉靖九年（1530年），因立四郊分祀之制，天地坛于十三年（1534年）改称天坛。按道理"天地墙"也应随之改为全圆形的墙，但由于改建工程所需财力实在太大，难于实现，所以至今仍然保留着原状。

外坛墙南北墙距1657米，东西墙距1703米，墙内总面积约2730000平方米，周长为6553米，明代的墙身是土坯砌的，但墙顶有筒瓦起脊出檐的瓦顶。到了乾隆十二年（1747年）才将墙身包砌上城砖，并将出檐缩短。从现在残存的外坛墙上，还可以看到当时的雕花砖脊灰筒瓦顶。

外坛墙的东、南、北三面原制无门，只有西墙上有门两座：北部是明代旧有的，称为"祈谷坛门"，南部是乾隆十七年（1752年）增建的，称为"圜丘坛门"。两门均为三间拱券式，灰筒瓦绿剪边歇山顶。现在的天坛外坛的北门和东门，都是解放后增开的。

天坛外坛南墙，早在1948年冬北京围城时，被国民党军队拆除，改为小型军用飞机跑道。因此，现在的天坛南门，实际是拆除外坛南墙后，暴露出来的内坛南门"广利门"。天坛的外坛北墙，曾于20世纪50年代初，为了修筑有轨电车路，沿原来的弧度向内收进约50米。"文革"期间，内外坛之间的东南、西南和南面，都被建起了大量的居民楼和其他高层建筑，破坏了完整的平面布局。

天坛内坛墙南北墙距1283米，东西墙距1025米，内坛总面积约1300000平方米。内坛墙周长为4152米，墙高3.53米，明代的内坛墙也是土墙，墙顶出檐很宽，而且墙内外都有两米多宽的走廊。这么宽的走廊，没有檐柱支撑是不行的。乾隆十二年（1747年）以后，才将顶檐收窄，去掉了檐柱，并将墙面包砌上城砖。现存的内坛坛墙为绿琉璃筒瓦顶，上起雕花大脊。

内坛中间还有一道东西向的隔墙，它也算作圜丘坛的北墙。这段隔墙在两坛轴线部位成弧形向北凸出，绕过皇穹宇外围墙而与东西内坛墙相连接，将圜丘、祈谷两坛隔成两个区域。泰元、昭亨、广利三门并在内坛墙的东、南、西三面，成贞门则开在北面隔墙凸出部位的正中。四门均为三间券洞式绿琉璃筒瓦歇山顶仿木构砖砌门楼，檐下有砖制斗拱，石刻匾额上有满汉文的各门名称（成贞门无满文）。此外，成贞门以西的隔墙上，另有三间方形大门，以沟通两坛，是皇帝从斋宫到圜丘出入的门。

在祈谷坛部分，东、西、北三面内坛墙上，亦各辟门一座，门各三间，为绿琉璃筒瓦歇山顶仿木构券洞式。檐下有砖制斗拱。这三座门没有专名，只称东天门、西天门和北天门，或称东大门、西大门和北大门。

二、天坛主要建筑及其附属设施

从天坛的平面图上，我们可以看出，内坛的位置并不在外坛的南北正中线上，而内坛的中轴线，也就是祈年殿和圜丘坛的中心连线，和东西内坛墙的距离也是不相等的，也不在内坛的南北正中线上，因此形成了内坛位于外坛内偏东，而内坛中轴线又在内坛偏东。经过这样的安排，轴线和外坛西墙的距离，能够拉长近200米，这样对于原来只有西门出入的天坛来说，能够使进入者感觉到它的面积显得更加宏伟广大，增强其深远感。为了达到这样的效果，设计者摆脱了历来的中心对称的设计原则，这在当时无疑是一种大胆而慧心独具的设计思想。

联结南北两坛的轴线，是一座长360米、宽28米、高2.5米的砖石台。如果说圜丘坛北面的横隔墙把南北两坛分隔开来，那么这座高大的台基又把它们联在一起，使布局更加完美。这座台基称为"神道"，又称"海墁大道"，也叫"丹陛桥"。它表示上天庭要经过遥远漫长的路程。即使在今天，人们登上这条大道的时候，也还有天高地阔、一望无际的感觉呢。

在丹陛桥和东西大门相对的位置上，有一条隧道穿过台基。隧道平面呈曲尺形，拱券顶。这是祭祀用的牺牲，从牺牲所赶往宰牲亭的通道。牲畜从这里进去，再也没有生还的可能了，所以从前这条隧道被称为鬼门关。

（一）祈谷坛及其附属建筑

1. 具服台：循丹陛桥往北，台面东侧有一座凸出的平台，这就是祈谷坛的具服台。台面外侧有白石护栏，望柱头浮雕云龙。台面与丹陛桥面之间有甬道相通。

具服台是明代具服殿旧址，每逢祭祀前，上面都要搭盖幄幕，幄内设有宝座、宝桌、香炉、炭盆等陈设。按照祀礼的规定，举行祭祀大礼前，皇帝从斋宫里出来，先要到这里更换祭服，并小坐一会儿，待到祭祀的准备工作完备之后，由太常寺卿奏请皇帝上去行礼，大典终了后，皇帝从祭坛退下，还要进来换去祭服，稍事休息。

2. 祈谷坛壝墙及门：从具服台继续往北，丹陛桥的尽头有一座绿瓦庑殿顶的三间券门，这就是祈谷坛壝墙的南门。

祈谷坛只有一道壝墙，它比一般祭坛的壝墙要高，周长690米，东西宽157.5米，南北长187.5米，墙身为砖砌，墙顶为绿琉璃筒瓦通脊，东、西、南三面各有三间砖砌拱券门，屋面均为绿琉璃筒瓦，东西两门为歇山顶，南门为庑殿顶，这三座门就称作东砖门、西砖门和南砖门；北面有三座蓝琉璃筒瓦歇山顶的琉璃门，在明代称为北大门，当时为黄瓦顶，到乾隆十五年（1750年）改为蓝瓦。门北就是皇乾殿。

3. 祈年门：南砖门内是一座蓝琉璃筒瓦庑殿顶，面阔五间的大门，这就是祈年门。它是祈谷坛正面的大门。祈年门的东西两侧延伸出蓝瓦顶涂红墙身的内墙，连接于祈年殿东西配殿。这段内墙可能是通向两配殿之"步庑"旧迹。

祈年门明代称为大祀门、大享门，原为绿瓦顶，乾隆十六年（1751年）改称祈年门，翌年将门及东西配殿改为蓝琉璃筒瓦顶。

在祈年门的东南，有一座绿琉璃砖砌造的燔柴炉，是为祭祀正位神时焚烧供献物而设的。过去在燔柴炉以东，还有一座绿琉璃砖砌的圆形"瘗坎"，是用以埋藏祭祀正位神所用牺牲的毛血的，又称毛血池。从前这里还有一排八个镂空铁燎炉，放在石座之上，是为焚烧祭祀配位供献物而设的。

进了祈年门，迎面就是三层圆形的白石台——祈谷坛和坛面上面的蓝顶三重檐的圆殿——祈年殿。

4. 祈谷坛：创建于明永乐十八年（1420年），当时为大祀殿之基坛，称天地坛，是天坛中最早的构筑物。嘉靖二十四年（1545年）建大享殿时曾改建。坛圆形，三层，上层直径68.2米，高1.82米，中层直径79.6米，高1.83米，下层直径90.8米，高1.91米，全高5.56米。三层坛各出八陛：南北两面各三出，东西两面各一出。南北两面正中大陛均有浮雕丹陛，上层为双龙山海纹，中层为双凤山海纹，下层为祥云山海纹。各陛皆为九级。三层坛面周围均有石护栏，各层栏板数均为108块，三层共324块。护栏以下是须弥座式的坛座。护栏的望柱下面都有排水嘴，每层的柱头和排水嘴的雕饰各异：上层望柱头为龙纹，排水嘴为龙头形；中层望柱头为凤纹，排水嘴为凤首形；下层望柱头为云纹，排水嘴为朵云形。丹陛和望柱、排水嘴的纹饰，表示龙凤飞翔于云天之上。丹陛的主体图案，采用高浮雕，塑体起伏强烈，从而使画面上的龙凤形象显得活泼矫健，栩栩如生。

5. 祈年殿：祈谷坛上层坛面正中，就是中外闻名的祈年殿。祈年殿是一座蓝琉璃瓦圆攒尖顶的三重檐圆形大殿，殿高38米，直径为32.72米，上层檐下悬挂飞龙华带匾，上书鎏金大字"祈年殿"。三层蓝色屋檐逐层向上收缩，给人以蓝天重重、不断向上的感觉。殿顶莲花座上，安放着巨大的鎏金宝顶，犹如镶嵌在皇冠上的一颗金光灿烂的明珠，衬着洁白的台基、湛蓝的屋檐、朱红的檐柱、金碧辉煌的彩画，使得整座建筑显得崇高、雄浑、端庄、华丽。

祈年殿建于明永乐十八年（1420年），初名大祀殿，是明代初期合祀天地的祭场。嘉靖二十四年（1545年）改建，作为孟春祈谷和季秋大享的地方，改称大享殿，这时的三层檐为三色瓦：上层蓝色，中层黄色，下层绿色，分别代表着昊天、皇帝和庶民。清乾隆十七年（1752年）再次整修，将三层檐瓦都改为蓝色。光绪十五年八月二十四日（1889年9月18日）焚于雷火。据《光绪政要》记载："寅刻雷击殿额，未刻殿内火起。其光如赤虹亘天，守坛官兵鸣锣报警，步兵统领发令箭集官兵及五城官水会奔救，火势到半夜始衰，天明乃熄。"祈年殿就这样被彻底烧毁了。次年商议重修，但工部找不到图纸烫样，只好找参加过修缮祈年殿的老工人，根据记忆重新设计施工，直至光绪二十二年（1896年）才完工。和历史照片对照，显然新建的比原有的显得粗矮多了。现存的祈年殿，是20世纪70年代落架重建的：1970年10月开工，1971年9月完工。

祈年殿内景也壮观非凡：二十八根楠木大柱环转排列，当中的四根"龙井柱"高达19.2米，直径1.2米，大殿全部用龙凤和玺彩画，庄严肃穆，富丽堂皇，殿内石板地面的中心，是一块直径88.5厘米的圆形大理石，上面有天然的龙凤花纹，所以称为"龙凤石"，与殿顶中央的龙凤藻井上下对称，奇趣盎然。

殿内北侧有一座高大的圆形石台，上面有象征神权的雕龙宝座，是行祭礼时安放上帝神主的地方，宝座后面有硬木浮雕云龙的屏风。殿内东西两侧各有矮石台一座，上面有象征皇权的宝座，是供奉皇帝祖先神主的地方，宝座后面也有木屏风，每年正月上辛日，皇帝率领王公大臣、文武百官到这里来叩头礼拜，祈祷丰年，逢到旱季还要到这里来祈雨。

6. 祈年殿的配殿：祈年殿前方东西侧各有配殿九间，面阔44米，进深8.5米，建于高1.5米的砖石台基之上，前出廊，明间正面及前廊南北两侧各有垂带踏跺九级。殿为蓝琉璃筒瓦歇山顶。配殿是存放从祀神牌位的地方。在明代，现有的九间配殿后还有七间后殿，里面存放着日月星辰、风云雷雨、五岳五镇、四海四渎、山川太岁、历代帝王的神主，清乾隆时，只以五代祖先配祀，不再供奉其他神祇，因之把后殿拆除，乾隆十五年（1750年）又重建配殿。

7. 皇乾殿：在祈年殿的北面，祈谷坛北壝墙上的琉璃门兼做它的院门。殿的左右两侧和后方，有蓝瓦顶红围墙围成一座院落，连接于祈谷坛的壝墙，皇乾殿面阔五间，蓝琉璃筒瓦庑殿顶，菱花格隔扇门窗，和玺彩画，明间门额悬挂嘉靖御笔"皇乾殿"匾额。殿建于有汉白玉石栏围护的台基之上，更显得雄伟、高大、稳健而壮丽。

皇乾殿是祈谷坛奉祀神位的供奉所，建于明永乐十八年（1420年），初名天库，原为六开间黄琉璃瓦顶的殿堂，嘉靖二十四年（1545年）重建，改为五开间，命名皇乾殿，清乾隆时又将黄瓦换成蓝琉璃瓦。

殿内正面有一座方形石台，台上又有神龛，龛内放"皇天上帝"牌位，神牌后面摆着硬木雕刻的九龙屏风，两侧还有八个小型石台，是清代安设八代祖先神主神龛的。民国元年（1912年）清帝退位后，爱新觉罗氏的八个神主一齐迁进太庙，皇乾殿内只留下皇天上帝的神牌。

8. 长廊（附七星石）：在祈谷坛东砖门外，有一条连檐通脊、朱柱绿瓦、美丽曲折的长廊，共有七十二间，故习称七十二长廊。长廊建于明永乐十八年（1420年），原为七十五间，清乾隆时改为七十二间。长廊是祭祀时运送祭品的通道，使祭品不为雨雪风沙所污。从东砖门至祈年殿一段，没有廊庑相通，每次临祭以前还须搭接帐篷以供祭品通过。1971年重新铺砌祈年殿庭院地面时，此处还保存着完整的帐篷柱穴。

长廊前后古柏参天，它西起东砖门，东至宰牲亭，中间与神库神厨相衔接，穿花拂树，把祈谷坛壝墙外的亭台殿阁连缀起来，使得庄严肃穆的祭祀场所，平添无限风光。

七十二长廊的南面，是一片芳草绵绵的广场。广场上有按照北斗七星方位分布排列着八块巨大的青石，石上有人工凿就的山形云朵以表现天象。明清两代都把它当作郊庙的"镇石"。传说明嘉靖时，道士向世宗进言，称大祀殿（祈年殿）巽方（东南方）空虚无物，不利于皇图巩固和皇帝长寿，于是设置了七星石来镇压风水。

9. 神库与神厨：出东砖门，顺着七十二长廊往东再转而向北，迎面依墙接檐有一座院落，院内三座大殿鼎立，神库坐北朝南，神厨东西对立，均为绿琉璃筒瓦悬山顶五花山墙，旋子彩画，面阔五间，进深三间。东神厨前有六角井亭一座，绿琉璃筒瓦盝顶，此即天坛内有名的甘泉井。

神库及神厨建于明永乐十八年（1420年），神库是贮存祭品的库房，神厨是制作祭品的厨房。

10. 宰牲亭：长廊的东头末端，就是宰牲亭院，入门处有一座过道门，通过过道门，就是宰牲亭的月台台面。宰牲亭坐北朝南，面阔五间，进深三间，绿琉璃筒瓦重檐歇山顶，旋子彩画，结构精巧，气势不凡。

宰牲亭是宰杀祭牲的地方，又叫"打牲亭"。宰牲亭的前方平台下偏东，有一座绿琉璃筒瓦盝顶六角井亭，是剥洗牺牲时取水的地方。

（二）圜丘坛及其附属建筑

1. 皇穹宇（附九龙柏）：出祈谷坛南砖门，沿着宽阔的丹陛桥一直往南，过了成贞门，就看到一座圆形的围墙，墙身磨砖对缝，墙高约3米，厚1米多，蓝琉璃筒瓦顶。这围墙就是有名的回音壁。沿着围墙外围的砖墁甬道前行，绕到南面，有蓝琉璃筒瓦顶的三座琉璃砖券门，就是皇穹宇所在院落的正门。进了琉璃门，迎面便是一座圆殿——皇穹宇。

皇穹宇是圜丘祭祀神主的供奉所，建于明嘉靖九年（1530年），初名泰神殿，十七年（1538年）十一月改称皇穹宇。创建时为绿琉璃筒瓦重檐圆攒尖顶，清乾隆十七年（1752年）重修，改成了今天的形制。殿高19.2米，径15.6米，单檐蓝琉璃筒瓦圆攒尖顶，鎏金宝顶，和玺彩画，汉白玉石台基，周围有石护栏，东、西、南三面有台阶各十四级，正面（南面）台阶有浮雕二龙戏珠的丹陛石。前檐装修为菱花格隔扇门窗。殿内天花为贴金龙凤，八根金柱上饰贴金缠枝莲，庄严富丽，光华夺目。殿内正面是安放"皇天上帝"神牌的圆形石台，台基前方两侧各有四个方石台，是放置清代八位祖先神主的地方。

正殿前有东西配殿各五间，蓝琉璃筒瓦歇山顶，菱花格隔扇门窗，为圜丘从祀神位的供奉处所。

在回音壁外西侧，有一棵古老的桧柏，干径约1.2米。树干蟠屈，纠缠纽结如群龙相斗，因有"九龙柏"之称，传为明永乐年间所植。

2. 圜丘坛：皇穹宇的南面就是圜丘坛。坛建于明嘉靖九年（1530年），清乾隆十四年（1749年）曾大加扩建，圜丘坛是祭天时设祭场的地方，故又有祭天台、拜天台或祭台等称谓。坛为圆形，分为三层，每层四面出陛各九级。坛面铺艾叶青石，上层中央是一块圆形中心石，外铺扇面状弧形石块九圈，内圈九块，每向外一圈数量递增九块，中、下层亦皆如此，各层坛面外的栏板数，也都用9的倍数。古代以奇数为阳数，偶数为阴数，而九又为阳数的最高数值，故圜丘的坛面石、栏板和台阶的级数，都用九或九的倍数，其意在此。

圜丘坛外围有壝墙两重，内壝圆形，外壝方形，均为蓝琉璃筒瓦通脊墙顶，墙身涂朱，四方各有四柱三门白石棂星门一座。

在外壝墙里面西南角，有"望灯台"遗迹三座。望灯是祭天时，悬挂在望灯杆上的大型蜡烛灯笼。原来只有一座，明崇祯九年（1636年）始增为三座，直至民国三年（1914年）袁世凯祭天时，将南北两根灯杆伐倒，石台拆毁，只留下了中间的一根。民国二十四年（1935年）因灯杆朽坏，也被除去，只余一座石台和夹杆石了。

在外壝墙里面东南方，有一座绿琉璃砖砌成的圆筒形的燔柴炉，炉的东、西、南三面各出台阶九级，以便从炉顶上下。燔柴炉是祭天时焚烧正位神（皇天上帝）的供献物用的，祭祀时，将燔柴炉用松柏木柴点上火，把预先宰好的一头犊牛（小牛）送到燔柴炉上烧起来。据说这样焚烧牺牲的香气，随着火焰冲入太空，在天的神灵（上帝）闻到了，就能降临祭坛，和主祭人互通声息了。在祭天仪式进行中，燔柴炉也继续不断地燃烧着，直至祭仪全部终了以后。

在燔柴炉东边，有一座绿琉璃砖砌成的瘗坎，直径2.2米。圜丘坛的瘗坎，是用来掩埋祭祀正位神（天帝）所用犊牛的毛和血的地方，其用意是表示奉献给最高神灵的牺牲，它的毛血不能任意丢弃，须要埋在一个清净处所。因此，瘗坎也被称作"毛血池"。

圜丘坛外壝内，也有镂空六足铁燎炉十二个；在燔柴炉东北斜向成一直线排列着八个，内壝墙的东西棂星门外和甬路南北各置一个共四个。前者是为祭祀清代帝王的八代祖先而设的，后者是为祭祀日月星辰、云雨风雷而设的。在送神仪式终了时，方才燃起所有的燎炉，将配祀神灵的祝版、祝帛等供品，送进燎炉内焚烧。这时皇帝在内壝外边，观看燔柴炉和燎炉燃起的冲天之火，照得全坛通明，这叫作"望燎仪"。望燎仪行过之后，祭仪也就算全部告终了。

在外壝墙南棂星门以外甬道之东侧，有具服台一座，它是砖砌的平台，长宽各约16米。从甬路到平台之间，由11.5米的砖甬道相连。其用途和祈谷坛的具服台一样，只是形制不同。

站在圜丘坛上举目四望，蔚蓝的天空下，一座通体素白、雕栏玉砌的高坛，周围古柏森森，殿阁巍巍。坛台好似洁白的云朵。飘浮在红墙蓝瓦、青枝绿叶之间，给人以深沉、高雅、端庄、稳重之感，使人流连忘返。

3. 神库、神厨：圜丘坛外壝墙东棂星门外约30米处，即为神库、神厨。神库和神厨共在一院落内，院门南向，神库在院内西北隅，神厨在东南隅，均为五开间绿琉璃筒瓦悬山顶。其用途和祈谷坛的相同。在神厨前有六角形盝顶井亭一座，为烹调供献物取水的地方。

4. 三库：神库神厨院的东邻即为三库。三库院门南向，院内有坐东朝西绿琉璃筒瓦硬山顶房屋九间，每三间为一库：南边三间为祭器库，是收藏笾、豆、俎、筐、灯盏等祭器的地方；中间三间为乐器库，是贮藏笙、管、琴、瑟、鼓乐等乐器的处所；北边三间为棕荐库，是收藏各色绒毡绣片幄帐椶荐（拜垫）的库房。

5. 宰牲亭：三库的东院是宰牲亭所在的院落，院门南向，宰牲亭在院子正中偏北，绿琉璃筒瓦重檐歇山顶，面阔五间，进深三间，四周出廊。院内东南隅有绿琉璃筒瓦盝顶六角井亭一座。因为这一带没有像祈谷坛东面那样的长廊，祭祀时必须临时从宰牲亭至圜丘坛搭盖帐篷以运送祭品，至今甬道两侧还保存着整齐的帐篷柱穴。

（三）斋宫

斋宫在内坛西天门内南侧，东距丹陛桥约500米。《大清会典事例》中这样记载："成贞门外西北为斋宫，东向，正殿五间，崇基石栏，三出陛，正面十三级，左右各十五级。陛前设斋戒铜人、时辰牌石亭各一，后殿五间，左右配殿各三间，宫内墙方一百三十三丈九尺四寸，中三门，左右各一门，前跨三石梁，左右各一梁，钟楼一座，回廊一百六十三间。外宫墙方一百九十八丈二尺二寸。"据此可知其梗概。

斋宫是皇帝住宿和休息的地方。皇帝在祭祀的前三天，要沐浴、斋戒。所谓斋戒，包括不吃荤腥食品、不饮酒、不娱乐、不吊丧、不理刑名、不接近后妃。斋戒时就独自住在斋宫。因此斋宫的防卫性建筑设施占着很大比重，最外边是四周连通的一圈外濠，外濠内岸四周有回廊163间，回廊里面是一道外围墙（名砖城），外围墙里面东、南、北三面又有一道内濠，内濠之间又有一道内围墙（名子城）四面围绕。内外濠里都放水，东面各有石桥三座，南北面各有石桥一座；内外垣墙东面各有宫门三座，南北各有一座。内外濠池、宫墙都是为了皇帝斋宿期间的安全而设，形成了戒备森严的防御体系。

斋宫坐西朝东，面积4万平方米，呈正方形。主体建筑有正殿和寝宫，都是绿琉璃筒瓦顶，旋子彩画，表示皇帝也要对天称臣。正殿五间（也叫前殿、前大殿、前券殿），为仿木砖石结构的庑殿顶无梁殿，内部为拱券顶，无梁檩，故称无梁殿。正殿是皇帝斋戒处，殿内正中设宝座，殿前月台上，左边有斋戒铜人石亭，是祭祀时放置斋戒铜人的地方，右边有时辰亭，又称奏事亭，是祭祀时放置时辰牌的石龛。寝宫在正殿之后，也是五间，硬山顶调大脊,是皇帝斋宿时的住处。北二间为暖房,祈谷祀天时住宿;南二间元地炕,常雩时住宿。旁有浴室,名熏沐殿。

斋宫内由两道隔墙分成前、中、后三个院落,后院左右建有茶果局、御膳房、衣包房、什物房、典守房和首领太监侍卫房等配房,中院两厢有随事房,在内宫墙之外,有太监房、銮仪卫、旗手卫官员的住所,东北隅有绿琉璃筒瓦重楼歇山顶钟楼一座,内悬永乐款素面太和钟。

斋宫建于永乐十八年(1420年),也是仿照南京斋宫而建的。嘉靖九年(1530年)重修。嘉靖十二年(1533年)因熏炕起火,延烧寝宫,清雍正三年(1725年)、乾隆七年(1742年)、嘉庆二十四年(1819年)都曾重修过。1900年八国联军侵入北京。斋宫成了联军总司令部,斋宫回廊被当作英国占领军的将校食堂和宿舍。

(四)神乐署

神乐署在外坛西墙内,祈谷坛门和西天门之南,是一座两层殿的院落,大门三门东向,前殿五间名凝禧宫,黄琉璃筒瓦歇山顶,前有月台。二层院内有七间悬山顶大殿,名显祐殿,院内左右都有廊庑配殿。神乐署是乐舞生练习乐舞的排演所,建于永乐十八年(1420年),初名神乐观,清乾隆八年(1743年)改名神乐所,十九年(1754年)改称神乐署,俗称天坛道院。

此外,在神乐署南边还有畜养牺牲的牺牲所,东南还有天师府,外坛西面还有一座钟楼,这些建筑物早已毁坏,无遗迹可寻了。

三、天坛的轶闻传说

天坛虽然向来称为"郊坛重地",但是外坛,尤其是神乐署及其附近,明代直至清初,向为都人谯集之地。神乐署的道士们,在外坛栽种了各种花木,尤以牡丹花更为有名,开花季节,人们纷纷去天坛观花,尤其是端午节,天坛外面可以赛马、竞射,坛内树荫下可以野餐、饮酒、弈棋、摸辟(即摸神乐署的影壁,传说可以避五毒),游人接踵,极一时之盛。由于游人多,露天酒摊茶座应运而生,甚至开设了很多店铺,成了庙会式的集市。乾隆七年

（1742年），御史长麟等奏请禁止栽花，拆毁酒肆，并将铺户迁到坛外，嘉庆十三年（1808年），再次取缔神乐署内的商店，准许店户自建房屋自己迁拆，不准再存留民房。此后，外坛的店铺存在的就很少了。

外坛游人杂沓，而内坛是地旷人稀的，因而常有狐兔出没于茂草间。谢肇淛所著《五杂俎》中记载："相传天坛侧有白狐，云千余岁矣，须髯如雪，时时衣冠与人往来，人知之亦无异也。一旦驾幸天坛请雨，匿数日不出，驾返复至，人问之，曰：天子每出，百灵呵护。虽沟浍窟穴，皆有神主之，何所藏匿？然则安往？笑曰：直至泰山石窦中耳。与一缙绅交善，一旦张真人（即道教正一派的张天师，明初削天师号改称真人）来朝，狐以帕一方，托缙绅往求张印，张见帕大怒曰：此老魅敢尔。言未毕，狐已镇缚跪庭下矣。张曰：野魅无礼，若得吾印，必且上扰天庭。立即火焚杀之，缙绅泣为之请不得也。"这段记载既美化了天子，又神化了张天师，而狐仙之说则纯属无稽。到了清代，天坛内闹狐仙的传闻更多。嘉庆间，乐器库内所藏金钟无人自鸣，因为无法处置狐仙的作祟，只好把金钟移至太常寺的礼器库内。八国联军进北京时，各坛的金钟都被掠去，天坛金钟由于移至太常寺而未遭劫走。又传说，光绪二十年（1894年），有一个叫吴长春的奉祀官，在开启乐器库时，见一巨狐跪库中，狐见人后慢悠悠地走出库去。民国后，天坛开放，游人渐多，野兽无栖息之所，逐渐消失，狐仙的传说也就没有了。

四、天坛特产——益母草和龙须菜

益母草（Leonurus artemisia），又名茺蔚，越年生草本植物，叶略似艾，三裂或五裂，中药作为补气养血的药材，专治妇科各病。益母草本为野生，东、西陵均有出产，天坛的道士把野生益母草移至天坛栽种，秋天采药，冬季熬制成益母膏出售，首先在神乐署内开店售药，到了清代，坛内的药店增至七家，以后益母膏成为出口药品，行销欧美。民国三年（1914年），袁世凯准备称帝祭天时，才将这七家药店迁往前门外和天桥一带，秋季准许他们进天坛采药。

龙须菜（Asparagus officinalis），又名石刁柏、芦笋，是野生百合科多年生宿根草本植物，春季由地下茎上抽生嫩茎，经培土软化后可供食用，经过天坛内种植培育，较野生的味更美，《燕京杂记》记载："龙须菜细似韭，花茎甚脆美。《析津日记》谓产于天坛，然所在皆有之也。"每年清明前后十天内所采的味最鲜美，经过康熙帝玄烨的品评，列为御膳房内供品之一。"满汉全席"中的下八珍，也有"扒鲍鱼龙须菜"一道菜。

祭坛遗址和北京地区的圜丘

上古先民生活于天地之间,最常看到的是苍穹笼罩着茫茫大地。万物生存于这天覆地载的空间,白云丽日悬浮在穹隆形的蓝天之上。天,像一顶给人们以安全感的、漫无边际的巨型保护伞。实际上,它并没有给人类带来真正的安全,一旦风云突变,暴雨狂风、迅雷立闪、洪水冰川、火山地震等众多灾难就会降临人间。人们开始设想天庭之上还有一位主宰命运的至尊神灵——后来人们叫它天神、天帝或上帝,幸福和灾难都由它赋予。人们对它由畏而敬,为了祈福禳灾,只有向它顶礼膜拜以祈求呵护,出现了朴素的神权思想和原始的宗教意识。对神灵的祭祀场地——祭坛,便应运而生。

在考古发掘中曾发现过为数不少的祭坛、神庙遗址或遗迹,有些已被指认为具有祭天的功能。如辽西的东山嘴、牛梁河神庙遗址、内蒙古的大青山遗址、甘肃永靖的大河庄遗址、浙江余姚的瑶山祭坛遗址等新石器时代的祭坛、神庙等。

一、考古发现中的坛址、神庙

20世纪80年代初,在辽宁省喀左县东山嘴红山文化建筑群址的发掘中,发现距今五六千年前新石器时代的一座规模相当宏大的古代神庙遗存,是由圆形台址、圆形基址、大型方形基址及其两翼的石墙基、房址等成组群分布的建筑遗迹共同组成的。圆形台址呈直径2.5米的正圆形,周围以长方形石灰岩石片镶边,石片长30厘米左右,外向一边边缘整齐,圈内台面铺一层河卵石；台址以南约4米处有三个圆形基址，其中两个尚有轮廓，边缘是大河卵石，内铺较小石块形成地面。附近发现有陶塑妇女、孕妇人像群。这组专供祭祀用的神庙建筑采用均衡对称方式，以方形和圆形相对应。它是否说明当时人们已具有天圆地方思想的雏形或是郊、燎、禘等祭祀活动的先声，妇女陶塑是生育之神抑或地母的代表等一系列问题，尚需做进一步的研究。

1959年，在甘肃永靖大河庄遗址的齐家文化层中，发现有用几十块天然扁平砾石围成直径4米多的"石圆圈"共有五处，各圈旁有卜骨或牛、羊骨架，其中有一具被砍掉头颅的母牛骨架，腹内还有尚未出生的小牛骨骼，附近分布有许多墓葬，时代属于距今四五千年前新石器时代晚期。石圆圈和卜骨、兽骨的发现，说明石圈显然是一种祭祀活动设施，兽骨则是祭祀后就地瘗埋的牺牲遗骸。

1965年冬，江苏铜山丘湾商代晚期遗址中，发现竖立土中的四块未经加工的天然石块，中心和南、北、西方各立一块，中间一块最大，高约1米，略呈方柱形。石块周围混杂埋葬有狗骨架12具、人骨架20具，其中有男性也有女性，有青年也有壮年，葬式皆为俯身屈膝，多数反缚双手。研究者认为中心的大石应是祭祀对象——社主的原始形态，它象征后土神（即地母），周围的人骨、狗骨都是社祭时杀殉的牺牲。说明这是一处奴隶制社会残酷至极的人祭场所。

1985年秋，北京延庆县古城村葫芦沟山戎墓地中，发现一处由15块未经加工的梭状长条石块，下半截埋在土中，上半截露出当时的地表，直立犹如石桩，横竖排列成行，如同略呈圆形的"小石林"。在其四周约有20座墓葬，埋葬的绝大多数是少年和儿童。其南边两三米处发现有当时用火的遗迹。北边稍远处有成年人墓葬数十座，说明此地是一处春秋战国时期的山戎族墓地。研究者认为石桩是山戎为其族人在墓地上举行祭祀活动而埋立的象征奉祀对象的神主或祭坛，此种活动是山戎族世代相传的古老习俗和宗教信仰。其用火遗迹似为烟祀、燎祭之先河。

另外，1987年在河南濮阳西水坡发现过一座距今6400年的新石器时代墓葬，其墓坑呈上圆下方状，这是我国古天文学中盖天说的痕迹。而且该墓中发现了用贝壳组成的天象图，它足以说明我国先民们天象观的出现。这一发现是全国以至当今世界范围内最早的一幅天象图。

上述诸例，虽然时代、地域、民族及文化面貌各不相同，祭坛神庙的性质、作用、意义和祭祀对象有异，但圆形或近似圆形祭祀场地的出现，应是后世圜丘的原始形式，是人们头脑中"天圆地方"观念在神坛上的反映。从时代上讲，传说中的三皇五帝到夏商周三代的祭天活动，是可以从考古发现中得到佐证的。

祭天是皇帝的专利，春秋战国时，诸侯们也屡有祭天之举，但按礼制规定诸侯只能祭土而没有祭天的资格，所以他们的祭天实属僭越。秦汉王朝统一了华夏，汉儒们用"天人感应"、"天人合一"的论点，把天和人的关系拉近了，皇帝成了天帝之子，竟然沾亲带故，有了血缘关系，成为天帝在人间行使权力的直接代表、沟通天人之间信息的联络员，因而他只对天帝称臣，位居臣民之上更是顺理成章的事了。皇帝祭天不仅表示"敬天"，而且是向天帝请示汇报的一种方式，其祭祀仪式受到儒道两家的交互作用和影响，逐渐演变得异常神圣、庄严而隆重。"礼莫大于祭天"，遂由上古的宗教活动转变为政治行为，从而形成一种社会文化现象。

二、北京地区之圜丘

上古祭天，仅是选择一块高地作为祭坛，以后才建造专用的圆形祭坛（西汉时曾有"上帝坛八觚、径五丈、高九尺"的记载，是个孤例），以圆象天，是为圜丘。圜丘最晚在周代已经出现，后世尽多圜丘之设，其方位多在都城之南郊（包括新莽时的明堂）。由于古以南方为阳，"兆于南郊，就阳位也"（《文献通考·礼类》）。但圜丘设于正南面，虽然距离有五至七里之遥，也会影响城南正门前面主要干线的交通，因而常被移至干线的左方（东南方），这样也与阳天之位相合。

历史上的圜丘多无定制，其层数（一至四层者皆有，宋元丰间及元至大朝均曾出现因层位不敷应用而以青绳代一层的现象）、坛面尺寸、出陛多少及壝墙数目不等，历代对天地合祭、分祭以及祭祀对象也不尽一致。

(一)金、元的圜丘

北京作为辽、金、元、明、清五代帝都,"辽建都燕京而祭天地于木叶山(今内蒙古奈曼旗东北老哈河与西喇木伦河交汇处,为契丹先世所居),坛制不备"(《天府广记》卷之六)。由于辽南京城是陪都,故不在此祭天而无郊坛之设。其木叶山之祭称"祭山仪",内容包括祭祀天地和祭山、拜日,承袭了浓厚的契丹族风习。

1. 金海陵中都南郊建圜丘

"金初因辽俗行拜天之礼,设位而祭。"(《天府广记》卷之六)金太宗完颜晟即位,即曾设位告祀天地,至完颜亮天德年间,立南北郊之制,于中都城南丰宜门外五里(今北京丰台区菜户营附近,遗址已无存)立南郊圜丘坛,坛三层,四周按十二辰位设十二陛(台阶),外有壝墙三匝;四面各三门。其规制显然是在吸取历代坛壝之制的基础上加以改进而成的。女真族一代贤主世宗完颜雍即位后,在全面推行汉化政策的同时,规定了祭天之制,于大定十一年(1171年)八月,诏令大祀之礼,于冬至日合祀天地于南郊坛。此后,更接近汉族的祭祀制度逐渐完备起来。

2. 元成宗大都南郊建圜丘

"元初用其国俗拜天于日月山(今青海西宁市西)。成宗大德六年(1302年)建坛于燕京,合祭天地、五方帝,九年(1305年)始立南郊专祀昊天上帝。……其郊坛三成以合阳奇之数,每成高八尺一寸以合乾之九九,上成纵广五丈,中成十丈,下成十五丈,四陛,陛十有二级。"(《春明梦余录》卷十四)"至大三年(1310年)冬至,以三成不足以容从祀版位,以青绳代一成,绳二百各长二十五尺以足四成之制。"(《天府广记》卷之六)元代以合祭为主,从至大朝以绳代坛的现象,足见其从祀神位之多和南郊坛制的完备。另据记载,元代圜丘坛建于大都丽正门东南七里丙巳之地以就阳位,其位置和明清圜丘坛相距不远。坛壝"凡三百八步有奇",据此可推得其长宽约近半公里,规模也颇可观。但金、元两代均无北郊坛之设。

辽、金、元三代是由契丹、女真和蒙古三个不同的民族入主中原建立的王朝,其祭祀的坛制、礼仪等,也因其汉化程度之不同而各具特点,同时也都不同程度地带有原始社会图腾崇拜的残痕。

(二)明清的圜丘

元末,农民起义风起云涌,蒙元王朝风雨飘摇,起义军之间的兼并战争也在不断进行。朱元璋领导的起义军,先后击败了陈友谅、张士诚、方国珍等部,基本上统一了南中国。此前,起义军首领们纷纷称王称帝,而朱元璋采纳了休宁人朱允升"高筑墙、广积粮、缓称王"的治国安邦之策,直到兼并群雄之后,为了建立统一的新王朝做准备,才于至正二十四年(1364年)自称吴王。三年之后,改至正二十七年为吴元年(1367年),次年正月在应天称帝,国号大明,年号洪武,即以应天为国都,同年八月改应天为南京,同时调兵北伐,攻克大都,顺帝北遁,元亡。幽燕地区在北方少数民族统治长达四百余年后,重又回到汉族统治者的手里。

关于明初在南京建圜丘的情况,据明代官书记载,吴元年(1367年)八月(《续通典》记为洪武元年即1368年)在钟山之阳建圜丘,以冬至祀昊天上帝;钟山之阴建方丘,以夏至祀皇地祇,实行天地分祀。其圜丘形制为二层圆坛,上层坛面径七丈,下层十二丈,皆高八尺一寸,坛面及上下层护栏均为琉璃砖砌筑,但未记载琉璃颜色。洪武四年(1371年)三月,又对圜丘、方丘加以改筑,圜丘还是保持两层未变,但尺寸和高度都缩小了,上层直径仅四丈五尺,下层七丈八尺。十年(1377年)八月,由于"风雨不时,灾异时见",太祖以"人君事天地犹事父母,不宜分处"为由,命即圜丘旧址为坛,在其上建造大祀殿十二楹,罢方丘。十一年(1378年)大祀殿建成,诏命天地合祀定为永制。这种以圜丘为基址的大祀殿,应是古明堂的延续。

太祖朱元璋死后,囿于"世嫡承统"旧制,传位于皇太孙朱允炆(太子朱标次子。朱标已于洪武二十五年死去),是为建文帝。

太祖生前为了江山不落外姓手,将二十几个儿子分封全国各地为藩王。诸藩势力逐渐强大,尤其是驻守北平的四子燕王朱棣,才能过人且手握重兵,已构成对南京朝廷的威胁。朱允炆也感到诸叔王难于驾驭,遂在兵部尚书齐泰、太常寺卿黄子澄、侍讲学士方孝孺等重臣的支持下,实行"削藩政策",和藩王的矛盾表面化了。朱棣遂以"清君侧"为口实,发动了"靖难之役"。经过长达四年的夺权战争,于建文四年(1402年)六月十三日攻入南京，建文帝于战乱中下落不明。城陷后，朱棣将齐泰、黄子澄等人灭门十族，史称"瓜蔓抄"，开始了500年前的"南京大屠杀"。清高宗弘历形容道："都城百尺燕飞入，齐黄群榜为奸凶。……瓜蔓连抄何惨毒！龙江左右京观（尸体被堆成垛）封。"（乾隆十一年《御制觉生寺大钟歌》用沈德潜韵）十七日朱棣在南京即位，改元永乐，升其旧封之北平为北京。从永乐五年（1407年）朱棣就开始了政治中心北移的准备，十五年（1417年）六月，北京的坛庙宫殿工程开始施工，其郊坛"规制悉如南京而高敞过之"（《太宗实录》）。"初遵洪武合祀天地之制，称为天地坛"（《天府广记》），是仿照南京大祀殿的规制扩大而成的。从《万历会典图》上看，大祀殿平面呈矩形而不是圆形。十八年（1420年），大规模营建的北京坛庙宫殿已基本建成，次年正月初一正式迁都北京。自洪武改制直至正德朝，150多年间一直实行的天地合祀，到嘉靖时，才被世宗改为天地分祀。

武宗朱厚照于正德十六年（1521年）死去，风流一生，身后乏嗣，又无嫡生兄弟。按"兄终弟及"祖制，遗诏由兴献王子朱厚熜以孝宗从子名义继承皇位，是为世宗，年号嘉靖。有明一代，昏君辈出，这堂兄弟二人跻身其列，可谓当之无愧。

朱厚熜之父兴献王朱祐杬为献宗次子，封地在安陆（湖北应山）。正德十四年(1519年)朱祐杬死后，即由朱厚熜治理安陆。此时他虚龄才十三岁。他既得承统，从安陆进京，就因为对奉迎礼不满而径直入大明门御奉天殿即位，闹得很不偷快。这种行为和他的年龄很不相称。

1. 嘉靖改制建圜丘

朱厚熜以藩王世子入承大统，由于出身支系而产生了心理上的不平衡。皇权在握后，得志便猖狂，本来就乖僻执拗、刚愎自用的性格，发展成为暴戾顽固、一意孤行。他是以入继孝宗为嗣子而登基的，理应尊孝宗朱祐樘为皇考，称本生父朱祐杬为皇叔，但他为了自身正统化而为亲生父母争名位，欲对朱祐杬直接称皇考，而称孝宗为皇伯考，因而引起群臣反对。嘉靖三年（1524年）七月十五日朝会后，220多名大臣为"皇考之争"集聚在左顺门外跪伏请愿，嘉靖帝采取了暴力镇压手段，先抓起为首的八人，继而又将一百三十四人下狱，八十六人待罪。次日将被捕官员发配戍边或受廷杖，其被打死十七人,"礼仪之争"被平息了。事后为其本生父母上了帝后尊号,再也无人敢反对了。嗣后,除大修皇陵(包括他本人的永陵,为其父母修而未用的显陵),修九庙(分祀祖先的祖庙,以取代"同堂异室"之太庙,并将朱棣太宗的谥号提升为成祖),建雷坛、先蚕坛外,将持续150多年的天地合祀,以恢复太祖"露祭于坛"旧制为口实,在大祀殿南边另建圜丘,改为四郊分祀之制。以后又在被废掉的大祀殿旧址建成大享殿,即今祈年殿的前身。

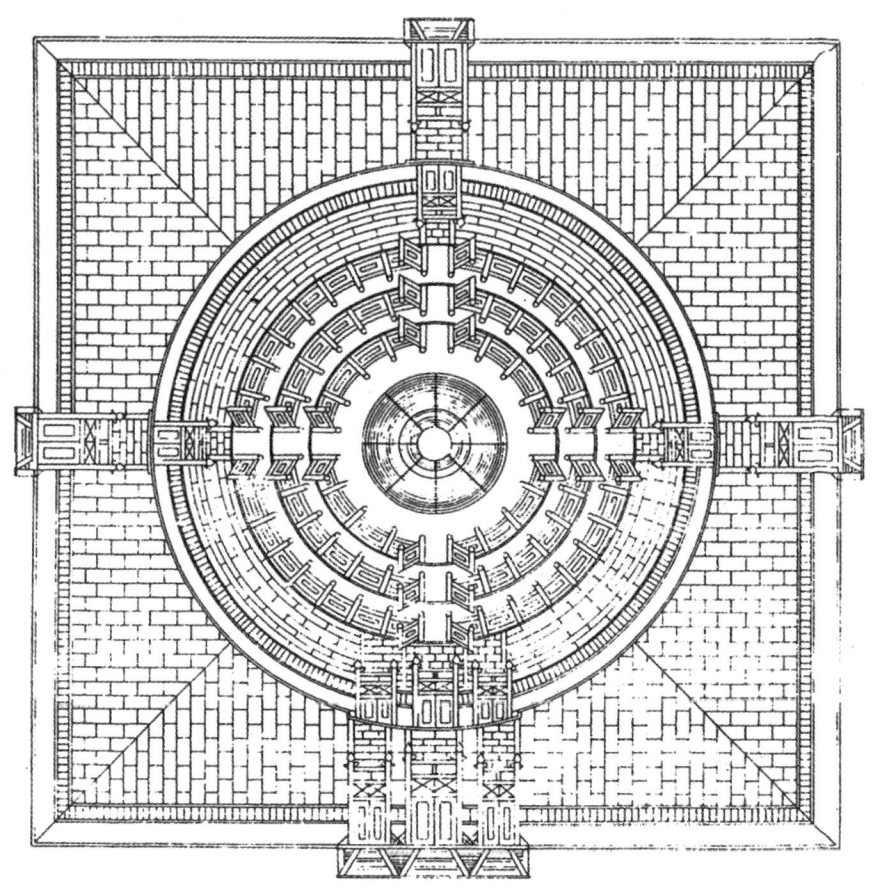

明嘉靖朝始建的圜丘坛平面示意图
(自明万历《会典》摹绘)

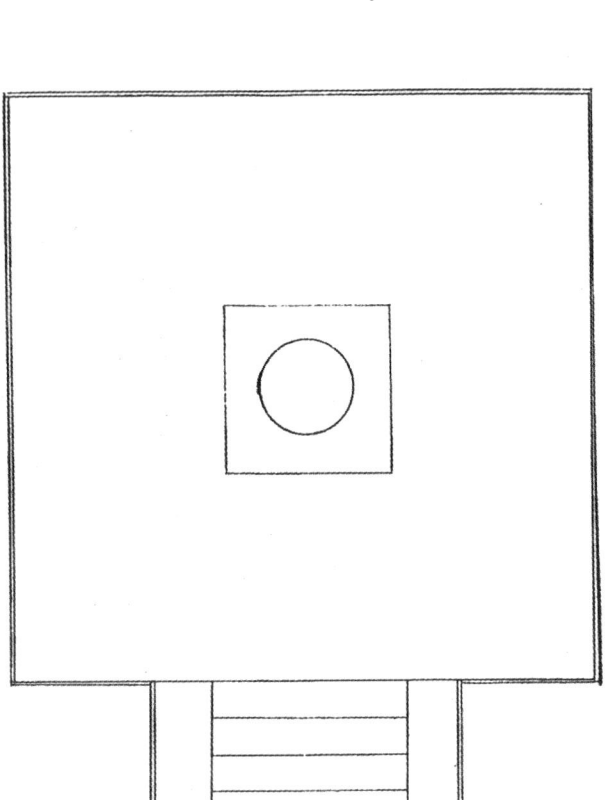

圜丘坛望灯台平面图

嘉靖朝所建之圜丘于九年（1530年）十月建成，是仿南京圜丘修建的。由于南京圜丘面径尺度在旧籍官书上的计算法不统一，以致廷臣无所适从，遂由嘉靖帝自行定下尺度："坛制一成面径五丈九尺，高九尺；二成面径九丈，高八尺一寸；三成面径十二丈，高八尺一寸。各成面砖用一、九、七、五阳数及周围栏板柱子皆青色琉璃，四出陛各九级，白石为之。"（《春明梦余录》卷之十四）按南京圜丘改建前后皆为二层，此次新建时增为三层；而且上层面径较改建后的加大了一丈四尺，总高度增加了一丈七尺八寸。其附属设施如燎炉、瘗坎、望灯台、具服台、厨库、宰牲亭都已具备，泰元、昭亨、广利、成贞各门的名称也都有了，为清乾隆朝扩建圜丘奠定了基础。同年，在泰元门外增设了一座崇雩坛，使遇到水旱天灾时进行"雩祭"的场所固定下来。崇雩坛坛制一层，面径"圆广五丈，高七尺五寸，四出陛各九级"（《明史·礼志》），成为附有棂星门、壝墙、外围墙和崇雩门等一组独立建筑群。

嘉靖十三年（1534年）二月，诏更圜丘名为天坛，方泽为地坛。

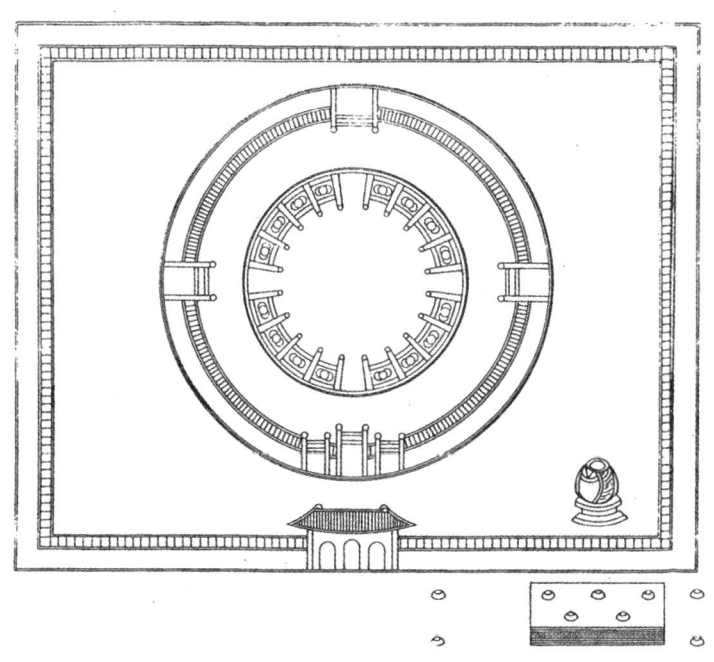

明嘉靖朝崇雩坛平面示意图
（自明万历《会典》摹绘）

祭坛遗址和北京地区的圜丘 | 225

世宗在改变郊祀祀典之初，朝臣也曾出现过对合祀、分祀的争论，对反对分祀者，仍以高压手段制服之。群臣鉴于"皇考之争"的教训，言路既塞，自然达到分祀目的。后来，世宗日渐奢侈腐化，且崇奉道教，修建了大高玄殿作为皇家道庙，自取道号雷轩，以斋醮、符箓之术祈求长生，长期不理朝政，造成严嵩父子的专权以致朝廷发生政治危机。后世热衷于合祀者说："明太祖以开天之圣，改分祀为合祀，此千古卓见，故行之百五十年，风雨调顺，民物康阜，至嘉靖一改而明遂衰。建议者夏言也，卒死于法，抑太祖之灵弗歆乎。"（《天府广记》卷之六）把明帝国兴衰隆替和夏言的遭诬遇害都归咎于合祀、分祀，上纲上线古来就有。

2. 乾隆改建、扩建圜丘

崛起于白山黑水间的建州女真，早在入关前的崇德元年（1636年）就在盛京（今沈阳市）建有相当规模的圜丘、方泽以祭告天地。而满族的神庙——堂子的祭祀，也包含祭天的内容。清师入主中原，取代了衰朽的明帝国建都北京后，由于京师原有的城池、宫室、坛庙未遭大事破坏，均被沿用。天坛自顺治朝起，历经康熙、雍正直至乾隆前期，均袭用明代圜丘以祭天。到了物阜民丰的乾隆朝，好大喜功的高宗弘历，于"（乾隆）十四年以圜丘坛上张幄次陈祭品处过窄，议定展宽"（《清会典事例》）。计划展宽的圜丘，据《会典事例》记载，是依康熙御制《律吕正义》古尺：上成径九丈取一九数；中成径十五丈，取三五数；下成径二十一丈，取三七之数以全一、三、五、七、九天数，共成四十五丈以符九五之义。坛面三层，将明代原用青色琉璃坛面及护栏均改用房山产艾叶青石铺砌。三层坛面石均改为九圈（明制上层九圈、中层七圈、下层五圈）递加环砌：上层坛面中央是一块圆形的中心石，围绕中心石向外铺砌扇面状弧形石块。中心石外的一圈是9块，每向外一圈递加9块，九圈共铺石405块（中心石除外）；中层从90（9×10）块开始，每向外一圈递加9块，九圈共1134块；下层从171（9×19）块开始，也是每向外一圈递加9块，九圈共1863块，三层坛面石总数为3402块。各层台高度：上层五尺七寸，中层五尺二寸，下层五尺。

按《清会典事例》中所记："三成径数均系古尺（即周尺）……至三成台高……皆系今尺（营造尺）。"我们可以列表对比一下前述坛径和高度与实测数值的关系（按1周尺＝0.81营造尺≈25.4厘米，1营造尺≈31.5厘米计）：

层位	清 制		实测值（米）		换算值（米）	
	直径	高	直径	高	直径（按周尺折合）	高（按营造尺折合）
上层	九丈	五尺七寸	23.6	1.9	22.9	1.8
中层	十五丈	五尺二寸	39.4	1.64	38.1	1.64
下层	二十一丈	五尺	55.2	1.64	53.3	1.58

从上表显示，其数值基本上是近似的（实测直径包括台明石宽）。按《明会典·工部七·坛场》就有"高用周尺，余今尺"的记载。除圜丘坛外，两种尺度的混合应用还未发现过。清代营造匠师们的术语称为"鸳鸯尺"，此种用法，也可能是为了给神坛保留些许上古的遗迹吧！不过从实际比较中发现，清代把周尺用于坛径，高用营造尺，和明制是相反的。

关于圜丘坛各层护栏的栏板数目，据《清会典事例》卷八百六十四的记载："（乾隆十四年）四周栏板，原制上成每面用九；二成每面十有七，取除十用七之义；三成每面积五，用二十五。虽各成均属阳数，而各计三成数目并无所取义。今坛面丈尺既加展宽，请将三成栏板之数共用三百六十，以应周天三百六十度：上成每面十有八，四面计七十二，各长二尺三寸有奇；二成每面二十七，四面计百有八，各长二尺六寸有奇；三成每面四十五，四面计百八十，各长二尺二寸有奇。每成每面亦皆与九数相合，总计三百六十，取义尤明。……再坛面甃砌及栏板、栏柱，旧皆青色琉璃，今改用艾叶青石，朴素浑坚，堪垂永久。"晚近各书依此辗转引录者颇多，但经实际调查，其护栏质地并不是艾叶青石而是汉白玉，各层护栏的栏板总数竟然比《事例》所记少了144块：

层位	《会典》所记栏板数（块）		实际栏板数（块）	
	每面	四面	每面	四面
上层	18	72	9	36
中层	27	108	18	72
下层	45	180	27	108
三层合计	360		216	

上表所列数字差异，人们很少注意。王成用先生编著的《天坛》（旅游出版社1987年版）一书中曾指出："经过实际调查，其栏板、栏柱的数目均与（《事例》）记载有出入。"北京市政协《文史资料选编》中，曾发表过单士元先生20世纪30年代旧著《天坛》一文，其注释中记有："单士元同志写的《天坛》一文发排前，编者曾携此文往天坛核对，现今圜丘坛栏板总数是二百一十六块。"已经指出现存数和《事例》记载上的差异。事实是，如按《事例》方案，则栏板数量必然要增加将近一倍，在各层圆径不变的情况下，其宽度必然要缩小一倍，大约只有60厘米。这么窄的栏板，设计施工烦琐且不说，修好后必然栏柱如林，很不好看，因而有可能是设计施工人员为了适应人们的视觉习惯而加以修正的结果。这么大的改变，不可能不经过精明强干的乾隆皇帝批准的，但嘉庆以后所修《会典》均未提及。同时也说明为了符合"三百六十周天之数"的方案是脱离实际的。

喜欢标新立异的"道君皇帝"明世宗，不惜威胁反对者而改合祀为分祀，建成了青色琉璃的三层圜丘，其时坛壝之制已臻完善。流年似水，二百二十年匆匆过去，时值少壮的盛世之君清高宗，废掉了前朝的崇雩坛，又把圜丘用艾叶青和汉白玉石改建得更加雄伟美观，三层坛面四面出陛各九级，外面围绕着红墙蓝顶四面三间白石棂星门的两重壝墙。墙内琉璃燔柴炉、瘗坎、十二座铁燎炉（原物毁于"文革"，现存为以后仿制的）、三座望灯台（南北两座已于民国三年拆除，仅存中间一座。1995年初恢复了北面的一座，并添上铁制的望灯杆）具备。壝墙外的具服台、厨库、宰牲亭、三库（祭器库、乐器库、棕荐库）等规制完善的配套附属建筑均保留至今。人们经过漫长的丹陛桥，登上圜丘顶层，站在中心石上极目四望，周围松涛起伏，北边更有琼楼玉宇，晃如置身于高处不胜寒的天庭。高超的设计把遥远、神秘而抽象的天宫移至眼前，从而取得了祭祀性建筑的最佳艺术效果。"文化大革命"中，圜丘东、西、南三面建起了居民楼，以后发展成连片的居民小区，圜丘被楼群包围，再也找不到天庭的感觉了。

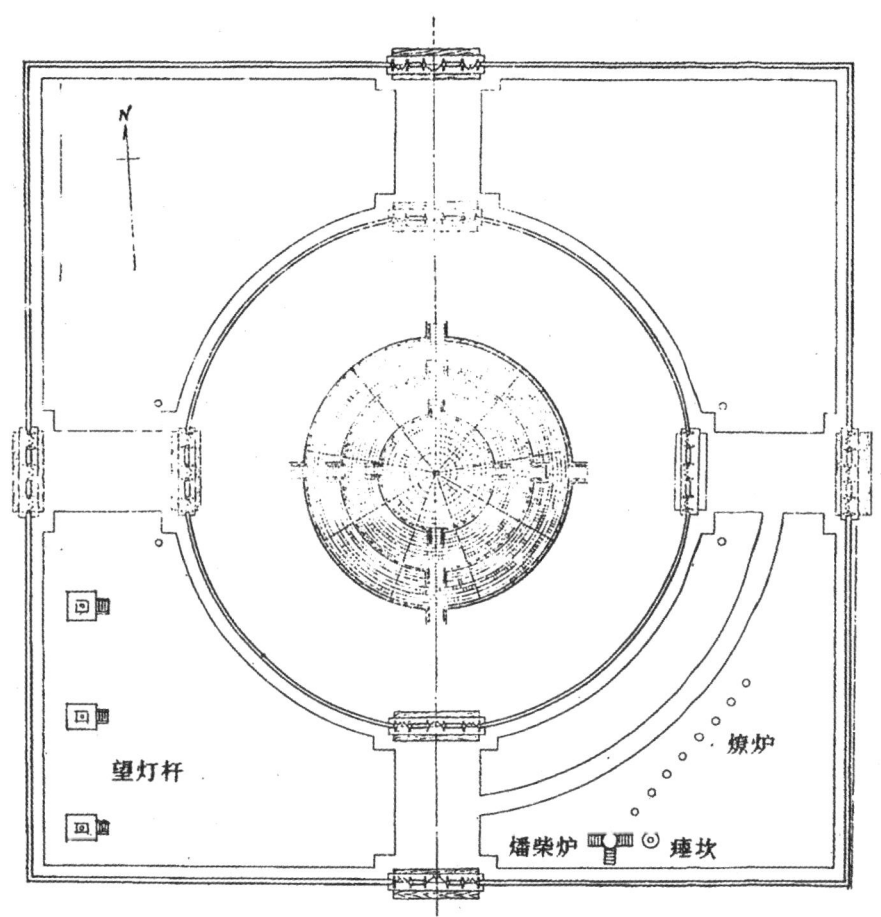

清乾隆朝改建后的圜丘坛平面图

太　庙

　　太庙在紫禁城的左前方，天安门、端门、午门的东侧。明初改建北京城时，把元代大都城的南城墙从现在的东西长安街南侧推移到今天前三门一线上，这样就使得紫禁城和皇城的前方出现了一大片空地，于是当时的城市规划设计者就将太庙和社稷坛放在这里，使它们与紫禁城的关系更为紧凑，同时也符合"前朝后市、左祖右社"的封建都城的规划原则。

　　太庙是明清两代帝王供奉祖先的地方。建筑宏伟壮观。平面呈南北向的长方形，总面积139650平方米。总体布局匀称。它一共有三道围墙，都是黄琉璃瓦顶红墙身的高墙。最外面的一道长475米，宽294米。一座黄琉璃筒瓦歇山顶的南门就开在这道围墙的南面。门前有一座带石护栏的三孔石桥跨越外金水河。西垣墙上原有三座门：南面的称为太庙街门，面阔五间，通向天安门里；中间的称为太庙右门，也叫神厨门，面阔三间，通向端门里；北面的称为太庙西北门，通向午门外的阙左门。三座门都是坐东朝西。

　　外垣墙内四周遍植成行的古柏，树龄多为五百余年。东南有一些假山、凉亭等。另有一座院门朝西的小院，内有宰牲亭二间、治牲房五间，门楼和房舍都是黄琉璃筒瓦歇山式，院墙外西边有一座黄琉璃筒瓦盝顶的六角井亭。南门里面正中有甬路通向一组琉璃砖门，檐椽斗拱等全是黄绿琉璃砖烧造的。中间正门三座，两旁各有一座旁门，门楼都是黄琉璃筒瓦庑殿顶。这五座琉璃砖门就是第二道院墙的正门。第二道垣墙长272米，宽208米，墙里正面有单孔石桥七座，桥两侧都有汉白玉石护栏。桥下原是干沟，乾隆二十五年（1760年）才引金水河流经桥下。东西两桥的北面各有黄琉璃瓦盝顶六角井亭一座。东西墙的南端，各有黄琉璃瓦悬山顶房屋五间，东边的是神库，西边的为神厨。神桥以北是五间戟门，黄琉璃筒瓦庑殿顶，明次间均为实榻大门，白石台基三层，四周都有汉白玉石护栏，正面台阶丹陛上浮雕着二龙戏珠、海水江崖、狮子滚绣球等纹饰。戟门内外原有朱漆戟架四座，每架上插十五支镀金银的铁戟共一百二十支，故称戟门。正门东西各有旁门一座。戟门就是第三道垣墙的正门，太庙的主要殿宇都在戟门以内的院落中。

门内迎面就是太庙前殿。面阔十一间，进深四间，黄琉璃筒瓦重檐庑殿顶，两重檐间正面悬有雕龙边框蓝地金字陛匾一方，竖书满汉文"太庙"。"文化大革命"时被取下，现放置殿内扇面墙后。前殿的梁柱外层都包镶沉香木，其余木构件也都是金丝楠木制成。明间和次间的内檐天花、梁柱皆贴赤金花，不施彩画，地面金砖（大型方砖）铺砌，基座为三层汉白玉须弥座，前出月台。三层台基及月台周围都有汉白玉石护栏，望柱头浮雕龙凤纹。正中白石丹陛上分别雕出狮子滚绣球、海水江崖和海兽纹饰，浮雕形象生动活泼，栩栩如生。此殿是太庙祭祀的主要场所，年末岁尾大祭的时候，将太庙内供奉的所有帝后及配享神主移至前殿内，举行所谓的"袷祭"。前殿两庑各有配殿十五间，黄琉璃筒瓦歇山顶。东殿供奉有功的皇族神位，西殿供奉功臣神位。前殿东南有黄琉璃砖砌筑燎炉一座，西南有小燎炉一座，是行祭礼时焚烧祭品用的。

其后的中殿面阔九间，黄琉璃筒瓦庑殿顶，台基和月台带石护栏。中殿是"寝宫"，清时殿内供奉太祖（天命）、太宗（天聪）、世祖（顺治）、圣祖（康熙）、世宗（雍正）、高宗（乾隆）、仁宗（嘉庆）、宣宗（道光）、文宗（咸丰）、穆宗（同治）等历代帝后的神主。中殿两庑各有配殿五间，是贮存祭器的地方。

太庙后殿及配殿形制及间数同中殿。是供奉皇帝远祖神主的地方，叫作"祧庙"。清代供奉未称帝前的四位追封皇帝肇祖、兴祖、景祖、显祖的神位。祧庙自成院落，前有一道隔墙和前、中殿隔开，隔墙上辟琉璃门五座，中间三座，两侧各有旁门一座。后殿后两檐侧垣墙也各有一座角门，殿后是一个狭长小院，北墙上又是三座琉璃砖门通向墙外。古代匠师们把三排琉璃砖门、三层大殿、戟门、石桥安排在中轴线上，四周用三道垣墙、成行古柏衬托起层次分明、错落有序、金碧辉煌的大殿配庑，使人身临其境会自然而然地引起庄严肃穆之感，达到祭祀性建筑应取得的最佳效果。

太庙的祀典，每年四月初一、清明节、七月初一、七月十五、十月初一、皇帝生辰、死去的皇帝忌辰都要在太庙致祭，岁末（大建二十九日、小建二十八日当天）要举行祫祭。祭典由礼部和太常寺经办。这样频繁的祭祀，人力财力的糜费可想而知。

北京太庙创建于明永乐十八年（1420年）。到了嘉靖十一年（1532年），世宗朱厚熜改合祀为分祀，将太庙改成分立的九座庙，分别奉祀历代祖先。二十年（1541年）九庙为雷火焚毁，只留下一座睿庙〔在今太庙东门通往南池子的夹道以北，嘉靖四十四年（1565年）曾改建为玉芝宫，现已无迹可寻〕，朱厚熜以为这是祖宗不愿分祀，故示警烧去。二十四年（1545年）重建太庙时，又恢复了合祀。以后万历朝曾重修了一次。明末闯王李自成的大顺军烧毁了太庙。清师入关后，仍然依靠"敬天法祖"来统治人民，于顺治六年（1649年）重新修复了太庙。乾隆元年（1736年）又进行了一次大修，至四年（1739年）始竣工。现存前殿面阔十一间，但据乾隆二十年（1755年）成书的《清宫史》记载，前殿原为九间，因而推测当时祧庙中已经供奉了四位远祖的神主，寝宫中也已有了五代帝后，合起来是九位，而九间前殿祫祭时每间设供桌宝座一份，上供九个神主，九间正敷应用。高宗为了自己死后神主入祀太庙，便不得不增加前殿的间数。但是这座大殿另外添建谈何容易。估计他只是把两旁比较宽大的廊间加上装修改成房间，把山墙外移而已。因为梁架、台基再往外扩大是根本不可能的。具体改建的年代也没有明文记载，也许弘历不愿说明添加两间的原因。嘉庆四年（1799年）太上皇弘历死了，仁宗举行了神主入庙典仪，名义上就将这年当成添建年代。

辛亥革命后，按照清代皇室优待条例，太庙仍由清室管理。民国十三年（1924年）始改为和平公园。十七年（1928年）取消了园名，由故宫博物院收回管理，作为分院，仍然开放供人游览。解放前由于管理不善，年久失修而日渐圮败。以前前院东边柏林幽邃，一向有成群的灰鹭巢居其上，由于缺乏保护措施，数量日渐减少，终至绝迹。建国后，经过彻底修整，于1950年五一国际劳动节，将太庙改为"北京市劳动人民文化宫"至今。1957年10月公布为北京市第一批古建文物保护单位［公布名称为"劳动人民文化宫（旧太庙）"］，1988年1月提升为第三批全国重点文物保护单位。

法海寺

法海寺在石景山区模式口翠微山南麓。寺的周围群山环抱，风景秀丽，环境极为优美。寺为明英宗的近侍太监李童倡议并向当时许多官吏、喇嘛、僧尼等募钱修建起来的，从正统四年（1439年）闰二月至正统八年（1443年）十月，经过近五年之久才完工。当时寺庙的规模要比现存的大得多，除大雄宝殿外，还有四大天王殿、护法金刚殿、伽蓝殿、祖师堂、钟鼓楼以及云堂、厨库、寮房等。明弘治十七年（1504年）至正德元年（1506年）曾大修过一次。当年法海寺多数殿堂都有壁画，但今天只有大雄宝殿还比较完整，壁画也仅存殿中的几幅了。

大殿中的壁画分布在扇面墙、后檐墙和东西山墙上。两山墙上画的是十方佛众和飞天仙女，以牡丹、月季、菩提、芭蕉为衬托，画面祥云缭绕，更显出神佛的庄严肃穆。后檐墙两侧是由帝后、天龙八部和鬼众等三十六个人物组成的"礼佛护法图"。帝后服饰华丽，仪态万方。天王力士勇猛刚劲，画面中众多人物，神态各异，但都表现得惟妙惟肖。在绘画上线条流畅，工整有力，着色严谨而多彩，尤其使用了"叠晕烘染"的传统技法，更多的地方用描金、沥粉贴金和朱砂、石青、石黄等熏色，更增加了画面烟云缥缈宁静神秘的气氛。扇面墙背后是三大士像，即观音、文殊、普贤三尊菩萨和他们的眷属和坐骑，其中以中间的水月观音画得最为出色，画师以传神之笔画出的观音，肩披轻纱，胸佩璎珞，半身裸露，肌肉柔美，表情温和，形态端庄，给人以出世超凡、清新明净、和蔼可亲的感觉。这种艺术魅力，作为宗教画来看，无疑是十分成功的。这些壁画虽有部分损坏脱落，失去了当年面貌，但现存的部分仍然能看出高度的艺术水平，是明代壁画的代表作，在我国现存的古代壁画中也是少见的，在我国壁画史上占有重要的地位。

据明正统九年（1444年）立的楞严经幢上所记的助缘协力善人题名中，除了瓦匠、石匠、雕花匠、妆銮匠、饯金匠等各色工匠的名字外，还有捏塑官、画士官、画士等人的题名，无可置疑，这些人都是当时参与修缮法海寺的工匠和佛像塑造者以及创作这些壁画的画士官和画士了，如果没有这项记载，很难令人相信如此精湛的艺术杰作，竟然出自这些无名画师之手。

法海寺内还存有一口大铜钟，高2米多，交龙纽，铸造精致。钟身下半部铸有一千多个建庙时助缘人的题名，钟身上半部和钟内壁则满铸经咒，据说这些经咒和著名的觉生寺内永乐大钟上所铸的经咒相同，而此钟的经咒前面还标明了咒题。此外，法海寺内过去还保存了较完整的木雕佛像和明代法器供器，"文革"中大部被盗运或毁掉了。

1957年法海寺公布为北京市第一批古建文物保护单位，1988年提升为第三批全国重点文物保护单位。

隆福寺

隆福寺始建于明景泰三年（1452年）六月，次年（1453年）三月建成。当时京师寺庙多为中官所建，而隆福寺为朝廷香火院之一（另一座为大兴隆寺），作为祝釐之所，因此修建费用俱出自内帑，并且使用了被废弃的南内（小南城）翔凤等殿的石栏杆，修建得很讲究。有殿宇五层：天王殿、三世佛殿、三大士殿、毗卢殿和大法堂，左右还有藏经殿、转轮殿等，一时香火很盛，一些外国访华使团来北京时，也要被安排来寺参观、礼佛，足见其地位之重要。清雍正元年（1723年）重修，用了三年时间才完工，大修后，改为胤禛故邸雍和宫的下院，成为一座喇嘛庙。雍正帝御制隆福寺石碑，原在寺后碑亭内，已于1976年拆下，现存五塔寺。另外，隆福寺大殿的藻井精美异常，绝不亚于智化寺被盗运出国的藻井，也于1976年被拆下，现存先农坛北京古代建筑博物馆，详情在报章屡有报道，如1987年7月25日和9月12日《北京日报》2版和1989年12月3日和4日《北京晚报》1版等，这里不多赘。

光绪二十七年（1901年）隆福寺失火，天王殿被烧毁。以后又经过几十年，其他殿堂也已残破，佛像、藏经也都散失了。建国后在隆福寺旧址建起一座铁板大棚，组织摊商定点独立经营，1952年定名为"东四人民市场"。

隆福寺位于市中心的闹市，所谓"东四西单鼓楼前"都是北京最繁华的地点，因而隆福寺作为庙市的历史也很久远。早在明末清初，随着东四商业区的发展，隆福寺也逐步演变成商业性的庙市，成为北京著名的三大庙会（白塔寺、护国寺、隆福寺）之一，有东庙之称，并且形成了以隆福寺为中心的商业街区。庙会会期为每月逢旧历九、十日开庙（即初九、初十、十九、二十、二十九、三十），当时"百货骈集，为诸市之冠"（《大清一统志》）。到了晚清已经成为"昔为诸市之最，今皆寻常日用，无复珍奇。唯寺左右唐花局中则日新月异"（震钧《天咫偶闻》）；"东庙隆福寺自正月起，每逢九、十开庙。开庙之日，百货云集，凡珠玉绫罗、衣服饮食、古玩字画、花鸟虫鱼以及寻常日用之物、星卜杂技之流无所不有，乃都城一大市会也"（富察敦崇《燕京岁时记》）。民国以后，由于王府井、东安市场的兴起，隆福寺庙会遂形成以日用杂货、风味小吃和各种杂技为主的庙会了。1930年以后，开庙日期增加为每月逢一、二、九、十日，达到12天之多。由于商贩皆为小本行商，而且要在三大庙会间赶庙，所以每到庙会之日，商贩们上午把货运到庙里，摆摊卖货一天，日落后收摊。由于销售对象已经转向中下层社会，加以本小利微，通货膨胀的影响相对来说要小得多，因此，一直到国民党统治后期，庙会依然是"游人络绎于途，男女老少熙熙攘攘"的热闹场景。

庙会上的摊贩大多有固定位置，大体上有：古玩玉器摊、旧书唱本摊、儿童玩具（包括捏江米人、面人的）摊、干鲜果品摊、绸布摊、估衣摊、杂品摊、山货摊、妇女用品（包括化妆品和缝纫用品等）摊、活物摊（小金鱼、蛐蛐儿、蝈蝈儿、油葫芦、金钟等），再就是打把式卖艺的、算卦相面的、镶牙拔牙的、卖眼药驱蛔虫药的等，其中卖小吃的占很大比重，可以说北京小吃应有尽有，而且应时当令地变换品种，吆喝声此伏彼起，镇日喧嚣不断。

随着隆福寺庙市的繁荣，庙前的街道上也繁荣起来了。以寺为中心，寺前南北向的神路街、东西向的隆福寺街（东半部叫隆福寺东街，西半部叫隆福寺西街。东街较西街更繁华些），街面上店铺林立。当初曾有书铺20余家，仅次于琉璃厂。崇彝《道咸以来朝野杂记》第19页记载："隆福寺街当年只有书肆三处：同立堂（后改三槐）、天绘阁（后改聚珍）、宝书堂（近年歇业）。"到清末民初时，这里的书肆大量增加，有三槐堂、聚珍堂、修绠堂、修文堂、宝文书局等近30家，几乎占了东街半条街。它们除收售一般古书、经史子集外，善本、孤本、珍本书都可以在这里找到，有的还刻版翻印古书，因之它吸引着名流、学者和莘莘学子到这里购买和查阅图书。当年的藏书家和北京各大学的教授如鲁迅、刘半农、沈尹默、郑振铎、傅增湘、叶恭绰、周肇祥等人，都是各旧书店的常客。街面上的饭馆也不少，颇有声誉的如以卖烧羊肉知名的白魁饭铺（1989年迁到宽街路口）和山西平遥人温姓经营的隆盛号饭馆（即灶温），可以说远近驰名。灶温从卖斤饼斤面起家到添加名菜，其知名度绝不亚于"八大楼"和"八大春"，尤其是灶温的炸酱抻条面，民初的北京老住户简直趋之若鹜，二十世纪三四十年代名艺人金少山、尚小云、奚啸伯等都是常客。抗战胜利后，叶圣陶先生从大后方回京，友人为其接风，就是在灶温吃的炸酱面；1972年中日复交后的首任驻华大使小川，一到北京就找灶温的炸酱面，可惜此时已找不到了。此外，大沟巷南口以西的芙蓉寿糕点铺的黄白蜂糕、蜜供，也是远近驰名的。

隆福寺街中间路北，还曾开过一座戏园子，名叫景泰茶园，演出杂耍、八角鼓、曲词之类的小戏。在清代，内城本不准开设戏园，同治年间，这里被步军统领衙门查封，民国后才复业，改名来福戏园，当年余紫云、盖荣萱、奚啸伯等名角都在这里演出过，以后因为地方狭小，设备陈旧，不久就歇业了。北平沦陷后，原址改成了蟾宫电影院，"文革"期间改名长虹至今。隆福寺街、神路街（包括南口外）都有不少花店、鸟店、鱼店，还有鸽子市（北京人过去养鸽子的很多，成为旧京一大特色）。以上是隆福寺庙市和隆福寺街当年的概况。其情景颇似当前苏州的观前街。

自从1950年在庙内建了铅铁大罩棚，庙市被取代了。到了1963年，山门也被拆除了，1976年地震后，占用单位借口地震损坏（其实地震并未影响这些建筑）而拆除了前殿、碑亭等。直到1988年隆福大厦建成，原来隆福寺的风貌算是一无所有了。

京师九门

北京是辽、金、元、明、清五朝帝都。古人说这里是：左环沧海，右拥太行，南襟河济，北枕居庸；天府百二之国，万古帝王之都。

老北京城的前身，是元代的大都城。大都城是以琼华岛（今北海琼岛）为中心，重新规划的一座大型城市，它是按照传统的"前朝后市，左祖（太庙）右社（社稷坛）"封建都城建置原则而建造的。当时即以雄伟、美观而闻名中外。

明太祖朱元璋灭掉元帝国，他采纳了翰林学士朱允升的"高筑墙、广积粮、缓称王"的建议。为了加强御敌能力，有明一代在全国范围内形成一个筑城高潮。

老北京城是明洪武、永乐朝在元大都城的基础上改建的：将元城北垣向内缩进3公里，南垣向南延伸出0.8公里，东、西垣则沿用了元城旧墙，形成老北京内城的格局。

明北京城是以宫城（紫禁城）为中心，外围以皇城、大城（内城），形成二重封闭平面。这些城垣连同北面的长城，形成一套相当完整的防御体系。嘉靖朝本打算在内城垣之外再增修一圈外罗城，但它的工程量实在太大了，当时国库已难支付这笔经费，因而只修筑了南面城垣（即今永定门、左安门、右安门一线），东西墙只向北延伸一小段，和内城墙接砌上，从而奠定了老北京城"凸"字形的格局。清代沿用了这个都城。

老北京人有"里九外七皇城四"之谚，意为内城辟有九座城门，外城七座，皇城四座之谓。九座内城城门在明正统朝重建各门楼时，增建了瓮城和箭楼，前方护城河上架设石桥，形成完备的"楼铺月墙之制"。南垣中门名正阳门（俗称前门），东侧为崇文门（俗称哈德门），西为宣武门（俗称顺治门，源于元代"顺承门"旧名）；西垣南为阜成门（俗称平则门，源于元代"平则门"旧名），北为西直门；北垣西为德胜门，东为安定门；东垣北为东直门，南为朝阳门（俗称齐化门，源于元代"齐化门"旧名）。九门中除正阳门外，形制基本相同：城楼均面阔五间，堡垒式的箭楼面阔七间，三面辟箭窗，后出五间庑座各设三门。城楼及箭楼均为歇山顶灰筒瓦绿剪边。箭楼下不设门，于瓮城左或右侧设"闸门"以通车马，行人车马经过城楼下的城门后，必须拐弯通过闸门才能出城。而正阳门较其他八门规制高大，城楼面阔七间，箭楼下设券洞与城门洞相对，但只供皇帝出入，行人车马还须迂回通过两边的闸门（正阳门瓮城左右各有一座闸门）。此外，内城四角各有角楼一座，是矩尺形的堡垒式建筑。

老北京内城九门，依惯例正阳门专走皇宫轿车，崇文门走酒车，宣武门走囚车，阜成门走煤车，西直门走水车（运送玉泉山泉水供御用），德胜门走兵车（出兵打仗谐"得胜"之意），班师还朝进安定门，东直门走木材车，朝阳门走粮车。实际是根据运往京师物资的产地，就近进城方便而约定俗成的。有好事者，把阜成门洞里刻上梅花，谐"煤"音，朝阳门刻上谷穗表示粮食。

老北京九门经过五百多年风风雨雨，又历经兵燹、晚清国力衰微，又遭帝国主义列强炮弹轰击，民国期间已大部沦为危险建筑，有一部分已被拆掉。建国后，又陆续拆除了大部分尚存的城楼和箭楼。如今只有正阳门城楼及箭楼、德胜门箭楼以及东南城角角楼尚存，成为旧京仅存的象征物了。

正阳门箭楼

正阳门是明清北京内城的南垣正门。箭楼又是瓮城南垣的正门,行政区划属崇文区(城楼属东城区)。南端凸出瓮城近10米。城台高近14米,楼身高24米,正中辟拱券门与城楼门相对,门洞南侧宽10米,北侧宽12.4米,门洞内设"千斤闸"(吊落闸门,民国初年改装)。箭楼面阔七间62米,进深20米,北面加筑庑座三层,面阔五间42米,进深12米,庑座北墙辟过木方门三座。箭楼瓦顶为灰筒瓦绿剪边重檐歇山顶,正脊饰望兽、戗脊七小兽,下檐为一斗三升、上檐为单翘单昂五踩斗拱,楼南面辟箭窗四层52孔,两侧面(包括庑座)共34孔,三面合计86孔。

元代大都城南垣正门名丽正门。明永乐十七年(1419年)将大都南垣南扩0.8公里,中间辟门仍名丽正门,十九年(1421年)竣工,正统元年(1436年)重建城楼,增建瓮城、箭楼、闸楼,四年(1439年)竣工,更名"正阳门",此时"楼铺月墙之制"完备,规制较其他八门高大。箭楼于万历三十八年(1610年)遭火灾后重修,清乾隆四十五年(1780年)又遭火灾,次年修复。此次修复,因用原建城台,经过火烧的券洞承载力减弱,修后券洞出现裂缝,返工重修,督工大臣英廉(1707—1784,姓冯氏)、和珅(1750—1799)罚俸赔工料之半。道光二十九年(1849年)箭楼又遭火灾,当时因鸦片战争后,清廷人力物力匮乏,据估算重修费用需银68800两,所用的三丈四尺多长的大木柁也无力筹办,只得将西郊畅春园"九经三事"殿的大梁拆下使用,至咸丰元年(1851年)始竣工。光绪二十六年(1900年)义和团火烧正阳门外老德记洋药房，延烧正阳门外大片商铺，箭楼及东、西荷包巷皆被焚，同年八国联军摧毁箭楼。次年慈禧"回銮"时，只好用彩绸搭起一座象征性的箭楼。二十九年（1903年），袁世凯、陈璧奉旨重修（包括城楼），其时工部收存各城门工程档案均毁于联军，复建箭楼时只得按宣武门规制放大（城门按崇文门制式放大，崇文门箭楼亦毁）。所需巨大木料由袁世凯部下张广建从山东筹办。据《正阳门工程奏稿》载："重建正阳门城箭楼总共用银四十三万三千两。"大约用了5年时间才又按照原样修复。

民国四年（1915年）为改善内外城间的交通状况，在内务部长、京都市政督办朱启钤（1872—1964）主持下，聘请德国建筑师罗斯凯格尔（Curt Rothkegel, 1876—1946）设计，改建正阳门道路，拆除了瓮城及东西两座闸楼，接着进行箭楼的改造：在东、西、南三面加筑水泥挑檐及护栏，庑座北面加筑一座宽广的月台，前方加筑东西蹬道，也都加上水泥护栏，和其他三面的挑檐形成完整的环形通道，可以作为眺台。在箭楼与瓮城衔接处，用水泥补塑出仰月形西式图饰；箭楼第一、二层箭窗加筑罗马式水泥遮阳，庑座两侧各增加4个箭窗，因此全部箭窗增至94孔，箭楼内部也有很大改动，所有箭窗全部改为玻璃窗以增加其实用性。改建后的箭楼增加了不少西洋色调，连罗氏的好友、瑞典资深的中国城门研究家喜仁龙（Osvald Siren, 1879—1966）也认为这种中西文化硬性糅合的方式不妥。不过经过几十年的适应性磨合，中国人首先接受了它，大前门香烟就把罗氏改造后的前门箭楼（北京人俗称正阳门为前门）直接用作商标。

1928年，箭楼曾辟为"国货陈列所"，以后还当过剧场、电影院，对外开放。1949年北平解放，箭楼曾作为入城式的检阅台。"文革"期间，原瓮城内的关帝庙和观音庙都被拆除。

1976年唐山地震，箭楼西北角纵向开裂，修复期间，毛主席纪念堂的修建计划已开始，把正阳门城楼和箭楼作为纪念堂的南大门纳入计划。因此，再也无须为预算、请款等一应手续而操心，一切费用均在纪念堂工程项下报销。故此城楼修得富丽堂皇，这次连山花、挂檐、陡匾都贴了金。箭楼工程是由建筑设计院四室、房修二公司和文物管理部门共同负责。当时"文革"刚结束，临时机构古书文物清理小组已撤销，文物局尚未成立，只在市文化局下属成立一个过渡性机构——文物管理处。其下只设一个业务领导小组集体领导。此时纪念堂工地要文物部门出人，文物管理处遂派我为"便宜行事"全权代表，主要参与箭楼的修建事宜。

箭楼损坏的墙角补砌工程已经接近完成，其他水泥构件，如遮阳、瓮城断面的花饰、地基四周的挑檐及其下的支撑构件（古建行业叫"牛腿"）都很完整，清洗刷浆就可以了，只是水泥护栏毁坏得相当严重，很多栏板、望柱钢筋外露，究其原因可能是水泥标号不足、震捣不实，更重要的是硬料未用河卵石而使用了砖"嘎嘎"（即碎砖块），大大降低了构件强度，已经非换不可了。但是原件的花纹很精致，风摆柳的柱头、透雕宝瓶式栏板，再制作这样的合子板时间显然来不及，而且工艺水平根本达不到，工期又不能拖延，于是由我"出谋"（简化护栏形式），设计院四室刘家枢工程师"划策"（出图纸），把柱头改为方柱头，栏板的宝瓶简化为银锭扣式，纹饰只用五合板镂出海棠线脚，往盒子板上一钉，算是有了点纹饰，送到预制水泥构件厂去制作，但是栏板的长度不一，还有蹬道上的斜护栏，我们出的图也不在少数。好在纪念堂工程所用水泥都是高标号，安装上之后，在地面上很难看出已经改变了原形。在北京市东城区文化委员会2005年编著的《东华图志》155页附图正阳门箭楼照片，是我们修改后的水泥护栏形象。同时又用纪念堂的全新日本"多田野"吊车，把当年罗斯凯格尔先生放置在城楼前的一对石狮挪到箭楼前（箭楼前原无狮。新移来的石狮，上书同页照片中可以看到），又将原中华门的明代石狮放在城楼前面，显得气派多了。即将被当作碴土运走的狮子，找到它的安全归宿。

当年参加现场工作的建筑设计院四室的总工张承佑、房修二公司的工程师孙永林，30年后先后作古。当初在箭楼工地上生龙活虎般的战友们，再聚首，已成梦。

真觉寺金刚宝座（五塔寺塔）

北京海淀区白石桥以东的长河北岸，原是一座明代寺庙，叫作真觉寺，寺毁于20世纪初，仅存留下一座造型别致雕刻精美的石塔，它的形式是在一高大的方形基座上，建有五座小型石塔，所以人们俗称该寺为五塔寺。

五塔寺创建于明永乐年间，塔是成化九年（1473年）建成的。清乾隆十六年（1751年）第一次重修后的真觉寺，为避雍正帝胤禛的讳改名大正觉寺，二十六年（1761年）因在这里为高宗弘历之母祝贺七十大寿，对全寺又一次大加修缮。重修后的五塔寺，殿宇全部换成了黄琉璃瓦，寺前清流淙淙，天空白云悠悠，塔后青山隐隐，真是个远离繁嚣都市的清净处所。1937年曾经进行过一次修缮，增修了院墙、门楼和六间南房，但未能修复破毁坏的殿宇。

真觉寺的修建，有关文献皆称永乐年间有一位中印度高僧来到北京，向成祖进贡了五尊金佛和金刚宝座规式，成祖在武英殿召见了他，和他谈经论道十分投机，封他为大国师，授予金印，并赐地西关（西直门）外二里处建寺为居，寺名真觉，就是今天的五塔寺。以后又按照他带来的式样"准式建宝座"，故"与中印土宝座无以异也"。它和印度比哈尔邦南部的佛陀伽耶城的大塔十分相似。佛陀伽耶是印度佛教四大圣地之一。四大圣地即佛祖释迦牟尼的出生处、成道处、说法处、入灭处。释迦涅槃后，佛教徒分别在上述四处建塔作为供养圣地。相传释迦离家出走苦行六年，来到佛陀伽耶城菩提树下结跏趺坐，大彻大悟而成无上正觉。公元前3世纪阿育王曾在此建立一座精舍，后来又历经改建，遂成为一座方形高基座上耸立五塔的纪念建筑物。传说释迦成道处与地极相连通，为金刚所构成，能经受大震动而不毁，过去及未来诸佛皆在此成道，故称金刚座。在此地所建之塔即称为金刚宝座塔。在佛教经义上，认为宇宙的中心是一座高山，名须弥山或称妙高山，高八万由旬（古代印度的距离单位，一由旬相当于三十至四十里），周围环绕大海，海中有四大部洲和八小部洲。须弥山上住的是神仙，山顶的主峰四隅尚有四小峰，为须弥山守护神金刚手夜叉所居，故以五峰代表须弥山。金刚宝座塔的造型，正是以此特征表现佛国天界的须弥山。金刚宝座塔自明初传入中国，陆续在各地建立不少同类型的佛塔，如云南昆明妙湛寺妙应兰若塔、内蒙古呼和浩特市慈灯寺金刚座舍利宝塔、北京碧云寺金刚宝座塔、北京西黄寺西边的清净化城塔、北京玉泉山静明园妙高塔以及山西五台山圆照寺塔等，但是时代最早、造型最精美的，还要属真觉寺的金刚宝座塔了。

真觉寺金刚宝座塔的内部用砖砌成，外表全部用青白石包砌。它的下部是一层平面略呈长方形的须弥座式的石台基，长18.6米，宽15.7米。台基外表周匝雕刻梵文和佛像、法器等纹饰，台基之上就是金刚宝座的座身，连同台基高7.7米。座身分为五层，各层均有挑出的石制短檐，檐头刻出筒瓦、勾头、滴水及椽子，短檐之下周匝全是佛龛，龛内各雕坐佛一尊，龛之间用雕有花瓶纹饰的石柱相隔，柱头并雕出斗拱以承托短檐。宝座南北面正中各开券门一座通入塔室，拱门券面上刻有金翅鸟、狮、象、孔雀、飞羊等图饰；南面券门上嵌有石刻匾额，上书"敕建金刚宝座，大明成化九年十一月初二日造"字样。从南面券门进入，经过一方形过室就是塔室，塔室中心有一方形塔柱，柱四面各有一座佛龛，龛内原有佛像早已遗失。在过室的东西两侧各有石阶梯44级，盘旋而上通向宝座顶上的罩亭内，罩亭为黄绿琉璃砖瓦仿木结构，罩亭南北墙上也各开一座券门，通过向宝座顶部的台面，台面四周绕以实心石栏，栏板雕出山形纹饰以象征神山。

琉璃罩亭北面就是五座密檐式方形小石塔，中央一塔高8米，有檐13层，顶部是铜制的覆钵式塔刹，传说印度僧人带来的五尊金佛就贮藏在此塔中。四隅四座小塔高7米，檐11层，塔刹为石制，形同主塔。塔身及塔座上雕有多种多样有关佛教的纹饰：佛八宝、金刚杵、四天王、降龙伏虎罗汉等，

真觉寺金刚宝座（五塔寺塔）

最多的是五方佛主的造像共计1561尊，龛门上雕饰的是五方佛主的坐骑：狮、象、孔雀、马、大鹏金翅鸟等。中央主塔须弥座正面雕有一双佛足，佛教中称佛足石。相传佛祖圆寂之前，留足迹于摩揭陀国的一块石头上，后人刻佛足以示敬仰。

五塔寺塔在造型上属于印度形式，五塔代表金刚界的东、西、南、北、中五方佛主。我国古代的匠师们，虽然有印度高僧的规式，但他们并不拘泥于原样，而是加以民族化的手法，使得五塔寺塔熔中印文化于一炉，如宝座上的短檐、斗拱，特别是宝座顶上的琉璃罩亭，这种典型的民族建筑形式不但没有破坏整个建筑的风格，反而使它更具神韵，在吸收外来文化的时候，"师其意，不拘其法"，时刻保持着"推陈出新"的创作精神，成为中国传统建筑和外来文化互相融合的创造性杰作。它的雕刻手法流利圆润，在凸出的主题上刻出纤细而流畅的线条，通体可谓无一处不雕，无一处不刻。因此，真觉寺金刚宝座不仅是一座造型优美的佛教建筑物，而且也可以说是一件巨大的雕刻艺术品。

五塔寺现为北京市石刻艺术博物馆，1961年公布为第一批全国重点文物保护单位。

承恩寺

承恩寺在石景山区模式口大街路北,寺坐北朝南,占地约20000平方米。四周有石砌院墙,院墙四角设碉楼。中轴线上依次为:山门殿、天王殿、大雄宝殿、法堂、后殿,旁列配殿、配庑,各殿多有壁画。

山门殿:面阔三间,灰筒瓦歇山顶,殿为砖石结构,周匝封护檐。前后檐为白石券面门窗,正面门额书"敕建承恩寺"。台基前出垂带踏跺四级,后出二级。殿两旁各有角门一座,灰筒瓦硬山顶,实榻大门两扇,门簪四枚,台基前出垂带踏跺三级。山门殿内檐东西山墙上有壁画两铺,绘墨龙,用笔粗犷豪放,形象威猛生动,"文化大革命"期间,被人用纸糊上。

天王殿:面阔三间,进深五檩,灰筒瓦歇山顶,一斗二升交三幅云斗栱,明间六攒,次间四攒,山面各八攒,墨线大点金龙锦枋心旋子彩画,彻上明造。前檐装修为障日板壶门式门窗,后檐正间为壶门,次间为红墙。台基前出垂带踏跺六级,后出四级。内墙两山为彩色云龙壁画,次间后檐墙上各有礼佛图一铺。

钟鼓楼:天工殿两山各接山转角房六间,南面及东西两面各二间,钟鼓楼即建在东西转角处。楼为上下层灰筒瓦歇山顶,一斗二升交麻叶头斗栱,每面各四攒。上层装修四面均为障日板壶门,下层坐落在转角房内。

大雄宝殿:面阔五间,灰筒瓦歇山顶,但吻、垂、戗兽及小兽均为黄琉璃;旋子彩画,龙锦枋心,装修已改,明、次间为三间吞廊。前出月台,石板台面,三面各出垂带踏跺六级。殿内壁画是画在纸上或木板上,然后贴在墙上的，显然系后人补画的，现损毁严重。殿内原有高2.5米的铜释迦像，现已不存。东西配殿各三间，正间为吞廊，并各有配庑七间。

法堂：面阔五间，灰筒瓦硬山顶，装修已改，彩画不存。台基正面出垂带踏跺五级，两梢间前各出如意踏跺四级。两侧各有朵殿三间半，东西配庑各五间半。东配庑已重修见新，余均残破。

大殿和法堂之间有一道隔墙，正中辟屏门（已不存，仅存基础），今已改为东西两座随墙门。

后殿十间已全部拆改，难窥原貌。殿北原为一广场，相传该庙早年曾住武僧，故有碉楼和练功场之设。广场及东路已盖满临建，并设厂在此生产木器家具。

承恩寺中路东侧，隔墙为一单独院落的小型"三界伏魔大帝庙"，建于明万历朝。庙坐北朝南，有山门、正殿和后殿。正殿三间，前出抱厦一间，配殿各三间；后殿三间，配殿各三间。东西两侧多有临建，现为民居。

承恩寺的修建年代，据明人李东阳（1447—1516）撰写的《承恩寺纪略》碑文记载："兹寺经始于正德五年（1510年）庚午之春，落成于八年（1513年）癸酉之秋，额名实上所赐，且命僧宗永为僧录司左觉义兼本寺住持。"说明承恩寺是在唐代武德年间的寺庙遗址上，由明正德朝太监温祥重建，并由武宗敕赐的佛寺，并且委任了高僧当住持，碑文还记有："其地崇岗后峙，高塔前耸；长河抱其阳，平畴衍其周。"按此碑立于正德十年（1515年），据李东阳自己说，此时他已经年迈体衰，无力亲临现场去看看这座新建成的庙，故其叙述相当简略。至于所谓"高塔前耸"，竟连此塔的形制、位置皆未说明。由于寺前面临通衢，实无处建塔，因此"高塔前耸"之说，不排除是李氏的凭空想象。

承恩寺"文革"受损，尤其是壁画，恢复起来亦非易事。

1990年2月23日，承恩寺公布为北京市第四批文物保护单位，2006年5月25日提升为全国重点文物保护单位。

大慧寺

大慧寺位于海淀区魏公村，寺为明正德八年（1513年）司礼监太监张雄创建。武宗赐额"大慧"。嘉靖改元，世宗崇道抑佛，奉佛的太监曾在寺后叠山上建真武祠，后提督东厂太监麦福又在寺左增建一座佑圣观，将寺用道观围护以免被毁。当时大慧寺和佑圣观一共有殿宇183间，占地421亩（纳兰成德《渌水亭杂识》）。万历二十年（1592年）重修大慧寺，乾隆二十二年（1757年）再次重修，此时佑圣观及真武祠已废毁，至光绪朝，寺渐圮败。宣统元年（1909年），由寺僧集资维修了大殿。建国后，1958年文物普查时尚残存有东西配殿、山门两侧的院墙、山门对面带须弥座的照壁以及东跨院的部分殿宇、神像。以后这些建筑遗存逐渐被拆毁，当前只存一座大殿。

大殿坐北朝南，面阔五间，进深三间，灰筒瓦重檐庑殿顶，旋子彩画。上檐为单翘重昂七踩斗拱，下檐为重昂五踩斗拱；上檐明间六攒，次间四攒，梢间一攒，下檐明间六攒，次、梢间均为四攒。两山正间六攒，廊间上檐一攒，下檐四攒。两重檐间四周设采光用的菱花格横披窗。前檐悬"大悲宝殿"陡匾。前檐装修，明、次间为四抹三交六碗菱花格隔扇门四扇（明间正中两扇带帘架），梢间为两抹槛墙隔扇窗四扇。明、次间台基前有三连垂带踏跺各七级。后檐及两山均以砖墙封固。整座殿宇的梁架结构和彩画装饰均保留了明代建筑法式原制。

从"大慧寺"和"大悲宝殿"的命名可知，它是供奉观世音菩萨的寺庙殿堂。大殿主座上原为一尊高五丈（约15米）的铜铸千手千眼观世音立像，铸造精美，法相庄严，因而当地人把大慧寺俗称为"大佛寺"。民国初年铜佛已毁，以后另按原式雕造一尊沥粉贴金彩绘木像和左右二胁侍像（高约12米）以代替原有的铜像，但形象和质感则远不如原像精美壮丽。

大殿内部金碧辉煌，五彩焕然，甚至在枋柱插头处均饰以彩色小型神像。上檐的内檐斗拱承托井口天花，平棋彩绘梵字"种子曼荼罗"，明间殿顶正中有斗八蟠龙藻井一铺，下檐为鎏金斗拱后尾。正德朝兴修铜观音像的同时，在殿内东、西、北三壁上绘制了十铺壁画，并塑造了二十八尊重彩妆銮泥塑立像，环列于壁画前高约1.1米的汉白玉须弥座上。塑像高4米左右，高与殿的下檐额枋齐平，拱立于主尊观音两侧。大悲殿主尊为千手千眼观世音菩萨，这些塑像当属观世音的二十八部众（《大悲心陀罗尼经》）。其部众的名号（从主尊观世音两旁左右按昭穆序列）为：1. 梵天；2. 帝释天；3. 阿修罗；4. 摩呼洛伽；5. 乾闼婆；6. 紫微大帝；7. 维摩诘；8. 紧那罗；9. 阎摩罗；10. 地藏王；11. 吉祥天女；12. 摩醯首罗天；13. 东方持国天王；14. 北方多闻天王；15. 南方增长天王；16. 西方广目天王；17. 日天子；18. 月天子；19. 密迹金刚；20. 韦驮；21. 辩才天；22. 摩利支；23. 鬼子母；24. 散脂大将；25. 坚牢地神；26. 菩提树神；27. 难陀跋难陀；28. 东岳大帝。

当年的艺术匠师们根据部众的不同性格，刻画出了彼此不同的、鲜明的个性特点，其妆銮（彩绘）的富丽辉煌，更突出了装饰美的艺术效果。它们是保留至今的明代塑像中极其珍贵的杰作，是我国重要的文化艺术遗产。从部众中出现紫微大帝、东岳大帝等名号看，说明明清佛教造像吸收了道教神祇的世俗化倾向。

大悲殿内东、西、北三壁上绘有总面积为247.64平方米的壁画十铺，内容取材于元代女画家管道升（1262—1319）的《观音大士传》。画师们采用了展示连续叙述情节的构图形式，以青浅淡设色漫写式勾线画法，绘成了《观音大士传变相》。其内容（从东墙南端西转，又从西墙南端东转至主尊菩萨像）分别为：1. 妙庄王宣旨嫁女；2. 妙善公主请求习佛；3. 妙庄王以情感化妙善公主易志；4. 妙善公主被禁白雀寺；5. 妙庄王加害妙善公主；6. 妙善公主梦游地府；7. 妙善公主得道香山；8. 妙庄王命赖忠孝女；9. 妙善公主舍身救父；10. 妙庄王皈依佛法。

壁画以连环画的形式叙述了《观音大士传》的主要内容，至结尾处又离开壁画，移至大殿的主尊，又以雕塑形式结束，圆满地完成了妙善公主最终转化成千手千眼观音菩萨的全过程。她以千手帮助众生解除苦难，以千眼遍视人世间众生的吁求，"以大慈与一切众生乐，以大悲拔一切众生苦"（《观音大士传》）。大悲殿以绘画和雕塑形式传播了《观音大士传》的主题思想，成功地达到了宗教宣传的功利意图。人们来到大悲宝殿，能够同时观赏到明代建筑、雕塑和壁画三种艺术杰作，无不为古代匠师们的高超技艺所折服。

20世纪60年代初，大慧寺曾辟为市文化部门的生产基地，成为养鸡场。1983年4月15日，某文物单位在大殿进行古建测绘实习，由于照明灯事故引起殿内梁架失火，烧坏了部分梁枋彩画，脊枋下面写有"大明正德岁次癸酉五月初七日司礼监太监张雄造"沥粉贴金的题记大部分被烧焦。

大慧寺大悲殿因年久失修，内外檐彩画多已褪色，大木构件有些已歪闪变形，柱脚糟朽，有的泥塑像木骨朽坏，大部分壁画下部因潮湿而脱落，亟待保护整修。

1957年10月28日，大慧寺被公布为北京市第一批古建文物保护单位；2001年7月，提升为第五批全国重点文物保护单位。①

---

① 周肇祥（1880—1954）《琉璃厂杂记》："（民初，大慧寺）大悲殿尚完好，清内务府大臣继禄修饰之。继以富闻，殁后，其子下为人讹诈辄钜万。既顾皈依三宝，曷不捐百一，俾隳者兴，废者复，乃仅涂饰一殿，其愿力劣弱，远出明大珰下。殿中有木雕观音变相，像高五丈，三首六臂，累人头为冠，雄猛最胜，旁立二童子，庑列二十八应真，土人故呼为'大佛寺'云。"庚子后内务府大臣继禄及其弟继祥修之。惟山门内钟鼓楼残破如故，明钟封闭楼上不可睹，继禄等愚而多财，无魄力，修大慧寺仅完大佛一殿。"

按周氏游山访古之作，从《杂记》及其他手稿内容推断，当在民国初年。彼时铜像已无存，看到的是木像。故铜像毁弃年代，当在北平沦陷之前。

广仁宫（西顶）

广仁宫位于海淀区四季青镇蓝靛厂，旧址为明正德朝创建的嘉祥观。万历十年（1582年）发内帑重建，十八年（1590年）建成，并赐额"护国洪慈宫"［万历庚寅（十八年，1590年）《洪慈宫完工记》碑］。天启朝再修［天启四年（1624年）《敕赐洪慈宫碑记》碑］。清康熙戊子（四十七年，1708年）重葺，次年竣工，五十一年（1712年）改名广仁宫。

广仁宫建制宏伟壮丽，初时占地面积达13000平方米以上，院落四进，殿宇五层。广仁宫坐北朝南，中轴线上依次有宫门：面阔三间12.53米，进深4.61米，砖石结构，灰筒瓦歇山顶，券门三座，两旁带八字影壁，前立牌坊（已不存），正门内未见钟鼓楼遗迹；天王殿面阔三间14米，带东西朵殿各一间，进深7.6米，筒瓦硬山顶调大脊，殿内有四大天王塑像，座下八鬼怪（富察敦崇《燕京岁时记》）；正殿即娘娘殿，面阔五间21.5米，进深9.1米，绿琉璃筒瓦黄剪边硬山顶调大脊，前檐三出陛，垂带踏跺各五级，内塑碧霞元君像，左眼光、右送子两娘娘，下有甲士、侍女、夜叉等。殿前明清碑林立槐柏间，多各会进香碑，以及天启四年《敕赐洪慈宫碑记》碑、康熙四十七年（1708年）重修碑、康熙五十一年（1712年）御制碑等。东西配殿各三间，前出廊，两侧带朵殿各一间，内有冥府七十四司壁画，各司像前摆放铁香炉一只，上有"万历壬子（四十年，1612年）孟冬"纪年；后寝面阔五间21.5米，进深9.1米，绿琉璃筒瓦黄剪边硬山顶调大脊。正殿后檐明间与后寝前檐明间之间有五间穿堂相连通，此种形制仍然保留了宋元时代的布局;穿堂的正中一间是过道门,东西面各出垂带踏跺四级,后寝从此门出入,不另辟门;后殿名三圣殿,面阔三间14米,带东西朵殿各一间(已毁),进深7.7米,绿琉璃筒瓦黄剪边硬山顶调大脊,殿内供奉太乙、天齐(东岳大帝)、太阴诸神塑像。三圣殿前立有万历庚寅(十八年,1590年)《洪慈宫完工记》碑一座;殿后即为后罩楼,楼两层,面阔五间21.5米,进深9.76米,绿琉璃筒瓦黄剪边硬山顶调大脊,下层四天将守门,祀三元水府之神,上层祀玄天上帝像,各塑像都很精致古朴。阁前原有娑罗树左右各一株,"二人围抱不能合,绿周遭,蔽日月,皮鳞鳞,脂涎涎,触手香不散"(周肇祥《琉璃厂杂记》四)。

广仁宫的主祀神祇是碧霞元君,她是泰山神东岳大帝的女儿,她的祠宇各地多有,主祠在泰山顶上,故京师近郊的五座碧霞元君祠(或称行宫)遂皆以"顶"呼之,合称"五顶"。由于泰山在东,"岱居木位,其色为碧;东方主生,有如元君,故封其为天仙玉女碧霞元君"[乾隆三十九年(1774年)《重修碧霞元君庙记》碑,立于通州马驹桥"南顶"],这是碧霞元君封号的由来。

碧霞元君是青春女神,年轻貌美,她负责掌管风雨调顺、草木生长、禽兽繁育以及人类的灾患等环保、气象、医疗等事,而且还有一项向人间送子的职务,"人以其坤道资生也,祈子者辄祷之……无子者有子也,有子者多子也。人庆螽斯,家征麒趾,可不谓神之德欤"[康熙三十五年(1696年)《百子盛会碑记》碑,立于"中顶"普济宫]。这样,就必然和广嗣神"子孙娘娘",甚至和她的副手"送子娘娘"的职责不易分清,好在她是兼职。中国长期的封建社会,一向视断子绝孙为人之大忌,元君理所当然地成为缺子乏嗣者的救星,因之各"顶"香火鼎盛。以后,她嫁给道教三茅派祖师(茅盈、茅固、茅衷)三茅司命真君的长兄茅盈为妻。她的父亲东岳泰山神权势本来就很大,"领群臣五千九百人,主治生死,百鬼之主帅也"(《云笈七签·五岳真形图序》),阴阳两界的事都要管,而且要到各地去巡幸,有了附马茅盈之后,翁婿合作掌权,配合默契,相得益彰。至于茅盈夫妇有无子女,则未见记载。

广仁宫明清以来,每年阴历四月初一至十五开庙,清季甚至由官府派员来此拈香。直至清末,香火不绝。民国时逐渐萧条,1949年以后,神像及壁画被毁，碑碣被移走或砸碎，古树枯死，庙址被侵占，东配殿被划出庙界之外，其他殿宇也破败不堪，或被拆改。以后为工厂占用。2001年公布为北京市文物保护单位。

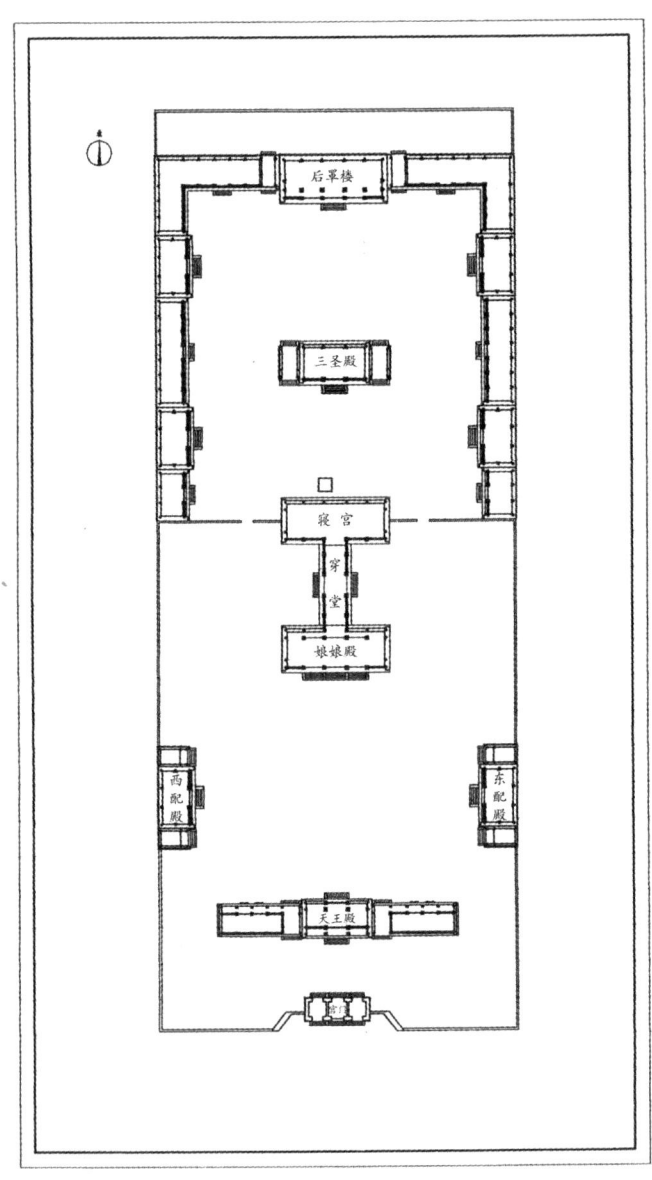

广仁宫复原平面图

万里长城北京段

长城是祖国大陆颈上的花环，千百年来熠熠放光；长城是东方的巨龙，蛰伏在祖国大地，蜿蜒曲折地越过群山，穿过草原大漠，潜入苍茫的东海。万里长城是世界上最宏伟的军事防御工程，其工程之艰巨，历史之悠久，气势之雄伟，均为世所罕见。它是中华民族的骄傲。

我国历史上有二十多个诸侯国家和封建王朝都修筑过长城。秦、汉和明代的长城，总长度都在万里以上，若把各时代修筑的长城加在一起，长度要超过十万里的。

中国之有长城实自春秋战国始。公元前214年，秦始皇并吞六国，下令拆毁了六国内部互防的长城关隘，并将赵、燕等国北方长城部分墙体连接起来，修筑了"临洮至辽东延袤万余里"的长城。此举虽为巩固中央集权封建制和统一国家必要的军事和政治措施，但带给人民沉重的灾难和暴虐的刑罚，始终铭记在人们的心灵深处。从这时起，才有了"万里长城"之名。以后，汉、北魏、北齐和金代的筑城规模也都很可观。到了明代，自太祖朱元璋开始，进行了更为浩大的长城修建工程。有明一代，完成了东起鸭绿江，西至嘉峪关，全长6800多公里的万里长城。明王朝是长城修筑史上最后的一个朝代，也是长城工程发展的最高阶段。其修造技术、规模和管理规制等方面也达到了顶峰。秦皇汉武之后，还没有一个朝代能够与之相比。现在，在我国新疆、甘肃、宁夏、陕西、内蒙古、山西、河北、北京、天津、辽宁、吉林、黑龙江、河南、山东、湖北、湖南等十六个省、市、自治区，都有长城、烽火台的遗迹。明王朝还把长城沿线划分为辽东、蓟、宣府、大同、山西、延绥、宁夏、固原、甘肃等九镇，各镇设总兵分段管辖长城。万历朝，抗倭名将戚继光就做过蓟镇总兵。自明以后，长城的军事防御作用逐渐消失，三百多年来，失去了必要的管理和维修，遭到了巨大的自然和人为的破坏。

北京地区的长城，横跨北京北部山区的平谷县、密云县、怀柔县、昌平县、延庆县和门头沟区，呈半环形分布，总的来说保存比较好，比较连续完整。从山海关西来的长城，由平谷县将军关附近进入市界。在平谷县黄松峪、密云县墙子路一带呈南北走向，向北过密云县东北部黑关后，走向急转向西，沿密云县曹家路、新城子、古北口、白马关一线的北部山区分水岭构筑。过白马关后，走向转向西南，经密云县冯家峪、北石城、南石城而达怀柔县的神堂峪、慕田峪。这一带长城主要构筑于平原及谷地西侧的山麓地带。从慕田峪向西，在怀柔县海拔1534米的黑坨山附近，长城分成两支：其一呈西北走向，经延庆县四海至暴雨顶后分成东西两路：东路经白河堡东北出市界；西路经佛爷岭一带出市界，然后向河北省赤城、宣化延伸。另一支走向南西，分成南北二线：北线从延庆县杨树台长城连接点开始，沿延庆县海字口、东灰岭、小张家口、八达岭而达青水顶；南线从怀柔县旧水坑西南长城连接点开始，经昌平县黄花城、龙泉峪、黄花梁、西岭、八达岭而达青水顶。北线构筑于延庆盆地南缘，南线构筑于军都山中。二者在青水顶汇合后继续向西南延伸，在禾子涧以北再度分成南北二线：北线在黄楼洼出市界后，在镇边城以西重新进入市界，在笔架山、广砣山等地中断；南线沿禾子涧、郭定山、老峪沟、大村一带东山脊南延，至得胜寺转向西北后中断。向西在门头沟区沿河城附近经东灵山越出市界，然后向河北省易县、山西省灵丘方向延伸。

北京地区长城总的走向分布，主要由东西、北西两个体系组成，二者在怀柔县旧水坑西南分水岭上汇合（接合点位于东经116°，北纬40°。为了叙述方便，将此接合点命名为"北京结点"），连接成为一个整体。东西向长城体系，在北京结点以东，以单层状为主，只在隘口附近才出现环状、多层状。北京结点以西则比较复杂，除在隘口附近构筑多层状、环状城墙外，在延庆盆地与北京平原之间，构筑相互平行的两道城墙，形成双重的纵深防御体系。北西向长城体系，在北京市境内主要为单层状，在结构上也简单得多。此外，在长城主线两侧偶然可见伸出的支线。这些支线一般长几百米至几公里。这类支线墙体的构筑质量和用材多与主墙一致，但从分布特点看，大部分无防御价值，据此推测，其中一部分可能是修建过程中，发现走向不合理而被废弃的。

北京地区长城全长为629公里（主干线长度为539公里，支线长度为90公里），其中明代以前的长城长度为73公里。墙体保存完整无损的累计长度67公里，仅占全长的10.65%；基本完整的56公里，占8.90%；中等的116公里，占18.44%；坏的95公里，占15.11%；最坏的295公里，占46.90%。长城线上共有城台（敌台、附墙台及战台）827座，其中好台为391座，占47.3%；坏台436座，占52.7%。城台基本上为方形或长方形，仅禾子涧和南石城等地发现五座圆形台，另外，在怀柔县半城子以北还发现一座长方形城台，筑有坡形屋顶。这种形式的城台极为少见。此外，全区有关口71个、营盘8座。营盘是长城线上用作屯兵、储藏和检修武器的场所，位于墙体内侧，多呈方形或长方形，也有的呈不规则多边形，多分布于远离居民区的长城线上。

北京地区明代以前的长城，主要有镇边城以南大村、老峪沟、禾子涧，十三陵北部西岭、黄土梁、外桃园一段以及石峡、青水顶北京结点、金山岭及曹家路等诸段。从分布情况可以看出，除大村、老峪沟、禾子涧一段距明代建筑的城墙较远外，其他段落多分布在明代长城沿线上。根据明代以前长城遗迹的分布特点，可以设想其总的走向为：北京结点以东，除白马关、古北口以东两处走南线外，其余与明长城一致；北京结点以西，明前长城经黄花城、龙泉峪、西岭、八达岭至青水顶，过青水顶支线及石峡支线后沿禾子涧、老峪沟、得胜寺一线向西南经沿河城、东灵山一带出市境。

明代长城是北京长城的主体，明代所设九镇中的宣府和蓟镇在北京境内。北西走向体系属宣府镇，东起居庸关四海冶，西至西洋河；东西走向体系属蓟镇，东起山海关，西至居庸关灰岭口，两镇分界应在北京结点北1公里左右处。在北京结点以东以及结点西的八达岭、青水顶而达广坨山、笔架山一带以及沿河城至东灵山一带，也可能属蓟镇所辖。

北线长城的小张家口、西红山、三司一带，地形较平坦。在主墙北侧有三四条与主墙平行分布的"障墙"，其中距主墙最近的一条相距约50米，其余间距大致在20米左右。这些墙外障墙，可能是为了加强主墙的防御能力而增设的。

造成北京地区长城不同程度损坏的主要因素来自大自然。北京长城大部建在崇山峻岭中，山区昼夜巨大的温差、风沙磨蚀、雨水冲刷、霜雪冻融以及植物根系的物化作用等自然营力作用的结果，使不同年代修建的、质量差异很大的长城，产生毁坏程度各异的段落。从时间方面看，长城的破坏程度与年代是成正比的，年代越久破坏越大。如以明代长城和明以前古老的长城相比较，则前者比较完好而后者毁坏严重；从质量方面看，明以前的长城构筑比较简单，材料以泥石为主，结构粗糙，极易风蚀破坏；明代长城多以条石为基砖色墙体，更以优质白灰浆灌缝，整体结构严实，不易遭受破坏。明代长城也因修建时间的早晚和隶属关系的不同，其质量差异也很大。宣府镇长城质量就远不如蓟镇好，而蓟镇长城中，早期修筑的就不如晚期的八达岭、黄花城、金山岭等地的质量好。此外，人为破坏虽然强度较大，但作用范围有限，一般仅限于平原及河谷地带。除延庆盆地南缘的北线长城被人严重拆毁外，其他地段则比较次要。在山脊地区，长城的破坏显然与山体崩塌、滑坡、泥石流等自然灾害有关；在河谷地带，特别是河道附近，除河流侵蚀、冲刷造成的毁坏外，更重要的是由于拆砖取石以及战乱等原因所造成的，甚至连残迹也荡然无存；平原地区则人为破坏比较突出。

万里长城北京段，记录了北京地区古代军事、政治、经济、社会、空时环境等的演变发展，因而对于军事科学、自然科学和社会科学的研究均具有重大价值。

长城是我们祖先留下的一份宝贵的文化财富，它代表了中华民族的文明和进步。长期遭受残毁的长城已是遍体鳞伤。"文化大革命"中，又刮起一阵拆城砖盖房子、搭猪圈的所谓"古为今用"的邪风，使得长城体无完肤。长期以来，呼吁保护长城、修复长城的声音日高。但它毕竟太长了，修起来绝非易事。1984年7月5日，由北京晚报、八达岭特区办事处、北京日报、北京日报郊区版、经济日报和工人日报联合举办了"爱我中华，修我长城"

社会赞助活动，号召各单位和个人自愿赞助修缮长城的款项，并收集失散的长城城砖活动。这一活动的成果是喜人的，国内外各界人士争先恐后地响应号召踊跃捐输。9月1日，邓小平同志为修复长城题写了"爱我中华，修我长城"的题词。这八个大字将被镌刻在社会赞助活动纪念碑上，碑阴刻写碑文，记录这次有重大影响的爱国活动；碑身两侧分别刻写赞助单位和赞助个人的名单。纪念碑碑址在八达岭长城北七楼城台中央。这座城台是此次赞助活动的起点，也是八达岭长城的第二制高点。今后长城的修缮工程，将会长期按部就班地进行下去。

历代帝王庙

历代帝王庙在北京西城区阜内大街131号，是明代后期及清代祭祀三皇五帝、历代帝王（无道被弑亡国之主除外）和历代贤臣名将的庙堂。明嘉靖十年（1531年），世宗钦准于故保安寺旧址营建，次年（1532年）夏庙成；清雍正七年（1729年）重修，并增建了正殿西方碑亭（内立无字碑）和东南方碑亭（内立世宗《御制历代帝王庙碑》），十一年（1733年）完工；乾隆二十九年（1764年）又重修，并添建了西南方碑亭（内立高宗《御制重修历代帝王庙碑》），将正殿及碑亭的绿琉璃筒瓦易为黄瓦，正殿内添加了高宗御制"报功观德"匾额及"治统溯钦承法戒兼资洵哉古可为鉴，政经崇秩祀实枚式焕穆矣神其孔安"抱柱楹联。乾隆五十年（1785年）又增建了大殿东边的碑亭（原有碑无亭），景德门外西院内的诸殿宇也是乾隆朝添建的。此后便再未增建正式殿宇建筑，形成历代帝王庙的最终布局。

历代帝王庙坐北朝南，前临阜成门内大街，占地面积21500平方米，建筑面积6000平方米，单体建筑30余座。其主要建筑有：

影壁：在帝王庙庙门对面路南，东西长32.4米，厚1.35米，高约5.4米，绿琉璃筒瓦硬山顶调大脊，壁心及岔角均有琉璃花饰，"文革"期间遭到严重破坏。1990年亚运会前将被损毁的筒瓦修整，1999年又将影壁面上的花饰添配齐全。

庙门：黑琉璃筒瓦绿剪边单檐歇山顶调大脊，面阔三间15.6米，进深五檩9.5米，单昂三踩斗拱，门旁有八字屏墙；大门两侧各开掖门一间。门前正中原有三座石桥，左右有下马石碑各一座，碑铭用六种文字镌刻"官员人等至此下马"，原立于旱石桥两旁，解放后移至门廊前，"文革"中碑身被砸碎，就地挖坑掩埋，仅存底座。1999年10月，挖出后经粘结立于原碑座上。1994年曾对庙门挑顶大修。庙门前有木制三间四柱七楼过街牌楼左右各一座，正楼额书"景德街"，1954年拓宽马路时，连同三座旱石桥一并拆除。首都博物馆新馆开放时，在正厅迎面恢复了一座牌楼作为首博标志性景观。

钟楼：在东掖门内通道东侧，黑琉璃筒瓦绿剪边重檐歇山顶调大脊，各面阔三间，旋子彩画，上檐单昂三踩斗拱，下檐一斗二升交麻叶头斗拱，内悬铜钟已无存。

景德门：在庙门正北，黑琉璃筒瓦绿剪边歇山顶调大脊，面阔五间26.6米，进深七檩14.8米，旋子彩画，单昂三踩斗拱，台基周边环绕白玉石护栏，前后三出陛，门两旁卡子墙上各辟门一座通向后院。现门及墙皆不存。景德门前庭院两侧，原有以朱垣围成的东西两院，院门东西对称：东院为神库、神厨、宰牲亭、井亭。1977年重修了神厨和宰牲亭，院墙和院门已拆除；西院在清雍正朝以前是一座空院，乾隆朝初期曾在院内建房，乾嘉之际将西院分割为南北两院，中间以一条甬路隔开。西院门内在甬路东端迎门建有一座影壁。北院的南墙上开有东西二门，东门内建南向关帝庙一座，庙西建东向祭器库五间；西门内建南向遣官房三间，其西又建斋宿房五间。南院于北墙东端辟门一座，门内有东向的乐舞执事房五间，其西建北向的典守房三间。今仅存五间祭器库和五间乐舞执事房，1990年曾重修。其余各房舍及门墙均已拆除。景德门前庭的东南、西南两隅各有看守房三间，今亦不存。

景德崇圣殿：前檐正对景德门，黄琉璃筒瓦重檐庑殿顶，金龙和玺彩画，面阔九间51米，进深九檩27.2米，上檐重昂七踩斗拱，下檐重昂五踩斗拱，崇基石栏，前出月台，南面三出陛，正中带丹陛十三级踏步，左右各十一级，东西面均一出陛十二级踏步。殿前石阶上下曾列鼎炉各四。东西配殿均面阔七间33.4米，进深七檩14.6米，黑筒瓦绿剪边歇山顶调大脊，旋子彩画，井口大花，单昂三踩斗拱，正中垂带踏步八级，阶下置鼎炉各二；东配殿南边有绿琉璃燎炉一座，西配殿南边有砖燎炉一座，鼎炉、燎炉现皆不存。景德崇圣殿东西两侧各有碑亭两座，均为黄琉璃筒瓦重檐歇山顶调大脊，和玺彩画。

景德崇圣殿后原有祭器库五间，建国后被拆除，在原址上盖了一排二层教学楼。

历代帝王庙虽经多次修缮，但在明清两代其名称、功能性质一直未变。明初，太祖朱元璋在应天（今南京）所建的历代帝王庙，初定制时只崇祀创业之君，从祀则仅限于开国之臣，故其人数有限。当时供奉的是塑像。嘉靖朝建成了北京帝王庙，改为"设主不设像"，即只供奉神主灵牌而不塑像，最初也只是供奉十六帝、三十二名臣，到了清康乾两朝屡有增祀，乾隆朝后期已增至帝王188人，东西两庑配祀名臣79人，这一局面终清之世再未动过。辛亥鼎革，清室覆亡，历代帝王庙开始废弃。此后，历代帝王庙先后由中华教育促进会、国民党北平内三区党部、讨逆军第五路军总指挥部卫队营、河北省国术馆、中华博物学会使用。1931年，陶行知（1891—1946）、熊希龄（1870—1937）、张雪门等知名人士，在此兴办香山慈幼院实验学校——北平幼稚师范学校。1925年，孙中山（1866—1925）先生逝世后，曾在大殿内举行悼念活动，此时殿内仍存神龛七座，中龛改奉孙中山总理遗像。1941年改名"北京女三中"，建国后于1952年被定为市重点学校，1972年统编为北京市第159中学。2000年底进行了大修工程，2004年竣工。

1979年历代帝王庙公布为北京市第二批文物保护单位，1996年提升为第四批全国重点文物保护单位。

妙应寺白塔的建筑结构与修缮

  首都北京是一座历史悠久、文物古迹荟萃而美丽的城市，巍峨壮丽的宫殿、风景如画的皇家园林和高耸入云的古塔点缀在绿瓦红墙之中，既丰富了城市的内容，也给城市轮廓线上增加了节奏感。琼华岛上的小白塔和阜成门内的妙应寺白塔遥遥相望，曾给中外游人留下了深刻的印象，因此当1976年唐山大地震波及北京后，群众十分关注这两座塔的"命运"，尤其妙应寺白塔遭受的损坏更为严重，真可谓"岌岌可危"。国家文物局为了保障塔四周密集的居民和文物的安全，很快拨款修缮。市文物局和房修二公司古建队密切合作，从1977年夏开始到1979年6月竣工，现白塔已经以崭新的面貌迎接着游人。我们有幸能利用此次机会登塔进行观察和记录，得以了解其外部全貌和个别细部，并得到一些新的资料和启示，现从其历史沿革、建筑结构和维修几方面略作介绍。

  妙应寺位于北京西城区阜城门内大街路北，因寺内有雄伟壮丽、通体涂白垩的喇嘛塔，故人们就称它"白塔寺"，而其正名反而被忘却了。寺坐北朝南，呈长方形，由山门、钟、鼓楼、天王殿、三世佛殿七佛宝殿、廊庑配殿、塔院等组成，元朝时称"大圣寿万安寺"，至元十六年（1279年）始建，二十五年（1288年）建成，明天顺元年（1457年）改称"妙应寺"。

  寺院经元至正二十八年（1368年）六月遭火灾后重修，直到明清两朝屡有修葺，白塔就成了唯一留下的元朝遗物了。除三世佛殿、七佛宝殿两殿基及两殿基间的穿廊基（工字基）还沿袭了明景泰再建时的规制外，其余皆是清代遗物。

关于白塔的历史可追溯到辽道宗寿昌二年（1096年），那时曾建过一座为供奉舍利的塔。据记载，塔内曾藏有舍利戒珠二十、香泥小塔二千和无垢净光等陀罗尼经五部，而塔的形制史书无征。按辽金时北方塔以密檐式的居多，估计这座塔可能就是天宁寺塔的那种式样，这就是妙应寺白塔的前身。金朝完颜珣贞祐三年（1215年）为逃避蒙古族的威胁迁都汴梁，翌年中都城被攻陷，豪华雄伟的宫阙、街市尽遭焚毁，成为一片废墟。元朝忽必烈帝于至元四年（1267年）放弃中都，在其东北郊外，以金朝离宫大宁宫为中心建起了布局谨严、规模宏大的世界名城——元大都城。正当元室大兴土木之时，世祖忽必烈于至元八年（1271年）曾从近臣处传闻并详视了因"兵燹湮没"的旧塔内出土的石函等遗物后，在旧塔基或其附近兴建了这座大型的喇嘛塔。因工程浩大，历时八年之久。塔建成后为安奉旃檀瑞像，在塔前建了大型寺院，敕名"大圣寿万安寺"。《佛祖历代通载》卷二十二："帝（元世祖）一日曰：'旃檀瑞像现世佛宝，当建大圣寿万安寺。'"兴建中得到当朝皇帝的关注与大力支持，《元史·世祖纪》卷十："（至元二十二年十二月）戊午，以中卫军四千人伐木五万八千六百给万安寺修建。"建成的寺装饰华丽，有若内廷，《元史·世祖纪》卷十二："（至元二十五年夏四月）甲戌，万安寺成，佛像及窗壁皆金饰之，凡费金五百四十两有奇，水银二百四十斤……"《元史·五行志》："此寺旧名白塔，自世祖以来为百官习仪之所，基殿陛栏，一如内廷之制。"程钜夫《雪楼集》中更言简意赅地描绘了白塔建成的情景："至元十六年建圣寿万安寺，浮图初成，有奇光烛天，上临观大喜，赐京畿良田亩万五千，耕夫指千，牛百，什器备。"世祖亡，成宗置世祖影堂于殿西，内放玉册十有二、玉牒宝钮一；置裕宗影堂于殿之东，月遣大臣致祭。《大都图册》："大圣寿万安寺精严壮丽，坐镇都邑。"说明大圣寿万安寺和塔的兴建，是元皇室兴建大都城中的重要工程之一。建塔时还特别邀请了尼泊尔著名的工艺家阿尼哥参加设计与修建。过去史书上关于妙应寺白塔的创建年代多记载为辽寿昌二年，把两座塔的创建年代史实混淆，元至元年间如意祥迈长老奉敕撰《圣旨特建释迦舍利灵通之塔碑文》刻石。更正了从明末崇祯时刘侗、于奕正撰《帝京景物略》和清初孙承泽《春明梦余录》卷六十六所记之误，为现存北京文献中记录白塔的最早的一块碑记。

一、形制与结构

白塔建在寺院后的塔院内，塔院地势高于寺院殿堂，四周建角四，正中为"具六神通"殿，内祀三世佛。高大的白塔在塔院正中，由塔基、塔身和塔刹三部分构成。通高50.9米，覆钵式砖结构，塔下有高大坚实的台基，台基由三层组成，最下层平面呈方形，涂朱红色，台前设一门，门前有台阶式横桥，分东西踏步直登塔座。上、中层平面均作亚字形，四角向内递收二折，束腰转角处有圆形角柱，有力地显示了塔巍峨壮丽。须弥座上有廿四个砖砌半圆凸起的莲瓣形"覆莲座"，再上是五道砖砌的环带——"金刚圈"，往上向里收进以承塔身，使塔从方形基台到圆形塔身的过渡显得自然和有装饰性，是结构与装饰的高度统一。再上即是硕大的砖砌塔身，外形像一倒置的钵盂，粗壮低矮，周身环绕七条铁箍。塔身以上至塔顶由须弥座形的"塔脖子"、"十三天"（相轮）、天盘（华盖）、铜塔刹等组成，此次发现长方形折角亚字形座和莲瓣串珠圆座组成的塔脖子上砖雕八达马花纹，手法古朴洗练，是元代砖雕艺术的杰作。其上为凹凸相间的圆锥形十三天，共十三层，《燕楚游骖录》卷二："凡塔下丰上锐层层筒拔也，白塔独否，其足则锐，其肩则丰，如胆之倒垂，然肩以上长颈矗空，节节而起，顶覆铜盘，盘上又一小铜塔，塔通体皆白。"相轮之上承托着结构复杂、直径9.7米的木质天盘。它用厚木作底，下部近似碟形，上盖铜质板瓦，板瓦间又用四十条筒脊瓦接缝，并用八根固定在天盘边缘铁索链拉紧，周围还悬挂着36个铜质透雕的流苏铃铎。清风吹来，发出阵阵清脆悦耳的声音。天盘顶上又竖起5米高、重约4吨的铜质宝顶，纯白的塔身、金黄色的华盖与高耸的宝顶在蓝天白日映照下交映生辉，真可谓"制度之巧，古今罕有"。

关于白塔的内部结构传说很多，但因这次工程只限于加固维修，故内部结构不能了解，只观察到无通风洞、十三天的砌体有搭架子的脚手眼、须弥座上枭内排有圆木，自塔身向外围伸出，每根圆木间距约50厘米，起承挑作用。塔肚子上有七道环形铁箍，砌体外可见到拉铁，城砖之间用铁扒锯连接，华盖上面有方木构成的井字梁架，方木断面为30厘米见方，从井字交角再伸出斜梁，俯视天盘可见这十二根木梁伸向天盘周围。木梁上有八根铁戗起稳固作用，木梁上有5厘米厚的木板，还可看到1937年修缮时所做的沥青砂垫层，垫层上筑着呈梯形的四十块铸铜"板瓦"（"板瓦"每块长3.3米，下底边宽77.6厘米，上底边宽26厘米，厚8毫米）；"板瓦"之间盖着40条盖"瓦"（盖瓦黄铜质，厚6毫米，长3.3米）。塔顶正中所立铜塔刹，高5米，铜质鎏金，内有主心木一根，用朱砂书写藏文经咒，并固定在十三天的砌体内，华盖与十三天砌体接触面的圆直径为3.3米，为天盘直径的1/3，所以华盖的重量很大程度是由八条锻铁支杆承受的。

妙应寺白塔的结构复杂，造型古朴浑厚，是我国现存最早的喇嘛塔，至今已有700多年的历史，虽经多次修缮，但到解放时已经是残破不堪了，建国后党和政府多次拨款修缮，安装了避雷针，铲除塔身杂树等，尤其是此次修缮规模更大，体现了国家对古代文化遗产的珍重，白塔的形制，渊源于尼泊尔的白塔（奇白），元初才出现在雄伟壮丽的大都城中，它保留了外来的风格较多，是我国民族特色与外来风格相结合的产物，不仅是一种精致的艺术品，研究元代历史的重要文物，也是中尼两国古代人民友好往来、文化交流的实物例证，是中尼两国人民悠久而深厚友谊万古长青的象征。1961年3月已公布为全国重点文物保护单位。

二、1978—1979年的维修

唐山地震的影响，妙应寺白塔的铜质塔刹歪斜20厘米，拉扯塔刹的八根铁索链断了六根，华盖铜瓦断裂渗水，支撑华盖的十三天顶部砌体严重酥裂，余下的不足原来的1/3，幸周围八根锻铁支撑作用使华盖免于坍下，造成不可估量的损失，华盖底部木质枭混结合处已开裂28厘米，塔身钢丝网面层在震前大面积脱落的情况下，更大片连续掉落，塔身肩部严重开裂，基座北面大块砌体塌落，上下两层须弥座不少地方缺角掉棱，局部坍塌，转角附近一般都有竖向裂缝，角柱几乎全部横向断裂，塔身七道铁箍个别地方断裂，埋在须弥座上枭内的承挑圆木也严重槽朽等。鉴于以上险情，市文物部门多次请示国家文物局、文物保护研究所的领导和专家座谈，遵照文物法令关于维修古建的原则，个别部位非加新材料和新技术措施时，尽量不影响古建的外貌。进行的维修工程可分以下几大项：

1. 对须弥座采用了摘砌的方法：剔除了原有开裂残破的旧砖，用蓝机砖补砌，再用靠骨灰抹面，基台与覆钵相交的平面因受集中下来的雨水冲刷较甚，确定绑扎Ø6和Ø8钢筋网（间距250中—中）打8—10厘米厚砼，抹防水砂浆，在原有埋圆木的空洞中插入16绑扎成三角形骨架的钢筋，灌200#砼、加强上桑的承挑力量，并考虑为后人提供研究材料，保留了约2/5的原有圆木（主要集中留在塔台的西、南两面）。

2. 覆钵面层抹灰是工程中较大的一项内容，1965年用钢丝网抹灰的效果实践证明很不好，在翻阅资料时找到1937年修缮说明，他们用的是传统法处理的，"原有灰皮全部铲除见砖，剔净草根、树根，所有的旧砖损坏过甚及活动不实之处，用同样砖块剔补平整，其面酥碱者，只须砍除干净，不必剔换。……俟全部冲洗完毕后，用3英寸长1英寸宽竹钉，披挂白麻皮，白麻至少长2公寸半（即25厘米），纵隔六层砖，横隔4公寸，钉成梅花式，后再抹新灰，此项新灰须用水将砖湿透，随抹1∶2∶5泽灰、白灰、沙子一层，掺和之时须按每方（市尺）沙子加大麻刀6市斤，厚约1公分，惟抹灰时须将麻皮提起不用灰压，俟第二层抹灰时，再将麻刀撕散，立即涂抹细白麻刀灰一层，厚1公分（每市斤的灰掺细白麻刀9市斤），赶轧光亮，随刷熟白灰浆两道，抹轧之时，务必小心，随抹随轧，随轧随刷，周围上下，均须规矩合度，棱角分明，表面尤须洁白如银。对照宋《营造法式》也有"钉麻华以泥分披令匀"的做法，吸取1965年的教训决定恢复这种做法，在铲净原灰皮，清好底面后用蓝机砖补砌坑洼外，无法补砌处则用50号混合砂浆分层找平，使之与未损的砖体相平，每隔30厘米钉入竹钉一枚，附以30厘米的麻皮，分布成梅花形，即俗称的"麻揪"，另在每道铁箍处钉50厘米宽的钢丝网，全部抹100∶110∶7（白灰∶水∶麻刀）的"靠骨灰"，约1厘米厚，使麻揪甩出的麻皮均匀散布压入这层灰中，最后做两三厘米的白麻刀灰罩面，待干后喷两道白浆，再刷两道有机硅防水剂。

3. 华盖的修缮采用了现有材料与古建维修的传统手法相结合的办

法，在华盖之上，架设起重架子，分层提起铜塔刹，起除原有已裂的铸铜大"瓦"，铲去沥青砂垫层，撬起望板，剔补华盖的井字梁架，并钻孔用20长700毫米的螺栓打进木梁，紧固了下部枭混，梁架上钉望板刷沥青清漆防腐，上面打60毫米厚的膨胀珍珠岩水泥浆垫层，达到一定程度后，上面铺焊一层2毫米的锡背，改原铸铜板瓦为2.5毫米厚的黄铜瓦，尺寸不变，盖瓦则仍用原物，并打入穿钉固定，塔刹就位后，换了八根钢索链加花兰螺丝拉紧，华盖以下因原十三天最上三圈城砖崩塌严重而又是受力集中之处，所以将华盖支顶稳固后，剔除了它松散崩塌的残砖，内部加12根Ø50钢管支撑，绑扎Ø12钢筋的三道圈箍打上砼，外部又顺原斜戗上处加了八根Ø75钢管斜撑华盖下部，使华盖枭混开裂处完全吻合就位。也不损原来外貌，塔身肩部原有砖体严重裂缝渗水，故把表层城砖拆去，打一层120毫米厚的钢筋砼"壳帽"，上抹防水砂浆和刷白水泥罩面。

通过这几项的维修和观察了解，有几个问题说明如下：

1. 这次修缮因工人师傅们发挥了智慧和才能，搭的脚手架坚固而且科学，给观察工作带来极大方便，使我们得到一些宝贵材料。结合文献记载，妙应寺白塔从建筑开始至今共维修十四次。即：

① 元至正四年（1344年）——在铜塔刹上新发现"至正四年重修"刻字。字迹虽潦草但可补史阙如。

② 明宣德八年（1433年）——青白石小碑，碑阳刻"大明宣德八年岁次癸丑八月吉日重新修造"，该碑立于塔脖子须弥座上。

③ 明景泰八年（1457年）——《宛署杂记》卷十九："妙应寺旧名大圣寿万安寺……景泰八年宛民郭福请于朝，修寺，赐今名，刑部侍郎董矩记。"

④ 明成化元年（1465年）——《长安客话》："成化元年，每月朔望，帝遣中贵奉香烛灯油，其年又于塔座周围砖造灯笼一百有八座以奉佛塔。"（现留下的为铁制，上铸"康熙廿年夏季造"、"乾隆癸酉年造"等。）

⑤ 大明弘治乙丑年孟冬辛未月吉时前总镇□□司设监太监王敬盖造——此题迹为沥粉贴金，在七佛宝殿脊枋上，是1978年发现的。

⑥ 明万历十四至十五年（1586—1587）——大修"重建宝塔天盘寿带"——天盘华鬘上铸字"大明慈圣宣文明肃皇太后李"，"大明万历辛卯

年九月吉日造"和立于塔身正面的铸铜牌"重建灵通万寿宝塔天盘寿带","大明慈圣宣文明肃皇太后懿旨万历岁次壬辰奉春吉日造"。

⑦ 清康熙廿七年（1688年）——"焕旧为新"。《御制妙应寺碑》《日下旧闻考》："本朝康熙廿七年修寺与塔。"

⑧ 清乾隆十八年（1753年）大修，《御制重修白塔碑铭》："大清乾隆十有八年岁在癸酉秋七月重修妙应寺白塔，朕手书般若波罗密多心经一卷及梵文尊胜咒并大藏真经全部七百二十四函用以为镇阅三月工竣……"

⑨ 清嘉庆廿一年（1816年）——塔顶华鬘下挂一口小钟刻字"嘉庆廿一年妙应寺造钟一口"，可能当时曾搭直达塔顶脚手架以配合挂钟。

⑩ 1925年——须弥座上石碑"大清宣统乙丑孟秋重修"，华鬘挂两口"民国十四年重修白塔"钟，所谓"宣统乙丑"，实际已是民国十四年，但"遗老"们还要把早已"名实俱亡"的"皇帝"刻在碑上。

⑪ 1937年——塔下西南隅石刻"中华民国二十六年旧都文物整理实施事务处重修于七月经始十二月竣工"。

⑫ 1962年——安装避雷针，铲除杂树，塔刹刻字"中华人民共和国1962年9月11日装避雷针"。

⑬ 1965年——塔身钢丝网水泥抹面。

⑭ 1978—1979年6月大修。

2. 妙应寺白塔，顾名思义，应是一座白色塔，但此次在塔脖子上发现了精美的元代砖雕八达马花纹，说明当初塔不一定呈白色，可能是重要佛事活动时才刷浆表示敬重，否则这些砖雕藏于白灰面下无此必要，而元代塔到底是砖塔还是砖石结构的塔还应进一步考证。

3. 塔上用砖共分两种：一种颜色呈黄褐色，长约39厘米，宽20厘米，厚7.5—9.5厘米不等，多砌在十三天下部及塔脖子，酥碱较甚，一般都是顺向砌筑，应是元代最初所砌；另一种青灰色的城砖长约48厘米，宽20—24厘米，厚12—14厘米，砌在十三天上部及覆钵、基台等处，肩部砖有的戳记"乃顺窑停城砖"、"澄浆停城"，与北京常见城砖相仿，可能为明清修缮时所砌，从覆钵北面崩塌处可见外为青灰色城砖，内为黄褐色砖，说明过去有过摘砌，有的地方还加了铁条，增加承挑上枭的力量，我们认为明万历时曾大修，塔身肩部用了不少铁锔子拉接城砖，塔身上又加了七条铁箍，这样除解释摘砌加固外，是否可认为塔身、基台是加砌一层呢？

4. 因铜塔刹上有至正四年题记，可认为是元代遗物，但四周流苏却为万历时加上的，那么元时华盖是什么式样的？与明代的是否一样还无法证明。

5. 塔刹内主心木质地坚硬完好无损，其上还布留了朱砂书写的新藏文经咒，又加上塔刹内发现的乾隆十八年敬装的佛教文物，证明这时曾经有过大的佛事活动，并更换了十三天内主心木。

以上是有关妙应寺和白塔的修缮概况，因业务水平有限，可能观察不够仔细准确，分析不妥之处请指正。

（本文撰写承蒙房修二公司古建队程万里同志提供资料，在此表示谢意。）

吴梦麟　赵迅

1980年12月16日

妙应寺白塔上的小铜碑

西四阜内大街的妙应寺白塔,北京人都很熟悉。白塔的覆钵正面立有一方小铜碑。

碑通高仅95.5厘米,碑身(包括碑额)高66.5厘米,宽38厘米,厚6厘米。这么小的碑和高50.9米的白塔比起来是太小了,位置又高,以致在塔下面几乎看不到,因而很少有人注意。

碑身正面有三行阳文:"大明慈圣宣文明肃皇太后懿旨,重建灵通万寿宝塔天盘寿带,万历岁次壬辰季春吉日造。"额书阴刻"万古流芳";碑阴是凿出的捐资人题名。从碑文中得知,明万历二十年(1592年)修塔时,由慈圣皇太后颁下懿旨,宫女及宫中服役的女性捐资,补造一些天盘上的流苏、华幔、铃铎等铜饰件,立了这方小碑以示留念。

慈圣皇太后是万历皇帝朱翊钧的生母,姓李,原是穆宗的皇贵妃。穆宗死后,只因她生了皇太子,被她宠幸的太监冯保和大学士张居正提出给她上徽号为慈圣皇太后,和正宫仁圣皇太后的地位给拉平了。这两人遂以她为靠山。

这位自称"九莲菩萨圣母"的李太后,既崇佛又尊道。万历四年(1576年)为了给穆宗祈福,竟然在阜成门外修建了一座"永安万寿塔"(即慈寿寺塔);十九年(1591年)又传旨修东岳庙;二十年(1592年)听说云居寺雷音洞里有三颗辽代舍利,于六月间迎入慈宁宫供养三日,八月间送还时剩了两颗,可能留了一颗在宫里。其他"善事"办得还很多,这时明帝国已是江河日下，国帑捉襟见肘了，而这位"菩萨"还在无休止地浪费着人民的膏血。

穆宗死后，李太后就迁居乾清宫，以教育十岁的小皇帝为己任，宫中诸事委任冯保，朝中大事落在张居正身上。李太后教导小皇帝非常严厉，也许教育方法不对，或者因隔代遗传的劣质基因过多，最终还是没调教好，小皇帝长大后成为"每餐必饮，每饮必醉，每醉必杀人"的典型暴君、昏君。

碑阴题名中，还有一位"异性人"司礼监掌印太监张诚的署名。张诚何许人也？他是万历皇帝倚重的太监，因为和李太后宠幸的太监冯保关系不好，曾被冯保逐出宫外。朱翊钧渐渐成人，想收拾作恶多端的冯保，遂派人秘密找到张诚，向他了解冯保和张居正的问题。张诚是知情人，彻底揭发了冯、张勾结的情况。此时张居正已死，冯、张二人的家还是被抄了。这样一来，张诚重新入宫，成了万历皇帝心腹，万历十二年（1584年）掌司礼监，十八年（1590年）兼掌东厂，成了有权有势的掌印太监。所以万历二十年（1592年）修缮妙应寺塔和东岳庙，都由张诚主持。二十四年（1596年）春，张诚由于联姻外戚，降为奉御，司香孝陵，也被抄了家，弟侄皆削职问罪，也没落个好下场。

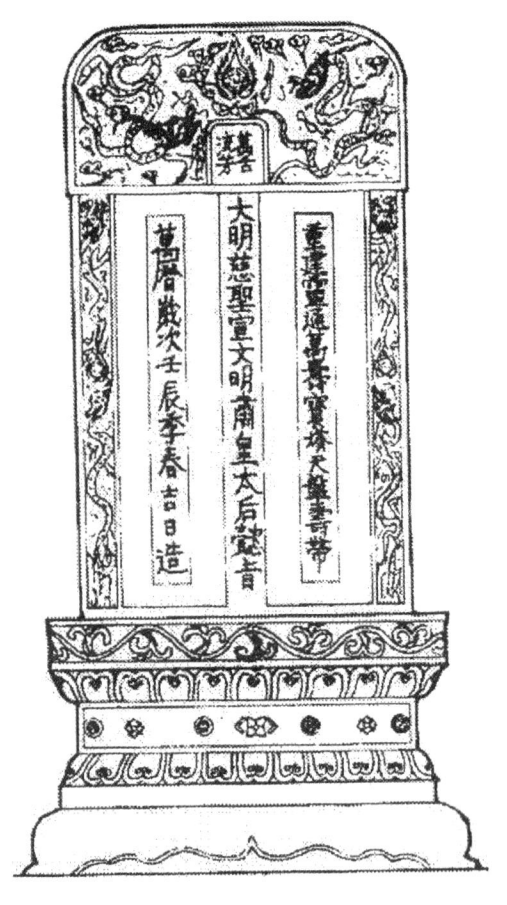

李太后的故事，后世被编成了皮黄戏《大保国》《探皇陵》和《二进宫》，李太后变成了李艳妃，流传甚广。不过播放时应该打出"本故事纯属虚构"的字幕为妥，不要信以为真。

长椿寺铜塔的铸造年代

现藏于万寿寺艺术博物馆内原长椿寺的渗金多宝佛塔,传为铸造于明嘉靖朝,恐不确。

关于此塔的记载,旧籍所录的均甚简略。《日下旧闻考》卷五十九记有:"渗金多宝佛塔高一丈五尺。""乾隆二十一年重修(长椿寺),渗金佛塔今在正殿中,其高充栋。"

记载长椿寺最早的书,当为明末刘侗、于奕正合著的《帝京景物略》。该书卷之三记有:"(长椿)寺有渗金多宝佛塔,高一丈五尺。《妙法莲华经·宝塔品》中所说自地涌出者像也。金色光不可视而梵相毕具,势态各极,视之又不可算、不可思。"算是比较详细的记载。清代各书多引此,只是都没有形制和铸造年代的记述。

关于长椿寺的创建年代,据清康熙二十年(1681年)八月兵部尚书宋德宜撰《重修长椿寺碑略》记载:"长椿寺在宣武门之右,故明万历二十年为水斋大师敕建,赐金冠紫衣,住寺梵修者也。规模宏敞,为京师首刹。去今未百年而坛席荒凉,僧徒零落。康熙己未(十八年,1679年)秋七月地震,京师内外寺观浮图相轮之属莫不倾圮,而兹寺为尤甚。"《光绪顺天府志》也引此说,认为是"明万历二十年敕建"的。而孙承泽《春明梦余录》和《天府广记》中都有"长椿寺,万历四十年孝定皇太后建,在宣武门外斜街"之说。总之,寺的修建年代未出万历朝。

万历朝创建的长椿寺正殿中的铜塔,被传为嘉靖朝铸造的原因,盖由于蒋士铨的七言古诗《游长椿寺》所造成的误解所致。戴璐《藤阴杂记》卷八转录了此诗，其中有"……黄金布地恩难答，嘉靖求仙换家法。一时库藏散浮屠，请看堂中多宝塔……"等句，就很容易使人觉得铜塔是嘉靖朝铸造的。纵观全诗的寓意，作者只是以诗的形式叙述了明世宗崇尚道教，"六宫斋醮无时无"和神宗生母李太后的崇佛，阐述两朝对释道两教的抑崇及其恶果"仙佛如何难杀贼"，而其中并没有渗金宝塔是嘉靖年造的含义。蒋士铨（1725—1785）于清乾隆二十七年（1762年）游长椿寺时，看到寺中存放的、绘制于崇祯十三年（1640年）的皇后影像（神宗生母孝定李太后和熹宗生母孝纯刘太后）已经残损而发的感慨。这位自号九莲菩萨的李太后，既崇佛也不抑道，她是一位花钱能手，既能为自己建起一座慈寿寺塔，也能为道众修缮东岳庙，只要把万历朝濒临空虚的国帑糜费掉，是最终目的。

　　这座渗金多宝塔，从长椿寺最初移至觉生寺，以后又转运到万寿寺。过后，我们在塔的西边下层檐勾头上，发现铸有泰昌年款。泰昌帝朱常洛（1582—1620）在位仅仅29天，这时间段想造成一座高4米多的铜塔，实际是不可能的事。按照孙承泽的说法，从万历四十四年（1616年）以后才开始铸造，到泰昌元年（1620年）才最后完成，似乎更合乎情理。

宛平城里的"武俊刻石"

在新修复的宛平城东门（顺治门）瓮城北墙上，镶着一块刻石，上面加上白石檐遮护。刻石长1.58米，高0.83米，原来埋在东瓮城地下，1958年施工时被挖出来，当时将原石镶在这里。刻石记录了明末修城工程中的一桩公案。

朱明王朝传位到毅宗朱由检时，已成弩末之势，江山在风雨飘摇之中，内忧外患频仍。为了加强京师的防卫，廷臣建议在北京西南咽喉要津卢沟桥东头，修筑一座小城作为桥头堡。规划设计后，由内官监太监苏元民、大司空刘遵宪、少司空魏忠乘等主管工程的高级官员以及御史、府尹等12人，制定出一份32万多两白银的工程概算。上报后，可能是崇祯皇帝嫌太多了，就命分守真、保、涿、易、龙、固等处的御马监太监武俊重新估算，武俊只估了14.95万两，比原来的32万要少17万多两，于是皇帝就命武俊把筑城工程督管起来，从崇祯十一年（1638年）二月开工到十三年（1640年）八月告成，实际支出工料银13.28万两，又节省下1.77万两。武俊自己感觉事情办得很圆满，工程质量也不错，而且节约了银子，满以为会得到皇帝的嘉奖，没料到他的节约反而开罪了那些想从中得到好处的权臣，他们把武俊恨之入骨，验收工程时，吹毛求疵地通不过，而且上报皇帝，诬陷武俊贪污工程款，于是崇祯帝震怒，以冒破银1.72万两罪名，将武俊革职查办，追缴脏款后听候处理，武俊只好用自家的积蓄退赔，等于破了产。朱由检这个昏君，既不察明原概算和实际支出的多少，又不去现场看看工程质量如何，就听信了那些权臣的不实之词,给武俊定了罪。武俊蒙冤后无处申诉,心里又不服,于是刻了这块石头,埋在顺治门瓮城地下,以期后世能弄清他的冤情,同时把崇祯任命他管工程的银腰牌埋在西城门(威严门,当时叫永昌门)下。这个腰牌,在1981年被挖出土。

刻石的前半部叙述了武俊的蒙冤过程,后面开列了捐钱的人名官职、捐款来源和开支情况,还比较详细地记载了城垣的丈尺和形制。并且从石刻和腰牌上知道,明末兴建此城时就叫作"拱极城",《日下旧闻考》引旧籍记载说,明代叫"拱北城",清初始改名"拱极城",显然是错误的。民国十七年(1928年),宛平县衙署从北京城里迁到拱极城作为县城,才改叫宛平城,宛平城也就在卢沟桥事变中,被日本侵略军炮轰而闻名于世,拱极之名倒鲜为人知了。

武俊刻石是难得的资料性文物,1987年按原石复制了一块镶嵌在现址,供游客观览。

郑王府

郑王府位于西城区大木仓胡同37号。此地原为明永乐朝姚广孝(1335—1418)少师赐地，清师入关定鼎北京，世祖福临(1638—1661)以此第赐其从叔济尔哈朗。济尔哈朗（1599—1655）为显祖第三子舒尔哈齐（1564—1611）之第六子，自幼为太祖努尔哈赤（1559—1626）收养宫中，初封贝勒，参与议政。天聪元年（1627年）从征朝鲜，缔结《江都和约》。四年（1630年）从太宗皇太极（1592—1643）斩叛将刘兴祚等，克永平。其兄镶蓝旗旗主贝勒阿敏（1586—1640）因坐失永平后纵兵屠城，罪幽禁，即代之，成为八和硕贝勒之一。翌年（1631年）设六部，命掌刑部事。十年（1636年）四月晋封和硕郑亲王。世祖冲龄即位，济尔哈朗与睿亲王多尔衮（1612—1650）同辅朝政，封为信义辅政叔王。顺治四年（1647年）多尔衮专权，罢其辅政，翌年降为郡王。六年（1649年）授定远大将军，率师入湖广镇压李自成（1606—1645）余部，连下六十余城，不久即平定湖南、贵州，战功卓著。九年（1652年）晋封叔和硕郑亲王，卒谥献。雏凤楼，楼前有池，其后即内宫门楼，后有瀑布，高丈余，其声琅然可听。足见郑王府花园规模之巨，景观之美。民国时尚存漱玉亭、半翠堂、幽谷、望月亭、曲径、养鱼池等诸多景观。

道光二十六年（1846年），济尔哈朗七世孙端华（1807—1861）袭郑亲王，授御前大臣。道光三十年（1850年），宣宗卒，端华受顾命；咸丰十一年（1861年），文宗卒，再受顾命。咸丰帝临终前，于热河行宫任命端华和其同母弟肃顺（1815—1861）以及怡亲王载垣（1816—1861）等八人为"赞襄政务王大臣"，总摄朝政。八大臣与权势欲狂的慈禧之间，势必要有一场激烈的权力争夺战，结果胜利者属于年方二十六岁的慈禧太后，史称"祺祥政变"。慈禧将八大臣革职拿问：肃顺处斩，端华、载垣赐自尽，革亲王爵，降世爵为不入八分辅国公，郑王府家产被查抄，府邸、花园由内务府收回。同治三年（1864年），将郑王府分给宣宗八子钟郡王奕詥（1844—1868），先后由奕詥及其嗣子贝勒载滢（1861—1909）居此。同年又降旨赏还郑亲王世爵，由端华族侄承志（1843—？）袭郑亲王，十年（1871年），承志以罪革爵，由端华族弟庆志（1819—1878）袭爵，同年十二月，奉旨将载滢居住的钟王府赏还郑亲王庆志。从同治三年至十年历时七年的钟王府，始又恢复郑王府之名。光绪二十八年（1902年），庆志的族孙昭煦（字绍勋）承袭了最后的郑亲王。民国以后，昭煦曾任民族委员会交际科长，1925年以后任中国大学董事。民国初，昭煦将王府抵押给西什库天主教堂，借款15万元，时日既久，本利已增至19万余元，昭煦已无力偿还。后由中国大学向比利时营业公司贷款，偿还了昭煦的债务，王府的产权遂归中国大学所有。民国十四年（1925年），中国大学迁入郑王府作为校舍，陆续对王府进行了整修和添建：将原王府大门向前推出，西跨院新建两座楼房——理化馆和生物系楼，将原过厅改名"和乐堂"，后寝殿为了纪念中国大学创始人孙中山先生，改名"逸仙堂"，惠园南半部辟为操场。新中国建立以后，由高等教育部占用，"文化大革命"期间，前殿部分配楼被拆，并在各层殿堂之间的空地上建起了宿舍楼，论者谑称为"间种套作"。嗣后又将后罩楼拆除，在寝殿南边添加了隔墙和一座重花门；西部花园已破坏殆尽。

郑王府主要原建现在虽然大部仍在，但已被新楼隔开，原有格局破坏殆尽，王府的气势及风貌尽失。

1984年，郑王府公布为北京市第三批文物保护单位。

礼王府

礼亲王府位于西城区西黄城根南街路西9号,大酱房胡同东口。府坐北朝南,原占地约42000平方米,由三路院落组成。正中轴线上有正门五间;正殿七间,两旁附转角廊、东西翼楼各七间;后殿五间,两旁有转角房、东西配殿各五间,后殿以北又自成院落:前有内门,门内为前后两层寝殿,面阔均为五间,后寝前出轩三间;最后有罩楼七间,下层前出轩三间。府邸规模宏伟,院落深邃,重门叠户,房间数多。东路为数进院的生活区,西路为花园,当年也是京师有名的园亭,民国间尚存假山亭榭之属。

礼亲王名代善(1584—1648),是清太祖努尔哈赤(1559—1626)第二子,青年时期即随父兄为统一女真各部而战。明万历四十四年(1616年)努尔哈赤称汗,国号大金,建元天命,封代善、阿敏、莽古尔泰和皇太极四人为和硕贝勒,分掌国家实权,序称代善为大贝勒。天命三年(1618年),努尔哈赤以"七大恨"公开反明,代善从征,翌年获萨尔浒之战大捷;天命十一年(1626年),努尔哈赤战伤,八月殁,三贝勒拥皇太极即汗位,建元天聪。皇太极即位初,代善等三大贝勒与其俱南面坐,受群臣朝拜。后代善领军攻明师、征朝鲜、剿察哈尔林丹汗等。天聪十年(1636年)四月,皇太极称帝,改国号大清,年号崇德,尊封代善为和硕礼亲王。八年(1643年)八月皇太极病逝,世祖福临(1638—1661)即位,改元顺治,次年(1645年)召代善来京师,五年(1648年)十月卒,赐葬银万两,立碑记功;康熙十年(1671年),追谥曰烈,复立碑表;乾隆四十三年(1778年),以佐命殊功配享太庙,封爵世袭罔替，"八大铁帽子王"礼亲王居其首。

代善死后，次年（1649年）由其第七子满达海（1622—1652）袭亲王爵。满达海参加了对明廷的多次战役，崇德五年（1640年）封辅国公，顺治元年（1644年）随多尔衮（1612—1650）进关，授平西大将军，败李自成，晋固山贝子；八年（1651年）掌吏部，加封号曰巽，次年（1652年）卒，谥曰简，十年（1653年）由其第一子常阿岱（1643—1665）袭亲王。顺治十六年（1659年）因满达海在多尔衮获罪时分取其财以及掌吏部时尚书谭泰骄纵不能纠举等事发，被削爵仆碑，降爵贝勒，常阿岱也以父罪降贝勒，其子孙不复有亲王之号，遂由代善第八子祜塞之第三子杰书（1645—1697）袭亲王。祜塞原封康郡王，此时杰书袭祖王爵，但不称礼而称康，故杰书以后皆袭康亲王，直至乾隆四十三年（1778年）才恢复代善始封之号。当时袭封的康亲王为杰书之裔孙永恩，于此时改封号为礼亲王，此后即以礼亲王承袭。最后袭爵的是光绪间曾任军机大臣的世铎（1843—1914），他死于民国三年（1914年）。

代善所居的老礼王府在西四南大街缸瓦市，其子孙袭巽亲王，此府改为巽王府。乾隆间，此府归定亲王所有。

满达海父子坐事夺爵后，由代善之孙杰书袭康王爵。杰书其人知人善任且善用兵。康熙十三年（1674年）任奉命大将军，统八旗兵平定"三藩之乱"。征讨数年，卒降闽藩耿精忠。以后杰书又举发精忠降后蓄逆谋，奏诛耿精忠、曾养性等。康熙二十一年（1682年），耿、曾磔于市。

杰书袭封后，择址建新府，即今礼王府址。新址原为明末崇祯帝外戚周奎的宅园，年久荒废。经过改建，将周奎的宅第改为花园，原来的花园改成府邸。建府之初，康熙帝下旨命天下资助，陈设也由各地官员献纳，因之康邸之豪华甲于他府，也说明圣祖对杰书之优渥。随着礼亲王封号的恢复，乾隆间又改康王府为礼王府。京师耆旧曾有"礼王府的房，豫王府的墙"之谚，喻礼王府房多，豫王府墙高。嘉庆十二年（1807年），府毁于火，由当时的礼亲王昭梿（1776—1829）（自号汲修主人，有《啸亭杂录》《啸亭续录》行世）筹资重建。民国改元，世铎死后，礼亲王后人将府园售与华北文法学院作为校舍。解放后作为华北大学之一部。华大结束后，为中央人民政府内务部（后改民政部）占用。目前，除中路保存较完好外，西路园亭已大部拆除新建，残存屋宇很少，原貌已无从考查，东路院落也大部改建，面目皆非。1984年5月，礼王府公布为北京市第三批文物保护单位。

克勤郡王府

克勤郡王府位于西城区新文化街（原石驸马大街）西口路北。府坐北朝南，原占地约20000平方米，其大小和房舍质量均较其他王府逊色，但平面布局与王府规制尚属符合。府门对面有砖影壁一座；正门五间，左右接转角连房；大殿五间，前带丹墀，左右翼楼各五间，南北山墙外皆有连房；过厅三间；后寝五间；后罩房七间，左右接转角连房各八间；另有并排的东跨院两座，西跨院一座。其中的房舍皆不规整。

克勤郡王名岳托（1599—1639），是礼烈亲王代善第一子。清未入关前即屡立战功，初授台吉（即太子之蒙语借音）。天聪元年（明天启七年，1627年）协助阿敏等伐朝鲜，迫朝鲜缔约结盟。征战中，曾劝阿敏军勿抢掠民财，并按期班师。五年（1631年）掌兵部事。次年奏请少诛戮并善抚归降汉人，以信义争取民心，深得太宗皇太极的赞赏。崇德元年（明崇祯九年，1636年）封成亲王。因徇庇莽古尔泰、硕托及离间济尔哈朗、豪格罪降为贝勒，罢兵部任。三年（1638年）八月，授扬武大将军，统右翼军，与左翼多尔衮分两路伐明，次年正月师次山东，病殁军中，归葬盛京（今沈阳）城南万柳塘。

岳托死后，其子罗洛浑（1623—1646）封贝勒，顺治元年（1644年）以功进衍禧郡王。三年（1646年）卒，由其第一子罗科铎（1640—1682）于顺治五年（1648年）袭衍禧郡王，八年（1651年）改号平郡王。此后，其子孙一直袭封平郡王。直到乾隆四十三年（1778年）始复号克勤郡王，世袭罔替，配享太庙，成为"八大铁帽子王"之一。四十五年（1780年）由雅郎阿（1733—1794）以克勤郡王世袭。最后的克勤郡王是宣统元年（1909年）袭封的晏森（1896—？）。民国三年（1914年），晏森将府邸租赁给中华大学作校舍，以后又售与熊希龄（1870—1937）开设矿务局。熊以兴办慈善事业著称，后将房产移交北京救济会。现在后寝殿的山墙角柱石上还留有熊希龄及夫人朱其慧将房产移交救济会的刻字。以后这里还开设过太平湖饭店。解放后作为小学校舍。目前，府对面的影壁尚在，前部只存东翼楼，其他建筑已被拆除。后寝包括东西配房、后罩房和西跨院内的房舍现在保存尚完整。1984年5月，克勤郡王府公布为北京市第三批文物保护单位。

顺承郡王府

顺承郡王府位于西城区太平桥大街北头路西，原占地面积约30000平方米，府邸布局自外垣以内分为左、中、右三路。中路为主要殿堂建筑，宫门南向，面阔五间，左右连接倒座房各九间；正殿五间，两侧由转角廊连接东西配楼各五间，通过殿后的三间过厅到达后寝，后寝及东西配殿皆为五开间，最北面有九间后罩楼。东西两路为生活居住区，房舍不甚规整。府东为太平桥大街，西接锦什坊街，北为大麻线胡同。

顺承郡王名勒克德浑（1619—1652），为礼亲王代善第三子萨哈廉之第二子，崇德八年（1643年）八月皇太极病逝后，其兄阿达礼谋立多尔衮为帝，以"扰政乱国"罪谴死，殃及勒克德浑，被革除宗籍，贬为庶人。次年（顺治元年，1644年）以其年幼免罪，复宗室籍，封多罗贝勒。顺治二年（1645年），命为平南大将军，代豫亲王多铎驻江宁（今南京），三战杭州，二出湖广，屡挫南明并招降大顺军余部李孜（李自成之弟）、田见秀、张鼐、李佑、吴汝义等兵马数千。五年（1648年）九月进封顺承郡王，又偕同郑亲王济尔哈朗督兵攻湘潭，擒湖广总督何腾蛟，移师入广西，攻全州。七年（1650年）师还，升议政大臣；八年（1651年）掌刑部事；九年（1652年）三月卒，康熙十年（1671年）追谥恭惠。他是清代开国以战功受封世袭罔替的"八大铁帽子王"之一。八王之中，礼亲王一门占其三。勒克德浑亡故后，历次袭王爵的多达十四人，最后一个是光绪七年（1881年）袭爵的讷勒赫，死于民国六年（1917年）。民国后，清王室收入断绝，家境败落，其子文葵虽仍被废帝溥仪封为顺承郡王，也只是徒有虚名。民国八年（1919年），文葵将府邸租与徐树铮，作为西北筹边使署；民国十五年（1926年），奉系军阀张作霖入据北京时，以七万（另说六万）银圆将王府连同家具强行买去，作为大元帅府。张作霖居住时，曾对王府加以改建，将正殿由五间改为七间，西路也进行了大规模修建。次年（1927年）六月，张作霖在这里召集奉系军阀商讨南北议和，各派将领推戴张作霖就任海陆军大元帅。1930年10月，张学良（1901—2001）宣布就任南京政府委任的陆海空军副总司令，翌年（1931年）四月中旬在顺承王府设立陆海空军副司令行营，这里成为支持蒋介石集团统治的北方基地。建国后，在王府正门外建起了政协礼堂，府邸也由全国政协使用。1984年5月公布为北京市第三批文物保护单位。1993年全国政协拟在王府旧址新建办公楼，由中共中央政治局常委、全国政协主席、全国政协党组书记李瑞环出面，责成有关单位办理了市文物保护单位——顺承郡王府的拆除迁建手续。知名人士侯仁之、单士元、张镈、赵冬日、李准、董光器等闻讯后于1994年1月11日联名上书江泽民总书记、李鹏总理，要求制止拆除迁建顺承郡王府。于1994年9月拆迁于朝阳公园，其功能也由王府和军阀宅第改换成贵宾楼和餐饮中心，原有的历史文化价值尽失。

恭王府及花园

恭王府及花园位于北京西城区前海西街17号（另有西门在柳荫街甲14号，北门在大翔凤胡同42号，东门在毡子胡同7号），是清道光帝旻宁第六子恭忠亲王奕䜣的府邸和花园。奕䜣死后，由其长子载澂的嗣子溥伟袭王爵。20世纪初，溥伟及其弟溥儒先后将府邸及花园转手，售与辅仁大学作为校舍及宿舍，建国后作为北京艺术师范学院的校舍，"文化大革命"以前是中国音乐学院校舍。"文革"后，由中国音乐学院和文化部艺术研究院作为办公和教学地点。尽管王府府邸已被1959年建造的两幢大楼遮挡住，但目前这里仍不失为北京遗存下来的最完整的王府之一。1982年2月23日，经国务院公布为第二批全国重点文物保护单位。

恭王府的前身作为一所大型宅第，是始于清代乾隆朝晚期。当时是权相和珅的宅第。嘉庆初和珅获罪，宅第入官，仁宗将和珅宅的一部分赐予其弟庆僖亲王永璘，是为庆王府，以后，咸丰帝又将庆王府收回，转赐其弟奕䜣，是为恭王府。恭王府也就是以清代最后一代府主得名的。

恭王府的建筑，可分为府邸和花园两部分。府邸部分占地32260平方米，其形制分为中、东、西三路，都是由严格的轴线贯穿的四合院组成，后面环抱着长160米的通脊连檐二层后罩楼，楼后就是花园。花园名"萃锦园"，占地28860平方米，园内建筑也由约略的轴线形成中、东、西三路。园中散置了叠石假山、曲廊亭榭、池沼花木。由于恭王府及花园建造富丽堂皇，斋室轩院曲折变化，风景幽深，因此一向传闻认为这里是《红楼梦》中的荣国府和大观园。

一、恭王府的地理位置

恭王府及花园位于北京内城西北部，左依什刹海，后倚后海。自明清以迄民国，自德胜门内积水潭（西海）水域的东北角，另引出一条水渠流经后海西岸、李广桥、清水桥，绕过恭王府西墙转南墙外（俗称月牙河），经三座桥流入什刹海（前海）。这条水渠已于20世纪50年代填平，形成柳荫街（原称李广桥西街）及前海西街。

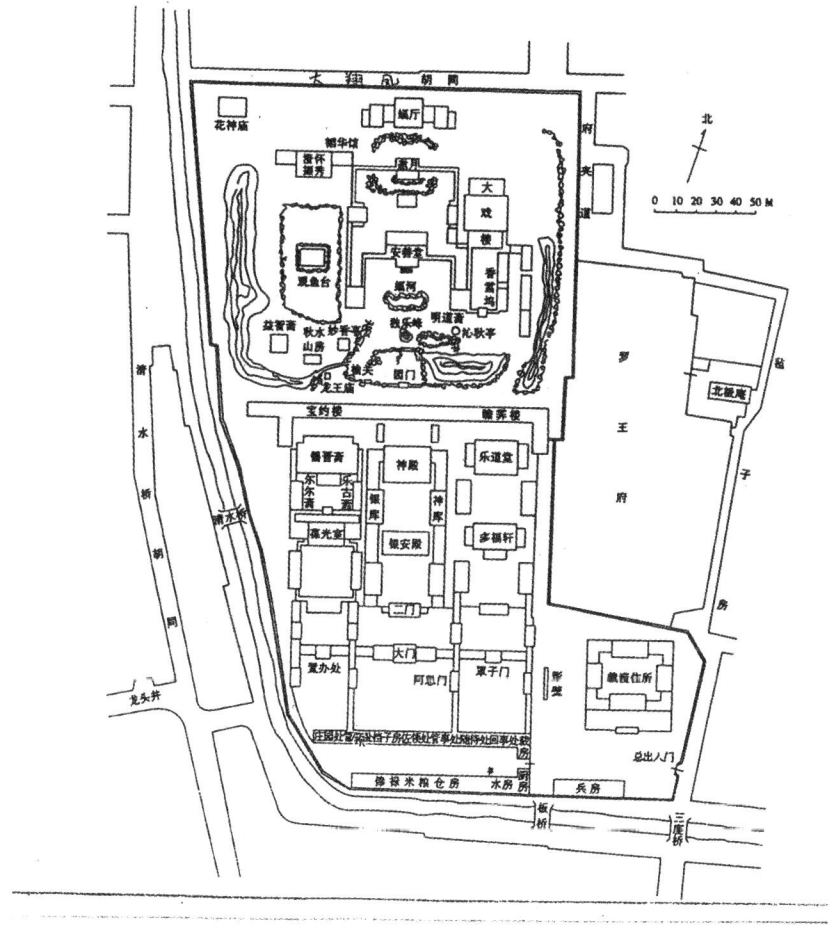

上述的积水潭、后海、什刹海，通常被合称为"后三海"（与皇城内皇家御苑的北海、中海、南海合称的"前三海"相对应的称谓）。元代这里通称海子（已有积水潭之名），由于开通惠河通漕运，后三海的水域连成一片，当时是一条自西北斜向东南的宽长水面。明初改筑京城时，才与运河截开，形成了三个相连的水面。西北部的沿称积水潭（或称莲花池、净业湖），① 中部和东南部的则未定名，清代沿用了积水潭之名，其东南的水面开始有了"什刹海后海"及"什刹海前海"之名称，民国时遂简称为西海、后海和前海，但西海仍保持了积水潭之名，而什刹海（也有十刹海、十汊海、石䃎海等名称）则被用作前海的专用名了。由于时代的不同，后三海水域的名称极不统一，常有变化。② 什刹海到了清末已经成为都人消夏纳凉游憩之所，湖内遍植荷花菱芡，自初夏迄中秋，游人接踵于途，加以附近多名园、庙庵、名人府邸，更增加了什刹海一带的繁华。③ 直至解放前后依然如此。恭王府及花园就正

---

① 《元史·河渠志》："海子一名积水潭。"《燕都游览志》："积水潭东西亘二里余，南北半之，或因内外植莲，名莲花池；或因水阳有净业寺，名净业湖。"《一统志》："元时既开通惠河运，船直至积水潭。自明初改筑京城，与运河截而为二，积土日高，舟楫不至，是潭之宽广已非旧观。故今指近德胜桥者为积水潭，稍东为什刹海，又东南者为莲花泡子。"

② 吴长元《宸垣识略》卷八："禁城中外海即古燕市积水潭也，源出西山一亩、马眼诸泉，绕出瓮山后汇为七里泺，纡向东南行数十里称高梁河，将近城分为二：外绕都城开水门，内注潭中，入为内海子，绕禁城出巽方流玉河桥，合外隍入于大通河。"

邓之诚《骨董琐记》卷三《都中三湖》："都中北城三湖，北通玉泉，南达三海，极北曰积水潭，即净业湖，为明代洗马处。……湖水澄净，夏无蚊蚋，荷盖堰仰，槐柳披披，实尘氛中一清凉胜地。……稍南为十刹海，所谓西涯也。……十刹无考，张文襄《广雅堂诗》题为石闸海，当有所本；再南曰苔塘，方广数十亩许，已半废为田。"

③ 震钧《天咫偶闻》卷四："自地安门桥以西皆水局也，东南为十刹海，又西为后海；过德胜门而西为积水潭，实一水也，元人谓之海子。……然都人士游踪多集于十刹海，以其去市最近，故裙屐争趋。长夏夕阴，火伞初敛，柳阴水曲，团扇风前，几席纵横，茶瓜狼藉，玻璃十顷，卷浪溶溶，菡萏一枝，飘香冉冉，想唐代曲江不过如是。……若后海则较前海为幽僻，人迹罕至，水势亦宽，树木丛杂，坡陀蜿蜒。两岸多古寺，多名园，多骚人遗迹。恰晋斋居其北，诗龛在其西，虾菜亭、杨柳湾、李公桥、十刹海皆萃此地。湖上看山亦此地最畅。……"

邓之诚《骨董琐记》卷三《都中三湖》："文襄（张之洞）旧宅在湖南岸白米斜街，后人不恒居之，屋瓦多颓圮者。宅本文襄庖人所设会贤堂，文襄居之，会贤迁于北岸。筑堤通湖南，沿堤植柳，高入云霄，自夏至迄中秋，堤上设茶肆及诸傀戏，游人佹似经过。前朝诸贵则凝妆坐会贤楼上，内家妆束，照映生姿，行人犹指目也。南丰赵伯卖字为生，小楷称当代第一，僦屋湖滨，疏帘竹几，望之若神仙中人。……湖东北庆云楼在烟袋斜街，昔亦诗酒流连之地，今为诸荡子所趋，招致城中诸卖笑者，伪为人家眷属，谑浪笑傲，醒酲逼人，曩日流风扫地尽矣。"

处于后海和什刹海的环抱中,其四周环境是相当幽美的。

有关恭王府(及其前身和珅第、庆王府)的具体位置,有关文献作如下记载:

《宸垣识略》卷八:大学士三等忠襄伯和珅第在三座桥西北。

《啸亭续录》:庆亲王府在三转桥,系和珅宅。

《天咫偶闻》:恭忠亲王邸在银定桥,旧为和珅第。从李公桥引水环之,故其邸西墙外,小溪清驶,水声雪然。其邸中小池,亦引溪水,都城诸邸,惟此独矣。珅败,以赐庆亲王。

《燕都丛考》:自南药王庙而北曰三座桥,再北曰毡子庙(按:应为房),有罗王府、恭王府。

以上诸书都提到恭王府在三座桥附近。三座桥是从积水潭引出的一条溪流上的桥梁之一,溪流自北向南折向东,绕过恭王府的西墙和南墙外,经过三座桥,流入什刹海。

《顺天府志》引《燕都游览志》:越桥俗称三座桥。越或作月,座或作转,旧名海子桥。

《宸垣识略》:海子桥在海子南岸,亦名月桥,俗呼三座桥,在皇城北箭杆胡同。

唯独震钧《天咫偶闻》上说"恭忠亲王府邸在银定桥"。按银锭桥是什刹海与后海之间的一座石桥,向北转东通向烟袋斜街、鼓楼大街,离恭王府稍远了一些,所以《燕都丛考》的著者陈宗蕃氏就曾提出过疑问:"按恭王府在三座桥稍北,此云银锭桥,似误。"不仅如此,月牙河的水流很急,流量也很大,但是恭王府花园的地势高,距月牙河水面起码高1—2米,因此引水进园实不可能,从府中传闻到实际考察,都没有引水入园的证据。而且真正引水入园的,只有后海的明珠第的西园(今北京宋庆龄故居),是成亲王永瑆(1752—1823)居住时,乾隆帝特许引用玉河水的。所以,震钧所说"其邸中小池,亦引溪水,都城诸邸,惟此独矣"也是错误的。而且他把银锭桥也错写成银定桥了。

根据文献记载、历史地图以及现状调查,可以确定恭王府及花园的范围:西面及南面以月牙河为界(即今柳荫街及前海西街);东面为三座桥北之毡子房（乾隆时名厂门口，今改名毡子胡同）及府夹道（解放后已砌死不通行）；北面府园墙外为大墙缝胡同（民国时雅化为大翔凤胡同）。这就是恭王府及花园的四至。

二、和珅宅第时期

乾隆朝的权相和珅之发迹，是乾隆四十一年（1776年）以后的事。在和珅修建宅第之前，约当乾隆十四至十五年（1749—1750），亦即《乾隆京师全图》成图时，当时的恭王府址只是一片民房，月牙河湾内除去西南角处有一所斜向的两进宅院外，其余部分都是连片的房舍，没有一处完整的格局。

和珅（1750—1799），姓钮祜禄氏，原名善保，字致斋，满洲正红旗人，乾隆四十二年（1777年）抬入正黄旗。高祖尼牙哈那巴图鲁以军功封三等轻车都尉，其父常宝袭此世职。和珅三岁丧母，十岁丧父，与其弟和琳[①]相依为命。兄弟二人被选入内务府创办的咸安宫官学（类似当今之重点学校）。由于父母双亡，家境困苦，只能靠借贷和变卖地产读书，和珅学习刻苦，聪明勤奋，而且博闻强记，过目成诵，不仅熟读四书五经、唐宋诗词，还掌握了满汉蒙藏语言文字，而且练就一手漂亮的书法和绘画，对骑射、火器等武功也成绩优秀。大学士英廉[②]看到和珅才华出众，一表人才，将自己唯一的孙女配给18岁的和珅，并且资助兄弟二人完成学业。乾隆三十四年（1769年），和珅承袭其父三等轻车都尉世职；三十七年（1772年）由文生员挑粘杆处充当三等侍卫，在銮仪卫当差；和珅出身虽微贱，但仪容谈吐俊雅，应对敏捷，声调洪亮，且性机警，聪明有急智，并善测人意，因此得到晚年乾

---

① 和琳（1753—1796），乾隆四十二年（1777年）由文生员补吏部笔帖式（满语，汉译为书、文，清代各衙署之低级官员），历官吏部给事中（掌侍从规谏、稽察弊误，有驳政制敕之遗失章奏封还之权。清代隶属都察院与御史同为谏官，故又称给谏，省称给事）、内阁学士、兵部侍郎。五十七年（1792年）随福康安反击廓尔喀（今尼泊尔）侵略军，以功迁工部尚书、镶白旗汉军都统，受命西藏善后事宜，划定廓尔喀与哲孟雄（今属印度）边界，改红教为黄教，设铸钱局。五十九年（1794年）迁四川总督，次年参与镇压贵州苗民起义。嘉庆元年（1796年）福康安死后为清军统帅，同年卒于军中。

② 英廉（1707—1784），字计六，姓冯氏，内务府镶黄旗汉军人，雍正朝举人，乾隆四十五年（1780年）特授汉大学士。清代汉军授大学士自英廉始，晚年官至东阁大学士加太子太保，卒谥文肃。

隆帝的赏识、信任和恩宠，和珅在銮仪卫任职时（1772—1775）就有了接近皇帝的机会。据清人陈康祺《郎潜纪闻·初笔》卷四《和珅蒙恩眷之缘》记载："闻其始特銮仪卫一校尉。一日，警跸出宫，上偶于舆中阅边报，有奏要犯逃脱者，上微怒，诵《论语》'虎兕出于柙'三语，①扈从诸校尉及期门羽林之属，咸愕眙互询天语云何，和珅独曰：'爷（凡内臣称上皆曰老爷子或曰佛爷）谓典守者不得辞其责耳。'上为霁颜，问：'汝读《论语》乎？'对曰'然'，又问世家、年岁，奏对皆称旨，自是恩礼日隆，迁官多次。和珅才敏慧，遇事机牙肆应，尤善揣人主喜怒，以故高宗晚年倚畀益笃。"乾隆四十年（1775年），升乾清宫御前侍卫兼满洲正蓝旗副都统，翌年（1776年）便擢升户部侍郎、军机大臣兼内务府大臣又兼步军统领，充崇文门税务监督，总理行营事务；四十五年（1780年），由差往云南回京路上即擢升为户部尚书、议政大臣，到京后又授御前大臣兼都统、领侍卫内大臣、充《四库全书》馆正总裁官兼理藩院尚书，掌管吏、刑二部事务；次年（1781年）以钦差大臣身份督师镇压苏四十三领导的甘肃撒拉族人民起义；五十一年（1786年）升文华殿大学士；五十三年（1788年）晋封三等忠襄伯；嘉庆三年（1798年）升一等忠襄公。高宗并将他最宠爱的幼女固伦和孝公主②赐婚和珅的儿子丰绅殷德。③乾隆五十三年《御制平定台湾三十功臣像赞》："大学士三等忠襄伯和珅，承训书谕，兼通满汉，旁午军书，唯明且断，平萨拉尔，亦曾督战，赐爵励忠，竟成国干。"（《八旗通志》卷首六）乾隆帝对他的评价如此之高，又和他结成了儿女亲家，实际已是乾隆朝首辅。"凡一应龙褂、紫缰、双翎、

---

① 《论语·季氏篇》："虎兕出于柙，龟玉毁于椟中，是谁之过与？"

② 和孝公主（1775—1823），高宗第十女，惇妃汪氏生。按清制，皇贵妃以下所生之女只能封和硕公主，但由于高宗对此晚年所生之幼女极其宠爱，破格封为固伦公主。和孝公主乾隆四十年（1775年）正月生，五十四年（1789年）十一月下嫁，道光三年（1823年）九月卒，年四十九。昭梿《啸亭续录》卷五："和孝公主，惇妃所生，为纯皇帝最幼女，上甚钟爱，以其貌类己。尝曰：'汝若为皇子，朕必立汝储也。'性刚毅，能弯十力弓，少尝男装随上较猎，射鹿丽龟，上大喜，赏赐优渥。"

③ 丰绅殷德（1775—1810），和珅长子，本名殷德，丰绅二字是高宗加的。按丰绅的汉义为祺、福、造化、禄、庆。《竹叶亭杂记》卷一："丰绅，清语有福泽之谓也。"《啸亭续录》卷三《和相后裔》："……丰绅殷德号天爵，善小诗，俊逸可喜（如他写的《春日小园独步》：'半池鸭绿水，几阵柳丝风；缓步寻芳径，疑与桃园通；啼莺断还续，人在画图中。'格调清新，感情真挚）。尚和孝公主，初赐贝子品级，因父获罪降散秩大臣。中年慕道，与方士辈讲养生术……卒以是致喘疾，号数旬死，年未交不惑也。"

宝顶,茂典殊荣,靡不崇备。本朝八旗大臣中,宠眷罕有其伦。"(《郎潜纪闻》)据见过和珅的英国外交官马戛尔尼(George Macartney,1737—1806)对和珅的印象:"和珅相貌白皙而英俊,举止潇洒,谈笑风生,樽俎之间,交接从容自若,事无巨细一言而办,真且有大国宰相风度。"(《乾隆英使觐见记》)

和珅一身兼任这么多要职的正长官,他大权在握,执政20余年,任内招权纳贿,排斥异己,营私结党,侵蚀军饷,卖官鬻爵,穷奢极侈,干尽了坏事,家中珍宝胜于内廷。在这种情况下,以和珅的权势和地位,必然要有一座和自己身份相称甚至超过的住宅。

和珅在京师的宅园,北长街会计司有一处住宅,海淀有其赐园名十笏园(在今北京大学"燕园"内),① 以后他又从康熙朝大学士明珠的裔孙成安手中强占了一处宅园(今醇亲王北府及北京宋庆龄故居)。② 什刹海的宅第是御赐还是自购或买地自建,目前还未找到证据。以和珅聚敛财物数量之多,买地自建的可能性是比较大的。时间应是乾隆四十一年(1776年)以后飞黄腾达、炙手可热的极盛时期。无论是御赐、自购或买地自建,有钱有势的和珅必然要大兴土木,进行修建、改建或重建的。现存的"锡晋斋"就是和珅新建的一所厅堂。

"锡晋斋"是恭王时期的名称,和珅时名"庆颐堂",缘起于乾隆帝所赐"庆颐良辅"匾额。虽经后来的修改,但大体上还保持了乾隆朝晚期的形制。《嘉庆实录》记载和珅罪状第十三款:"昨将和珅家产查抄,所盖楠木房屋,僭侈逾制,隔断式样皆仿宁寿宫制度,其园寓点缀与圆明园蓬岛瑶台无异,不知是何肺肠。"所说的僭侈逾制的园寓点缀是指十笏园,而仿宁寿宫的楠

---

① 邓之诚《骨董续记》卷二《明珠和珅旧居》:"和珅花园名十笏者,赐成邸,在海淀,未久即废。道光初仅余花神庙、绿野亭。"山阳潘德舆四农为赋《水调歌头》所谓"一径四山合,上相旧园亭"及"绿野一弹指,宾客久飘零,环墙下,是绮阁,是云屏"者是也,今为燕京大学。

② 《啸亭续录》卷三《明太傅家法》:"(明太傅)其后田产丰盈,日进斗金,子孙历世富豪。至成公安时,以倨傲和相故,攫于法网,乃籍没其产,有天府所未有者,良可惜也。"《骨董续记》卷二《明珠和珅旧居》:"成亲王府在净业湖北,明珠旧居也……按明珠孙成安,家世厚富,以迕和珅,籍没其产,珍物重器,有大内所无者。成邸之封恰在此时,或即因以赐之。然净业北畔实无余地可供卜筑。"边袖石《十刹海诗》:"平泉花木翠回环,相国楼台占此间。"又云:"鸡头池涸谁能记,渌水亭荒不可寻。"《天咫偶闻》谓即今醇邸。

木房屋，指的应该就是庆颐堂。

庆颐堂是西路院落最后一进的正厅，面阔七开间，前后出廊，后檐带抱厦五间。内檐正中的三开间是敞厅，东、西、北三面都有两层仙楼，上下安装了雕饰精美的楠木装修隔断。其鼓墩式下承覆莲座的柱础形式也异于一般房屋。这些构件还都保持着乾隆时期的特征。据嘉庆帝亲审和珅时的军机处档案记载："帝问：'汝家中所盖楠木房屋，僭侈逾制，是否自宫中窃出？其多宝阁及隔断式样，均仿宁寿宫制度，是何居心？'和珅答曰：'楠木系奴才自己买的，曾差胡太监（按：指和珅家太监呼什图）往宁寿宫画下图样仿造，故与宫中一样。'"另据《清宫史略》记载："嘉庆四年五月谕：总管内务府大臣等奏，和珅家太监呼什图，擅入宁寿宫，照式烫样盖造楠木房屋……"都说明和珅的庆颐堂实系按宁寿宫、乐寿堂之款式，具体而微地建造起来的。① 和珅宅第"僭侈逾制"之处，尚有"毗卢帽门口四座，太平缸五十四件，铜路灯三十六对，② 而毗卢帽门口、太平缸、铜路灯等，这些连亲王府也不应有的物件，三等忠襄伯的和珅宅第居然有了，难怪以后只好拆改或收缴到皇宫内院去了。③

庆颐堂前面的一进院落的正厅名葆光室，该室名一直沿用到恭王府邸时期，至今门额上还悬挂着咸丰御笔葆光室匾额。至于嘉乐堂，由于和珅留有《嘉乐堂诗集》，证明当时已有此堂名。现存的匾额传说是乾隆帝赐给和珅的。但该匾无署款、钤记，故无由指实；当年的嘉乐堂是否即现在的厅堂，

---

① 一说仿中南海春藕斋形式修建。春藕斋是金砖墁地而庆颐堂是花斑石墁地。
② 《嘉庆实录》："嘉庆二十五年五月谕：据阿克当阿代庆郡王绵慜转奏，伊府中有毗卢帽门口四座、太平缸五十四件、铜路灯三十六对，皆非臣下应用之物，见在分别改造呈缴。国家设立制度，辨别等威，一名一器不容稍有僭越，庆亲王永璘府本为和珅旧宅，此等违制之物皆系当日和珅私置，及永璘接住后，不知奏明更改，相沿至二十年。设当永璘在日查出亦有应得之咎，今伊子绵慜甫经袭爵即知据实呈报，所辨极是。所有毗卢帽门口该府已自行拆改，其交出之太平缸、铜路灯，著内务府大臣另行择地安设，并通谕亲王、郡王、贝勒、贝子及各大臣等，会典内王公百官一应府第器具俱有限制，如和珅骄盈侈妄必至身罹重罚，后嗣陵夷。各王公大臣等均当引以为戒，凡邸第服物恪遵定完，今失之不及，不可稍有僭逾，庶几爵禄永保也。"
③ 姚元之《竹叶亭杂记》卷二："（嘉庆二十五年）九月十九日阿克当阿代郡王绵慜呈出毗卢帽门口四座、太平缸五十有四、铜路灯三十六对，皆和珅家故物。此项亲王尚不应有而和珅乃有之，庆亲王未及奏者且二十年。缸较大内稍小，灯则较大内为精致，因分设于紫禁。今景运、隆宗两门外，凡所陈铁缸及白石座细铜丝罩之路灯，皆其物也。"

即中路院落最后一进正厅，亦无从断定。但从和珅宅第的建筑形制看，当时已具备了三条轴线组合成的三路院落了。在此三进院落之后，环抱着东西长160余米连檐通脊二层后罩楼，共有108间房，和珅时期名"寿椿楼"。和珅的结发妻子冯氏（英廉之孙女）病逝于嘉庆三年（1798年）中秋节，和珅出于对冯氏的感情，将妻子生前居室中的陈设按原状布置以示怀念。和珅的侧室、苏州籍的吴卿莲也曾住在此楼上。和珅赐死后，吴氏曾作"泪诗"十首后，自尽殉夫。①

和珅的劣迹，朝野上下尽知，只瞒了一个老迈的乾隆帝，诸皇子相聚时语及和珅，也都"争欲致之法"（《天咫偶闻》卷四），嘉庆帝早就蓄意除掉他。乾隆帝当了60年皇上，按既定方针要退位了。册封皇十五子颙琰为皇太子，并于乾隆六十年九月初三日（1795年10月15日）宣布谕旨。而和珅在初二日就先给颙琰递送如意，先传个消息，并表示拥戴这位新皇帝。年将不惑的颙琰当然知道和珅安的什么心，隐而不发。丙辰年正月初一（1796年2月9

---

① 《和珅抄产册》："正月二十日奉上谕，据刑部会同顺天府府尹，奉旨管押和珅家属，本日午刻，有和珅之妾吴氏自缢死一案，内有吴氏'泪诗'十首并自序：'妾吴氏字卿莲，吴门人也，其年十五已入平阳王第选侍，于乾隆四十四年归处，今又二十一春矣。分香者何人，卖履者何人。风凄日暗，如助妾之悲悼也。
一、晓妆惊落玉搔头，宛在西湖（己未八日惊闻和事，忆昔平阳王第）十二楼；魂定暗伤楼外景，池中无水不东流。
二、香稻入唇惊吐日，海珍列鼎庆尝（昔王第查封时，有人方进燕窝，惊闻事发，陈于阶下，兵役拥至，哗然大嚼，谓萝卜丝）时；蛾眉屈指年多少，到处沧桑知不知。
三、缓歌漫舞画难图，月下楼台冷绣襦；终夜红尘看不够，朝天懒去倩人扶。
四、钦封冠盖列星辰，幽时传闻尽贵臣；今日门前何寂寂，方知人语世难真。
五、一朝能悔郎君才，强项雄心愧夜台；流水落花春去也，伊周事业空徘徊。
六、最不分明月夜魂，何曾芳卓念王孙；梁间紫燕来还去，害杀儿家是戟门（昔平阳王选侍时有蒋锡荣也）。
七、莲开并蒂是前因，虚掷莺梭念几春；回首可怜歌舞地，两番空是个中人。
八、冷落痴儿掩泪题，他年应化杜鹃啼；啼时莫向漳河畔，铜雀春深燕子栖。
九、村姬欢笑不知春，长袖轻裾带翠鬟；三十六年秦女恨，卿莲还是浅尝人。
十、白云何处老亲寻，十五年前笑语温；梦里轻舟无远近，一声欸乃到吴门。'诗成后投缳自尽。奉旨已阅，钦此。"按：有关卿莲身份经历，近代学人况周颐（1859—1926）氏在其所著《眉庐丛话》中，有简介云：吴氏原为浙江巡抚王亶望妾，亶望平阳人，也是官僚中的风雅之士，后缘事籍产服刑。卿莲归戟门侍郎蒋锡荣。当时正值和珅专权，蒋遂将卿莲献于珅，吴诗中所称"平阳王第"，即指王亶望宅邸，其中有关诗句中之费解处，据此多能阐释。只是况氏称"卿莲作绝句八首，叙其悲怨云"。而缺四、五两首。另外所记结局称"卿莲（况氏书中称'卿怜'）没入宫"，不著自缢事云。

日)颙琰即位，对和珅继续采取麻痹政策：先是厚待他，遇到向高宗请示汇报的事也让和珅代表，甚至在自己面前有说和珅坏话的，颙琰告诉他们：我还想倚靠他处理国事呢，你们可别轻慢他。和珅推荐他的老师吴省兰去替颙琰抄录诗稿，想从中观察动静，颙琰在诗词中也毫不露声色。这样，和珅以为可以安心了，出入还是那么狂傲。嘉庆四年正月初三（1799年2月7日），太上皇弘历归了天，嘉庆帝要办的第一件事就是处理和珅：第二天即褫夺和珅军机大臣、九门提督两职。只命守直殡殿，不得任自出入；"正月初八（2月12日）淮江南道御史广兴、兵科给事中广泰、吏科给事中王念孙等参奏和珅舞弊、僭妄不法等"，立命仪亲王永璇（1746—1832）、成亲王永瑆（1752—1823）传旨，将和珅及其同党户部尚书福长安（？—1817）逮捕。颙琰的麻痹政策起了作用，和珅在毫无戒备的情况下，"毫无所能为，控判上相，如缚庸奴，真非常之妙策"（《啸亭杂录》卷一《今上待和珅》）。接着就是紧张的审讯和大规模的查抄家产。正月十二日（2月16日）上谕中说："又所藏珍珠宝石及东珠手串二百余串，较之内廷多至数倍，并有大东珠数粒，与御用冠顶珠尤大，又有宝石帽顶数十个，并非伊应用之物，兼有整块红蓝大宝石不计其数，所藏金银玉石古玩等，尚未抄毕，约有万万两之多。似此贪黩营私，从来罕见罕闻。"估计其全部财富约值白银八亿两之多，[①]相当于国库十几年的总收入，故民间有"和珅跌倒，嘉庆吃饱"之谚。正月十六日（2

---

① 有关和珅家产数量及估价说法颇多，且各种记载不一。由于和珅家产中有大量不动产和难以估价的稀世珍宝、古玩字画等，因此确切估价是困难的。据《和珅抄产册》："（嘉庆四年正月十七日）奉上谕，查抄和珅家产呈送清单，朕已阅看，上有一百零九号，内有八十三号尚未估价，已估者二十六号合算共计银二万二千三百八十九万五千一百六十两。钦此。"如按已估算及未估算者合计，八亿两还是比较符合实际情况的。

月20日），仁宗宣布了和珅罪状二十款，[①] 传谕在京三品以上王公大臣阅看。

和珅既抄家籍产，王公大臣及各督抚会议请照大逆论凌迟处死，嘉庆帝"仰答君父加恩格外从宽"，于正月十八日（2月22日），"降旨赐帛，着刑部

[①] 《和珅抄产册》："（嘉庆四年）正月十六日奉旨将和珅（罪状）二十余款传谕在京三品以上王公大臣等阅看，钦此。

第一款　朕于乾隆六十年九月初三日蒙皇考册封太子，尚未宣布谕旨，乃和珅于初二日在朕前先递如意，事关机密擅敢泄漏，居然以拥戴为功；

第二款　钦设皇陵和珅擅自伐树木，妄图欺君，丧心莫比；

第三款　昨冬皇考圣躬不豫，乃和珅毫无忧戚，每进见时候至军机处与各部员聚说谈笑如常，丧尽天良；

第四款　昨冬皇考力疲，批发奏折字画遇有未清之处，和珅胆敢口称撕去另行议；

第五款　上年九月十三日蒙皇考在圆明园召见，和珅竟骑马直进宫门，过正大光明殿至寿山门，目无君上；

第六款　和珅借称腿疾，乘坐椅轿抬入大殿，并肩舆出入神武门，擅过皇祠，众目共睹，毫无忌惮；

第七款　和珅将已出宫女子娶为继妻，罔顾廉耻；

第八款　剿办川楚教匪，我皇考盼望军书，刻萦霄旰，乃和珅于各路军营递到奏报任意延搁，有心欺蔽，以致军务日久未竣，日复一日，糜饷至数千余万之多尚未藏功；

第九款　皇考谕旨军机处记名人员，和珅任意撤换，种种擅专不可枚举；

第十款　奉皇考谕旨令伊掌管吏、刑二部事务，又令兼户部题奏报银销事件，嗣因军需销算，伊遂熟手，乃和珅竟将一切部务一人把持，更变成例，不许众部臣参议一事；

第十一款　猝遭皇考大故，朕谕令蒙古王公等未出痘者不必来京，乃和珅不遵旨，假传已出未出痘者俱不必来京，全不顾国家抚绥之意，居心实不可问；

第十二款　查得和珅祖坟胆敢设立享殿、开直隧道，仿照皇陵式样；

第十三款　查得和珅房屋竟有楠木堂厅，其多宝阁及隔段门窗，皆仿照宁寿宫制度；

第十四款　上年十二月间有奎舒具奏，循化、贵德二厅属贼番聚众抢夺达赖喇嘛商人牛只，杀伤二命，又在青海地方肆劫一案，和珅胆敢将原折驳回，隐匿不报，不顾以边陲为重；

第十五款　皇考简用重臣，如大学士苏凌阿两耳重听，衰惫难堪，因与伊弟和琳系属姻亲，胆敢隐匿保举，历任两江总督；又侍郎吴省兰、李潢，太仆寺卿李光云俱不堪任，因前在伊家教读，俱系列卿阶，历任学政；

第十六款　伊家所藏珍珠宝石不计其数，较之内廷多至数倍；

第十七款　和珅胆敢在京师附近州县私开当铺、银号，身为首辅与小民争利，罔顾廉耻；

第十八款　和珅如是贪功舞弊，蠹国肥家，擅设更楼档子，僭妄已极；

第十九款　伊家所藏金银古玩衣饰器皿，价估数千余万之多；

第二十款　擅宠刘、马二家人，彼不过下贱家奴而容畜金银珠宝、当铺至数百万两。其余贪纵狂妄之处尚难悉数，实从来罕见罕闻。将此款单发交在京三品以上及翰、詹、科、道外，各督抚等官会同悉心妥议速奏。此外如有自抒己见者，不妨折封陈奏，若意相合即连衔具奏，钦此。"按梁章钜《归田琐记》卷五《和珅》，也记有和珅二十条罪状，与谕旨字句大同小异，先后次序也不尽相同，有些条款写得更具体些，今从略。

监临市曹自尽，①福长安又从宽改为绞监候，着押赴和珅自尽处跪视和珅自尽，押回刑部监禁"。同日，刑部呈送和珅"临刑诗"一首。②

此前，和珅于正月十五日（2月19日）在狱中写了两首"悔诗"，③诗云："夜月明如水，嗟予困已深；一生原是梦，卅载枉劳神；屋暗难挨晓，墙高不见春；星辰和冷月，缧绁泣孤臣。""今夕是何夕？元宵又一春；可怜此夜月，分外照愁人；对景伤前事，怀才误此身；余生料无几，空负九重恩。"曾几何时，一朝得势炙手可热的一代权奸，终于发出了临死前的哀鸣。其实，他并没有后悔做了那么多坏事，至死还以为自己为才所误呢。和珅既死，照议革去公爵，仍留伯爵，令其子丰绅殷德承袭，只许"在京闲住，不许出入滋事"。实际是将这位固伦十额驸软禁起来。和琳之子革去荫袭公爵，发南城外堆子上当差（和琳卒于嘉庆元年，躲过了这场株连）。以后，定亲王绵恩（1747—1822）在和珅家又查出朝珠一串，全是极大的东珠（松花江下游及支流所产的珍珠，珠体硕大圆润，莹匀洁白），据和珅家人供称，和珅日间不敢佩戴，往往于灯下无人时私自悬挂，临镜徘徊，对影独自谈笑。东珠朝珠本来就不是和珅应该收藏的，而且夜间私戴，显然图谋不轨。④如果事情败露于正月十八日以前，就不是赐令自尽的问题了。绵恩再四讯问丰绅殷德，实在不知其父有此物。嘉庆帝加恩免予追问，后又因国丧期间其妾产子，因而将丰绅殷德革去伯爵，停其世袭，赏给散秩大臣衔。宅第也就当然由内务府没收归

---

① 《和珅抄产册》："本日（正月十八日）奉上谕，和珅实属辜负皇考厚恩，弄权舞弊，贻误军务，蠹国病民，罪情重大，断难一刻姑容。据王公大臣及各督抚会议请照大逆论凌迟处死。朕欲改为全家戮灭不足弊辜，使内外诸臣触目警心，以为辜恩负国者戒。乃和珅之子系属额驸，朕仰答君父加恩格外从宽，降旨赐帛，着刑部监临市曹自尽。"

② 《和珅抄产册》："本日（正月十八日）奉上谕，据刑部监临具奏呈送和珅临刑诗一首：'五十年来梦幻真，今朝撒手远红尘。他年水泛龙门日，认取香烟是后身。'"

③ 邓之诚《骨董琐记》卷五《和珅吴卿连诗》："钞本嘉庆四年正月谕旨皆和珅伏法事，有查钞清单，与《庸庵随笔》所载微异，谕旨字句间亦不同，岂所谓'报房小钞'耶。中有正月十七日奉上谕，刑部具奏狱中捡得和珅于十五日擅书'悔诗'两首。"

④ 梁章钜《归田琐记》卷五《和珅》："（和珅）籍没后，续查出真珠朝珠一挂，讯其家人，言往往灯下无人时私自悬挂，对镜徘徊谈笑，低声自语，人不得闻。窥其心，又不仅封殖贪黩之可罪矣。"

公了。除去留一部分给和孝公主和额驸居住外，[①] 嘉庆帝不忘前言，[②] 赐给久已渴望得到"和第"的庆郡王永璘了。

三、庆郡王府时期

庆郡王名永璘（1766—1820），乾隆帝第十七子，孝仪皇后生，是嘉庆帝的同母弟。高宗不大喜欢这位最小的儿子，他长得傻大黑粗，又不喜读书。只爱游嬉和吹拉弹唱，护卫们当众和他开玩笑他也无所谓，就这么一个没上没下的憨厚人。[③] 乾隆五十四年（1789年）才封贝勒，嘉庆四年（1799年）始封郡王，二十五年（1820年）三月，永璘临终前才得亲王称号。[④] 永璘在做皇子时，就早已觊觎和珅的宅第了，他把得到和第看得比王位还重要。这一方面说明永璘对皇位的野心不大，另外也说明豪华富丽的和第对他的吸引力是多么大。和珅宅第既经收归内务府，当然须经内务府按照郡王府的规制[⑤]改建后，永璘才能搬进去。至于改建细目则无从详知。从各种迹象看，

[①] 《归田琐记》卷五《和珅》："又分和珅之第半为和孝公主府（和之子丰绅殷德尚十公主），半为庆亲王府（时尚为郡王）。"东路轴线上遗留了两进院落，正厅及配房均为五间，硬山卷棚顶，是丰绅殷德和和孝公主的居所。2004年，后进正厅多福轩的梁架上发现凤凰彩画，翌年在乐道堂正梁也发现凤凰牡丹贴金彩画，证明和孝公主下嫁后以府邸东路为居室的事实。公主的居室应为乐道堂，和珅时的室名尚无考。丰绅殷德的居室应为今多福轩，当时名延禧堂，按丰绅殷德所著《延禧堂诗钞》即以此堂名集。当年所悬匾额"尚德延厘"为乾隆御笔并有钤玺，当为高宗专赐者。

[②] 《啸亭续录》卷五《庆僖王》："纯皇帝末年凯觎（王位）者众，（庆僖）王答曰：'使皇帝多如雨落，亦不能滴吾顶上，唯求诸兄见怜，将和珅邸第赐居则吾愿足矣！'故睿皇帝籍没和珅时，即将其宅赐王居之，以酬昔言。庚辰（嘉庆二十五年，1820年）春薨逝，睿皇帝震悼，赙襚甚优，异于他邸焉。"

[③] 《啸亭续录》卷五《庆僖王》："庆僖亲王讳永璘，纯皇帝第十七子也，貌丰顾黧色，不甚读书，喜音乐，好游嬉，少时微服出游，间为狭邪之乐，纯皇帝深恶之，降封贝勒，经睿皇帝屡加斥责，晚年深自敛饬，燕居邸中，惟以声色自娱而已，然天性直厚，敦于友谊，与之交者务始终周旋之。御下宽纵，护卫于众中与之侣傲嬉笑亦不责也。"

[④] 《清史稿》卷二百二十一《高宗诸子传》："（嘉庆）二十五年三月永璘病笃，上亲临视，命进封亲王，寻薨，谥曰僖。"

[⑤] 《乾隆钦定大清会典》卷之七十二《工部》："世子府制：正门五间，启门三，缭以崇垣，基高二尺五寸；正殿五间，基高三尺五寸；翼楼各五间，前墀环护石栏，台基高四尺五寸：其上后殿五间，基高二尺；后寝五间，基高二尺五寸；后楼五间，基高一尺四寸，共屋五重。殿不设屏座，梁栋绘金彩花卉、四爪云蟒，金钉压脊，各减亲王七之二，余与亲王府同。郡王府制与世子府同。"

也只是使和第稍事符合郡王府规制而已。中路各层殿堂的绿琉璃瓦顶，应是此次更换的。由于府内还须住一位十公主和只准在京闲住的散秩大臣丰绅殷德，所以永璘只能占用一半或多一半①作为府第。一说永璘搬入和珅宅第时，和孝公主已搬出去另分新府，但无确证（见《北京文博》2012年第二辑《恭王府研究中的几点存疑》），就这样一宅分两院，直到道光三年（1823年）九月和孝公主死去以后（丰绅殷德已于嘉庆十五年（1810年）先于和孝公主死去），整座府邸才全归了庆王府。这时永璘已经死去三年多了。

  永璘病重时，嘉庆帝曾亲临府邸探视，并晋封了亲王。二十五年（1820年）永璘卒，谥曰僖，葬于昌平区流村乡宫上村西（白羊城西南）五峰山东麓（今仅存墓前的碑楼及单孔石桥各一座，其余均毁）。永璘死后，子绵慜（1797—1836）降袭郡王。绵慜于当年（1820年）五月将府中旧有的和珅宅第遗留下的违制之物，如毗卢帽门口（只有皇宫内的养心殿、乾清宫、皇极殿等处的暖阁才准用的门口装修）、太平缸、铜路灯等奏报，分别拆改呈缴，得到嘉庆帝的赞扬。道光十六年（1836年）十月绵慜卒，宣宗特许嗣子奕综直接承袭郡王。二十二年（1842年）十月，奕综以服中纳妾，交宗人府议处，奕综行贿请免，事发革爵退回本支（奕综为高宗八子仪慎亲王永璇之裔孙）。永璘第六子辅国公绵性行贿觊袭王爵，宣宗震怒，将绵性戍盛京，以永璘第五子镇国公绵悌（1811—1849）奉永璘祀，旋又坐事降镇国将军。二十九年（1849年）绵悌卒，次年由其嗣子（绵性之第一子）奕劻（1836—1918）袭辅国将军。咸丰初年，宣宗诸子分府，②文宗将此府收回，转赐其弟恭亲王奕䜣。按清制，朝廷所赐府第，由于世袭递降已和原封爵位不相符合的，皇家如有需要，可以收回而以他处抵换。因此，辅国将军级的奕劻，就须遵照内务府的安排，迁往定阜大街原大学士琦善（约1790—1854）的空闲宅第中，而将此府让给奕䜣作为恭王府。到了光绪十年（1884年），奕劻封庆郡王，乃就

---

① 《骨董续记》卷二《明珠和珅旧居》："和珅宅曾割其半以居丰绅殷德及和孝公主，丰早卒，和孝卒于道光初，门户式微已甚。咸丰时，并庆邸改赐恭王。"

② 皇子赐府第移居宫外时谓之分府。宫内专为皇子所居的殿宇名三所，也叫阿哥（满语音译，意为皇子）所。

定阜大街宅第改建为新的庆王府。^①光绪二十年（1894年），奕劻晋封庆亲王，世袭罔替。^②

永璘在府住了二十年，竟然保留了和珅当年的违制物品隐匿不报，此事也足见其人之昏昏然。绵慜就比其父小心谨慎得多。据此也可以说明，永璘、绵慜居府时，似乎都没有进行较大规模的改建府第。绵慜死后，奕綵、绵悌等先后犯了事，出了问题，也难得顾得上修建府第，到了奕劻时，就更谈不到修府了。

和珅和永璘居住时，由于年代已久，对其府第情况知道得很少，文献记载亦鲜，仅在恭王诗集中提及片言只语而已，^③且亦系传闻。

四、恭亲王府时期

恭亲王名奕䜣（1833—1898），宣宗六子。道光十二年十一月二十一日（1833年1月21日）丑时生。他和咸丰帝奕詝是九个皇子中最受宣宗宠爱的两个。道光二十六年（1846年）立奕詝为皇储但又不愿亏待奕䜣，封他为恭亲王，两道谕旨同时放在秘密立储匣内。三十年正月（1850年2月）宣宗崩，文宗嗣位，次年（咸丰元年，1851年）遵照宣宗遗旨，奕䜣受封恭亲王。次年分府后，于四月二十二日（1852年6月9日）迁入新分给他的府邸，^④即今什刹海恭王府址。咸丰三年（1853年）十一月受任军机大臣并以亲王身份任军机处领班军机大臣、正黄旗满洲都统、宗人府右宗正、宗令。虽然大权

---

① 《顺天府志》："庆郡王府在定府大街。……今王奕劻初袭贝勒，光绪十年晋郡王。府为道光时大学士琦善故宅。"

② 陈宗蕃《燕都丛考》第二编第六章《内五区各街市》："按，庆郡王于光绪末年晋封亲王，世袭罔替，革命后王薨，子载振袭爵。"

③ 奕䜣《萃锦吟·庆宜堂避暑偶作》注：邸第西斋，颜曰庆宜堂，传闻系庆邸居时旧额。堂内敬悬道光间成庙御书赐额"乐寿安身"。

④ 咸丰二年四月内务府奏销档，总管内务府为请旨事："前经臣衙具奏，恭亲王第工程将次修竣，请于何日选择移居吉期一折，二月初四日奉朱批依议，著行知钦天监于本年四月十五日至五月初五日择吉或五月十一日以后亦可，钦此，并即行知钦天监选择，兹据该监择得吉期二日，另缮清单恭呈御览，为此谨奏请旨等因于咸丰二年二月十八日具奏奉朱批圈出四月二十二日分府吉，钦此。"

在握，但他自以为才干比奕訢强，对奕訢即皇位心不甘服，因而恃才傲物，目中无人，令奕訢颇为反感，兄弟间由猜忌而失和。奕訢为庶出，他很想为其生母静皇贵太妃博尔济吉特氏请封为康慈皇太后，在她病危时采取了欺瞒手段，未经文宗正式批准便办理了封号事宜，挟迫奕訢承认这个既成事实，招致文宗极度不满。咸丰五年（1855年），谕旨免去奕訢的一切职务，仅保留在内廷行走和上书房读书，而且对死后的康慈皇太后不得加宣宗谥号。虽然于七年（1857年）重新任命为都统、内大臣，但终咸丰朝一直不受文宗信任。

恭亲王奕訢是晚清历史上的风云人物，面对当时内忧外患的复杂局面，他为维护满清政权发挥了非常关键的作用。近年来史学界围绕奕訢展开了诸多研究，奉其为"洋务运动领袖"、"近代的改革家"等论点渐占主位，赞誉他积极引进西方科技，探索富国强兵途径的开创性举措，如引进第一批西方武器、购置第一支近代化舰队、开办第一所近代学校、第一次派团赴西方考察。

在摄影技术发明之前，对人的记录只能用画像和文字描述，难免失实或溢美。清史档案对奕訢相貌的描述不多，费行简《近代名人小传》中，说他"广颡秀眉目，举止安详，仪表清超，对人无多语而辄中窍要"。拜见过奕訢的何刚德在《春明梦录》中说："恭邸仪表甚伟，颇有隆准之意……人甚明亮。"然而与他接触过的外国人的形容却有所不同，如英军军医芮尼（Rainy）在《北京及北京人》中的记载："恭亲王表情很和善，是个典型的鞑靼人。他的右颊上长了两个伤疤，显得有点脏，可能是两个小疡肿疤痕。他的脸和手很小，手指纤细，有点女气。"另一位英国摄影师约翰·汤说："他中等身材，体态清瘦。说实在的，他的外貌并没有像在场的其他内阁大臣那样给我留下那么好的印象。然而用颅相学的角度来看，他的天庭确实非常饱满，他的目光敏锐，静坐时脸上流露出一种异常坚毅的神情。"比较而言，外国人对他的外貌的描述，显然更为真实、客观。

1860年，英法联军直逼京师，咸丰皇帝"蒙尘"热河。奕訢临危受命，作为"钦差便宜行事全权大臣"留守北京，与联军进行谈判。交锋的对手是英国公使额尔金（James Bruce, Earl of Elgin and Kincardine, 1811—1863）、法使葛罗（Jean Baptiste Louis Gros，1793—1870）和俄使伊格那提耶夫（1832—1908）。这是一场豺狼与羔羊的"谈判"，10月24日和25日奕䜣不得不屈辱地签下丧权辱国、割地赔款的中英《北京条约》和中法《北京条约》。当年11月2日，在他回访额尔金伯爵时，由联军战地摄影记者、英籍意大利人费利斯·贝阿托（Felicia A.Beato）在额尔金的住处怡亲王府为他拍摄了穿戴朝服的半身像。据在现场的芮尼军医描述：恭亲王那天"穿一件紫色的绣有黄龙的锦缎官袍……他戴着一顶边缘上翘的官帽，除了在顶上有一个红绸做成的旋纽（当系红宝石顶子）之外，并无其他任何装饰"。照片中的奕䜣面容清癯，表情凝重，眉宇间透露出心底的痛楚和凄清。此时他27岁。这张照片拍摄得非常成功，此后常为各书所转引。

通过这次艰苦的谈判，奕䜣增长了外事经验和见识，从而成为清代皇室贵族中，冲破"天朝大国"虚骄作风，以平等礼节与外国人交往的第一人。外国人也看到他的思想开明，有办事能力，不像以往的谈判钦差那样无能和排外。使得奕䜣在国内和国际上赢得较高的声誉。

通过这次与西方列强的深入接触和惨痛的教训，他自己的评说，是"庚申（咸丰十年）之衅，创巨痛深"。使他懂得"弱国无外交"，"愚昧、腐败就要挨打"的真实教训，萌发了必须富国强兵的洋务思想。

1861年8月，咸丰帝在避暑山庄崩逝，奕䜣得到慈禧太后的青睐。他果断地协助和参与慈禧所发动的"辛酉祺祥政变"，剪除以怡亲王载垣（1816—1861）、郑亲王端华（1807—1861）和端华之弟肃顺（1815—1861）为首的顾命八大臣，夺得了大清帝国实际的最高统治权。10月授议政王，在军机处行走，补授宗人府宗令、总管内务府大臣、领神机营、稽察弘德殿一切事务等职，集军政外交、皇室事务大权于一身。此后他殚精竭虑地励精图治，谋求国家的振兴与富强。他倡建了新型外交机构——总理各国事务衙门，由他自己总理其事，积极谋求和维护与西方各国发展良好关系；同治元年（1862年），创办同文馆以培养具有科学知识的西学人才；重用汉官名将，发起洋务运动，振兴军事和工业。使得积贫积弱的同治朝，出现了短暂的繁荣局面。

正当奕䜣声誉日隆，为了实现其政治抱负、走向奋发图强的事业高峰时，以慈禧太后为核心的新的势力集团，深恐权势日益膨胀的奕䜣终将威胁到自身的统治地位时，乃于光绪十年（1884年）春，借口奕䜣在中法越南战争中"委蛇保荣，未奉全力"而导致战败，黜免了奕䜣的全部职务，革除了他属下的全体军机大臣，撤去恩加双俸，令其"家居养疾"，而以他的妹丈、依顺听话的醇亲王奕𫍽（1840—1891）取代之，时人称为"甲申易枢"。奕䜣赋闲在家长达十年之久，过起了超然物外的生活。一方面作为被贬之人，有意识地封闭自己，另一方面在官场名利圈已无权势可言。癸巳年（1893年）奕䜣六十整寿时，前来祝寿者仅只六人，这和当年声势显赫时，恭邸车水马龙、贺客盈门的景象，形成鲜明的对比。历经数十年的宫廷喧嚣、宦海浮沉，对人性和人生都有了较诸常人更为透彻的理解、认知和感悟。世态炎凉令他意志消沉，他曾四次去慧聚寺（戒台寺）庙居以抒胸襟、遣忧闷。此时他只求多福乐道。这在他的堂号轩名和花园景点中多有反映。他著有《乐道堂文钞》《续钞》《诗钞》《萃锦吟》等，集为《恭亲王集》传世。直到光绪二十年（1894年）日本侵略朝鲜时才重被起用，仍主内政外交。

　　奕䜣迁入恭王府之前，内务府在庆王府的基础上进行过整修。同治年间也进行过修缮。但经实际考察，发现府邸部分的变化并不大，如锡晋斋的覆莲鼓墩式柱础和内部的楠木装修以及东路山墙墀头上的砖雕和中路后段左右配房正脊上的砖雕，都代表了乾隆时期的惯用手法，只有西路部分建筑呈现柱径及大木结构用料偏小的现象，说明曾经重建。[①]

　　恭王府邸的建筑，分为左、中、右三路，由严格的轴线贯穿着的多进院落组成。现存的大门外，从前尚有并列的两组院落。靠西侧的一组在三间正门两侧开有两座罩子门（角门）通向东、西路院落，门的前方纵列着四排房屋，每排房当中各有一座阿思门（过道门），东边的阿思门外有一座影壁，院南边沿围墙有两排倒座房，是王府的办事机构用房：前排东侧为回事处、随侍处，中间为管事处，西侧为佐领处、档子房、管领处、庄园处、置办处等，后排为俸禄米粮仓房；两排倒座之间另有东房一排，为裁房、厨房、水屋等。最西边沿府墙的通道称西便道。靠东侧的一组院落，南边沿围墙也有一排倒座房，驻有旗兵十余名担任护卫，名叫兵房；北边有一座四合院，

---

① 参阅中国建筑科学研究院情报所编《建筑历史研究简讯》第五期《北京恭王府及萃锦园》。

相传贝勒载滢（1861—1909）回府时在此居住。① 王府的总出入门就开在东侧院落的东墙上。

恭王府的府门两重，南向。大门三开间，前置石狮一对；二门五开间，均在正中轴线上。二门内就是中路正殿及东西配殿（现已无存），② 其后为五开间硬山顶前出廊的后殿及东西配殿，后殿今悬"嘉乐堂"匾。③ 东配殿廊下至今还保存有石碑一块和椭圆形石盘一个。④ 中轴线上的殿宇，瓦顶都用绿琉璃筒瓦脊吻兽，楼庑旁座都为灰筒瓦，这是符合王府规制的。东路轴线上，现只剩下两进院落（前部东南角部分1976年地震后，因震坏而拆除了过厅前的配房及廊庑），正房和配房都是五开间硬山顶灰筒瓦，前进正厅名"多福轩"，⑤ 后进正厅名"乐道堂"，为奕䜣的起居处；西路中进院落正厅五开间，名"葆光室"，⑥ 两旁各有耳室三间，配房五间；后进院落正厅即"锡晋斋"，东西配房各五间，东房名"乐古斋"，西房名"尔尔斋"，⑦ 锡晋斋和葆光室院落之间有垂花门一座，悬有"天香庭院"匾额。⑧ 门南边有竹圃，北有

---

① 《顺天府志》："滢贝勒府在三转桥西。……愉王讳永祦，圣祖十九子，谥曰恪。后为钟郡王府。钟王讳奕诒，宣宗八子，谥曰端，无嗣，以恭亲王子贝勒载滢为后。按其地有恭王府，当即滢贝勒府。"

② 中路正殿即银安殿，恭王府的银安殿于民国十年上元日（1921年2月22日）因烧香失火，连同东西配殿一并焚毁。

③ 据传后殿为神殿，是满洲神巫"萨玛"祭神的处所，原无匾额。其东配殿为神器库，西配殿为银库。

④ 石碑长96厘米，宽84厘米，厚20厘米，上刻宣宗御笔画两幅。上幅题"东篱逸趣"，钤"道光御笔"玺一方，下署"道光戊子（八年，1828年）御笔"，钤"道"、"光"连珠印；下幅题"清芬晓露丛"，钤"养正书画"印一方，下署"御笔"，钤"道光"印一方。碑下方署"和硕恭亲王子臣奕䜣尊藏墨宝，和硕醇亲王奕譞摹勒上石"。谢道隆《红楼梦分咏绝句题词》之六原注："十㳇海或谓即大观园遗址，有白石大花盘尚存。"疑指此石盘。

⑤ 多福轩是奕䜣会客处，原来墙上满布福字。据传恭王曾在此接见过英法联军谈判代表。院内有古藤萝一架。

⑥ 参阅本文《和珅宅第时期》。

⑦ 锡晋斋原名庆颐堂。光绪六年（1880年），奕䜣从成亲王府中得到晋陆机《平复帖》后，存放室内，改名锡晋斋，西配房存放其他碑帖，名"尔尔斋"，意即此室存放的碑帖若与《平复帖》相较，都不过尔尔，东配房存放古玩，故名"乐古斋"。

⑧ 匾无上下款，只上方正中钤"慎郡王印"玺一方。按慎郡王名允禧（1711—1758），号紫琼道人，圣祖第二十一子，雍正时封贝勒，高宗继位晋王爵。据传此匾原来悬挂在萃锦园大戏楼后院北房五间上。从时代讲，它不可能是府邸或花园的匾额，其来源待考。

海棠两株。① 在此三路院落的后边，有长160余米、贯连50余间的两层后罩楼，连檐通脊，东部悬匾"瞻霁楼"，西部悬匾"宝约楼"；楼前檐出廊，后檐墙上每间上下各开一窗，下层都是长方形窗，上层为形式各异的什锦窗，窗口为圆形、方形、桃形、石榴、卷书、"福庆有余"等形式，窗口砖雕精细；其楼梯原为木假山形，现已改成水泥阶梯。楼中间偏西原有一间是过道门，通向府后的花园。

恭王府花园原名朗润园，后由溥心畬（1896—1963）改名萃锦园，园坐北朝南，正门在南面正中，为西洋式砖石雕花拱券门。② 门内左右都有青石假山，③ 门内正面耸立一长形直立的太湖石，石顶部刻"独乐峰"，其后为一蝙蝠形小水池，旧名"福河"。园内也有约略的轴线，分成左、中、右三路。中路轴线上在福河之后就是一座五开间的正厅，前出抱厦，名"安善堂"，东西配房各三间，东配房两间，名"明道堂"，西配房单间，名"棣华轩"。④ 安善堂后又有一方形水池，池后是一组内砌青石，外包土及太湖石的假山，叠石成龛形，中嵌有康熙御笔福字碑一座。⑤ 假山上有三间盝顶敞厅，名"邀月"，两侧都有爬山廊通向东、西配房，东配房共六间，名称不详，西配房三间，名"韵花簃"；中路最后有正厅五间，硬山卷棚顶，前后各出三间歇山顶抱厦，⑥ 正厅两侧各接出三间折曲形的耳房，与正厅相接处为硬山顶，折曲处为庑殿顶，两端为歇山顶，周围均出廊，形制特殊多变，形如蝠之两翼，因得名"蝠殿"。⑦ 东路第一进院落前有一座垂花门，门前有四棵龙爪槐。垂花门的右前方有一座八角形流杯亭名"沁秋亭"。垂花门院内有东房八间

---

① 传说为"西府海棠"。一说海棠乃蜀种，名西蜀海棠。
② 王府中人称"洋门"，门内外均有石刻门额，南面书"静含太古"，北面书"秀挹恒春"，均为楷书，无年款、署名。
③ 门内两侧假山石上有不少题字，如"含云"、"斗牛光"、"翠云岭"（有芳林署名）、"花香鸟语"等楷书字以及"峭石得天缘"、"易曰尔口石不终日贞吉"等篆书字。
④ 奕䜣早年习武，曾创造枪法二十八势、刀法十八势。宣宗赐其枪势为"棣华协力"，刀势名"宝锷宣威"。棣华轩因是得名。
⑤ 碑正面镌一草书"福"字，正中上方钤一方"康熙御笔"玺；碑高129厘米，宽54厘米，厚14厘米。
⑥ 前檐抱厦原悬"望隆堂壁"匾额。
⑦ 又称蝠厅，王府中人称"蝠房子"。

（北面五间，南面三间）和西房三间，其中三间东房名"香雪坞"，西房三间即明道堂之后卷。院北就是大戏楼，①为三卷勾连搭式，戏楼内檐彩画全部为藤萝花饰，戏台及后台在南面，台正面悬挂"赏心乐事"匾，上下场门悬"始作"、"以成"匾，②北面用隔断隔出休息室，观剧处用八仙桌和太师椅当座位。大戏楼以北有一座小院落，有北房五间，东房两间（今已不存）。东路各层院落以东，南北方向叠有一排青石假山，山外即东垣墙。园西路最前面有一段城堡式的垣墙，墙顶砌成雉堞状，墙上辟券洞，洞北面有石额上刻"榆关"，无年款署名；墙两端接青石假山。榆关内有三间敞厅，名"秋水山房"，东有海棠式方亭一座，名"妙香亭"（原亭已毁，现存为20世纪80年代重建者），西侧有西房三间，名"益智斋"，北临方形大水池，池心有水座三间，是四周带坐凳栏杆的敞厅，名"观鱼台"，又叫"诗画舫"。水池北面有五间两卷房，名"澄怀撷秀"，其东耳房三间，名"韬华馆"，西耳房已不存。再北原为王府的花房。③西路的西侧有南北向的土山一座，从榆关以西一直延伸到澄怀撷秀的西侧。萃锦园的外围墙，东、西、北三面原制无门，其西墙外原为月牙河，北为大墙缝胡同（民国时雅化为"大翔凤胡同"），东为府夹道（解放后被堵死，园墙的东南部被拆除约100米，将花园的一部分连同东边的罗王府改做公安部高干宿舍），园墙均为城砖砌筑，目前保存尚属完整。

---

① 奕䜣生日在旧历十月下旬，办生日堂会时需要生火，故王府中人称大戏楼为"暖楼"。大戏楼位于花园之东北隅，面积685平方米，南部为后台（化妆室），前为舞台，散座在中间，北部为贵宾及女眷观剧和休息处。1936年溥儒为其母项老夫人祝寿的堂会戏就在这里演出，京剧界名角咸集献艺，这是恭王府戏楼最后的一次堂会戏。

② 戏台正面悬篆书匾"赏心乐事"，署"戊午正月上浣，澹园主人识"；上下场门悬篆书匾"始作"、"以成"。按澹园主人名成多禄（1864—1928），字竹山，祝山、竹三，号澹庵、澹堪、澹园，吉林永吉人，隶汉军正黄旗。光绪拔贡，官黑龙江绥化知府，入依克唐阿、程德全幕，民初为国会参议员。寓居北京，为漫社等诗社主唱。参加晚晴簃诗社，选清诗。晚年任北京图书馆副馆长。成氏工诗，尤长于律诗；工书，擅大字擘窠，多为京吉两地题写匾联。有《澹园诗草》二卷，经整理出版《成多禄集》。被誉为近代"东北第一诗人"、"东北四大书家"，与徐鼐霖、宋小濂并称"吉林三杰"。戊午应为民国七年（1918年）。

③ 花房，府中人称"花洞子"，其西原有花神庙一座。20世纪30年代辅仁大学拆除了花房和花神庙，建起了司铎书院楼。

萃锦园原有二十景，① 除一两处外，目前已难认出确切地点了。周汝昌先生认为："似是很晚的题名，应在同治间重修以后。"

此外，在萃锦园外东北方不远，奕䜣还另建了一所花园，名"鉴园"。② 北临后海，布置精巧别致。构筑年代无确切记载。

光绪二十四年（1898年）五月，奕䜣病死，谥曰忠，配享太庙，葬于昌平区崔村乡麻峪村东北200米处，至今遗有四柱三楼庑殿顶石牌坊一座，冲天柱顶雕望天犼，牌坊石雕很精致。奕䜣死后由其次子贝勒载滢（已出继于宣宗八子钟郡王奕詥）之子溥伟（1880—1937）为载澂（1858—1885）嗣（奕䜣长子载澂早卒）承袭王爵，继续住府中，其胞弟溥儒（号心畬，名画家）携眷居住萃锦园中。

清代王府之产权属于皇家所有，作为王府府主，只有皇家颁发的"龙票"作为使用权的凭证，而没有代表所有权的房契。清室亡后，按照民国政府优待清室条例的规定，王府成了府主的私产。嗣后末路王孙纷纷卖掉所居府第以维生计。恭王府的府邸部分也被溥伟将龙票抵押给北京天主教会的西什库教堂，自己去大连和肃亲王善耆（1866—1922）去搞复辟清室的活动去了。十余年后利上滚利，从原押款9万银圆变成了12万元，溥伟早已无力偿还这笔巨额债款了。以后由罗马教廷办的辅仁大学（Catholic University）以教会之间的关系，用108条黄金代偿了这笔债款，产权遂归了这所天主教大学。辅仁大学将府邸部分作为女院，并把后罩楼通向后花园的通道砌死，这样府和园开始分隔开了。七七事变后，溥儒又将萃锦园以10万银圆卖给辅仁大学，1938年春天去西山隐居。辅仁大学拆改了后罩楼内的木假山式楼梯，将大戏楼改为小型礼拜堂，并将花园中的花房和花神庙拆掉，建起了司铎书院楼房。自此，萃锦园就成了辅仁大学神职人员居住和活动的地方了。

---

① 载滢《云林书屋诗集》卷二《补题邸园二十景》："曲径通幽、垂青樾、沁秋亭、吟香醉月、艺蔬圃、樵香径、渡鹤桥、滴翠岩、秘云洞、绿天小隐、倚松屏、延清籁、诗画舫、花月玲珑、吟青霭、浣云居、松风水月、凌倒景、养云精舍、雨香岑。"

② 《大㳽偶闻》卷四："(恭)邸北有鉴园，则恭邸所自筑。"《燕都丛考》第二编第六章"内五区各街市"引《骨董琐记》："大、小翔凤胡同，清恭王别邸在焉。清时禁令颇严，声伎等事不得入邸，故王于此创别业以为招致声伎之所。院临后湖，座设明镜以揽山色水光之胜。民国后为吉林宋小濂铁梅所有，题曰'止园'。"

建国后，由艺术师范学院以后又由中国音乐学院使用时，于1952年拆掉了前院的四合院，盖了一座食堂；1959年又拆掉前院府门外所有房屋，建起了两幢大楼——曲尺形的琴楼和一字形的画楼（已于2007年整修恭王府时拆除）。

五、有关恭王府及花园的一些问题

单士元（1907—1998）先生于1938年在《辅仁学志》第七卷第一、二合期上发表了《恭王府沿革考略》一文，这是研究恭王府问题最早也是最完整、系统的文章，其中引证实录、旧档以及有关书籍等颇为详明。但是作者根据慎郡王书"天香庭院"匾额推断和珅建邸时期为乾隆十六年（1751年）至二十三年（1758年）间，显然有误，盖此时和珅仅2—9岁。实际上这块匾可能是别处移来或者后刻或集字刻的，与此府园可能全然无关。联系到府园中的一些清初遗物，如康熙御笔福字碑、康熙御书"怡神所"匾（"恭邸自筑"的鉴园内，也有康熙御笔"香远益清"匾额）等，这些不属土木相连可随时移动之物，皆不宜作为园寓断代之依据。

单文末尾附印了《摹绘乾隆京城全图》中的"和硕恭亲王府"部分。此图由于是后来摹绘而非实测，故存在着明显的错误：如府邸部分仅有中轴线上一路院落而不是三路；后楼间数也明显的不足数；尤其不合理的是府前两排倒座房被街道斜切下去一部分，形成若干三角形的房屋。这种现象实际上是不可能出现的，因为三角形房屋既不能使用，更无法设计施工。所以这张图的摹绘者，并没有进过恭王府实际踏勘实测，应该是一张想象示意图。虽然如此，图上府邸的范围还应是可信的；此图府墙范围，大致接近现存实际情况，并且府后明显地标出"西煤厂"胡同名而没有画出花园部分。如果说这时已出现了花园，则当时对恭王府如此重视，对花园反而不画，这是不可能也是说不通的。因此，只能解释为摹图时花园尚未建造，也就是说，萃锦园是恭亲王奕䜣于同治年间圈进府后的民房及胡同开始创建的。奕䜣的《萃锦吟》中所说的"嗣于同治年间邸园落成"中的"邸园"二字，也应理解为专指萃锦园而不连府邸在内，正如载滢的《云林书屋诗集》卷二《补题邸园二十景》中的"邸园"二字一样明确,是专指萃锦园而言的,"落成"二字就更明确了,它不是修整、修葺、修缮、重修或重建,而只能是新建,才好用落成。因此《摹绘乾隆京城全图》的成图时间,似应提早到咸、同时而不是同、光时代。①

如此说能成立,则可假定,和珅和庆亲王居此地时,府后都没有花园。

和珅宅第时代,这里究竟有没有花园?

据查抄和珅家产清单记载:"花园一所,楼台四十二座;钦赐花园一所,楼台六十四座,四角楼更楼十二座,更夫百二十名。"

这两所花园,未书明坐落地点。是否其中之一座在宅第之后,也不无可疑。

《骨董续记》:"咸丰时,并庆邸改赐恭王。和珅花园名十笏者,赐成邸,在海淀,未久即废。"

嘉庆四年(1799年)四月上谕:"和珅之宅已赏给庆郡王永璘居住;和珅之园已赏给成亲王永瑆居住。"单士元先生注云:"所谓嘉庆间别赐(成亲王永瑆)园宅,当系嘉庆四年将和珅园寓赐与事。珅园虽不详所在,疑亦在圆明园附近。按清代各帝皆常住圆明园,大臣承值者咸有赐园……和珅任枢臣久,当亦应尔也。"(见《恭王府沿革考略》)

《清室外纪》:"和珅住宅之西偏,即今之庆邸也;其东偏花园接连什刹海者,则赏与成亲王。"

以上所引三项材料,出现了两个说法:

邓之诚氏认为赐给成亲王的花园是海淀的十笏园(即淑春园,和珅改名十笏);嘉庆上谕则未指明赐予成亲王的和珅花园之地点,而单士元先生"疑在圆明园附近",实际也指的是十笏园;而《清室外纪》的著者英人白克好司、濮兰德(Backhouse and Bland)两氏则指实赏与成亲王的花园是在和珅第宅

---

① 关于《摹绘乾隆京城全图》的年代问题,据昭和十五年(1940年)七月伪兴亚院华北联络部政务局调查所《乾隆京城全图解说索引》中,日人今西春秋引故宫文献馆曹宗儒的说法,认为该图除恭王府部分外,其余都和《乾隆京城全图》一样,未作改动,只是由于纸质较新,字迹也较工整清晰,故判断其为同、光摹本。曹氏并考证出:同、光年间国力已衰,无力重新测绘,只因恭王赐第京师人尽知,又系内务府所属之事,故不得不将恭王府一处加以改正。

以东，接连什刹海的地方。

和珅的两所花园，姑不论哪所赐给了成亲王，从上述材料中可以知道查抄单上的两所花园，一在海淀，一在和珅宅第以东连接什刹海的地方，而皆不在和珅宅后面。

另据传，和珅曾在什刹海西部仿照西湖苏堤修了一条河堤，取名"和公堤"（即今荷花市场址）。能够连同"和公堤"包括在内的花园，必须要和什刹海相接连。今什刹前海西岸的西边，南至千竿胡同，西至三座桥胡同（乾隆时称箭杆胡同），北至前海西街这一范围内，或者就是当年和珅花园旧址，很可能也是一座"未久即废"的花园，以致后来恭王曾在这里当过马号，民国时又卖给了达仁堂乐家当了宅园。

主张和珅宅第后面有花园的理由计有：

1. 认为假山叠石的堆砌法有一部分是乾隆时期的旧物；

2. "僭侈逾制"的与圆明园蓬岛瑶台无异的"园寓点缀"是萃锦园西路的水座；

3. 据自缢身死的和珅之妾吴卿莲的第一首"泪诗"中有"魂定暗伤楼外景，池中无水不东流"，第五首也有"流水落花春去也"之句，周汝昌先生认为："这清楚写和珅有府园，园中有池水。"①

主张庆王府时即有园的理由有：

1. 载滢《云林书屋诗集》卷五，有"闻莺"一题，句云"我园片石题佳名"，小注说："园旧有石，镌'听莺坪'，三字。"周汝昌先生认为："这证明了此园早有此石，故曰'旧'，不管到恭王手里做了什么样的修缮改动，其原有园是毫无疑问的。"

2. 《燕都丛考》第二编有"自兹（羊房胡同）而东曰南河沿，李广桥在其北，有庆王府花园"这一突如其来的名称。

以上理由，殊难令人置信：

1. 以叠石、院墙及小式建筑据以断代，杨乃济君已在他的著述《华日祥云笼罩奇》中，对其不可靠性阐述颇详，言之成理，兹不赘述。

---

① 周汝昌《芳园筑向帝城西》四，论证的增添《己》，残痕依约。

2. 认为萃锦园的水座即是与圆明园蓬岛瑶台无异的"园寓点缀",实在牵强一些。水座只是三间极其一般的敞厅,只不过在水池当中,很难说它"僭侈逾制"。

3. 吴卿莲的两句诗中的"流水",可以是专指,也可以是泛指,专指也可以指任何园中的流水。尤其是"流水落花春去也",岂不是后主李煜时就该有和珅花园了吗?

4. 载滢所说的旧石,难于证明与和珅或庆王有必然的联系。载滢并未说清它是哪来的,也未说明旧到何年代,这如何能证明"其原有园"呢?

5. 陈宗蕃氏只写下"庆王府花园"这一名称,既未描述又无形容,其他文献也无迹可寻,实属一孤例。同时庆王府在赐给恭王时,也未提及有花园的记载。

因此,这座花园与其说和珅、庆王时就有,还不如说是恭王在同治朝创建的,倒也还不致过分违背常理。

另外,恭王府及萃锦园的东邻,是蒙古和硕额驸阿宝次子罗卜藏多尔济的府第,故又称罗王府。在罗王府的东墙外有一座小庙,传说名"北极庵",只有山门一间,大殿五间,在《乾隆京城全图》上能够找到此庙,说明它在清初就已经存在了。其大殿所用砌墙的城砖上有万历十年(1582年)及山东临清窑户等印记。按万历十年正是明神宗朱翊钧(1563—1620)准备修建定陵之时,此砖也类似陵砖。故该庙有可能因某种关系,利用剩余或不合格陵砖修建的,或者清初拆毁定陵时用所得陵砖改建的。

六、恭王府花园和《红楼梦》大观园

时至今日,人们仍然常以恭王府花园附会《红楼梦》中之大观园,实有其历史渊源:

谢道隆《红楼梦分咏绝句题词》之六,(原注):十汊海或谓即大观园遗址,有白石大花盘尚存。

《燕市贞明录》转引蒋瑞藻《小说考证》卷七:地安门外钟鼓楼西有绝大

之池沼曰什刹海，横断分前海、后海，夏植莲花偏满，冬日结冰，游行其上，又别是一景。后海清醇亲王府在焉，前海垂杨夹道，错落有致。或曰是《石头记》之大观园。

芸子（傅振伦）《旧京闲话》：后门外十刹海，世传为小说《红楼梦》之大观园。

等等记载不一而足，晚近人士更把大观园具体到恭王府花园：

周汝昌《红楼梦新证》：根据目前的线索，我很疑心曹雪芹老宅就是现在的北京师范大学女生部，这所宅院的历史如下：曹家——和珅府——庆王府——恭王府——辅仁大学女部——师大女部。

吴心柳《红楼梦散记》（1963年香港出版）《京华何处大观园》：北京红学界传说大观园在后海恭王府。……作者走访这座"大观园遗址"。行前请教单士元（古代建筑史学家）……单士元的回答十分出人意料："……我认为恭王府是大观园遗址完全有可能。"①

从时代讲，和珅之前实难找到可靠的资料证明此园为曹氏写说部之蓝本，从对比讲，萃锦园远远不及大观园范围之大、环境之美、景物之多，而人们还是不断想方设法把萃锦园和大观园合二而一，这无论如何是难得两全的，因为大观园是用文学语言塑造出来的古典园林形象，它是曹雪芹胸中丘壑化成的纸上园林，它既是图景，又是笙歌。艺术的魅力，使人们如醉似痴，难舍难弃。试想，谁能不希冀能够有一座真正的大观园，哪怕是远远望它一眼，也就足以告慰平生了。这种心理要求，促使着二百年来，向善良、美好追求的人们，一直在千方百计地冥思苦想，一心想把"天上人间诸景备"的海市蜃楼化为现实，这种愿望无疑是纯洁无瑕的。但是，历史和现实又无法满足人们的善良愿望，人们就只能日复一日、年复一年地徘徊在"真"和"幻"之间，至今还有那么多的红学迷赶赴萃锦园，想去尝试一次亲临"省亲别墅"的享受，也有的红学家正在搜索枯肠、连篇累牍地旁征博引，试图证明萃锦即大观的考证。但是，明确的回答只能是："萃锦园是实的，在北京

---

① 经询单士元先生，单老回答说：此话纯系记者（指吴心柳）按照自己的需要颠倒黑白、凭空臆造的。

恭王府后身；而大观园是虚的，只能在《红楼梦》里找到。"

七、后记

清室亡后，旧王孙们纷纷将府第卖掉，王府开始变形、分割。1949年北平解放时尚存有六七十处之多，大部分还保持着原有格局。三十年后，尤其是经过"文化大革命"，残存的王府差不多都有不同程度的拆改添建。且大部分沦为民居大杂院，使用多，维修少，或者光使用不维修，以致逐渐支离破碎，残毁殆尽，多数已失原貌。目前保存相对完整和比较典型的，首推恭王府及其花园。

有关清代王府的文献记载寥若晨星，官书上谕和旧档记载简略异常，甚至地点也常不写明，一般文献更为零散，且其说不一，以致尽信不如无。有关恭王府的情况也是如此，因之只能求助于残迹和传闻。①

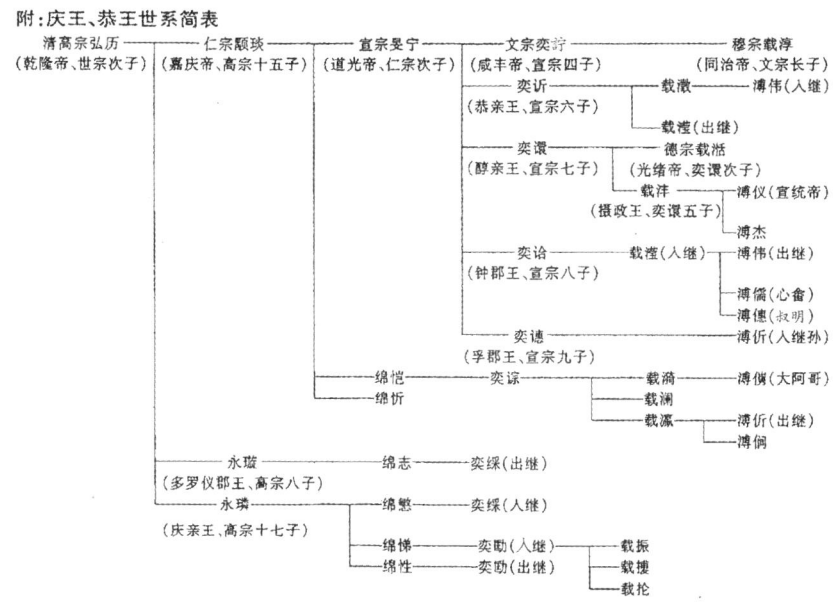

---

① 撰文期间曾走访了恭王府末代管家陈伍荣（1909年生，住小翔凤胡同15号）、溥心畬的侍读王兴周（1900年生，住草厂北巷33号）以及张之洞的末代管家赵宝珍。文中有关恭王时期府园情况，多依他们所提供的材料，其中与史实明显不符或矛盾过多之处均未轻用。

这篇文字，就是在文献资料近于空白的情况下写就的毫不成熟的点滴素材。由于笔者缺乏有关清代皇室规制和文献知识，所以本文之缺点错误以及矛盾之处在所难免，谨以此文求正于方家。

醇亲王府

醇亲王府及花园位于西城区后海北沿44、46号。府坐北朝南，占地面积近4万平方米。府邸部分由中、东、西三路院落组成。中路轴线上依次为大门五间，正殿（银安殿）五间带东西翼楼各五间，过厅三间，过厅后形成一组单独的院落，内有后寝五间及东西配房，院后为九间后罩楼；东路是家祠、佛堂等，东墙外另有一组院落，为王府的马号；西路为两组并列的院落，是王府的生活起居处所。府邸西边是一座花园，里面松柏苍翠绿草如茵，一湾碧水从园中流淌而过。亭台楼阁分布于湖水沿岸，形成一处安适幽静的庭园。

这座宅园的历史可以追溯到清初。它原是康熙朝大学士明珠（1635—1708）的宅园。他的长子、清初颇具才名的词人纳兰成德（1655—1685）就是在此宅出生的。到了乾隆朝晚期，权相和珅（1750—1799）擅权，他垂涎明珠家藏的珍宝和富丽的宅园，屡向明珠的后人成安敲诈勒索未遂，便罗织罪名，将其家产籍没，宅园据为己有。嘉庆四年（1799年）和珅赐死，家产籍没，仁宗将宅园赐给其兄、名书法家成亲王永瑆（1752—1823），按照王府的规制将此宅加以重修改建，是为成亲王府。光绪年间，又转赐给醇亲王奕譞作府邸。

醇亲王奕譞（1840—1891），字朴庵，宣宗旻宁第七子。道光三十年（1850年）封醇郡王，咸丰九年（1859年）分府，将荣亲王永琪（高宗第五子，1741—1766）在太平湖的府第赐给他。十一年（1861年）参与慈禧太后与恭亲王奕䜣（1833—1898）发动的政变，剪除咸丰帝的"顾命八大臣"，奕譞曾亲手捉拿了肃顺（1816—1861），奠定了慈禧的统治地位。同治三年（1864年）加亲王衔，十一年（1872年）晋醇亲王。他的嫡福晋是慈禧太后的胞妹，他本人又较谨慎，比较得到慈禧的信任，先后被授予满洲都统、御前大臣、领侍卫内大臣、管理京旗神机营事务等重任。光绪十年（1884年），慈禧命他为军机处的实际主事人，以取代权势日益膨胀的恭亲王奕䜣。次年设海军衙门以亲王总理之。后因替慈禧修复被英法联军破坏了的颐和园而招致非议，而他本人唯恐开罪于慈禧，处处小心谨慎，对于外官的馈赠拒不敢受，时人谓其"自持谦谨，操守为诸王冠"。尽管他对慈禧忠贞不渝，唯命是从，但慈禧对他还是心存猜忌。他自号"退潜居士"、"九思堂主人"，充分表达了他晚年如履薄冰、忧心忡忡的心境。

同治十三年十二月（1875年1月），穆宗载淳（1856—1875）死后无子，由奕譞第二子载湉（1871—1908）冲龄嗣位，是为光绪帝。奕譞得到以亲王世袭罔替的殊遇。载湉出生于太平湖府邸，按清制皇帝的出生地为"潜龙邸"，是不宜再住人的，只能改作祠庙。因此，奕譞于光绪十四年（1888年）上奏章要求依例迁出，经慈禧太后同意，将什刹后海北岸的成亲王府收回，转赐奕譞作为新府。奕譞对新赐府园进行了大力整修，自光绪十四年九月至次年正月，先后用了修缮费十六万两白银。奕譞迁入新府居住仅年余就病故了，卒谥贤，葬于西山妙高峰园寝。奕譞死后将旧府前半部改建为醇亲王祠，后半部仍作潜龙邸。

奕譞死后，由其子载沣（载湉之五弟，1883—1952）袭醇亲王。光绪十六年十一月（1891年1月），载沣全家搬进此府。三十四年（1908年）十月，载湉病故，死后无子，慈禧又立载沣之子溥仪（1906—1967）为嗣皇帝，即末代皇帝宣统帝。溥仪年幼，由载沣出任监国摄政王，当时称此府为摄政王府。载沣于宣统三年（1911年）成立皇族内阁，集军政大权于皇族集团。由于此府是溥仪的出生地，又成为"潜龙邸"，依制仍须迁出。但是新的王府还未建成，辛亥革命爆发，中华民国成立，溥仪宣告逊位，载沣也从此告别了政坛。按照民国政府的清室优待条件，王府成为使用者的私人财产，产权由载沣享有，溥仪也仍然住在宫中。民国十三年（1924年）十月，冯玉祥（1882—1948）命鹿钟麟（1884—1966）将溥仪驱逐出宫，紫禁城的清室小朝廷彻底覆亡。起初溥仪躲在日本使馆（今正义路2号）里，次年2月20日，由日本人护送至天津日租界张园居住，同年年底载沣在北京西什库教堂避难，次年（1926年）春，载沣举家迁入教堂，1928年移居天津英租界。伪满时期，载沣曾赴长春和溥仪会晤，月余即返回。1939年由津返京。北平解放后，载沣于1949年9月将府邸全部房屋售与重工业部附设的高级工业学校。以后，府邸部分由卫生部和宗教事务委员会作为办公地点，1984年5月公布为北京市第三批文物保护单位；2006年提升为第六批全国重点文物保护单位。西部的花园，因为中华人民共和国名誉主席宋庆龄（1893—1981）从1963年迁入居住，直至1981年5月29日逝世，在这里工作、生活了19年。在她逝世后，于1982年2月，将该园作为"北京宋庆龄故居"，公布为第二批全国重点文物保护单位，向公众开放。

醇亲王南府

在西城区太平湖东里，是清宣宗道光帝第七子奕𫍽于咸丰朝分府后的府邸。此府原为高宗第五子永琪（1741—1766）封荣亲王时所建府邸，其后裔载钧（1818—1857）降袭贝子，继续住府中。道光三十年（1850年），咸丰帝将此府转赐给奕𫍽，载钧迁往东城大佛寺，此地遂成醇王府。

奕𫍽（1840—1891），字朴庵，道光三十年（1850年）封醇郡王，同治三年（1864年）加亲王衔，十一年（1872年）晋醇亲王。先后授都统、御前大臣、领侍卫内大臣管理神机营事务等重任。

同治十三年十二月（1875年1月），穆宗载淳（1856—1875）死后无子，由奕𫍽次子载湉（1871—1908）冲龄嗣位，是为光绪帝。因此，奕𫍽又得到世袭罔替的殊遇，赐食亲王双俸。由于载湉出生于太平湖府邸，按清制皇帝出生地为"潜龙邸"，不能再住人，以后改为醇贤亲王祠。光绪十四年（1888年）奕𫍽上奏章请求依例迁出，经慈禧太后同意，将什刹后海北岸贝子毓橚（1858—1918）占用的成亲王府赐予奕𫍽作为新府。为了两府称谓有别，旧府称"南府"，新府称"北府"。

南府坐北朝南，分中、东、西路及西花园。中路轴线上依次为府门、宫门，均面阔五间，黄琉璃筒瓦绿剪边歇山顶调大脊；银安殿面阔五间，前出月台，启门三间；神殿五间，绿琉璃筒瓦硬山顶调大脊；后罩楼（遗念殿）上下层各五间，灰筒瓦顶。东西两路各有六进院落，均为灰筒瓦硬山卷棚顶箍头脊，西侧花园引太平湖水入园，并建有亭、榭、船坞等。

民国元年（1912年），王揖唐（1877—1948）将此邸改建为法政大学，次年（1913年）改名中华大学，后并入中国大学。民国五年（1916年）蔡公时、马景融等人发起创建北京民国大学，九年（1920年）九月，改选蔡元培（1868—1940）为校长，后因原有校舍不敷应用，租赁南府为校舍，于十二年（1923年）迁入。十三年（1924年）由雷殷（1886—1972）继任校长，次年（1925年）雷殷辞职，由邓芷灵继任校长，十六年（1927年）推举张学良（1901—2001）任校长。十九年（1930年）改称民国学院。抗战时民国学院南迁，光复后未迁回，民国三十七年（1948年），由民国学院附属中学用作校舍，更名民国中学。北平解放后，民国中学于1950年改为私立新中中学。此后，先后由北京俄语学院、中央音乐学院和北京市三十四中学使用。现中路银安殿被拆除改建为礼堂，花园部分改为操场，中路府门和宫门之间的"狮子院"、神殿、后罩楼及东西配殿，东路北部四进院落、西路三层房屋、府南北和东部部分府墙仍保存。现有文物建筑5661平方米。光绪帝"洗三井"的井口仍存院中。1989年醇亲王府（南府）公布为西城区文物保护单位。

醇亲王园寝

醇亲王奕��园寝位于海淀区苏家坨镇七王坟村西妙高峰东麓。这里原是唐代的法云寺旧址，到了金代，章宗完颜璟（1168—1208）建成西山八院，这里是其中的香水院。此地泉壑幽美，层峦叠翠。奕��早在同治戊辰年（七年，1868年）秋就看中了这块风水宝地，第二年就开始营建园寝，并在北侧修建一座规模相当可观的阳宅——退潜别墅。奕��生前常来这里休憩避暑。光绪十三年（1887年）已经基本建成。光绪十六年十一月二十一日（1891年1月1日）奕��薨逝，由其第五子载沣（1883—1952）袭醇亲王。两年之后奕��葬入园寝。此时因为坟茔已经营了20余年，所植林木都已苍翠成荫了。

园寝占地东西200米，南北40米，坐西朝东，依山而建，层层升高。四周围以石围墙。东墙入口处立有两个花岗岩石界桩，上刻"妙高峰道界"。从墓园东口进入，是一条砖砌神道（原来神道两边有花岗岩扶手墙，地面也由花岗岩条石铺砌。1958年修建人民大会堂，征用地面条石，改为砖砌甬道），通过111级台阶，上至一片开阔的平台，正中建有一座碑亭，黄琉璃筒瓦歇山顶，四面墙上均辟券门。碑亭内立有螭首龟趺谕祭碑一通，高5.56米，宽1.23米，厚0.64米，碑文为德宗御书，满汉合璧。由于奕��的特殊身份，屋面使用了黄瓦，只在两山的铃铛排山最后一块使用绿琉璃勾头瓦。碑亭已于1999年重修。经过月牙河和神桥，再登39级台阶到达墓园上层，建有绿琉璃筒瓦顶面阔三间隆恩门一座，前出月台，并建有南北朝房。隆恩门内原有五开间享殿，毁于1933年。再经过15级台阶即为宝城，宝城内有四座宝顶，中间主位是奕譞及嫡福晋叶赫那拉氏合葬墓，北侧为侧福晋颜札氏，墓前立有《懿旨追封碑》，碑文为篆书；南面两座宝顶分别是另外两位侧福晋刘佳氏和李佳氏，墓前立有《古树枯朽记》碑。宝顶及隆恩门等部分建筑于2003年重修。宝顶后面有金章宗香水院金鱼池遗址，这里的石刻多为醇亲王题写的，如"云片"、"一卷水镇"、"漱石枕流"、"洗心"、"插云"、"翠萝凤"、"桂月"、"神运石"等。南墙外东侧另有围墙一处，俗称"阿哥圈"，埋葬着奕譞的夭殇子女。

园寝北侧有一条长沟，沟的北面即为阳宅——退潜别墅。由一组层层升高的五层院落组成。入口处建有城关式券门，券面正中石匾额书"隔尘入胜"，上款书"光绪丙子（二年，1876年）三月"，下款署"妙高峰主人题"。第一进院有东房一排十五间，南北配房各五间，西房两侧有台阶进入二进院；二进院为四合式布局，西为正房五间，名"纳神堂"，南北各有配房三间，各带厢耳房一间，东房三间，正间为过道，从纳神堂北沿墙有高台阶通向三进院。二进院的北边带一座小花园，园内四周沿墙有假山叠石，西侧建有五间歇山顶敞轩，中间立有卧碑一座，碑铭首题"同治戊辰九月十九日勘定妙高峰风水志喜并序"，碑文为五言长律，叙述奕譞选定陵寝的经过。园东南隅假山上建有六角凉亭，园西侧有一石窟，上刻"藏真"，园中央有一泓池水，西北角原有一条小瀑布，旁有"寒秋观瀑"，题写七绝一首，署名"退潜居士"。花园中散落的刻石尚有"拨云蹬"、"漱石眠云"等。三进院西为正房五间，南北配房各三间，带厢耳房各一间，西房北侧有流杯亭一座，今只存基座。此院为奕譞寝殿，院北跨院内建有二层梳妆楼；第四进院分为内外院，外院有南北各三间，内院为三合式布局，西为上正房五间，左右各带耳房一间，南北配房各三间，左侧有甬道通向第五进院，此院只有平房三间，院内散置石桌、石凳，此院地势高敞，视野开阔，是品茗、纳凉的理想场所，整座阳宅建置构思精巧，清幽静谧，师法自然，是园林小品中的典范之作。

奕譞是清宣宗旻宁第七子，生于道光二十年（1840年），三十年（1850年）封醇郡王，咸丰十年（1860年）与慈禧太后胞妹叶赫那拉氏成婚。

奕譞生于政治风云激荡、内忧外患频仍的时代，他曾参与慈禧太后发动的"辛酉祺祥政变",咸丰十一年(1861年),他和睿亲王仁寿(1810—1864),捉拿了慈禧太后的政敌、顾命八大臣之首的协办大学士肃顺(1816—1861),奠定了慈禧太后的统治地位,曾先后被授予满洲都统、御前大臣、领侍卫内大臣、管理神机营事务等重任。同治三年(1864年)赏加亲王衔,十一年(1872年)晋封亲王,十二年(1873年)以亲王世袭罔替,赐食亲王双俸。同治十三年(1875年1月12日)穆宗载淳(1856—1875)崩逝无嗣,以奕譞第二子载湉(1871—1908)入承大统,改元光绪。光绪十年(1884年),慈禧太后授命他为军机处的实际主事人,以取代权势日益膨胀的恭亲王奕䜣(1833—1898),时人称"甲申易枢"。十一年(1885年)授命总理海军衙门事务。光绪十四年(1888年),曾和庆亲王奕劻(1836—1918)挪用了海军经费,为慈禧太后修复了被英法联军破坏了的清漪园,修复后改名颐和园,而他本人则对外官的馈赠拒不敢受,时人谓其"自持谦谨,操守为诸王冠"。尽管如此,慈禧对他仍然心存疑忌,奕譞也深知慈禧的厉害,所以他处处谨小慎微,常怀"临履之忧",凡事无不"九思",时时想着"退潜"。他的园寝阳宅命名为"退潜别墅",府中堂号取名"思谦室"、"退省斋",并且自号"朴庵"、"退潜居士"、"九思堂主人",充分表达了他晚年的心境。尽管他对慈禧始终忠贞不渝、唯命是从,但当他病重时,慈禧对这位言听计从的妹夫,表现了极度的冷酷无情,连光绪帝想和他单独见一面也不允许。甚至在他死后六七年,慈禧听说奕譞的墓道前有一棵高"六丈许,清荫盈亩,叶实累累",据《翁同龢日记》中说是"金元时物"的大白果树时,乃于光绪二十三年(1897年)四月二十三日"懿旨锯去"。其原因据说是王爷坟上有白果树,分明是个"皇"字,醇邸出了皇帝就应在这棵树上。权势欲熏心的慈禧,便毫不留情地连根斫去,撒上白灰免得再出芽。光绪帝则只能"号啕大哭,顿足拭泪而归"。

奕譞死后,谥曰贤。慈禧亲临祭奠,德宗"诣邸成服",祀以天子之礼,配享太庙,给以"皇帝本生考"的称号。以后,他的孙子溥仪(1906—1967)嗣位,又改称号为"皇帝本生祖考"。如此显赫的亲王,历史上是不多见的。

1984年公布为北京市第三批文物保护单位,公布名称为"醇亲王墓"。

孚王府

孚王府位于东城区朝阳门内大街路北137号。府坐北朝南，原占地面积约6万平方米，南临朝内大街，北至东四三条，东接朝阳门北小街。外垣街门原开在北小街路西，故旧籍多载府在北小街。府内建筑布局分为中、东、西三路。正中轴线上依次为正门五间，门前列石狮一对，门内甬路直通正殿（银安殿）；正殿面阔七间，前有单墀，周围以石护栏，正殿有左右配楼各七间；再后为后殿五间、后寝七间，均有东西配庑；后罩楼七间。正门、殿、寝均为绿琉璃瓦顶、脊吻兽。西路为数进院落组合，是王府的居住区；东路原为府库、厨庑及执事侍从人员住处。后罩楼两侧各有一座独立院落，周围绿树成荫，环境安适，弥补了没有花园的不足，尤其东院的厅堂回廊，布置精致，适于读书养性。整座王府布局规整严谨，甍宇起伏错落，且占地广阔，建筑体量也较他府宏伟壮丽，是较典型的清代王府。

此府邸的前身是怡亲王新府。按怡亲王名允祥（1686—1730），为康熙帝第十三子。康熙六十一年（1722年）圣祖病逝畅春园，雍正帝胤禛（1678—1735）即位。胤禛因皇位之争，与兄弟多人结仇，并将允禩（1681—1726）、允禟（1683—1726）残害致死。为了表示自己本意并非残忍暴戾、骨肉绝情，就需要树立一个与他关系亲密的兄弟形象，因而选择了为人温文敦厚、通达事理的允祥。当年（1722年）即受封为怡亲王，总理朝政，并且得到恩封诸王极少有的世袭罔替殊荣。雍正元年（1723年）命管理户部及户部三库，任内对政府财政曾进行一次整顿；三年（1725年）负责直隶营田，划全省为四区，每区设官员专事兴修水利、开辟稻田。同年因允祥总理事务谨慎忠诚，任凭他从诸子中指封一人加封郡王。允祥固辞，坚不敢承。七年（1729年）授军机大臣，筹划用兵西北两路方略，次年病逝。允祥直至逝世也未接受指封郡王之封，足见其为人之谦谨。

允祥府邸初在帅府园，北端直至金鱼胡同，今王府中大街路东东风市场一带皆为王府占地。允祥死后，于雍正十二年（1734年）改府为寺，赐名贤良。乾隆二十年（1755年）贤良寺移至冰盏胡同，范围缩小了很多，今已改建为王府饭店。

允祥死后谥曰贤，以第七子弘晓（1722—1778）袭怡亲王，第四子弘晈（1713—1764）封宁郡王，雍正八年（1730年），在北小街新建怡亲王府，东单北大街北极阁建宁郡王府。为了和帅府园老府有所区别，时人对朝阳门北小街的府第称为怡亲王府新府。

道光五年（1825年），由允祥之裔孙载垣（1816—1861）袭怡亲王。咸丰十一年（1861年），载垣受文宗遗诏，与郑亲王端华（1807—1861）、端华同母弟肃顺（1816—1861）等八人为"赞襄政务八大臣"，总摄朝政，因而导致慈禧太后与顾命八大臣之间的权力之争。在这场斗争中，八大臣失败，被革职拿问：肃顺被斩于菜市口，端华、载垣被赐自尽，革亲王爵，降世袭为不入八分辅国公，府第、敕书被收回。同治三年（1864年），孚郡王奕譓分府，将怡亲王新府转赐奕譓。同年七月，清廷因镇压太平天国收复江宁（今南京）而推恩宗亲，钦命弘晈的四世孙镇国公载敦（？—1890）承袭怡亲王，赐还敕书，但原北小街府第已由孚郡王府占用，未能赐还，载敦仍居北极阁原宁郡王府，随着府主封爵的改变，改称怡亲王府。北小街的新府，仍归孚郡王居住。

孚郡王名奕譓（1845—1877），为宣宗九子，庄顺皇贵妃乌雅氏生，道光三十年（1850年）文宗即位后封孚郡王。奕譓一生庸碌无为，因是穆宗亲叔，于同治十一年（1872年）加亲王衔，光绪三年（1877年）卒，谥曰敬。奕譓死后无子，以愉郡王允禑四世孙、辅国公奕栋第六子载沛（1872—1878）为嗣子，袭贝勒。次年（1878年）载沛卒，又以奕瞻子载澍（1870—？）为嗣子，袭贝勒。光绪二十三年（1897年）载澍因"性情乖张、不遵教训、胆大貌法、孝道有亏"罪名革爵归宗，交宗人府永远圈禁。次年（1898年）由惇亲王奕誴第四子载瀛之子溥伒（1893—？）为奕谟嗣孙，封贝子。民国十六年（1917年），溥伒将府第售与张作霖部下杨宇霆，此后曾作为北平大学女子文理学院校舍。解放后由中国科学院下属单位分别占用，府内中轴线上的主要殿庑尚属完整，西路院添建房屋密集，原貌尽失；东路院原建残存无几，后罩楼旁的精致小院已无存。1979年8月公布为北京市文物保护单位。

西林春和奕绘贝勒的五世孙 —— 金启琮

奕绘（1799—1838）是清代颇具才名的宗室诗人，他的侧福晋西林春（顾太清）姓西林觉罗氏（1799—1877），也是著名女词人。二人闺阃酬唱，琴瑟和谐。奕绘的《南谷樵唱》和太清的《东海渔歌》，在清代文学史上占有举足轻重的地位。

奕绘的先世，是乾隆帝第五子永琪（1741—1766），于乾隆三十年（1765年）封荣亲王，分府后，内务府为其择地太平湖建府，府工未竣，永琪薨逝，谥曰纯，由其第五子绵亿（1764—1815）贝勒入住此府。嘉庆四年（1799年）晋郡王，二十年（1815年）病逝，谥曰恪，由其第一子奕绘袭爵，降袭贝勒。道光十八年（1838年）病卒，由其嫡福晋赫舍里氏所生第一子载钧（1818—1857）降袭贝子，继续住府中。西林春不被其婆母王佳氏所容，率领载钊等三子二女出居西城养马营胡同。被逐出太平湖荣府后，夫死子幼，主要靠变卖簪环首饰等细软度日，其生计之艰辛可想而知。

道光三十年（1850年）宣宗崩逝，咸丰帝颁旨将太平湖府邸转赐给宣宗第七子、醇郡王奕譞（1840—1891），此府即成为以后的醇亲王南府。载钧奉旨迁至东城大佛寺北岔旧公主府址。咸丰七年（1857年），载钧病逝于大佛寺府邸，死后无子，遂以西林春之子载钊之子溥楣（？—1866）为载钧嗣，降袭镇国公。这样，西林春携子女举家住进大佛寺府邸。溥楣同治五年（1866年）卒，由其三弟溥芸（1850—1902）袭镇国公。溥芸曾在东陵当差，期间曾接其祖母西林春去东陵官邸小住。太清晚年曾在此府著说部《红楼梦影》

二十四回。光绪二年（1877年）病逝。

《光绪顺天府志》："芸公第在大佛寺北，芸公为高宗五子荣纯亲王讳永琪之后。"芸公即溥芸，宅第位置只说"大佛寺北"，"北岔"之称，光绪时似已不存，镇国公第亦不再称"府"。其址今为大佛寺东街17号及甲23号，坐北朝南，今尚存院落五进，东西两侧的偏院和房舍已全部拆改。光绪末叶"预备立宪"时期，曾作为"宪政处"。今已成为居民院。

光绪二十八年（1902年）溥芸卒，由其子毓敏（？—1911）袭镇国公。毓敏有子恒煦（1899—1966），即金启孮之父。

辛亥鼎革，旗民俸禄不继，大佛寺宅邸于民国六年（1917年）出卖以维生计，此后常为节省房屋租金而多次迁居：1917年迁于西四北太安侯胡同，后又移居西城棉花胡同，1919年迁住东城区魏家胡同，1922年又迁居北新桥二条胡同。金启孮于民国七年四月二十九日（1918年6月7日）酉时，出生于护国寺棉花胡同旧宅，2004年辞世。

金启孮是我国女真语言文字的知名研究者，内蒙古大学教授。

女真族是我国北方的古老民族，历史上，清代的满族是女真族的后裔。女真族曾一度独立，建立了渤海国。以后入主中原，建立了金王朝。女真族以前没有文字，金天辅三年（1119年），太祖完颜旻始命人创建文字，史称"女真大字"，天眷元年（1138年）又出现了"女真小字"。以后，各地设有女真字学校，有府学、州学、国子学，并开女真进士科。女真文字在中原地区使用时间长达一个世纪，金亡后，在东北地区又继续使用，长达两个世纪，直到明正统朝始趋消亡，逐渐成为无人认识的"死文字"。直到清末，才有中外学者尝试释读，但进展缓慢。经金启孮三代（其父恒煦及其次女乌拉熙春）传承，才取得突破性进展，代表了我国在此领域的最高研究水平。其次女乌拉熙春现为旅日学者，继续满蒙、女真语言文字的研究。

东 堂

位于东城区王府井大街74号，坐东朝西，是北京四大天主教堂之一。本名圣若瑟堂，是意大利传教士利类思（LudovicoBuglio，1606—1682）和葡萄牙传教士安文思（Gabriel de Magalhaens，1609—1677）二位神父于清初创建。明崇祯朝，二人在四川传教，因曾被迫在张献忠农民军中供职，明亡后，被清兵虏至北京，在肃王府当差，如同罪犯一样。但二人品行端正，当差时无任何越轨行为，又能不失时机地给府邸人员讲道，逐渐赢得府中人们的好感，一些人开始领洗入教，过后有的福晋也领洗，于是府中人开始尊敬他们，不再把他们视为奴仆，并准许他们自由外出。数年后，他们在外传教也获得好名声，信徒日渐增多，以后又通过王府进入皇宫，遂有了俸禄和一定的地位，得以为教友们购置房屋数间，作为临时经堂。顺治十二年（1655年），世祖赐给他们二人一所宅院和一块空地作为活动场地，他们就在空地上建了一座规模不大的教堂，奉若瑟耶稣之养父为主保，这就是建成于北京城内的第二座天主圣堂（第一座是宣武门内的南堂），亦即最早的东堂。此堂毁于康熙五十九年（1720年）地震，次年又重修。重修后的东堂内，拥有多幅郎世宁（Giuseppe Castiglione，1688—1766）绘制的耶稣圣像等宗教画。嘉庆十二年（1807年），教会遭清洗，教堂朝不保夕。教士们想把堂内收藏的珍贵图书和物品转移到别处，因怕被人发现，白天不敢动，夜晚点灯清理搬运，不慎打翻灯烛，引起火灾，一夜之间，图书、文物连同房屋皆成灰烬，只余圣堂未被波及。此时的东堂神父为福文高、李拱辰，此二人兼任钦天监务。火灾后，立即上书检讨，自请处分，希望能像乾隆朝南堂失火得到朝廷的补助，以图重建，但此时正是教会多事之秋，不仅未得到银两补助，反而命福、李二神父移居南堂，东堂被朝廷没收，幸存的圣堂也责令拆除，东堂遂废。咸丰十年（1860年），将东堂发还教会，此时教堂仅存街门，内部全毁。稍加清理后，修建数间平房作为教友祈祷场地。光绪十年（1884年），经田类思主教在国外募捐，重建了罗马式大堂，堂平面呈拉丁十字架形，横厅加长，中殿向东延伸，重建后的东堂较南堂更加雄伟。1900年，东堂又被义和团烧掉。光绪三十年（1904年），法国和爱尔兰用一部分庚子赔款重建了东堂，形式仍为罗马式、拉丁十字架形平面布局，中间堂顶上立有三个大十字架。圣堂坐落在青石台基上，面阔25米，进深约60米，正面（西面）开三座门，南北两侧辟有旁门，大堂正门石柱上的楹联为"庇民大德包中外，尚父宏勋冠古今"，横额书"惠我东方"，上面有"1905"公元纪年。堂体外墙厚实，窗户较小，门窗上部为半圆拱券，堂内有18根圆形砖柱支撑，柱径0.65米，柱础方形，两侧悬挂有耶稣受难等内容的油画多幅。院内有附属于教堂的惠我女校及医院；南部西有教堂，东有一院落，院内有花池、楼宇、平房等，是神职人员住处。堂东有一片空地，作为学校操场；大门北侧为音乐教室，南侧为传达室、消费舍、办公室及校长室，总占地面积近10000平方米。东围墙外南侧于光绪三十年建成三间平房，合瓦硬山顶清水脊，作为巡捕房，专司警戒以防教堂再次被袭。东堂自建堂后，一些有名的神父曾在此任职，如比利时传教士南怀仁（Ferdinand Verbiest，1623—1688）、波吉司人罗培元等。北平解放前最后一任神父是1926年12月上任的孔文德，"文化大革命"前的神父是石玉昆。"文革"期间教堂停止宗教活动，石神父移往南堂。东堂修复后于1980年12月恢复了正常的宗教活动，原教堂附属学校改为王府井小学，神父院暂未恢复，人门外的巡捕房已于1986年拆除。2000年，在大堂前北侧增建一座圣若瑟亭。1990年2月23日，东堂被公布为北京市文物保护单位。

锦什坊街清真寺

寺在西城区锦什坊街63号，南至王府仓胡同，北至大水车胡同，原占地约4000平方米。

寺名普寿寺，始建年代无考。明正统十四年（1449年）曾重修，以后万历、天启、崇祯以及清代多次重修。据此推断其始建年代当在元末或明初。

寺坐西朝东，大门为筒瓦歇山顶，拱券式砖石结构，面阔4.8米，进深3.5米，石砌券面，额书"敕赐普寿寺"，左右各有旁门一座；二门是一座垂花门，门旁原有影壁已拆除，拆影壁时曾发现有"望月楼"石刻匾，上下款书"崇祯岁次乙亥春月谷旦重修"，说明在寺的前院原有望月楼之设，而且崇祯乙亥（八年，1635年）重修过，何时圮废亦无考；垂花门两侧各有厢房五间，南房为浴室，北房为讲堂；正面为礼拜殿，面阔四破五，前出轩三间，后檐接抱厦以代替窑殿。

礼拜殿是教众做礼拜的地方，礼拜之前先在前轩内脱鞋进殿保持殿内清净无尘；后抱厦的后墙（西墙）上设有一龛式的"米哈拉布"。米哈拉布是阿拉伯语音译，源于《古兰经》第三章三十七节，直译为"礼拜殿的深处"。因为阿訇率众穆斯林礼拜时要站在最前方正对着米哈拉布，也就是面对圣地麦加克尔白大清真寺，因此将米哈拉布设在殿的西边，这也是我国清真寺礼拜殿必须坐西朝东的原因。由于伊斯兰教不供奉偶像，所以米哈拉布虽为龛形，内部也只是书写阿拉伯文的《古兰经》和赞语，间或点缀一些花卉图饰，不绘动物形象，这和佛、道教的神龛以及基督教、天主教等的圣坛有别。

礼拜殿的正门上方悬有阿拉伯文匾额，译意为"尊大的真主说：真主一定不使行善者徒劳无酬"，匾文源于《古兰经》第九章一百二十节；左右门上方悬有汉文匾额"原无更"和"再无转"，这是由于伊斯兰教哲理认为真主（阿拉伯语称"安拉"）是宇宙间万事万物的创造者，他是无所不在、无时不在、无处不在的主宰，大能的真主是无始无终、永存永恒、无更换接替的，匾文就是对真主哲理化的描述。

普寿寺现为西城区伊斯兰教协会所在地，1989年8月1日公布为西城区文物保护单位。

福佑寺

在西城区北长街20号。寺坐北朝南，出入门开在西垣墙南端。寺的最南端有一座长18.5米的影壁，顶部为黄琉璃筒瓦绿剪边硬山顶调大脊带排山勾滴；影壁以北有两座木牌楼分列左右，正楼前后分别嵌有"佛光普照"、"圣德永垂"及"泽流九有"、"慈育群生"匾额；牌楼以北是三间山门，黄琉璃筒瓦歇山顶调大脊，单昂三踩斗拱，旋子彩画，台基前后均有雕龙丹陛，左右有八字屏墙，山门北面左右分列钟鼓楼一座，黄琉璃筒瓦绿剪边歇山顶调大脊二层楼，上层为一斗二升斗拱，旋子彩画；再北有天王殿三间，黄琉璃筒瓦绿剪边歇山顶调大脊，台基前后有雕云纹丹陛；有东西配殿各三间；天王殿后为大雄宝殿五间，黄琉璃筒瓦歇山顶调大脊，中央脊饰为一座铜塔，塔下承铜制叠涩式须弥座和莲花座，檐下饰重昂七踩斗拱，旋子彩画，前有月台带雕云纹丹陛，两侧有配殿各三间；殿北有后殿五间，黄琉璃筒瓦歇山顶调大脊。殿内供奉"圣祖仁皇帝大成功德佛"牌位；后殿带东西朵殿及后罩房。

福佑寺建于清顺治年间，为清圣祖玄烨避痘处，又传为圣祖幼年读书处所。清雍正元年（1723年），原拟分给宝亲王（高宗弘历做皇子时的封号）为府邸，但弘历并未迁入，登极后改为喇嘛庙"敕赐福佑寺"。民国十六年（1927年），改作西藏班禅驻北平办事处。1919年12月，毛泽东率领湖南驱逐军阀张敬尧的代表团来北平时，曾在此暂住。建国后曾作为西藏班禅驻京办事处。1984年公布为北京市第三批文物保护单位。

康熙皇帝和纳兰成德

清顺治十一年三月十八日（1654年5月4日），世祖福临第三子玄烨降生于北京皇宫内的景仁宫；同年十二月十二日（1655年1月19日），在北京什刹后海明珠宅第，明珠的长子纳兰成德诞生了。后来，一个成了一代中华名帝，另一个成为清代第一词人。

我国最后一个封建王朝——清代，是由满族的兴起开始的。满族先人为女真，是我国一个古老的民族，自古生息于白山黑水间的广袤土地上。明时，女真族分成建州、海西及东海三大部，满族即是由建州部女真统一海西、东海二部并吸收部分蒙古、汉族而形成的新的民族共同体。据史载，海西女真扈伦四部（乌拉、哈达、叶赫和辉发）之一的叶赫，原为蒙古族土默特氏，其首领始祖名星根达尔汉。大约在明宣德年间，灭掉了女真族中的那拉氏，居其地并改姓其姓，后移居叶赫河滨，遂称为叶赫那拉氏。满族中的叶赫那拉氏就是这样由蒙古族与女真族同化而形成的。自星根达尔汉做了叶赫国王，下传六世继续称王，传至第四代杵孔格时，又率部南迁开原，后来在这里建立了东西两城，由杵孔格的两个孙子清佳努、杨吉砮兄弟各据守一城，都称贝勒。此时，叶赫族已逐渐强盛，成为海西族内最强大的部落。清佳努兄弟死后，西城由清佳努的儿子布塞继续驻守；东城（叶赫新城）由杨吉砮的长子纳林布禄（？—1609）驻守，纳林布禄死后，由其弟金台什驻守，也都称贝勒。

当以叶赫部为首的海西女真势力不断扩大时，女真的另一部族建州女真也逐渐强大起来。在它的杰出领袖努尔哈赤（1559—1626）领导下，于16世纪中叶统一了部内诸族，和海西女真两雄并立，争雄之战一触即发，加以明帝国从中挑拨，终至刀兵相见。

此前，纳林布禄为了结好于建州，曾于万历十六年（1588年）秋，将自己的妹妹送至努尔哈赤大营。她就是清太宗皇太极的生母孝慈高皇后。十九年（1591年），纳林布禄得到明廷所授都督职，遂以扈伦四部首领自居，遣使迫建州献地归顺，被拒后，遂于二十一年（1593年）九月，纠集哈达、乌拉、辉发、科尔沁、锡伯、瓜尔佳、朱舍里、讷殷等九部联军，兵分三路向建州部发起进攻。英勇善战、指挥有方的努尔哈赤，大胜海西三万之众的联合进攻。以后，两部虽曾结盟，但矛盾不断，冲突时起。四十七年（天命四年，1619年），努尔哈赤在萨尔浒战役中大破明师后，随即包围叶赫部的东西两城。此时纳林布禄已死，由其子布扬古守西城。努尔哈赤亲自统兵围攻东城，金台什城破后自焚未死，被努尔哈赤俘获后缢杀，西城旋亦被攻破，布扬古也被缢杀。称雄一时的叶赫部被努尔哈赤兼并了。以后对于叶赫部，也只是"卒以旧恩存其世祀"，实际上是被融合了。金台什的儿子尼迓韩，由于清师进关定鼎燕京时著有功绩，由佐领任郎中，累赠光禄大夫，死后由其子郑库袭职。郑库加至二等轻车都尉，官至资政大夫。他就是明珠的大哥。

明珠（1635—1708），字端范，满洲正黄旗人。他幼丧父母，由郑库抚养成人。十七岁时，顺治帝福临授予銮仪卫云麾使，康熙朝屡有升迁，历任刑、兵、吏部尚书，十六年（1677年）升任武英殿大学士兼礼部尚书，加太子太傅，累加太子太师。明珠是个很有政治手腕和野心的人，他"辩若悬河，兼通满汉语言文字"。他对于汉族文化非常热衷，因而结交不少汉族士人。在内廷独揽朝政，卖官鬻爵，"簠簋不饬，货贿山积"。如此贪婪的一个官僚，偏偏披着一件文雅的外衣，"好书画，凡其居处无不锦卷牙签充满庭宇，时人有比以邺架者"，更增加了他的迷惑性，成为清代"毁誉参半"的人物。二十七年（1688年），被御史郭琇弹劾，圣祖命罢大学士，"罢政后任内大臣，二十年不复用权"。明珠虽被夺权，但在经济上并未受到损失，他深知"勋名既不获树立，长持保家之道可也"，于是"广置田产，市贾奴仆。其后田产丰盈,日进斗金,子孙历世富豪"。

明珠受圣祖倚重的一个重要原因,是他对"三藩之乱"的处理对策,亦即对于"撤藩"问题上,他是坚决支持玄烨的少数人之一。

当清师入关后,征服南方诸省的军事行动结束,八旗兵北还,在政局尚未安定的情况下,不得不借重汉族地主武装以稳定局势。因而封镇守云南的吴三桂(1612—1678)为平西王,驻守广东的尚可喜(1604—1676)为平南王,移镇福建的耿继茂(?—1671)为靖南王,后继茂病故,由其子精忠(?—1682)袭王爵,是为"三藩"。三藩手中皆握重兵,其中以吴三桂势力最大,兵力最强,也最跋扈,连清廷出使云贵的督抚都要受他节制;他可以自行任用官吏而吏、兵二部不能干涉,用财则户部不得核查。不仅如此,清廷还必须按期付给他们俸饷,仅云南即超过九百万两,再加上闽、粤两省,总数已超过二千万两。因而"天下财赋半耗于三藩"。这样,满洲统治者和三藩之间,在政治、经济上的矛盾更进一步地激化了。康熙十二年(1673年)春,粤藩尚可喜因故自请撤藩归养辽东,清廷立即同意可喜回籍并撤藩。吴三桂和耿精忠闻讯,为了试探清廷的态度,同年夏天也上书请求撤藩。这其实是故作姿态,估计清廷未必敢撤掉他们。圣祖见书后,"命议政大臣等会议"听取意见,而廷臣"多谓不可撤","惟户部尚书米思翰、兵部尚书明珠和刑部尚书莫洛等则力请撤藩"。圣祖深知"藩镇手握重兵,犹如人体养痈,若不及早除之,何以善后?况其势已成耶,撤亦反,不撤亦反,不若先发制之",况且"撤之变速而祸小,不撤则变迟而祸大,遂决意撤之"。"诏令还京,俱次第反"。先是吴三桂以恢复明廷为口实,于十一月二十一日起兵,清廷举朝震动。三桂举兵后,不但"精忠及可喜子之信皆叛应之",其他各地也纷纷响应,乘机起兵叛清。圣祖下令出兵征讨,直到康熙二十年(1681年)这场波及湘、黔、桂、粤、滇、赣、闽、川、陕、甘等十省的大动乱,经过八年征剿才告平息。三藩之乱初起时,玄烨刚刚十九岁,其胆识和智谋不能不令人叹服。

玄烨冲龄即位,他看到四辅臣中的鳌拜(?—1669)在朝飞扬跋扈,不择手段地排除异己,广布羽翼。如果直接除去他,恐生变乱,遂设计和一帮少年以演布库(摔跤)的形式,轻而易举地使老奸巨猾的鳌拜猝不及防,速战速决地被捕获后，于康熙八年（1669年）五月，被列罪革职囚禁，籍没家产，不久死于禁所。此时的玄烨才十六岁。玄烨思想比较开明，对西方科技极为重视，积极吸收西方文化，学习西方语言文字。至今故宫尚存有他绘制几何图形的工具。亲政后，时刻不忘治理黄河水患和漕运等重大事项。为了治河，他多次巡视现场，起用靳辅、陈潢等水利专家，甚至亲自参加设计，在实践中应用所学的科技知识，自己也成了治河行家。这些对于一个封建皇帝来说，确实难能可贵。只是到了晚年，由于诸皇子的拉帮结派，争夺帝位，使他身心交瘁，苦闷异常，还不满七十岁，一代英主就死在畅春园了，由皇四子胤禛做了皇帝。

康熙皇帝对于明珠家庭可谓关怀备至。这主要出于政治上的原因。玄烨和明珠都懂得，要统治有高度文明的中华帝国，掌握汉文化、笼络汉族士人是多么重要。而明珠和他配合默契，身体力行，是个得力助手。

明珠有三子三女，长子纳兰成德（因避皇太子名讳曾一度改名性德），字容若，号楞伽山人。他天资聪颖，少学骑射，饱学多识。稍长则经史、书法、诗词、乐府无所不工，又精于书画鉴赏，尤擅长短句，被誉为"一代词家射雕手"。他的词集《侧帽集》问世时，年仅二十二岁，后增为《饮水词》在吴中刊行，词集面世后，曾形成"家家争唱《饮水词》"的局面。他的词风清新，思想深沉，抒物状情不落窠臼。对于纳兰成德的词作，多数词人及诗词评论家都给以高度的评价。作为满洲贵族中最早笃好汉学而又卓有成绩的文学家，尤其是在继承和发扬宋词的基础上，走出元、明词学的低谷，引导有清一代词坛的繁荣上，成德之功实不可泯。

作为一代词人，成德的爱好和兴趣广泛至极。除去经史、文学外，对于有关西方的科技成就，诸如天文、医药、农机、武器以及当时刚刚问世的前轮小后轮大的原始型自行车，他都兴趣盎然地加以研究，对于它们的构造、性能和实用价值，记录得非常详尽。说明他的求知欲极其旺盛。十九岁因病误了考试，他还批读经史不辍，"偶有管见，书之别简，或良朋莅止，传述异闻，客去辄录而藏焉"，过后编成了包含历史、地理、天文、历算、佛学、音乐、文学、考证等各方面知识内容的《渌水亭杂识》，表现出了具有相当丰富知识面和广博的学问基础。这大约也是受到康熙皇帝乐于接受西方进步科技知识的开明思想影响，使他对于中外文化知识兼容并蓄，如饥似渴地加以消化吸收。他之所以能够成为颇具才名的优秀文化人，就绝非偶然了。

成德出身于望族贵胄，而且既精骑射，又擅文翰，天姿英绝，文武全才。从少年时代就显露了才华，十八岁中举，二十二岁中进士。此时他已具备了通往富贵尊显、飞黄腾达的条件了，此后又任圣祖玄烨的随身侍卫，不离皇帝左右。但由于他是一位多情的文人，而不是练达的政客，对于安富尊荣尤其是侍御承欢的生活毫无兴趣。对于"入值"和"从驾"，他都视为很大的精神负担，时常流露出厌烦情绪。其原因，除去文人好悠闲、厌烦劳之外，近十年的侍卫生涯，可供他自己支配的时间极为有限，也确实虚掷了他的艺术青春，而且摧残了他的身心健康。他耳闻目睹官场中到处是圈套陷阱，官员们的阴谋倾轧，宰辅们宦海沉浮的悲惨场景，丹墀凤阙的哀鸣血泪，无一不使他厌烦怵惕。他巴望摆脱侍卫之职另受委用，但终其一生未能实现。他对残酷的现实无由反抗，也无力反抗。不可排遣的矛盾心情，使他壮志丧尽，陷入不能解脱的悲愁之中，所以他曾自署"仆本恨人"、"天涯惆怅客"。他也深知"伴君如伴虎"的危险，对于政治问题既清醒又谨慎，稍一涉及政治便哑口无言，"或问以世事则不答，间杂以他语"，用"枉顾左右而言他"的方式，避开政治性的话题。

成德喜才好客，极重友情。所交往者，多为与世"落落难合"甚至"坎坷失职"的江南文士，这和当时以占领者自居而凌驾于汉人之上的满洲贵族的行径截然相反。他曾甘冒政治嫌忌，营救出因科场案而蒙冤被流放二十三年之久的吴兆骞，时人对他的情义十分感佩。

成德的婚恋生活也是不幸的。康熙十三年（1674年），二十岁的成德娶了一位有良好家庭教养的卢氏，二人感情很好，婚后三年卢氏病逝。成德从一个吟风弄月的贵公子，一旦尝到了天人永隔的滋味，成为孤独的伤心人时，多情善怨而又敏感的词人，词风上从婉丽香艳而转向了凄愁哀怨。嗣后，他又自号"楞伽山人"，由极尽享乐而热衷禅学，藉谈禅以求解脱精神苦闷。

据清人笔记等记载，成德早年有一个被他所爱并曾私订终身的女子（另说是他表妹），被玄烨选进宫去，不久此女抑郁而死。如果真有此事，岂不又是成德的一个悲剧。

成德在政治处境上和感情生活上的不幸，使他辛酸备尝，精神抑郁愁闷。康熙二十四年五月三十日（1685年7月1日）他又患了"寒疾"，在内分泌调节机制已经全面紊乱的情况下，"七日不汗"而逝（另说死于出痘），年仅三十一岁。

　　成德以其高尚的品格，傲然屹立在封建社会的浊流中。时代的因素和个人的遭遇，导致他英年早逝。他的《饮水词》成为17世纪下半叶中国文苑中永不凋谢的绚丽花朵。

从《重修榆河乡东岳行宫碑记》谈起

北京海淀区上庄乡上庄村，清初时就有三座古庙：东岳庙、真武庙和龙母宫，[①]后因残破而被重修，并立有一座相当讲究的重修碑。此碑现存北京石刻艺术博物馆。

碑螭首龟趺，石材良好，雕刻工整，字迹清晰，形体硕大。碑身高达5.53米，宽1.31米，厚0.61米。首题"重修榆河乡东岳行宫碑记"，额篆"榆河乡重修东岳庙记"。正书存16行818字。

据碑文叙述：这三座道观位于清康熙朝大学士明珠祖茔附近，每当明珠扫墓时，看到殿宇颓败，早有重修意图，只因公务繁忙而无暇顾及。康熙戊子（四十七年，1708年）初夏，明珠病笃，遂委托其总管安尚仁代为完成修庙夙愿。但安尚仁并没有立即行动，直到丁酉（五十六年，1717年）正月，明珠的次子揆叙病故，将要入葬祖茔，这时安尚仁才"大集工师，土木并举"，修缮工期长达三年之久。三年之后，三座庙已修得金碧辉煌、焕然一新，而且在三座道庙里"各延高僧，朝夕梵修"，附带将祠宇通往墓地之间的两座木桥（其中一座是今永丰乡西玉河村北的永福桥）也一并改成一劳永逸的石桥了。等到一切就绪时，已是明珠死后的第十二个年头了。这么长时间安尚仁才想起葺庙修桥，而且往道教庙里请和尚，这显然不是为完成明珠

[①] 康熙五十五年（1716年）十月《重建龙王圣母庙碑记》：皂甲屯之有龙母庙，其来久矣，创之者不知自何代，兴之者不知自何人。……

的遗志或者为新死的揆叙祈福。

明珠（1635—1708），字端范，满洲正黄旗人，姓叶赫那拉氏。是康熙朝一代权臣，因对待"三藩之乱"的意见颇合康熙帝的心愿，因而受到重用。康熙十六年（1677年），授武英殿大学士累加太子太师。柄政十余年中，擅权营私，广结党羽，招权纳贿，卖官鬻爵，"簠簋不饬，货贿山积"。① 如此贪婪的一个官僚，却披着一件文雅的外衣，"好书画，凡其居处无不锦卷牙签充满庭宇"，② 因而颇能迷惑一部分人，成为有清一代"毁誉参半"的人物。康熙二十七年（1688年）被御史郭琇疏劾，"疏上，圣祖命罢大学士。罢政后任内大臣，二十年竟不复柄用"。

明珠虽然被夺了权，但在经济上并未受到损失。他深知"勋名既不获树立，长持保家之道可也"。③ 于是"广置田产、市贾奴仆。其后田产丰盈，日进斗金，子孙历世富豪"。④

田产奴仆多了，就需要有人管理。明珠管理奴仆的办法，是从佣工中挑选出一些大大小小的头目，分层管理之。对待顺从听话的男女奴仆，就"厚加赏赉，按口赐以银米，冬季赐以棉布诸物，使其家给充足，无事外求"，⑤ 但如有桀骜不驯的，则"许主家者立毙杖下"，⑥ 即使不被打死而被逐出宅门，也不会有人愿意收容这种"明府尚不能存"的叛逆者的。而这个"主家者"，就是他家的大总管安尚仁。

安尚仁，名图，又名岐，字仪舟，号麓村，天津人，其先世为高丽人。他倚仗主子的权势横行不法，巧取豪夺，甚至结交一些士大夫阶层人物，有些"外典州牧和不肖宗室"⑦ 竟然和他联姻。"竹垞（朱彝尊）鸿博归，独赠万金"，⑧ 足见其拥资之巨及能量之大。由于受了明珠的熏陶，他也"收藏颇

---

① 《清史稿·明珠传》。
② 《啸亭杂录》卷十《索明二相博古》。
③ 《啸亭续录》卷三《明太傅家法》。
④ 《啸亭续录》卷三《明太傅家法》。
⑤ 《啸亭续录》卷三《明太傅家法》。
⑥ 《啸亭续录》卷三《明太傅家法》。
⑦ 《啸亭续录》卷三《安三》。
⑧ 《骨董琐记》卷四《安岐》。

富","今书画有'安岐之印'、'仪舟珍藏'或'安麓村藏书印'各印记者即其人"。① 晚年自号"松泉老人"。其居处名"沽水草堂",并且有名为《墨缘类观》的著述。但他究竟是奴仆身份,人们不称名号而叫他安三或安七。

明珠有子三人,长子著名词人纳兰成德和三子和硕额驸揆方都死得很早。明珠于康熙四十七年四月十七日(1708年6月5日)七十四岁时死去了,其妻觉罗氏早在康熙三十三年(1694年)八月就被人刺死了。全家的财政大权当然地掌握在次子揆叙手中。康熙五十六年正月初七日(1717年2月17日)揆叙亡故,于是财权便落在未亡人耿氏手里。揆叙夫妇无子女,揆叙死后,圣祖命将其弟揆方夫妇死后留下的两个孤子先后过继给揆叙做嗣子。当时长子永寿刚刚十五岁,在这孤儿寡母面前,安尚仁对他们手中的万贯家财如何能不动心呢。但耿氏也不是一般的女流,她的父亲耿聚忠,是"三藩"之一闽藩耿精忠的三弟、靖南王耿继茂的第三子。"三藩之乱"时,他和耿精忠划清了界限,以后并举报精忠"降后尚蓄逆谋",因而没有受到株连;耿氏的母亲和硕柔嘉公主,是顺治帝从兄安郡王岳乐第二女,二十岁生下耿氏,二十二岁就死了。由于耿氏家族和朝廷的密切关系,她可以在宫中"与皇妃同坐饮食,皇上以下皆以格格呼之",② 俨然一位业余公主,是个通天人物。因此安尚仁在她面前还不敢明目张胆地勒索钱财,总得另找借口,从管理工程中捞钱,这才以明珠生前曾有修三庙的遗嘱为题,名正言顺地向耿氏要钱,既可以吃施工厂商的回扣,又能在工程项下巧立名目追加预算,从中贪污,据为己有。如龙母宫当时刚刚被别人修过,还很新,也就算他经手修缮的,从而虚报冒领一笔修缮费。此时耿氏夫死子幼,孤立无援,而且现任总管也得罪不得,只好任其以少报多。耿氏纵有审计家的才能也无法查核他的工程账款。这应是安尚仁为什么在明珠死后九年、揆叙尸骨未寒便提出修庙的真实意图。

康熙五十八年十一月初二日(1719年12月12日),三庙两桥工程未竣,耿氏一病不起,家事照管乏人,永福(永寿之弟)的婚事也还没来得及办,

---

① 《骨董琐记》卷四《安岐》。
② 《皇清诰封一品夫人揆文端公元配永母耿太夫人墓志铭》。

还是离不开安尚仁这样一个大管家。耿氏临终时曾向圣祖汇报："……安尚仁自臣妾公姑老仆，诸事能办，次子（永福）婚娶俱托伊经理也。谨此口奏。……初三日奉旨：格格所奏遗言，悉依之行。二子家务，俱著安尚仁经理。"① 连皇帝也认可了他的总管身份。这样，安尚仁从经办耿氏的丧葬、永福的婚娶以及跨年度的桥庙工程款项中，又得了一笔好收入。桥庙工竣时，永寿十八岁了，已从佐领擢头等侍卫，完全有能力把家业管理起来，财权还掌握在纳兰家，没有被安尚仁全部骗占去。

碑文撰写人王时鸿、书丹者狄贻孙、篆额人王澍，三人都是"赐进士出身翰林院编修加一级"，这些二甲进士们，应是安尚仁结交的士大夫。撰文的王时鸿，从姓氏和籍贯上看似为王顼龄、王鸿绪的族人，可能和明珠家有旧。他把只有安尚仁一个人知道、死无对证的明珠遗嘱敷衍成文，即使是谎言，一经刻在碑上也就有了事实上的效力了。碑文重点突出了葺庙修桥的"尚仁亦贤矣哉"。主事者既得实利更获贤名，这或者就是安尚仁请王时鸿撰文的目的。篆额的王澍是位书法艺术家，字若林，号虚舟，康熙五十一年（1712年）进士。《清史稿》有传。

碑文中还记有明珠家祖茔的"主穴为相国（明珠）之考妣"——尼迓韩和墨尔齐氏。过去由于没有确证，前人无由指实，而碑文指明了这一点。按明珠的先世为蒙古土默特氏，他们灭掉扈伦国并占领其纳兰部的领土，遂以纳兰（或作纳喇、那拉）为姓，以后又迁往叶赫河滨建国，因称叶赫那拉氏。叶赫部属于海西女真，而满清世系的爱新觉罗氏属于建州女真，这两个部族虽早有姻亲关系（太祖努尔哈赤的皇后、太宗皇太极的生母就是叶赫族人），但一直矛盾不断，并曾刀兵相见。尼迓韩的父亲金台什就是在双方战斗中，城破被俘后遭缢杀的。由于两族的世仇，后世的好事者、联想家们因晚清叶赫那拉氏（慈禧太后）的倒行逆施导致清廷覆亡，遂假借金台什之口说"只要叶赫族还存留一个女人，也要让爱新觉罗族灭亡"，附会在孝钦太后身上。其实，祖先们的恩恩怨怨早已被时间冲淡了，权势欲狂、野心家慈禧，也绝不是有意识地为本部族报仇之人。

---

① 《皇清诰封一品夫人揆文端公元配永母耿太夫人墓志铭》。

明珠的父亲尼迓韩，因进关时"著有功绩"，由佐领任郎中累赠光禄大夫，死后就在京城西郊皂角屯买地卜葬，是为纳兰家的祖茔。

明珠留给后世子孙一份使用不尽的家财和产业，一直维持着豪门的安富尊荣，"子孙历世富豪"。① 但是到了乾隆朝后期，终于来了磨难。纳兰家族遇到了一个以老迈的乾隆皇帝为靠山的和珅，他对纳兰家的珍物和宅园垂涎三尺。欲加之罪何患无辞！遂罗织罪名，将其家产抄没入官，倚仗权势霸占了宅园（即今什刹后海北岸的醇亲王府及西花园）。礼亲王昭梿评论道："（和相）乃籍没其产，有天府所未有者，良可惜也。因思权奸保家，其才故有过人者，所以能历百年而不败也。"② 从此纳兰家族被和珅彻底毁灭了，家人星散，后裔一贫如洗。明珠败后，安尚仁却"业盐于天津、扬州，拥资数百万"，③ 真乃是三十年河东，三十年河西，"其子孙居津门，世为醝（cuó）商，家乃巨富"。④ 世事如棋，不其然哉！

嘉庆四年正月初三（1799年2月7日），太上皇弘历在养心殿晏了驾，和珅靠山倒了。仁宗颙琰速战速决，立即将和珅财产抄尽，宅园没收，宣布了他的罪状二十款。正月十八日（2月22日）便"降旨赐帛，着刑部监临市曹自尽"。⑤ 和珅抛下万贯家财、众多姬妾，独自走向西方正路去也！和珅的财富充盈了颙琰的国库，人们说"和珅跌倒，嘉庆吃饱"。嗜财者冤冤相报，"生事事生何日了，害人人害几时休"，而后世芸芸众生对于财货，还是"终生只恨聚无多"，甘受名缰利索的羁绊，不亦悲夫！

附：重修榆河乡东岳行宫碑记

赐进士出身翰林院编修加一级华亭王时鸿撰文　赐进士出身翰林院编修加一级溧阳狄贻孙书丹　赐进士出身翰林院编修加一级金坛王澍篆额

---

① 《啸亭续录》卷三《明太傅家法》。
② 《啸亭续录》卷三《明太傅家法》。
③ 《骨董琐记》卷四《安岐》。
④ 《啸亭续录》卷三《安三》。
⑤ 《和珅抄产册》。

都城德胜门之北有曰榆河乡，中有皂荚屯者，或曰昔造甲处。其地平原广野，土厚水甘，有相国明公与其哲嗣总宪揆文端公墓在焉，主穴乃相国之考妣，以故相国岁时瞻扫，辄流连栖息于丙舍中。梵宫琳宇与丙舍邻而鼎峙于二三里内者，曰东岳庙，曰真武庙，曰龙母宫，皆古名刹而颓圮，渐沦没于荒烟蔓草中。相国每过而唏嘘，皆欲鼎新之，于役王事忽忽未能也。至康熙戊子初夏，公遘疾不起，属其总管安尚仁曰：吾藏魄之所应在祖茔之穆位，千载松楸，吾将永游于斯矣。唯左近三祠宇，吾久欲重加营葺而忽忽未就，他时毕吾窀穸，尔其为我成此志，勿忘吾言。尚仁泣而受教，迄今盖十三年所矣。文端公于康熙丁酉年正月去世，既营葬于祖茔之次穆位，尚仁于是竭资尽力重加修葺三祠宇，筑基址，储良材，皆取朴茂坚固，凡既具矣，乃大集工师，土木并举，三载以来，劳费备至，而所葺东岳庙、真武庙、龙母宫者皆先后落成，涂茨丹艧，美哉轮奂。各延高僧住持在内，朝夕梵修，粥鱼斋鼓，三地声相接，刹竿云气与幡影飘摇，招纳四众，摩拜顶礼，真郊原钜观也。复以榆河、马房皆为三刹及墓道通衢，而清河、一亩泉诸水漂溢为患，向有木桥各一，日久就圮，行人病涉，复于两地各构石梁以通行役，而沮洳卑湿之径一归坦途，尚仁之志于是乎毕，而相国未竟之愿于是乎得遂。尚仁不特以乐善好施为福田利益，其不忘相国遗言而必欲备物尽致，无一毫遗憾而后止，尚仁亦贤矣哉。余按东岳庙祀昉于唐开元时，封泰山神为天齐王；宋大中祥符间加号东岳天齐仁圣帝。其分祀于郡国者，若为神之行宫然。京师载在祀典者于朝阳门外榆河乡之东岳庙，故碑载记亦相传为唐时古刹，在榆河西道旁，旧通白羊口往宣大通衢，今为入居庸路也。真武为武当神，亦专祀于楚，而所在立庙亦是行宫意。若夫龙母原无专祀，而京师之黑龙潭，岁旱祷求灵验最著。龙母，水母也，此地洼下多水，祀所由来当亦旧矣。东坡所谓掘地得泉，正如诸神随地而感，不以泉专在是而始求之也，孰谓此三神者，不随地而有严哉。祠既落成，尚仁介朱岱请记于余，余为志其所以修举之故以传相国之遗意，著尚仁之美事云，是为记。大清康熙五十九年岁次庚子九月　谷旦

觉生寺（大钟寺）

位于北京海淀区北三环西路甲31号，此地旧名曾家庄。寺建于清雍正十一年（1733年）。因为寺内有一口明代铸造的大铜钟，故得名"大钟寺"。

寺坐北朝南，中轴线上依次为影壁（已无存）、山门殿、天王殿、大雄宝殿、观音殿、藏经楼和大钟楼。山门殿面阔三间，灰筒瓦歇山顶调大脊，一斗二升交麻叶头斗拱。石券门窗，门额为雍正御笔"敕建觉生寺"。钟鼓楼为灰筒瓦歇山顶调大脊重楼，上下檐均为一斗二升交麻叶头斗拱，上层四面为障日板壶门，下层正面为石券门。天王殿面阔三间，灰筒瓦硬山顶调大脊，旋子彩画，前檐为障日板壶门式门窗，后檐为菱花格隔扇门窗。大雄宝殿面阔五间，灰筒瓦硬山顶调大脊，旋子彩画，前出轩三间，歇山卷棚顶箍头脊，菱花格隔扇门窗，前有月台。东西配殿各五间，灰筒瓦硬山顶箍头脊。观音殿面阔五间，灰筒瓦硬山顶箍头脊，旋子彩画，前檐装修为菱花格隔扇门窗。藏经楼面阔七间，灰筒瓦硬山顶调大脊重楼，旋子彩画，菱花格隔扇门窗，上层前出廊。左右有灰筒瓦硬山顶箍头脊配殿各五间。大钟楼上下两层，下层方形，面阔进深各三间，上层为圆攒尖顶，砖雕宝顶，顶瓦上加出垂脊十二条，各脊均有垂兽和五小兽。这种做法极少见。上下层均为旋子彩画，一斗二升交麻叶头斗拱，下层为寿字隔扇门窗，正面额枋悬有乾隆御笔"华严觉海"黑地金字横匾一方。大钟就悬在此楼内。钟楼左右各有三间灰筒瓦硬山顶箍头脊重楼，旋子彩画，前出廊；两厢各有东西配殿五间，灰筒瓦硬山顶箍头脊。大钟楼、藏经楼和大雄宝殿的配殿之间都由配庑相连接。寺的东西跨院原建均已不存。

　　大钟是明代永乐朝铸造的，因名"永乐大钟"。通高6.75米，最大直径3.3米，重量达46.5吨。钟体内外铸有经咒十七种，总计二十二万七千多字，字体工整隽秀，古朴遒劲，是明初馆阁体书法艺术的代表作，当是出自名书法家的手笔。此钟发出的声音可持续70秒以上，而且音调悦耳，其传递距离在没有外界干扰的情况下，在30公里以外的地方，尚可保持30分贝的声级。所以明人蒋一葵记述："昼夜撞击，声闻数十里，其声闶闶，时远时近，有异它钟。"大钟之所以能够发出如此浑厚绵长而有力动听的声音，是和它的化学成分配比有关的。据化验，其所含金属元素为：铜80.54%，锡16.4%，铅1.12%，以及少量的锌、铁、镁等。这种成分配比，与《考工记》六齐项下的"钟鼎之齐"的记载极其相似。其铸造法是采用了当时较为先进的"地坑泥范法"，铸型由七段组成，浇冒口设计在钟的顶部，浇铸时需要几十座炉同时熔铜注范，一次铸成。这口巨大而精美的古钟，五百年来至今仍然十分完好，文字清晰，钟身光滑平整，绝少气孔砂眼，它闪烁着古代冶金技术的光辉，凝聚着我国古代劳动匠师们的高度智慧和精湛的才能。

　　大钟是在铸钟厂（遗址在旧鼓楼大街南口）铸造的，铸好后一直在汉经厂存放，直到万历三十五年（1607年）才被移到西直门外万寿寺（寺址在紫竹院西，长河北岸上）内悬挂起来，并为它修建了一座方形钟楼，每天由六个和尚担任撞钟。大钟在万寿寺悬挂了二十年左右，到了天启末年，人们看见它已经倒在地上了，清雍正十一年（1733年），由于阴阳家的生克之说，认为大钟属金，应该放在京城以北新建成的觉生寺后边，以利金土相生，世宗胤禛批示"依议"，经过长时期的筹措准备，到乾隆八年（1743年）才迁移就绪。悬钟的钟架是用粗大的木梁制成的，它的四柱顶部内倾以分散压力，结构合理，所以经过二百余年，毫无倾斜、歪闪的迹象。上述的下方上圆的钟楼，当然是在大钟挂好后才修建的。钟楼内后部有楼梯，可以盘旋而上，而上层四壁呈圆形，各面都有窗，因之里面光线充足，能见度良好，可以清楚地看到钟纽和钟身顶部。为了减低钟架的高度，在钟的下方挖下一个1米多深八角形的地坑，人们可以站在坑里观赏大钟内壁的文字，同时对钟声也可以起到共鸣的作用。

大钟到了觉生寺后，每当旱年，这里便成了祈雨道场，祈雨时便撞起钟来。晚清及民国年间，每年旧历正月初一至十五开庙会半个月，都人常于此时来看大钟，并到钟楼上层用铜钱投向钟顶的圆孔，如果投中了，便意味着全年诸事如意，大吉大利，一顺百顺，成为春节期间的民俗活动。

大钟经过从汉经厂移往万寿寺，又从万寿寺迁至觉生寺，九万三千斤的庞然大物，迁移两次，即使是现代的起重运输条件亦非轻而易举的事，何况几百年前缺乏机械起重设备的时代呢，其困难程度是不难想象的。相传运大钟时，先要每隔一里地挖井一口，再沿通过的道路挖成浅沟，待到寒冬，在沟中泼水结冰后，将钟放在大型的冰床上，用畜力拖行，到了目的地，把钟垫高，悬挂在钟架上，然后再刨槽打地基建钟楼，这一系列工程量和所用人力、物力，可以想见是大得惊人的。

永乐大钟是我们祖国光辉灿烂的文化瑰宝，它不但是研究佛教佛经极有价值的珍贵资料，并且也是研究明代铸造技术、冶炼工艺的重要实物。1957年10月28日，觉生寺（大钟寺）已公布为北京市第一批古建文物保护单位。1996年11月20日提升为第四批全国重点文物保护单位。

兆惠宅第旧址

在西城区前井胡同37号。

兆惠（1708—1764），字和甫，姓乌雅氏，满洲正黄旗人，孝恭仁皇后（雍正帝生母）裔孙。乾隆初由内阁中书迁郎中，历官护军统领、刑部、户部侍郎、驻藏大臣。乾隆二十一年（1756年）授定边右副将军，率军消灭准噶尔部残余叛军，次年（1757年）擢定边将军。二十三年（1758年）率部进攻霍集占叛军至叶尔羌城东黑水河，被围困3个月，历经艰险迎来援军。十一月以功封一等武毅谋勇公，世袭罔替，次年（1759年）官至协办大学士兼刑部尚书加太子太保。在历次平叛战役中，功勋卓著，奠定了西北疆土的扩展界限，明确了西疆管辖区域的版图，为国土的统一做出很大贡献。二十九年（1764年）十一月卒，"上临其丧"。终年56岁。《高宗实录》：乾隆二十九年十一月乙丑（十八日）条载："临协办大学士户部尚书一等武毅谋勇公兆惠第赐奠"，并赏银五千两治丧。此后其子孙五世袭爵八次。其子扎兰泰后尚高宗第九女和硕和恪公主。

兆惠一等公第在《光绪顺天府志》《宸垣识略》诸书中均有著录。宅第坐北朝南，今存大门、二门及院落三重房舍近30间，主体建筑有正房五间，东西厢房各三间，皆为乾隆朝早期遗构。其正房当为高宗临丧之地。

清代留存至今的非皇族所封公爵宅第极少，其制应与贝子府等同。其时代和曹雪芹氏著《石头记》的年代相近，因此，欲寻求"红楼"素材，此宅远比晚清时的恭王府更具历史真实性和乾隆朝早期的时代感。

汇通祠

汇通祠在西城区新街口豁口以东二环路南侧积水潭的北岸。《燕都游览志》载:"积水潭在都城西北隅,东西亘二里余,南北半之。西山诸泉从高梁桥流入北水关汇此。或因内多植莲,名为莲花池;或因水阳有净业寺,名为净业湖。"元代这里水域宽广,从运河北上的漕船,可以直接航行至此,"自明初改筑京城,与运河截而为二,积土日高,舟楫不至,是潭之宽广已非旧观,故今指近德胜桥者为积水潭,稍东南者为十刹海,又东南者为莲花泡子"(《清一统志》)。这就是今天的积水潭(什刹西海)、什刹后海和什刹前海,合称"后三海",亦即元代的海子(或称西海子)。由于附近多名园、寺庙、王府,遂成为都人避暑胜地,自春末迄深秋,游人如织。震钧《天咫偶闻》载:"内城水局,余取净业湖。"《帝京景物略》载:"明代诸名园咸萃此地,今无一存。然野水弥漫,一碧十顷,白莲红蓼,掩映秋光。两岸多古树,多招提;北面雉堞环周,如映如带;西北土山忽起,杂树成帏,石磴高盘,寺门半露,汇通祠也。"以前有城墙时,这里是长河(高梁河)水入城处,称北水关或水闸,"水自西山经高梁桥来,穴城址而入,有关为之限焉。下置石螭(镇水兽,长约1.9米),迎水倒喷,旁分左右,既吸复吐,声淙淙然自螭口中出"(《燕都游览志》)。不少文人墨客喜欢到此聚会吟咏,观水入城之势,听水流动之声。汇通祠就在水关南面的岛上,地处积水潭西北隅。传为明永乐年间少师姚广孝所建,旧称法华寺,又名镇水观音庵。又因北水关水声如潮,人们又叫它海潮观音庵。清乾隆二十六年(1761年)重修,高宗赐名汇通祠,祠内供奉龙王。民国初年曾一度售与长春堂药店的张子余,故山门外书有"万古长春"的道家语。以后这里还做过武馆。

祠坐北朝南,原制山门一间,灰筒瓦调大脊歇山顶,石券门,棋盘木门两扇;前殿及东西配殿各三间,均为灰筒瓦调大脊硬山顶前出轩,前轩为灰筒瓦箍头脊悬山四檩卷棚顶,上悬"潮音普觉"、"功兼利济"匾。东西配殿制同前殿。祠后原有暗红色巨石一块,高一米余,通体花纹如云朵,叩之声如铜,正面纹路隐约似一头狮和一只鸡,鸡在左狮在右,人们叫它"鸡狮石",一向传闻是清初移此的一块陨石。《燕都杂咏》形容它:"鲜采临风展异姿,摇光耀目具威仪;陨星天使成良构,不数当年断磬奇。"但是姚元之《竹叶亭杂记》上说,他曾问过汇通祠的定如和尚,定如说:"非落星,因其身有白点,故谓'星星石'耳。"这一回答应该说是正确的。

20世纪70年代初修地铁时,把汇通祠拆掉了,鸡狮石也弄得不知去向了,镇水兽早在"文革"初期就被砸毁了,后来只能按照当地居民的回忆,仿制了镇水兽和鸡狮石。地铁修完后,这里的地貌发生了很大变化:原来的小岛没有了,又用渣土堆成了一座小土山,北面是地铁出入口,西面多了个钢筋混凝土的构筑物;东面添建了地铁通风口。过后由清华大学建筑系吴良镛教授领衔设计,煞费苦心地尽可能按照原状恢复重建了汇通祠。如今一座红墙灰瓦的小庙在土山顶落成了。新建成的汇通祠占地约11000平方米,内有石亭、剑碑、石壁、洞穴等景点,掩映在苍松翠柏间。一道石墙遮掩住地铁站口,通风口用一组民族风格的建筑环抱,在混凝土构筑物上建起了一座石亭作为乾隆御制碑亭。从山脚到山顶,用层层叠石包住了小山,使之重新成为小岛,清水绕岛而过。按照北京大学侯仁之教授的建议,将新建成的汇通祠作为郭守敬纪念馆以纪念这位元代伟大的水利专家。

乾隆二十六年(1761年)四月初,高宗弘历乘船至此,在烟雨迷蒙中看到刚刚浚清的积水潭,汇通祠已然修葺一新。这位盛世之君志得意满,吟出了:"潴蓄长流济大通,澄潭积水映遥空;为关溯润应垂制,因葺崇祠喜毕工。""烟中遥见庙垣红,瞬息灵祠抵汇通;雨意溟蒙犹未止,出郭即看麦苗芃。"他一气呵成七律一首，七绝三首，后来刻在碑上，立于汇通祠中。这块御制诗碑，修地铁时也被当成废石料，运往六铺炕渣土站。幸好被有心人保留下来，几经周折终于运回原地，立在新修成的石亭中。如今它成了汇通祠里唯一存留的见证物。

宝相寺旭华之阁

位于海淀区四季青镇门头村西。旭华之阁是宝相寺的主殿，坐北朝南，无梁结构，平面接近方形，长宽均为25.1米，白石须弥座式台基，黄琉璃筒瓦绿剪边重檐歇山顶调大脊，上带脊饰，椽望、斗拱、博风、山花等皆为黄绿琉璃烧造，额枋上用黄绿琉璃砖烧出旋子彩画，殿外墙身涂朱，四面皆开有拱门和券窗，明次间辟三座拱门，梢间各开券窗，白石券面，前檐正间门额上嵌有乾隆御笔汉满蒙藏四体文字石匾"旭华之阁"，后檐石额书"梵光楼"。寺后西边有"香林室"五楹和一座牌坊，坊下有泉水涌出，香林室以西有圆庙、方庙，庙顶上有雉堞，形制如碉堡，并有佛楼一座。

建寺之缘起，是由于乾隆二十六年（1761年）孝圣宪皇后七旬万寿，高宗亲赴五台山殊相寺祝厘，返京后于次年（1762年）春，在香山南麓菩萨顶宝谛寺以西，仿照五台山殊相寺的形制、布局，新建了一座宝相寺，但较殊相寺更为崇广宏丽，在旭华之阁内塑造文殊菩萨像，并立有两座石碑：左边碑正面刻有御写文殊像并赞，碑阴刻乾隆三十二年御制诗；右边碑上刻有乾隆三十七年《御制宝相寺碑文》，碑阴为满蒙藏三体文字碑文。旭华之阁于乾隆三十二年（1767年）春竣工。现在，除旭华之阁尚存外，宝相寺其他建筑物皆已无存。殿上的斗拱和券面、台基石雕也多有毁坏，殿内碑刻已被砸碎。1984年宝相寺旭华之阁公布为北京市第三批文物保护单位。

宝相寺旭华之阁

清净化城塔

位于朝阳区安定门外黄寺路中间路北的西黄寺，是清世祖福临于顺治九年（1652年）为西藏黄教领袖达赖五世修建的驻锡之所。顺治九年三月初七日（1652年4月14日），达赖从西藏起程，随行三千人，晋京朝见顺治皇帝。朝见途中，世祖曾数次派遣亲王、大臣往迎，并赏以金顶轿和黄幡幢。十二月十五日（1653年1月14日）抵达京师，适值世祖在南苑围猎，当日即在猎场接见，赐给他供养银九万两，达赖喇嘛也向清廷贡献了马匹等。次日奉旨移居西黄寺，在一座仿西藏式的楼房内下榻。达赖在京期间，受到世祖多次款宴和大量赏赐，达赖也为世祖诵经祈福。次年二月二日（1653年3月1日）达赖辞归，世祖亲派和硕承泽亲王硕塞（1628—1654）、固山贝子古尔玛红及吴达海等率八旗官兵护送回藏，又遣礼部尚书觉罗朗丘等，颁赐他汉、满、藏三种文字的金册和金印，并加以册封。由于西黄寺是为五世达赖喇嘛建造的，故被俗称"达赖庙"，他所居住的藏式楼房也被称为"达赖楼"。此后，西藏来京的官员和喇嘛也被安排住在西黄寺，达赖五世的来朝，对当时信奉黄教的蒙藏等少数民族对清廷的向心力起到一定的推动作用。

百余年后，六世班禅喇嘛于乾隆四十四年（1779年）六月从西藏起程，晋京为高宗弘历祝贺七十万寿，次年（1780年）七月在热河行宫觐见了乾隆帝，受到热情隆重的接待。九月初二（9月29日），班禅随同高宗回到京师，也被安排住锡西黄寺。班禅在京居住期间，多次受到高宗的接见、赐宴和颁赏，王公大臣们更是争相礼佛、布施，前来西黄寺顶礼膜拜西藏活佛的善男信女络绎于途，西黄寺香火之盛，一时名噪京师。

班禅喇嘛在北京住了两个月，十一月初二（1780年11月27日），因为感染天花，在西黄寺圆寂。次年（1781年），清政府派员将他的舍利金龛送回西藏。乾隆四十七年（1782年），高宗为了纪念班禅六世，在西黄寺的西邻建造了一座"清净化城塔"，塔内埋藏了班禅六世的衣冠经咒，故又俗称"班禅塔"，并为它修建了一座塔院。

清净化城塔院规模很大，面积约19000平方米，亭殿屋宇50余间，建筑布局严谨肃穆。塔院坐北朝南，平面呈南北向的长方形，由三进院落组成。前方原有牌楼和单拱石桥，现均已无存。现在临街的是三间前殿，绿琉璃筒瓦黄剪边单檐歇山顶调大脊，五踩斗拱，旋子彩画，前檐明次间为障日板壶门式门窗，后檐为菱花格隔扇门窗，砖石台基，前后出垂带踏跺。左右两山接院墙，东西各有一座角门，灰筒瓦悬山顶箍头脊。殿内原有泥塑四大天王，"文化大革命"期间被砸毁。殿后院内东西两侧原有钟鼓楼，原楼已毁，后在其基地上建了瓦房三间，1987年又将瓦房拆掉，沿东西墙盖了两排平房各11间。正对前殿有一座三间垂花门，绿琉璃筒瓦黄剪边悬山顶，五踩头拱带三幅云，三门均为红漆棋盘大门，梅花形门簪四个，门框前后有抱鼓石。垂花门内即正殿五间，绿琉璃筒瓦单檐歇山顶，五踩斗拱，平身科明次间各六攒，梢间五攒，旋子彩画，前檐明次间为五抹斜方格隔扇门，梢间为三抹斜方格隔扇窗。殿前有月台，台前出垂带踏跺十一级，带雕龙丹陛。殿内为井口天花，中心绘曼陀罗花，花心书藏文。佛像早已不存，建国后曾移来福佑寺的一尊木质漆金佛像，"文化大革命"期间也毁掉了，连同石佛座也被拆除。按此殿原为七间，1900年被八国联军烧毁，民国十三年（1924年）重修时改成五开间，大殿左右各有配殿三间，绿琉璃筒瓦黄剪边硬山顶，前出廊，垂带踏跺。正殿后按高台甬道，通向清净化城塔。

清净化城塔之名称源于《法华经·化城喻品第七》：一切众生要经过遥远而艰险的路程，到清净宝所去成佛，全程约五百由旬（梵文Yojana的音译，古印度的长度计量单位。由旬等于30—40里）。众生在行进途中常畏难欲返，于是导师在三百由旬处化作一城。众生进了化城，得到休整，消除疲劳，得以继续前行，共至清净宝所。乾隆帝按此典将班禅六世衣冠塔赐名清净化城。塔为汉白玉石砌筑，是按照印度佛陀迦耶精舍式建造的。塔座高3米多，中心主塔为一座高约16米的藏式佛塔，塔基为一层八角须弥座，上下枋部位饰以卷草、彩云、双凤、莲瓣等纹饰，束腰部位八面各雕一幅佛传故事画，景物刻画生动细致，其中人物有神人、阿罗汉、佛教信徒，并衬以屋宇、树木、山石等。八幅浮雕画面连成一气，转角处各雕一尊金刚力士，个个跣足赤背，筋肉暴张，作用力承托状，生动地表现出力士们的孔武有力形象。其上又有一层满雕流云和小坐佛的须弥座，承托着覆钵式塔身。塔身正面辟一佛龛，龛内浮雕三世佛，龛旁分雕八尊菩萨立像。塔身之上又是一层折角须弥座，座上就是铜鎏金莲座、相轮和宝瓶组成的塔刹，两侧飘垂云纹飘带，恰似宝冠上的帽翅，在阳光照射下，白塔金顶，光灿夺目。

在藏式主塔的四隅，各有一座高约7米的密檐式经幢：东南幢身上刻乾隆四十九年（1784年）曹文埴书《楞严大哈达喇呢咒》，东北幢身上刻乾隆四十九年彭元瑞书《般若波罗密经》，西南幢身上刻乾隆四十九年彭元瑞书《千手千眼无碍大悲心大哈达喇呢神章妙句》，西北幢身上刻乾隆四十九年曹文埴书《佛说药师如来本愿经》。四座经幢和主塔组成金刚宝座五塔。塔前左右分列石犼一对，昂首吐舌，身侧附短翼，蹲距于石须弥座上。

五塔前后各有一座通体均为汉白玉雕成的四柱三楼石碑坊，顶为庑殿式，檐下附斗拱，额枋间浮雕龙凤及藏文经咒，两边坊柱上为高浮雕缠枝八宝，正楼柱上阴刻乾隆御书楹联，塔前牌坊南面书"香界吉云开佛日辉悬恒普照，法轮圆镜转智珠朗印妙同参"；额书"慧因最上"。北面书"象教演浮提常住因缘万归一，鹫光印乾竺大乘示现幻皆真"；额书"妙谛真空"。塔后牌坊北面书"水月映禅心金粟影临清净地，露珠明法镜妙鬘云现吉祥光"；额书"华严海会"。南面书"圆满证前身无量人天足欢喜，光明呈宝地总持龙象护庄严"；额书"圆觉光音"。石柱和抱框是由一块整石材雕成，以横交三幅云丁头拱雀替承托额枋，柱脚用浮雕莲瓣串珠夹柱石，中腰锢以铁箍。

清净化城塔的前方，左右各有方形碑亭一座，黄琉璃筒瓦重檐歇山顶，上檐三踩斗拱，下檐五踩，旋子彩画，四面柱间隔以朱漆木楣，台基四面各出垂带踏跺五级。亭内各立石碑一座：东碑螭首龟趺，为乾隆四十七年（1782年）御书《清净化城塔记》，碑阳满汉文，碑阴蒙藏文；西碑方首方座，为乾隆庚子（四十五年，1780年）仲冬御笔"班禅圣僧并赞"，附译满蒙汉三体文字。碑正面阴刻玉兰花。

塔后原有二十三间后罩楼，名"慧香阁"，于北平解放前夕焚毁。1956年在原基址上新建了21间平房，是为塔院的最后部分。

西黄寺东边从前还有一座东黄寺，也是藏传佛教庙，当地人常把东西黄寺合称双黄寺。这两座庙已于1958年以后陆续拆除，目前只剩下这座清净化城塔院了。由于塔院规模大、形制全，因而有"清净化城庙"之称。

2001年，清净化城塔公布为全国重点文物保护单位。

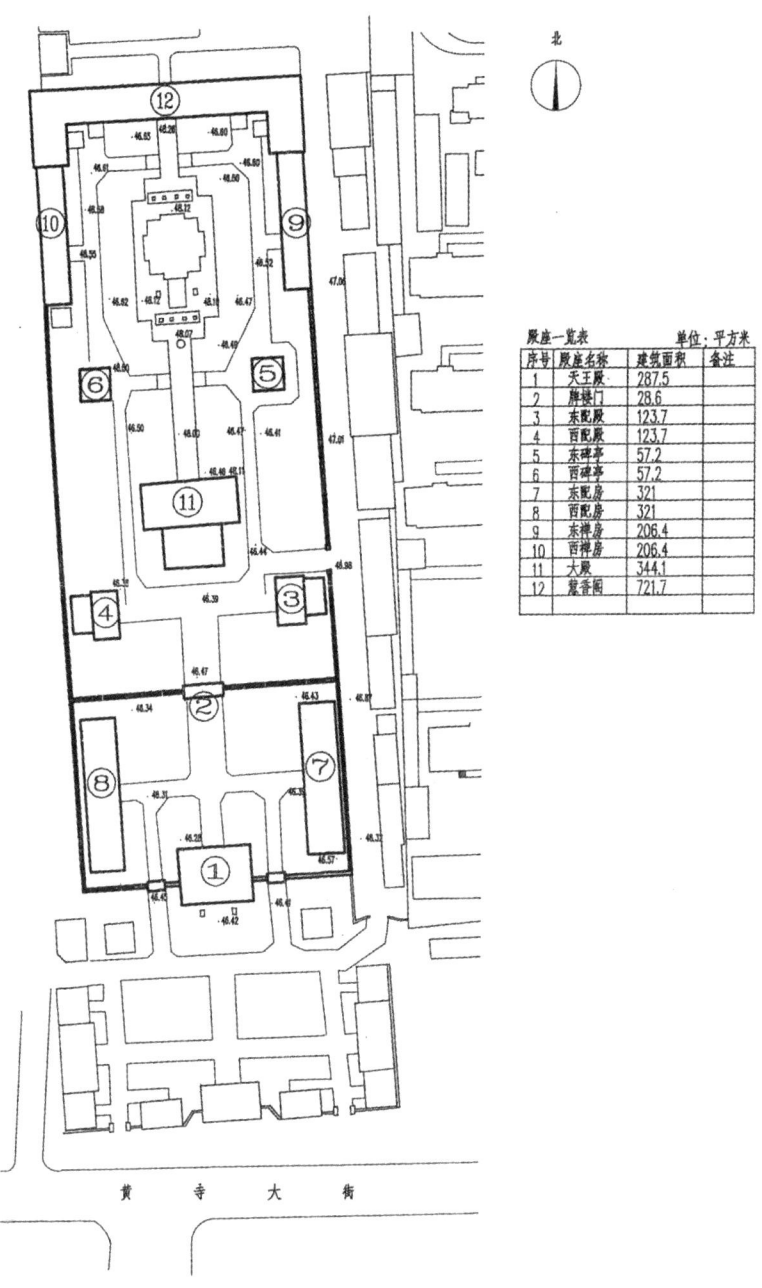

西黄寺清净化城塔院总平面图

纪晓岚故居

北京宣武区菜市口西大街路北有名的晋阳饭庄，原是一座中国传统形式的两进宅院，临街朱红大门前有两棵古槐。这座宅院的历史可以追溯到清雍正初年。当时这里是岳飞的后裔、奋威将军岳钟琪（1686—1754）所营建的宅邸。到了乾隆年间，清代的大学者、礼部尚书、协办大学士纪晓岚迁进这座宅院。纪晓岚（1724—1805），名昀，字春帆，直隶（今河北省）献县人，乾隆朝进士。他学问渊博，长于考证训诂，乾隆间辑修《四库全书》，任总纂官。他先后用了13年的工夫，把36000多册的《四库全书》通读，写出了200卷《四库全书总目》，论述了各书大旨及著作源流，考得失，辨文字，为代表清代目录学成就的巨著。他还写了一部笔记小说《阅微草堂笔记》共24卷，收录笔记1000余则。这是他晚年自乾隆五十四年（1789年）至嘉庆三年（1798年）陆续写成的。《笔记》取法六朝笔记小说而又有所发展变化，内容庞博，较多地涉及世态而不局限于志怪，叙述故事简明质朴而又富理趣，思想内容上也不乏可取之处，是中国古代笔记小说中别具特色的作品。纪晓岚的诗文，经后人搜集，编成《纪文达公遗集》诗文各16卷。

在他的宅第中，原有一间船形的屋子，当年悬有"岸舟"匾额，他的书房里悬有"阅微草堂"匾额。现在此房还在，成为晋阳饭庄的餐厅，原匾已不存，现改悬启功（1912—2005）先生书写的"阅微草堂旧址"横匾墨迹。

嘉庆十年（1805年），纪晓岚辞世，谥文达。纪晓岚故后其子孙将阅微草堂割半赁与黄安涛。这以后，宅院即开始了屡易主人、兴衰不定的历程。

民国初年为刘姓盐商所有，后又售与京剧名花旦于连泉（1900—1967，艺名筱翠花），后又为梅兰芳（1894—1961）购得。这期间曾租给富连成班主叶春善。二十世纪二三十年代之际，又租赁给刘少白（1883—1968）作为公馆。刘少白是山西兴县人，20世纪20年代末任河北省建设厅秘书长、北洋政府国会议员。当时正值蒋介石（1887—1975）大批屠杀共产党人，刘少白不顾个人安危，利用自己的社会地位，秘密为党工作。这个公馆也就成了党的接头地点。20世纪30年代初，由于顺直省委秘书长郭亚先叛变，供出了刘少白和党的关系，这个接头地点遂遭破坏。此后，又由京剧名老生余叔岩（1890—1943）和梅兰芳等在这里组办"国剧学会"、"国剧画报社"和"国剧传习所"，并在院内建了戏台。解放前夕这里成为一家银号。建国后，先后曾由运输公司、民主建国会、宣武区党校等单位占用。从1958年改为晋阳饭庄至今。

晋阳饭庄是山西风味的餐馆。山西向以面食著称，在其众多的蒸、炸、煮、烙的面食品种中，有口皆碑的还要属刀削面、拨鱼和猫耳朵了。这些主副合一的面食不仅味道好，而且制作方法与众不同。比如拨鱼是将和好的稀面糊，用竹筷拨进锅中，拨出的面条随着开水翻滚，恰似银鱼戏水。熟后捞出，加上各种荤素海鲜调料或者炒着吃，口味绝佳。

现在饭庄前院还有一架藤萝，后院有一株海棠，据传都是纪晓岚手植的。老舍（1899—1966）先生生前常爱坐在藤萝架前的餐桌上欣赏美景、品尝佳味。他曾写过一首七绝来赞美这里的幽雅环境和可口的山西食品："驼峰熊掌岂堪夸，猫耳拨鱼实且华；四座风香春几许，庭前十丈紫藤花。"

2003年公布为北京市文物保护单位。

公主坟内埋葬的不是孔四贞

1991年10月2日《北京科技报》金居平先生撰写的《北京的公主坟》一文,《新华文摘》1991年第11期作了转载,原题改为《"公主坟"的来历》,其中情节显系有误。

北京复兴门外的公主坟内,埋葬的不是孔四贞,而是清嘉庆帝的两个女儿。

这里的墓园原有高3米、厚1米的围墙,墙内遍植松柏,并有享殿、仪门等地面建筑。靠东侧埋葬的是嘉庆帝第三女庄敬和硕公主,她是和裕皇贵妃刘氏生。庄敬公主生于乾隆四十六年(1781年)十二月,嘉庆六年(1801年)下嫁蒙古亲王索特纳木多布济,嘉庆十六年(1811年)三月卒,年三十一。西边埋葬的是庄静固伦公主,是嘉庆帝第四女,孝淑睿皇后嘉塔腊氏生。她和道光帝旻宁是同母兄妹,生于乾隆四十九年(1784年),嘉庆七年(1802年)下嫁蒙古土默特部玛尼巴达喇郡王,嘉庆十六年(1811年)五月卒,年二十八。姊妹俩同年亡故。

1965年修地铁时,庄静固伦额驸的后人林勤先生将墓园契纸交出,墓地捐献给国家。后将墓葬发掘出来。墓穴为砖石砌筑,坚固异常,棺木也很结实。东边墓穴内有棺木两口,是夫妻合葬墓,陪葬器物有兵器、蒙古刀、怀表等;西墓因庄静固伦额驸死于关外就地埋葬了,所以只有四公主的棺材一口。墓园占地约16平方米,目前围墙已拆除,墓园辟为街心公园了。

这座公主坟历来被传说成明降将孔有德(约1602—1652)之女,顺治皇帝母亲孝庄文皇后之义女孔四贞（应为孔嗣贞）之墓。这是因为她是清代唯一的汉族公主，本人经历又很有传奇色彩，因而人们也就相信这里是她的坟墓（孔公主坟在今外交学院内），就以讹传讹地流传开来。真正的墓主人知道的人反而不多了。

　　［原载1992年第1期（总第157期）《新华文摘》，第118页］

清陆军部和海军部旧址

东城区张自忠路3号（原铁狮子胡同1号）临街有一座砖木结构的中国传统建筑形式的大门，门坐北朝南，面阔五间，明、次间辟门三座，灰筒瓦悬山顶调大脊，山花部位有露明七架梁，石雕门枕极为精致。大门前方左右有高大雄伟的石狮一对，隔街对面有筒瓦悬山顶砖雕大影壁一座，进入大门，迎面即为灰砖砌筑的主楼，平面呈"｜十｜"形，前后均有三间楼门，中部门厅以上三层，两侧及翼楼均为两层，外檐为联拱柱廊带扶手栏杆，楼体满布精细的砖雕花饰，华丽壮观。楼内有四面互相对开的一道门，房门、窗棂、地板、天花和护壁板全用优质木材制作。主楼北面是一座长方形的小广场，中间有一座带太湖石假山的圆形水池（现已无水），广场四周种植槐树，广场的东、西、北面各建一座楼房，与主楼形成一组方形楼群，楼群的东、西两侧各有一组与主楼风格相同的建筑物。

清康熙朝，这里原是两座相邻的府第。东边是贝子允禟的宅第，西边是恭亲王常颖府。允禟（1683—1726）是圣祖第九子，康熙四十八年（1709年）封贝子。康熙帝晚年，诸皇子争夺储位，他先后支持允禩（1681—1726）、允䄉（1866—1755）谋取皇位而结怨于皇四子、雍亲王胤禛（1678—1735）。胤禛即位后，将他全家发往西宁（今青海西宁市）。因在当地擅自买草、勘察牧地及纵容属下殴打生员，被夺爵幽禁。雍正四年（1726年），又因自编西洋字与属下秘密联络，事发，命逮还京师。胤禛给他改名塞思黑（满语音译，意为将允禟比作讨厌的野公猪）。当他解京行至保定，就被直隶总督李绂派人毒死了。这当然是胤禛的授意。允裪既死，宅第即由内务府收回，胤禛将这所宅邸赐给自己的第五子、和亲王弘昼（1711—1770），是为和亲王府。光绪七年（1881年）其后人溥廉已降袭镇国公，二十四年（1898年）溥廉卒，由其子毓璋仍袭镇国公。清末，此府邸改为贵胄法政学堂。西邻的府邸，是世祖第五子常颖（1657—1703）于康熙十年（1671年）封恭亲王时的府邸，此后一直由常颖的后人居住。由于常颖这一支系以后没有得到比贝勒更高的封袭，故在《乾隆京城全图》上标注的是贝勒斐苏宅第。斐苏（1715—1763）是常颖的曾孙，道光朝斐苏的玄孙、不入八分镇国公承熙居此，时人称这里为承公府。

光绪三十二年（1906年），清廷进行部分政体变革，用修复颐和园的余款在这里修建了陆军部，两座王府的旧建筑被全部拆光，另请西洋建筑师设计，修建了欧洲古典式的楼房作为办公地点。次年（1907年）下设海军处，宣统二年（1910年）提升为海军部。

这组办公楼是清末重要的政权机关建筑，在中国早期近代建筑中具有代表性。平面布局分左右两部分，各具轴线，格局严谨，基本风格属英国古典主义——都铎式，立面为三段体划分，中心突出，细部装饰中大量采用中国传统的卷草纹饰，雕刻精美，工艺水平很高且富时代感。同时在楼前建造了五间七檩民族形式的大门和隔街大型砖影壁。

辛亥鼎革，袁世凯（1859—1916）窃据中华民国临时大总统职位，将这组楼辟改做总统府，东部楼群做国务院，次年（1913年）10月10日，袁就任大总统，又恢复为陆军部和海军部。民国八年（1919年）靳云鹏（1877—1951）任陆军总长兼代理国务总理，这里设为总理府。民国十三年（1924年）段祺瑞（1865—1936）被北洋军阀推举为北京临时政府总执政，其执政府也设在这里。

民国十五年（1926年）3月12日，冯玉祥（1882—1948）的国民军同奉系军阀张作霖（1875—1928）作战期间，日本帝国主义掩护奉军军舰驶入天津大沽口，炮击国民军，守军开炮还击，日本便以此为借口，联合了庚子之役的八国公使，向段祺瑞执政府提出"最后通牒"，要求撤除大沽口的防务。3月18日，北京各界人民为反对日本帝国主义侵犯中国主权的强盗行径，在中国共产党北京市地下党的领导下,由李大钊(1889—1927)等亲自带领爱国学生、工人和各界人士,在天安门前集会抗议,会后赴段执政府请愿,军阀政府竟然下令向徒手群众开枪,造成流血惨案,死难47人,受伤200余人,京师女子师范学堂学生刘和珍(1905—1926)、杨德群(1901—1926)、燕京大学学生魏士毅(1904—1926)等,就是当日在执政府大门前牺牲的。鲁迅(1881—1936)先生在目睹了帝国主义勾结军阀屠杀中国人民、震惊中外的"三一八"大惨案,当天晚上就写了《无花的蔷薇之二》,他写道:"如此残虐险狠的行为,不但在禽兽中所未曾见,便是在人类中也极少有的。"鲁迅称此日为"民国以来最黑暗的一天"。

4月10日,北京发生政变,驻北京的国民军将领鹿钟麟(1884—1966)包围了临时执政府,段祺瑞的执政府倒台。次年(1927年)潘复(1883—1936)任北京政府内阁总理兼交通部长,总理府也设在这里。民国二十二年(1933年)王树常(1885—1960)任平津卫戍区司令时,又将此地改为平津卫戍司令部,七七事变前,宋哲元(1885—1940)任国民党第二十九路军军长兼冀察政务委员会委员长,将这里改为二十九军驻平军部及冀察政务委员会的办公处。

民国二十六年(1937年),日本军国主义占领华北,北平沦陷,这里成了侵华日军最高行政机关:西部是冈村宁次(1884—1966)大将所属的"日本北支那驻屯军"最高司令部;东部为司令部下属的,以特务部长喜多诚一(1886—1947)中将为首的日本特务机关"兴亚院"。在主楼北边最后一栋楼东头的地下室中,至今还存有一座当年日寇关押中国爱国志士的牢房和水牢。

抗战胜利后,由国民党第十一战区司令长官孙连仲(1893—1990)接管,作为十一战区长官司令部。解放战争期间,国民党北平警备司令、华北"剿总"副司令陈继承(1893—1971)在这里设司令部。建国后由中国人民大学使用。1978年人民大学迁往西郊,这里由清史研究所使用。

1984年公布为北京市文物保护单位,公布名称为"段祺瑞执政府旧址"。1999年1月6日,修缮工程开工。2006年提升为全国重点文物保护单位。

清农事试验场旧址

今北京动物园的前身——农事试验场,是在清代乐善园、邻春园及广善寺、惠安寺两园两寺的旧址及79亩官地上建成的。

早期的乐善园,是康熙朝康简亲王杰书(1645—1697)的别业。杰书在平定"三藩之乱"时立有战功,本人又是宗室勋贵,且时逢熙朝盛世,圣祖所赐之园亭,规模必然可观。康熙三十六年(1697年)杰书薨逝,此园逐渐荒败。

乾隆初,高宗经常往返舟行于长河,需要有一个中途休憩的地方,乐善园恰在长河南岸,因之于乾隆十二年(1747年)重加修葺。重修后即由内务府奉宸苑管辖,成为皇帝的行宫,仍用旧名乐善园。到嘉庆朝,国家岁收锐减,各处行宫渐次裁撤。从乾隆十二年到嘉庆九年(1804年),作为御苑行宫的乐善园,共存在了57年。此后,乐善园成为出租地,地租上缴奉宸苑。

在乐善园的西南偏(今动物园的西北部)另有一座"邻春园",是圣祖给其第三子诚隐郡王允祉(1677—1732)的赐园,建于康熙四十六年(1707年)。据载:乾隆二十年(1755年)园中"有堂有亭,叠石成山,因河引水"。从乾隆朝一位颇具才名的宗室文人永忠(1735—1793)的诗集中得知,他当时常到邻春园中"荡舟观荷"。

乾隆四十二年(1777年),当时的园主人、允祉第七子贝子弘璟(1703—1777)逝世,其第三子、镇国公永珊(? —1797)将邻春园赠给自己的外甥明义。明义接手后,对之进行了较大规模的修葺整治,同时将园名改为

"环溪别墅"。道光时,此园已归宝文庄公。宝文庄公即觉罗宝兴(1777—1848),又将环溪别墅改名为"可园"。道光二十八年(1848年)宝兴卒,此后可园渐趋颓败。光绪八年(1882年)又归一文某作为家业,改名"继园"。文某为园主时,园内已有附带做生意的饭馆。

文某为谁,其说不一,有谓文某为允祉后人,更园名为继园,意为继承其先人产业之意;北京掌故专家张润普(1882—1967)氏则认为是文麟,光绪十一年(1885年)缘事被查抄家产,园子归官;文物专家朱家溍(1914—2003)则认为是内务府大臣文铦,通过一种报效方式,于光绪十一年归官。总之都是在光绪十一年前后,继园又归奉宸苑掌管,结束了作为私家园林的命运,再次成为"御园"。

光绪三十二年三月二十二日(1906年4月15日)由清廷商部(光绪二十九年成立,三十二年九月改称农工商部)奏请筹建农事试验场,经奏准将乐善园、继园等处1062亩(约708354平方米)作为农事试验场用地,原有房屋亭座或拆除或朽坏,完全失去园林特色了。

对于这座园林(包括以后的"万生园")京师耆旧早有"三贝子花园"之俗称,纵观历届园主,皆没有"三贝子"之名分。光绪朝刊刻的《天咫偶闻》《道咸以来朝野杂记》均未指实"三贝子"为谁氏。近人张润普氏认为是"异姓郡王衔忠锐嘉勇贝子富察氏福康安",[1]朱家溍氏认为是"诚隐亲王允祉",[2]邓之诚(1887—1960)氏认为是"傅恒从子明义之居,或曰三贝子乃诚隐王也"。[3]也都没有确切证据,显系传闻。

农事试验场始建于光绪三十二年(1906年),次年(1907年)七月十九日,该场附设之"万生园"(或称"万牲园",今北京动物园之前身),先期开放,公开售票,三十四年五月十八日(1908年6月16日)全部竣工,正式售票接待游人。

农事试验场时期,添建了多座建筑:畅观楼、鬯春堂、豳风堂、牡丹亭、荟芳轩、停云轩等景点以及今动物园正门、东、西、北楼等,正门上部的砖

---

[1] 张润普《读〈乐善园和三贝子花园的有关史料〉书后》,《文物参考资料》1958年第5期。
[2] 朱家溍《乐善园和三贝子花园的有关资料》,《文物参考资料》1957年第6期。
[3] 邓之诚《骨董琐记》卷四《环溪别墅》。

雕正中，原有竖书"农事试验场"椭圆形匾额，后改为双狮绣球纹。"文革"期间，因为砖雕上有龙纹而被拆掉，成为只有三个券门的平顶大门，"文革"后，又按老照片恢复了门顶砖雕，已失去原有风韵。

辛亥鼎革，农事试验场由民国农商部管理，改称中央农事试验场；1927年归属农矿部；1929年7月改组为国立北平天然博物院，李煜瀛（1881—1973）被推举为院长；1935年由北平市政府接管，更名为北平市农事试验场。北平沦陷期间，于1941年改为实业总署园艺试验场，业务上也转为侧重于园艺试验。抗战胜利后，1946年11月更名为北平市农林实验所，1947年恢复开放，1949年2月，由市人民政府接管，改称农林实验场。新中国成立后，改名西郊公园，1955年4月1日，正式命名为北京动物园至今。1984年公布为北京市文物保护单位，原公布名称为"乐善园建筑遗存"；2006年公布为全国重点文物保护单位，公布名称为"清农事试验场"。

那家花园

那家花园名怡园,《旧都文物略》称那桐花园,在金鱼胡同东部,是清末重臣那桐的宅园。那桐(1856—1925),满洲镶黄旗人,叶赫那拉氏,字琴轩。历任体仁阁大学士、军机大臣、皇族内阁协理大臣,辛亥革命后去职。那桐宅是逐年扩建而成的,并受金鱼胡同与西堂子胡同之间宽度的限制,布局为五座大门自西向东横向排列。东至今东四南大街,西至今台湾饭店东墙,北至西堂子胡同,占地16875平方米。今人有些著述称那桐府,误。清代府专指亲王至镇国公的住宅。早期的报纸凡论及此宅者均称那桐宅。

花园在东起第二个庭院,面积为2067平方米(39米×53米)。园门在西南隅,迎门为吟秋馆后墙;东为筛月轩,轩前有紫藤花架;中为单檐方亭,名翠籁亭。亭之北为主要空间,以水池为中心,四周环列建筑。池中放置盆栽荷花,放养金鱼。池东南有一小桥,池岸用山石护坡,沿岸有卵石嵌花甬路,池东为青石堆叠的假山,有三条磴道,两个平台,山顶平台上设石几石凳。山后有六角井亭。由此汲水上山,再由断崖跌落池中。井亭后的围墙构成了花园的东界。池正西为踞于平台之上的潊清榭,面阔五间,勾连搭屋顶,四面开敞,其东置太湖石,自山石砌成的台阶可登临潊清榭。其南由爬山廊连接一座半圆亭,名圆妙。既是登榭山路的起点,又是连接西庭院的通道。潊清榭和爬山廊构成了花园的西界。池西南有一间抱厦,上悬"空潭泻春"匾。抱厦之后即为吟秋馆。池北有五间敞轩,名"水涯香界"。水涯香界之北是一个比较庄严静谧的空间。东为叶赫那拉氏宗祠,西为双松精舍。平面凹字形，因房前两株松树而得名，在宗祠和精舍之间有一座后门。

花园以东的庭院。正中为戏楼，名乐真堂。面阔五间，勾连搭三卷屋顶，是清末宅园中较大的戏楼。南房三间为客厅，名"遂初庵"。此院既可与花园相连，又有临街的大门。

院以圆妙亭与花园相连。院为两进。前为花厅，名"味兰斋"，面阔五间，勾连搭屋顶。斋之前后栽植多种花木。味兰斋以西几个庭院的布局与上述庭院不同，是比较典型的四合院。

那家花园是清末民国初一处著名的宅园，因其位置适中，且设备齐备，装修豪华，多次被用于接待贵宾。1912年秋，孙中山（1866—1925）应袁世凯（1859—1916）邀请来北京其间三临此园。第一次是8月29日出席以国务院名义在此举行的欢迎宴会。第二次是9月10日清皇室以贝子溥伦（1874—1925）为代表在此宴请孙中山。第三次是9月12日清皇室奉隆裕太后之旨在此集会欢迎孙中山、黄兴（1874—1916）、陈其美（1878—1916），醇亲王载沣（1883—1952）因病未到会，溥伦代致欢迎词，黄兴致答词。这是在那家花园举行的最重要的活动，此外，1917年广西军阀陆荣廷（1859—1928）到北京，北洋政府在乐真堂为他举办堂会，请谭鑫培（1847—1917）唱《洪羊洞》，谭带病而来，回家不久即去世。

1950年，那桐之孙辈先后将花园和乐真堂售与空军司令部通讯处和中共东单区委。1952年为举行亚洲及太平洋区域和平会议在那桐宅西部马号建起和平宾馆，花园亦划归宾馆，改为客房对外宾出租，只是水池被填平改做舞场，未做大的改动。1976年地震之后成为危险房屋而停止使用。1984年在旧楼以东兴建和平宾馆新楼，味兰斋庭院在此次扩建拆除。花园旧址被保存下来，1991年10月16日北京旅游小吃城在此开业，园林建筑仅存假山、翠籁亭、六角井亭和东墙，已不成格局。

乐真堂作为东单区委礼堂使用。1958年东单、东四两区合并为东城区，此院继续为东城区使用。20世纪50年代初为增加使用面积将乐真堂的廊子推出，此外未做大的改动。1976年9月经市革命委员会领导同意，北京市计算中心选址于此。1978年12月，此院被拆除，北京市计算中心开工兴建。

崇礼住宅

北京东城区东四六条63、65号,有一座典型的晚清大型四合院建筑群,是光绪朝大学士崇礼的宅第。

崇礼(?—1907),字受之,内务府正白旗汉军人,姓姜佳氏,时人讹称"蒋四爷"。咸丰七年(1857年)由拜唐阿(满语音译,汉意为无品级的听差办事人员)助捐议叙六品清漪园丞,后升任三山郎中,历内务府卿加内务府大臣;同治朝出任粤海关监督;光绪五年(1879年)历迁内阁学士,命在总理各国事务衙门行走,补礼部右侍郎;九年(1883年)授光禄寺卿,历理藩院侍郎转兵部、户部侍郎;二十年(1894年)加太子少保,赏黄马褂,旋擢理藩院尚书;二十四年(1898年)授刑部尚书;二十六年(1900年)八国联军进北京,派崇礼为留京办事大臣。当时人员缺少,故得晋协办大学士;二十九年(1903年)授东阁大学士;三十一年(1905年)以文渊阁大学士休致;三十三年(1907年)卒,谥文恪,葬于西郊车道沟。

据崇彝《道咸以来朝野杂记》载,崇礼其人庸碌无为,不学无术且爱卖弄文才,因而常闹出笑话。他曾因犯过错,议革职改降三级,先后两次兼任步军统领,皆以不称职而贬官:先是因误拿举人古铭猷,以办事草率而降调山海关副都统,后又因西长安门内匪劫行人,被御史参奏:"禁城地面尚不能靖,何况其他。"再次降调热河都统,两次外调崇礼都托病回京。按清制,内务府出身人员,凡未到外省或六部经历政事者,最高职位只能至侍郎,崇礼因这两次贬官外地,反而能够官居一品,加以他善逢迎,极力推崇慈禧太后再度垂帘和镇压戊戌变法运动（传旨宣布处决"戊戌六君子"的就是崇礼）以及总司菩陀峪陵工有功，颇得慈禧青睐，因而青云直上，直至入阁拜相，故时人讥其为"庸人多厚福"。

崇礼出任粤海关监督时曾大事搜刮，积资颇厚，回京后大治宅第，其栋宇之华丽，是当时官僚住宅中的佼佼者，也是民国时有名的豪华巨宅，号称"东城之冠"。崇礼之兄崇祐以及其侄、江宁织造存恒，都曾在这里居住。当地老住户之间尝讹传这里是西太后的娘家，盖因崇礼有女嫁给醇亲王奕譞第七子贝勒载涛。载涛（1886—1970）是光绪帝载湉之弟，因而崇礼算是和皇室有了姻亲关系，遂传称其宅为皇后娘家，加以慈禧对崇礼的眷顾（时人称崇礼和荣禄是慈禧的左膀右臂），便附会在那拉氏身上，以讹传讹地说成是西太后的娘家了。

崇礼住宅坐北朝南，占地面积9858平方米，其中建筑面积5298平方米，由三条规整的轴线将宅院分成三路院落，内部则互相连通。临街开有三座大门（旧门牌36、37、38号，即今63号和已封闭的中门及65号院）。宅东边是南板桥胡同，西边是月光胡同（旧名娘娘庙），后身接近东四七条。此宅原有房舍300余间，现仅余126间半，对面原来还有马号。

东路（今63号院）现有三进院落，广亮大门一间，合瓦清水脊，开在东南巽位，东接倒座房一间，西接八间；进门后第一进院正房一排九间，明间辟过道门；第二进院由一殿一卷垂花门和廊庑组成内宅，由正房、厢房形成一座规整的四合院；正房三开间，合瓦硬山顶箍头脊，排山勾滴，东西耳房各两间，东西厢房各三间；合瓦硬山顶箍头脊，南山各带厢耳房一间，正房、厢房和垂花门之间均有抄手游廊相连接。此院北面原有花园和花房，后被改建为锅炉房。

中路院临街有大门三间（旧门牌37号，现已堵死改为房间），合瓦硬山顶清水脊，明间辟门，两侧连接倒座房，和东西路的倒座连成一片。门内前半部是一座花园，迎面是一座水池，池中心建有三间水座，灰筒瓦歇山卷棚顶，四周出廊。水座台基旁和水池岸边均有叠石（水池现已填平，当年池边有井一眼、水闸两座，今皆不存）。水座北边是面阔五间的大戏楼，合瓦硬山顶箍头脊，排山勾滴，东西各带两间耳房，前出合瓦悬山顶抱厦三间，正间门额原悬翁同龢（1830—1904）书"定静堂"木匾一方，今亦无存。戏楼后面的院落有正房五间，合瓦硬山顶箍头脊，排山勾滴。该院东半部是一座叠石假山，上建灰筒瓦圆攒尖顶六柱凉亭一座，小巧精致。正房的西边另有房三间，合瓦硬山顶箍头脊。此房与正房之间开一座小门通向后院；后院有正房五间，灰筒瓦硬山顶箍头脊。此房原是祠堂，堂前原有牌坊门，今已不存，仅余门枕石一对。

西路（今65号院）由一组四进四合院和左右数个跨院组成，合瓦清水脊广亮大门一间，位于轴线偏东；大门东接倒座房三间，西接七间。这七间倒座房的后檐墙上还保留着六个砖雕小洞，里面钉有供拴马用的铁环，这在北京已是绝无仅有的遗物了。大门对面有八字影壁一座（部分已遭破坏），门内迎面是一座一字影壁，灰筒瓦顶鞍子脊；院内有北房九间；部分作为外客厅，与倒座房组成第一进院，北房东头第二间辟为过道门通向二进院；二进院正房三间，合瓦硬山顶箍头脊，东西耳房各两间，东西厢房各三间，合瓦硬山顶箍头脊，正房、厢房与前院的北房组成此组四合院，四隅由抄手游廊相连接，其厢房应是内客厅。两厢房之外各自形成一座跨院：西跨院有南北房各三间，与西厢房组成一座小三合院；东跨院有南北房各三间，均为合瓦硬山顶箍头脊，北房为两卷勾连搭带前廊后厦，室内硬木隔断上尚存清代书法家邓石如（1743—1805）题刻的苏东坡诗句，此房应是书斋；第二进院北厅东耳房靠外的一间辟过道门通向第三进院；其正门是一座一殿一卷式垂花门，院内正厅五间，合瓦硬山顶箍头脊，排山勾滴，带东西耳房各两间，西耳房的西边又有三间房屋（房顶已改为水泥瓦），东西厢房各三间，南山各带厢耳房一间。正厅、厢房和垂花门之间有抄手游廊相连接，形成一组大型四合内宅；最后一进院有后罩房十一间，合瓦硬山顶，正面五间，两侧各三间，用三条清水脊并列；这排房的西边另有正房三间，筒瓦硬山顶箍头脊，似为影堂之属。以上是崇礼宅园的概况。

此宅建成未久，适逢庚子之役，宅院一度为洋兵所据，民国后又几经转手。1935年，由国民党第二十九路军暂编第二师师长、察哈尔省政府主席刘汝明（1893—1975）购得，据传刘重葺宅园时挖浚水池，掘得大量金银财宝，其值远在房价之上，因而宅园被修饰得更加富丽堂皇。北平沦陷后，此宅又归清末大学士张之洞之子、伪满外交大臣、伪新民会副会长张燕卿所有。张为了媚寇求荣，曾将宅园精华部位——有叠石、凉亭的小花园和花园中的房舍，让给日本"北支那驻屯军"总司令官冈村宁次（1884—1966）陆军大将居住。抗战胜利后，流亡到北平的东北长白师范学院的师生曾在这里寄居。1949年北平解放，从华北解放区迁入城里的华北大学校部即设在这所宅院里。1950年在华北大学基础上建立了中国人民大学，这里又成为人大首脑部门机构的驻地。当年经常在这里组织领导学校工作的，有先后任华北大学、中国人民大学校长吴玉章（1878—1966）、副校长兼教务部长胡锡奎、副校长兼研究部部长成仿吾（1897—1984）、研究部副部长尹达（1906—1983）等；著名哲学家艾思奇（1910—1966）每周进城授课时，也在这里食宿。1957年底，人大迁往西郊，宅园被某单位占用，"文化大革命"期间，花园里的假山叠石、水池被填平，改建了小房，东院后花园也成锅炉房。厅堂原有的楹联匾额毁坏殆尽，目前花园大厅辟作某机关老干部活动站，其余房舍改为家属宿舍。目前除花园部分被拆改，主要格局尚未大变，至今保存比较安好。此宅园于1984年公布为北京市文物保护单位（公布名称为"东城区东四六条63号、65号四合院"）；1988年提升为全国重点文物保护单位。

门神库

在南池子大街71号,太庙东门北侧,坐北朝南。太庙东墙外的一片隙地,曾是明宫室外的附殿,有环碧殿、永明殿、观心殿等名称。嘉靖四年(1525年)六月,世宗朱厚熜为其本生父兴献王朱祐杬在这里新建了一座祠庙,初名"世室",后又改称"献皇帝庙","祭以天子之礼"。祭殿很大,"南北深五十丈,东西阔二十丈"。

明武宗朱厚照(1491—1521)于正德十六年死去,风流一世身后乏嗣,又无亲生兄弟,按照"兄终弟及"祖制,遗诏由兴献王之子朱厚熜(1507—1566)以孝宗(弘治皇帝朱祐樘)从子名义继承皇位,是为世宗,年号嘉靖。

朱厚熜以藩王世子入承大统,由于出身旁系而产生心理上的不平衡。为了自身的正统化而为父母争名位、上帝号而引起群臣反对。嘉靖三年(1524年)七月十五日朝会后,220多名大臣为了"皇考之争"集聚在左顺门外跪伏请愿。朱厚熜采取了暴力镇压手段,先抓起为首的8人,继而又将134人下狱,86人待罪。次日将被捕官员发配戍边或受廷杖,其中被打死17人,这场"礼仪之争"被平息了。事后为其父母上了帝后尊号。言路既塞,再也无人敢出面反对了。

他的生父兴献王朱祐杬死于正德十四年(1519年),朱厚熜在十三陵为其父修了显陵(以后未入葬)。嘉靖四年(1525年)五月,礼部尚书席书等建议在太庙东边建新庙以祀其父母,同年六月诏兴工。以后因为"献皇帝"附祭于太庙,这座新庙遂封闭不用。40年之后,由于久置不开,柱脚都长了蘑菇，廷臣奏报"旧庙柱产芝，上大悦，更名'玉芝宫'，名宫门曰'芝祥'，前门曰'宝庆'，后寝曰'大德殿'"，并且"钦定礼仪"，又开始恢复祀典。这是嘉靖四十四年（1565年）六月的事。次年朱厚熜死了，穆宗（隆庆帝，世宗三子）嗣位，礼臣建议停止玉芝宫的"并祭并告"的祭祀，玉芝宫又遭废弃。清乾隆朝，又在此地改建为工部制造库隶属的门神库，库四周有围墙，南面辟三座正门，门内为一片空场，后半部台基上建有三座库房，正面三大间，东西各三间，台基下面建有东西值房各五间。清亡库废。

20世纪20年代，由"中国政治协会"使用，期间在前院西偏添建了一座仿古式图书馆楼。原有建筑经多次翻修改建，原貌已失。建国后，由中国人民外交学会使用。现存黄琉璃筒瓦歇山顶如意大门，是在原门神库三座门的中门基础上重新翻建的；后半部的三座原库房，也是2003—2004年间在原址上复建的，正殿面阔改为五间，进深七檩，灰筒瓦硬山顶调大脊；配殿面阔三间，进深七檩，灰筒瓦硬山卷棚顶。所有装修均为方格棂条隔扇门、槛墙窗。原有值房和院内临时建筑已全部拆除。

关于北京香山正白旗卅八号发现的题壁诗

自(香港《明报月刊》)150期黄庚先生《曹雪芹故居》一文发表后,引起海内外的注意。本刊编者的主观愿望,正如大多数读者一样,希望它是真实的。但自始至终,并未肯定其为百分之百的真迹。因此去信各地专家,请他们来文辨其真伪,正其对错,先后经编辑部邀约为文的,有香港谈锡永、美国赵冈、台湾高阳诸位先生。谈、高两位都持"否定"态度。此外,我们又藉张明明女士访京探亲之便,请她实地参观,访问专家,以明真相。

现在,更得赵迅先生自北京来文。赵迅先生的意见,或者可以说是代表了北京若干专家的意见,认为"曹居"之说乃以讹传讹。我们非常感谢赵先生将此稿寄交本刊发表。

——(《明报月刊》)编者

1971年春,在北京西郊正白旗卅八号的一间耳房西山墙灰皮下层,发现有被掩盖着的字迹。揭开来看,是一些墨笔书写的诗句(也有对联)。从题壁诗的内容与字迹判断,较合理的推论,应是清代末叶住在当地的一个小官吏,在穷极无聊的状态下,借旧小说里的诗句来发泄自己的牢骚。这件事本身原无再行论证之必要,但是由于地处香山健锐营正白旗,题壁诗又都没有署名,加以题壁者语气中表现出穷困潦倒的精神状态等情况,有人竟千方百计地把它们和伟大的文学作品《红楼梦》的作者曹雪芹硬扯到一起,俨然这所房屋就应是曹雪芹的"故居"。虽然早在题壁诗发现的当年,一些有关单位就进行过调查研究，有些《红楼梦》研究者也得出了与曹雪芹无关的结论，但由于上述影响，已经蒙蔽了相当多的不明真相的《红楼梦》爱好者。最近，更以黄震泰和黄庚的署名，用耸人听闻的标题及副题，在香港以特稿形式发表。① 黄文一出，鼓噪之声随之大震。编者捧场，② "专家"应和，③ 主编叫阵，④ 热闹非凡，其影响及流毒遂扩散及于海外。如此一来，势必又将欺蒙数量更多的难明真相的人。因此有必要认真对待并加以澄清。

大家都知道曹雪芹会作诗，《红楼梦》前八十回中的那么多诗词都是曹雪芹做的。为了弄清这些题壁诗是否"可能出自曹雪芹自己和他亲友的手笔"，⑤ 房屋是否"极可能就是曹雪芹最后的居所，也就是撰写《红楼梦》的地点"，⑥ 所以我们现在必须弄清这房屋是否是曹雪芹的故居。怎样弄清？首先要从弄清题壁诗的来历入手。

下面，我们将题壁诗按黄文所录原文列后（黄文将墨笔字迹分为十组，今按原排号及标题照录），原诗有出处的即将来源并录于侧（经题壁者误抄，与原文不同的字用着重号标出）以便比较，必要时略加按语说明之。

一、第一排自右至左

六桥烟柳

疏柳长烟远自迷	疏柳长烟远自迷
六桥南北带沙堤	六桥南北带沙隄
乱分雌霓连蜷卧	乱分雌霓连蜷卧
深蔽娇莺自在啼	深蔽娇莺自在啼
红出夭桃销落处	红出夭桃销处落

---

① 香港《明报月刊》1978年6月号第150期特稿：黄震泰原稿，黄庚编撰《曹雪芹故居之发现》。副题为"还有他的手迹、他太太的诗、他的死因、他的遗像、漆箱等等"。
② 同期《明报月刊》"编者的话"。
③ 台湾《中国时报》1978年6月20日，赵岗《找到了曹雪芹的故居？！》。
④ 香港《明报》1978年6月9日，胡菊人《曹雪芹故宅》。
⑤ 引自注④文。
⑥ 引自注①文。

翠愁芳草望中低　　翠愁芳草望中低
赤栏干外青阴满　　赤栏干外清阴满
曾见苏公过马蹄　　曾见苏公过马蹄
（见《西湖志》卷三，凌云翰《六桥烟柳》诗）

二、第二排最右

吴王在日百花开　　吴王在日百花开
画船载乐洲边来　　画船载乐洲边来
吴王去后百花落　　吴王去后百花落
歌吹长岛洲寂寞　　歌吹无闻洲寂寞
花开花落运运春　　花开花落年年春
前后看花应几人　　前后看花应几人
但见枝枝映流水　　但见枝枝映流水
不知先先堕行尘　　不知先先堕行尘
运运风雨荒台畔　　年年风雨荒台畔
日暮黄鹂肠欲断　　日暮黄鹂肠欲断
岂惟世少看花人　　岂惟世少看花人
从来此地无花看　　从来此地无花看
偶录锦帆泾（见《东周列国志》第八十一回）

三、第二排当中菱形排列对联

远富近贫以礼相交天下少

疏亲慢友因财而散世间多

真不错

按：这副对联是当地流传的联语，20世纪60年代尚有人能记忆，[①] 可见

---

① 吴恩裕：《有关曹雪芹十种》，第109页。

流传历史不长，不大可能是从清乾隆时流传下来的。黄文也认为："对联的内容雅驯也嫌不足，不应该认为一定是曹公的作品。"

四、菱形下面

困龙也有上天时
甘罗发早子牙迟　　甘罗发早子牙迟
　　　　　　　　　彭祖颜回寿不齐
　　　　　　　　　范丹贫穷石崇富
　　　　　　　　　算来都是只争时

（见《警世通言》第十三卷）

五、第二排最左有不全之绝句（按：应为律诗）

有花无月恨茫茫　　有花无月恨茫茫
有月无花恨转长　　有月无花恨转长
　为人临月境　　　花美似人临月镜
　　照花香　　　　月明如水照花香
　　　　　　　　　扶筇月下寻花步
　　　　　　　　　携酒花前带月尝
　　　　　　　　　如此好花如此月
　　　　　　　　　莫将花月作寻常

（见《六如居士全集》卷二）

六、第三排右边

鱼沼秋蓉
放生池畔摘湖船　　放生池畔摘湖船
夹岸芙蓉照眼鲜　　夹岸芙蓉照眼鲜

旭日烘开鸾绮幛　丽日烘开鸾绮障
红云裹作凤雏缠　红云裹作凤罗缠
低枝亚水翻秋月　低枝亚水翻秋月
丛昙含霜弄晚烟　丛萼含霜弄晓烟
更爱赤栏桥上望　更爱赤栏桥上望
文鳞花低织清涟　文鳞花底织清涟
（见《西湖志》卷四，陆秩《鱼沼秋蓉》诗）

七、第三排左边扇面形排列

富贵途人骨肉亲　富贵途人成骨肉
贫贱骨肉亦途人　贫穷骨肉亦途人
试看季子貂裘敝　试看季子貂裘敝
举目亲人尽不亲　举目虽亲尽不亲
岁在丙寅清和月下旬
偶录于抚风轩之南几
拙笔学书
（见《东周列国志》第九十回）

八、第四排右边

蒙挑外差实可怕
惟有住班为难大
往返程途走奔驰
风吹雨洒自喷嗟
借的衣服难合体
人都穿单我还夹
赴宅画稿犹可叹
途劳受气向谁发

学题拙笔

按：这首诗（实际是"顺口溜"，称不上诗）是题壁诗中唯一找不到来源，实际上也不可能找到出处的（见下文）。

九、第四排左边有残句

曾向湖堤夜扣舷
爱看波影弄婵娟
一尘不动天连水
万籁无声客在船
未醒　赤壁未醒元鹤梦
骊宫遍熟老龙眠　骊宫偏熟老龙眠
朗吟玉塔微词句　朗吟玉塔微澜句
然　长笑凌空气浩然

（见《西湖志》卷三，聂大年《平湖秋月》诗）

十、最左偏中仅有一字

笏

按：这个所谓的"笏"字，位置是在那首"有花无月"四句之后（黄文第五组），原题壁上模糊不清，从位置上看，应是原诗第五句"扶筇月下寻花步"的"步"字，黄文却捕风捉影大做文章，竟然联到了"畸笏叟"身上。试想，像"畸笏"这样能批《红楼》的人，抄上半首唐伯虎的《花月吟》，后面还要签上自己的名字，岂非咄咄怪事！

通过上述列比，诗句来源大体查清。我们所以不惮词费，琐琐考辨，是为了说明以下几点：

一、原诗作者既然是凌云翰、唐寅、陆秩、聂大年、冯梦龙诸人，所以确实不"可能出自曹雪芹自己和他亲友（包括畸笏叟）的手笔"。①

二、题壁者文学修养之低，可从所抄的错字中一眼望到。现举几处重要的来谈：

1. "六桥烟柳"一首，"销处落"对"望中低"，抄者把前句抄成"销落处"，那么下句应该改为"望低中"才能对称，但那就不像话了，便又没改。"销处落"说的是桃花落处，红色渐落，"销落"连用，便不合原意了。

2. "吴王在日"一首，"无闻"是副词和动词，是虚词，用来对上句的"去后"。抄者改为"长岛"，是状语和名词，是实词，便与上句不对了。同首中把"年年"改为"运运"，年年说明每年，"运运"说明什么？

3. "鱼沼秋蓉"一首，"障"是动词，所以对"缠"，抄者改为"幛"，便成名词了。"凤罗"是织有凤形图案的罗，抄者改作"凤雏"，试问一只鸟怎么去"缠"呢？

以上都由于抄错了字，使得文理不通的例子。再看"无闻"是平平，"长岛"便成了仄仄；"年年"是平平，"运运"是仄仄；"萼"是仄，"昙"是平；"底"是仄，"低"是平；"穷"是平，"贱"是仄；"偏"是平，"遍"是仄。按抄者所写的字读去，诗律全不合。《红楼梦》中那些好诗，曾有哪一处平仄失调？那些好诗的作者曹雪芹，能够会做反而不会抄吗？

三、出现了第八组的"顺口溜"，颇能说明以下几个问题：

1. 由于其中的"挑外差"、"住班"和"赴宅画稿"等用语，题壁者当是清代晚期当地一名笔帖式（满语音译，汉义为书对手，职司记录档案、文书等事）。这人虽粗通文墨，但水平不高，平仄不懂，生活、思想、精神状态和曹雪芹是毫无共同之处的。

2. 晚清政治腐败，国帑拮据，旗丁钱粮难继，下级官吏尚且"人都穿单我还夹"，连衣服都要借来穿，那些游手好闲、肩不能担担、手不能提篮的八旗子弟，生活之艰难更可想见。

3. 联系到第七组中的丙寅纪年，如果认为是同治五年（1866年），则较乾隆十一年（1746年）更近于事实，也更合逻辑。

---

① 香港《明报月刊》1978年6月号第150期特稿：黄震泰原稿，黄庚编撰《曹雪芹故居之发现》。副题为"还有他的手迹、他太太的诗、他的死因、他的遗像、漆箱等等"。

4. 这里根本不是什么"曹雪芹故居"。

黄氏此稿涉及面颇广，意见及"事实"达十五项之多，且考据繁多，可谓洋洋大观矣。"黄医师（震泰）他们独自研究，至今已经七年零两个月"①之说恐非虚语。七年多时间不算短，但是连诗句的来历尚未查清就拿来又是"分析"又是发挥，难怪只能避实就虚，用了一连串的"可能"、"极可能"等扑朔迷离之词，最后居然得到了"相当肯定"的结果，亦属奇迹。甚至在并未提出史料证据之下，竟然"考证"出了某先生的六代姑祖母是敦氏弟兄的母亲，某君是张宜泉氏之后人，曹雪芹的继室的外婆家姓顾等等，真是古往今来世间少有的"考证"办法。

前些年，"曹雪芹的新材料"纷纷出世，又是诗文，又是字画，幽灵一样地自天而降，但这些无源之水、无本之木，虽然喧嚣于一时，最终也只能是过眼烟云，瞬息即逝。正白旗的题壁诗又岂能例外，命定也只能是梦幻泡影，"落得片白茫茫大地真干净"，因为鱼目究竟是难以混珠的。退一步说，即使全部都是真的，对于《红楼梦》的研究，究竟会有多大价值呢？

［原载香港《明报月刊》1978年11月号155期第9页，同期第108页"编者的话"介绍此文说："关于曹雪芹的故居，本刊已刊出过多篇文章，有赞同亦有否定，来自美国、台湾、香港各地，这个问题本是黄震泰先生自北京寄出资料而引起的，本期有赵迅先生自北京来文，一一查出了题壁诗的出处，证明与曹雪芹及其亲友完全无关。我们非常感谢赵先生此文给本刊读者如此明确的答案。同期有张明明女士（张恨水先生之女公子）赴北京探亲时到曹居的访问及转述北京几位专家的意见。张女士受本刊编辑部之托所付出的辛劳，亦谨在此一并致谢。台湾、美国、北京、香港的作者，为同一问题作学术意见交流，在《明报月刊》上讨论，这是极少见而可喜的现象。"］

本文发表前，文稿曾经周汝昌、冯其庸、周绍良等专家审阅修改，特别是启功先生，字斟句酌地增删润色以后，还专门来信，提出修改意见（原信附后）。当时正值炎热的七八月间，他们不畏酷暑，为此文付出的辛劳，实在令人感激，真是我的良师。

---

① 同期《明报月刊》"编者的话"。

附：启功先生原函

赵迅同志：

大稿拜读了，非常好，我也遵命擅自改了几处。请参酌！

还有几点意见，列下：

1. 舒某的姓名是否提出？这里狠狠批事实，这人也就在其中，免得被人说我们有意为某个人扣帽子（此人的姓名，已在黄文中出现，也就不言而喻了）。

2. 扇面字、诗（顺口溜）的劣处，可不在这段中谈，留待下边谈。

3. 自P8下半页起，不这么写，而用归类来写：

a. 作者是谁？已查出是冯梦龙（？）（《列国志》作者我忘了）、是《西湖志》的作者、是唐寅……不是曹雪芹！

b. 抄者文学修养：平仄不调，抄错的平仄甲乙丙……错别字、抄错的字（如锦帆泾，与径是两回事，泾平，径仄，泾是水路，径是陆路）甲乙丙……

c. 写扇面顺口溜的人，身份、水平，平仄不懂，生活不符，思想卑劣（不符合曹雪芹），这人的生活与清代政治衰落的关系……

d. 总结这样一系列的情况，能与曹雪芹有半分半毫联系吗？能与批红者有任何相关吗（如说曹的亲友所干的，那么如此拙劣卑污的人，即使是真正姓曹的写的，又与研究红学有什么关系？……）

e. 大稿中自P8下半页起到末尾，一些论点都可提，我只觉得把它的劣点提出来集中写去，比较突出有力。然后把其他论点再加在后面，岂不更好？

您看如何？

匆此奉复，即致

敬礼！

启功上言

廿八日晚

我想此文还是香港发表较好，因为要肃清黄文在港的流毒，故以在其本地肃清为是。如何？

又及。

辛亥滦州起义纪念园

北京西郊自古以来就是山清水秀的风景区，黑龙潭西北的温泉更是块宝地。《帝京景物略》这样描述："西堂村而北曰画眉山，产石墨色，浮质而腻理，入金宫为眉石，亦曰黛石也。山北十里，平畴良苗，温泉出焉，泉如汤未至沸时，甃而为池以待浴者。泉虽温乎其出，能藻、能虫鱼，禾黍早成，早于他之秋再旬。林后凋草色久驻，晚于他之秋再旬。资泉之民，无苦疡疮璧。"

在温泉附近的显龙山上，巍然屹立着一座八角七级石塔，挺拔俊秀，庄严玲珑，这就是1936年冯玉祥将军为纪念滦州起义殉难先烈而建的"辛亥滦州革命先烈纪念园"中的纪念塔。

"辛亥滦州起义纪念园"于1984年公布为北京市文物保护单位；2006年提升为全国重点文物保护单位。

一、滦州起义的历史背景

20世纪初的中国，民族灾难深重，社会动荡不安。帝国主义对中国侵略的加剧，进一步加深了中国的民族危机。昏聩愚昧的清廷，对内加紧对人民的压制，对外不惜出卖主权以投靠帝国主义。这种严峻的事实，迫使广大人民群众奋起自救，团结御侮。1905年同盟会成立后，伟大的革命先行者孙中山（1866—1925）先生，领导和组织了中国的革命活动，发动了一系列武装斗争，为辛亥革命的到来创造了有利条件。1911年10月10日，起义军一夜之间占领了武昌城。12日晨，武汉三镇完全为革命党人所控制，成立了湖北军政府。

武昌起义的胜利，进一步激发了群众的革命热情，全国各地的革命党人，纷纷发动新军和全党起义响应。正当汉口、汉阳进行血战的时候，北方发生了滦州起义。

二、滦州兵谏

武昌起义前，清廷曾决定抽调驻防东北新民府的新军①第二十镇以及第六镇、第二混成协等部参加永平秋操。②第六镇统制吴禄贞（1880—1911）曾向第二十镇统制张绍曾（1879—1928）和第二混成协统领蓝天蔚（1878—1922）建议，在秋操期间发动武装起义，张绍曾未同意。1911年9月29日，张绍曾率第二十镇七十八、七十九两标及炮、骑、工等营队，从东北驻地出发，10月10日开到昌黎，得到武昌起义的消息，清廷电令停止秋操，命张绍曾部暂驻滦州听命。接着又命令第二十镇和第三、五镇各一协，加上第二混成协，编成战时混合第二军，由张绍曾率领，开往武汉前线援助清军。这时第二十镇七十九标一营管带王金铭（1880—1912）、二营管带施从云（1880—1912）见事已急迫，遂向张绍曾建议，应趁此机会与吴禄贞、蓝天蔚联合起义，张绍曾仍以"筹备未妥"为由，未予允许，蓝天蔚也认为时机尚未成熟，"诚恐急则生变，事无成功，不如因力顺导，以俟其机"。张、蓝虽不同意起义，但他们和第二十镇第四十协统领潘矩楹（1882—?）、第三镇代统制卢永祥（1867—1933）等，达成了按兵不动拒绝南下的协议。张绍曾于27日宣布"所有军队均不前进"的命令。

---

① 晚清政治腐败，八旗兵和绿营兵完全失去战斗力。为了整顿兵备，进行了革新兵役制，改编军队，督练新军。1905年又计划在全国编练新军三十六镇（相当于后来的师），每镇包括步、马、炮、工、辎（辎重）等兵种。镇的长官叫统制，镇以下设协、标、营、队（相当于后来的旅、团、营、连），首领叫协统、标统、管带、队官（哨长）。

② 永平府，今河北省卢龙县。秋操即秋季军事演习。

10月29日，由张绍曾领衔，由其秘书长吕均起草了立宪政纲十二条（后经资政院补充为十九条）的奏稿，由卢永祥、蓝天蔚、潘矩楹和第三十九协统领伍祥祯等人签名，盖上第二十镇统制的关防，派骑兵将这个类似最后通牒的立宪政纲奏稿直接送到清政府，要求年内召开国会，由国会起草宪法，选举责任内阁，特赦国事犯等等。同一天，山西省宣布独立并组织革命军集中娘子关，准备进攻北京。这时，押运军火赴武汉接济清军的革命党人彭家珍（1888—1912）密电张绍曾："……兹特购买大批军火，由西伯利亚铁道运经滦州，直赴（汉口）前线援救。闻公等奏请立宪，原系崇尚和平……惟朝廷无立宪之意，不惜购买军火，自相残杀。珍等恭逢运输之役，苦无挽救之方。军火到滦，望公妥为保护是荷。"①张绍曾接到电报后，截留了这批军火，这样使得湖北清军弹药不继，给予武昌革命军帮助很大。

由于山西的独立，张绍曾的拒绝出兵和扣留了援鄂军火，给予清廷的压力很大，在这种形势下，清廷于10月30日下了"罪己诏"，承认了"用人无方、施治寡术"，"民财之取已多，而未办一利民之事；司法之诏屡下，而实无一守法之人"。明令解除党禁，释放自戊戌政变以来的一切政治犯，统一召开国会，制定宪法，选举内阁总理，削减一部分皇族特权。

对于张绍曾，清廷既已截获他和吴禄贞、蓝天蔚等联合已经独立的山西革命军共同举义的密电，他又是这次"兵谏"的主谋人物，所以对他采取了两手政策，一方面通令嘉奖，授以侍郎衔，吴禄贞也被授予山西巡抚。11月6日，调令张绍曾为"长江宣抚大臣"而免去其第二十镇统制职务，由潘矩楹接任，并暗中命令军咨府第三厅厅长陈其采（1880—1954）将滦州的200辆军用汽车调回北京，并把开往滦州的列车扣留在北京，以断绝进攻的运输工具。袁世凯（1859—1916）和军咨府军咨使良弼（1877—1912）又派人收买了吴禄贞的卫队长马蕙田，于11月7日晨1时，在石家庄车站站长办公室将吴禄贞杀害。

张绍曾此时兵柄既失，吴禄贞又遇害，自知势单力薄，孤掌难鸣，"铤而走险，徒取灭亡"，因而托病辞去宣抚大臣之职。王金铭等闻讯，感到张

---

① 罗正纬：《滦州革命亲历纪实》。

绍曾之去留事关重大，遂召集了施从云、张之江（1882—1966）、张树声（1881—1948）、龚柏龄等官佐70余人，在滦州车站文庙内会议，要求张绍曾坚勿受命，整军西进，并电请清廷收回成命。这时清政府知道分化瓦解革命势力已见成效，第二十镇的兵权已掌握在军咨府的鹰犬"誓忠满清，决不做二臣"的潘矩楹之手，再也不怕二十镇的革命官兵起事。对于他们要求收回成命的电文置之不理。大家知道张绍曾不可能再留下了。11月11日，就由王金铭派人把张绍曾送到天津，避居租界去做寓公。蓝天蔚也因在东三省搞独立运动被解除了协统职务，从大连逃亡上海。"滦州兵谏"遂以张去职、蓝出走、吴被暗杀而告失败。

三、滦州起义

潘矩楹接任第二十镇统制后，遵照袁世凯的命令，先后将第七十七、七十八、八十标的驻地调开以分散革命力量，只把第七十九标留在滦州，而且在各标驻地内外派侦探加紧控制革命官兵的活动。

在这之前，第二十镇第八十标三营管带冯玉祥（1882—1948），曾经和王金铭、施从云、郑金声、王石清、岳瑞洲等发起、组织过"武学研究会"，公推冯玉祥为会长，秘密从事革命活动。武学研究会在二十镇里很快发展成一股革命力量。张绍曾去职后，主持革命工作的任务便落在王金铭、施从云、冯玉祥等人身上。他们暗中沟通，串联了武学研究会的成员筹措起义。张绍曾避居天津后，王、施又密派郭凤山赴津，与京津同盟会机关的王葆真等计议滦州新军起义事项，通过顺直咨议局中的革命党人秘密筹划军饷，为起义做准备。此时，天津的革命党人组织了以同盟会为核心的北方共和会，推举白雅雨（1869—1912）[①]为会长，当时即以策动滦州起义为主要工作。北方共和会在滦州雷庄设立机关，与第七十九标的王金铭、施从云、郭凤山、张振甲、汤寿麟等建立了联系。

---

① 白雅雨，名毓崑，字亚雨、亚渝，号铣玉，江苏南通人，曾任天津北洋法政学校和女子师范史地教员。当时李大钊在北洋法政学校读书，曾受业于白雅雨。

在同盟会的领导下，12月2日在津成立了"北方暴动总指挥部"，以统一指挥北方的武装起义。12月6日，总指挥部组织了以凌钺为队长的敢死队20余人，化妆进入滦州附近，与第七十九标的革命官兵配合，密定了滦州、海阳和烟台民军相互配合的起义计划。王金铭于12月30日派周文海赴海阳镇，借换马为名，把起义计划告知冯玉祥，冯又与"马队三张"（张之江、张树声、张振扬）等密议，一俟烟台民军秦皇岛登陆，滦州和海阳即同时行动，攻占山海关后，分头进攻京、津和奉天省城。这些情况，都被清廷侦知，因之冯的行动受到了严密的监视，连和本营官兵讲话都不可能了。原定由冯玉祥负责与烟台民军接头并指挥作战也只能落空了。

这时，北方暴动总指挥部的交通部长白雅雨，带着南方军政府颁发的"中华民国军政府北军大都督之印"，从天津来到滦州。此时滦州起义活动已逐渐表面化，城里遍传反正消息。当时南北和议行将破裂，而且清廷已尽知革命营垒内情，冯玉祥、"马队三张"等又被监视、分调，势力分散，声气难通。在这种紧急情况下，王、施等自知力薄难胜，若不先发制人，势必遭受更大的挫败，数年计划与努力将付诸东流。王金铭、施从云、白雅雨、周文海等于12月30日在北关师范学堂召开了军事会议，做了起义动员。北军大都督的职位，打算让给标统岳兆麟，想以此诱买和说服他，还把起义计划全盘告诉了他。岳兆麟本来就反对革命，以前革命党人曾经派于树德（1894—1982）投毒害死他未果，这次的诱买和说服工作非但未生效，次日（12月31日）清早，岳兆麟就跑到开平，把王、施告诉他的起义计划向通永镇总兵王怀庆（1866—1953）告了密。王怀庆急电直隶总督陈夔龙（1857—1948）转报袁世凯，袁就势派王怀庆赴滦，明为"宣抚"，暗中调遣军队以"密筹抵御"。

1912年元旦，王怀庆到滦，用威胁恐吓手段要王金铭、施从云等取消起义计划。王、施等为了争取王怀庆和他手下的十几营淮军共同起义，遂又想把北军大都督的职位给他以安其心。为达到此目的，当晚派凌钺、何任之、张振甲率领炸弹队，到王怀庆下榻的车站旅馆，用枪口硬逼他接受，王怀庆只好假装同意，暗中却与一向对王怀庆唯命是从的三营管带张建功勾结，准备逃走。次日晨7时，王、施率队迎接王怀庆进城就职，就在王、施等人先率队入城布置，张建功随后领军护卫，走到城北紫金山时，张建功示意王怀庆西逃。王怀庆的马快，瞬息跑远。王金铭闻讯，业已追赶不及。

王怀庆逃走后，王、施等知道他必然要破坏起义计划，当即召开紧急会议，由新军的革命分子和敢死队员参加。会议决定当日即成立北方革命军政府，设司令部于滦州城外师范学堂，由王金铭任大都督，施从云任总司令，冯玉祥任参谋总长，白雅雨为参谋长，张建功为副司令（张叛变后由施从云兼任），周文海为秘书长，其他各部部长、各部司令均有责任人选。王金铭当天宣誓就任大都督，正式宣布"中华民国军政府北军大都督王金铭于十一月十四日（1912年1月2日）宣布直省独立于滦州"，通电全国（南京政府、袁世凯、顺直咨议局、北京公使团、天津领事团等），在滦外宾到会称贺者颇众，并在滦州全城张贴安民告示，决定第二天（1月3日）起义军直取天津。

王怀庆逃回开平后，急调淮军马队两营，布置在雷庄车站两侧，同时致电袁世凯请兵增援。袁于1月3日从石家庄调来第三镇第六协第十二标的三个营和一个炮兵营的兵力来滦州，由协统陈文运率领。4日下午5时开抵雷庄附近，由第十二标标统汪学谦布防，第二营布置在铁道两侧，第一、三营在雷庄东1.5公里许宿营，炮兵阵地设于雷庄南端高地，淮军则撤到后方担任护卫。与此同时，袁世凯又将第二十镇分驻各地的革命官兵互相隔离，切断他们与滦州起义军的联系。冯玉祥、张树声被监禁，张振扬、张之江被分散调离，以致无法和滦州协同作战。

王怀庆为了有更充足的时间部署兵力，命人从秦皇岛伪造电报给王金铭，电文称："南军政府派来兵轮三艘，载革命军北伐，请滦军暂待，俟南军由秦皇岛开到后，增厚兵力，共取天津。"① 王、施接电报后，遂改变了1月3日进军的决定，等待援军。到了4日仍不见南军到来，方知中了王怀庆的缓兵之计，于是决定当日发檄誓师。正准备出发时，车站护卫队张振甲部，捕获了身藏张建功密信、化妆乡民逃出滦州城去开平向王怀庆密报军情的第三营队官李德胜，这时已经是下午5点多钟了。张建功知道阴谋已败露，便公开进行武装叛乱，将第二营分为两路，一路城内，一路城外，相互配合向第

---

① 罗正纬：《滦州革命纪实初稿》。

一、二营攻击，经石敬亭率众回击，城外叛军逃回城内。张建功下令紧闭城门，挨户搜查，捕杀了第一、二营和第三营倾向革命的官兵。军政部长孙谏声被诱骗到城上，挖掉心肝，坠尸城下。张振甲也在偏凉亭车站被杀，尸塞滦河冰窟中。滦州城顷刻成为杀人场，顿时尸横遍野，血染滦河。双方激战两小时，滦州城一时又攻不破，为了不延误起义计划，王金铭、施从云遂决定放弃攻城，率队到车站登车西驶。这时第一、二营除去被关在城内和被害的之外，只余下七百多人，加上几十名敢死队员准备做破釜沉舟之战。

夜12时过后，车行至雷庄车站约4公里处，发现铁轨被拆，列车脱轨，不得前进，全军遂下车，当即与敌军遭遇。王金铭、施从云率部身先士卒，指挥猛攻。此时敌军又一混成标赶到，内有炮兵和机关枪队。双方战至1月5日黎明，敌军营吹响了停战号，暂时休战。此时敌方派来两名徒手官员，声称请王大都督到雷庄车站商议合作办法。此时，王、施还幻想说服王怀庆，当即答应前去，只带了一名随从刘荣，亲赴清营谈判。刚到雷庄便被伏兵包围逮捕。王怀庆下令将王金铭、施从云、刘荣三人在军中枪决。[①]王、施等临刑时又腰挺立，英勇不屈，壮烈牺牲。王怀庆杀害了王、施之后，再次向革命军进攻。在这样四面被围，众寡悬殊，外无援军且又失去主帅的情况下，牺牲惨重，终至溃败。白雅雨等七八人突出重围，换下军装，从雷庄西行，藏身于一古庙中。次日走到王怀庆总部所在地的古冶，被王怀庆认出，也遭枪杀。白雅雨在刑场倔强不屈，不肯下跪受刑，竟被砍断一条腿，又将头颅割下，惨烈异常。白就义时年仅44岁。临刑时留下绝命诗一首为后人传颂。[②]这次起义先后殉难"有事迹可查者，为王金铭、施从云、白雅雨、孙谏声、戴锡九、熊齐贤、张振甲、刘瀛、董锡纯、葛盛民、吕一善、牟惠来、王踽臣、

---

① 黄真：《革命当流血，魂随日月旋——滦州起义的发动者和组织者白雅雨烈士》，1981年9月《文史资料选编》第11辑，第109页。
② 白雅雨烈士就义后，由遗体衣袋内得到诗稿："慷慨吞胡羯，舍南就北难。革命当流血，成功总在天。身同草木朽，魂随日月旋。耿耿此心志，仰望白云间。悠悠我心忧，苍天不见怜。希望后起者，同志气相连。此身虽死了，主义永流传。"
又传说诗作是由白氏临刑前索纸笔题写的，内容也稍有出入："慷慨赴死易，从容就义难。革命当流血，成功总在天。身同草木朽，魂随日月旋。耿耿此心志，仰望白云间。悠悠我心忧，苍天不见怜。希望后起者，同志气相连。此身虽死了，千古美名传。"

黄云水等十四人,有姓名而无事迹(可查)者,为张勋之、冯日兴等五十余人,其他并姓名无可考者,又不知凡几"。①

辛亥革命推翻了260多年的清朝统治,结束了2000多年的君主专制制度,功绩是伟大的。但是由于领导阶级的软弱性和历史的局限性,反帝反封建的革命任务还远远没有完成,其胜利的成果就被以袁世凯为首的军阀篡夺了。资产阶级民主革命遭到失败,中华民族的苦难还在继续,国家、民族内忧外患纷至沓来,而那些甘心事敌、为虎作伥如王怀庆者流,"在民国以还,合据上位,城狐社鼠,接踵相望,革命主义之不获贯彻,孰能究果而推因乎"?② 北洋军阀时代,北京又成为军阀角逐火并场所,王怀庆曾任第十三师师长兼任京畿卫戍司令和步兵统领达7年之久,并博得"宣武上将军"的称号。③

---

① 韩复榘:《辛亥滦州革命先烈衣冠冢铭并序》。
② 邹鲁:《辛亥滦州革命先烈纪念塔铭》。
③ 李纶波:《王怀庆二三事》,《文史资料选辑》第10辑,第113页。

基督教青年会旧址

位于东城区东单北大街3号,是一座红砖砌筑的三层小楼,占地360平方米。楼坐西朝东,正面正中有出入门一间,门上有弧形雨遮,门前有台阶七级。楼建于1911年,是由美国万那美克捐款,美国建筑师仿欧洲古典建筑形式设计建造的。由于是当地工匠施工,所以或多或少地渗入了一些中国建筑手法,因此成为一座独具风格的建筑物。它是近现代史上西方基督教以青年会形式在北京活动的历史见证,从一个侧面反映了近现代史上北京地区的宗教文化和社会生活状况。

基督教青年会是基督教新教的国际性社会活动机构之一,简称"青年会"。是英国人乔治·威廉斯(George Williams,1821—1905)于1844年在伦敦创立的,以后逐渐传播到西方各国。开始时在青年职工中进行宗教活动。传到美国以后,逐渐发展成为进行广泛社会活动的机构。目前已有100多个国家有青年会组织,而且有些国家,如英、美、德、日等的许多城市都有青年会。

青年会以提倡心、灵、体(亦即德、智、体)三育合一,会训是"非以役人,乃役于人"。青年会在国际间有一个世界协会,在有青年会的国家,各国内有一个全国协会。中国青年会于1885年由美国传入,会所又是美国人捐建的,所以解放前的中国青年会在经济上、人事上都依附于北美协会。解放后实行独立自主自办的原则,并成为全国青年联合会的团体会员。1958年,由于原会所被东城区体委占用,以后一直借用东单北大街21号基督教圣经会地址办公。原会所楼房北面附有一座礼堂，北平沦陷期间，日伪利用此礼堂开设芮克电影院；抗战胜利后改为建国东堂，仍作为影院使用；建国后改为红星电影院。1984年王府井饭店扩建时被拆除。

20世纪初，北美青年会通过洛克菲勒等财团捐款，除在北京建造这座会所外，还用同一张图纸，分别在日本东京和朝鲜汉城（今韩国首都首尔）各建一座。当前汉城的会所已不存，北京的一座也于1988年3月间因台湾饭店征地被拆除了。当前只有东京神田区的一座依然保存，只是在旧楼附近又建起了一座高层新会所。

解放后青年会长期借用办公的原圣经会，是一座中西合璧的楼房。是美国马里兰州圣经会捐款于1926年建造的。也是基督教会的代表性建筑。

基督教青年会旧址于1984年5月公布为北京市第三批文物保护单位。原会所被拆除后，以中华圣经会旧址为文物保护单位。

庆王府

庆王府位于西城区定阜街3号。府坐北朝南，前临定阜街，后倚延年胡同，东接松树街，西邻德胜门内大街。原制建筑宏伟，占地广阔，东西并列三重院落，大小房舍近千间。此府是第五次袭封的庆亲王奕劻的府邸。西半部是王府的生活居住区，屋宇错落，回廊曲折，华丽精致。各厅堂均悬有匾额，如"宜春堂"是奕劻的居处，"约斋"是其书房，"契兰斋"是客厅等，还有"静观堂"、"承荫堂"、"乐有余堂"、"爱日堂"等名号，今匾额均已不存。另外还有奕劻添建的万字楼（绣楼）和戏楼等崇楼。其中的大戏楼可容纳三四百人看戏；中路为主要殿堂，20世纪20年代失火烧毁，只余后部一座寝殿了。

首次袭封的庆亲王为乾隆帝第十七子永璘（1766—1820），其府邸在三座桥今恭王府址。这里原是和珅宅第。永璘于嘉庆二十五年（1820年）卒，由其第三子绵慜（1797—1836）袭庆亲王。绵慜于道光十六年（1836年）卒，次年由其嗣子奕綵（1820—1849）袭爵。奕綵因服中纳妾，于二十二年（1842年）革爵退回本支（奕綵为仪亲王永璇之裔孙），后因永璘诸子争袭王位，宣宗震怒，只是为了永璘的奉祀，将爵位降至辅国将军，由永璘第五子绵悌（1811—1849）承袭。二十九年（1849年）绵悌卒，次年由其嗣子奕劻袭辅国将军。

按清制，朝廷所赐府第已和原封爵位不相符合的，皇家如需要可以收回而以他处抵换。咸丰初年，宣宗诸子分府，文宗将此府收回，转赐其弟恭亲王奕䜣。辅国将军级的奕劻，就按照内务府的安排将府退出，迁往定阜大街原大学士琦善的空闲宅第中。

奕劻（1836—1918）是永璘第六子绵性之第一子，出继给绵悌为嗣。他是近支宗室，又善于逢迎，因之得以不断晋封：咸丰二年（1852年）封贝子，十年（1860年）晋贝勒，同治十一年（1872年）加郡王衔，光绪十年（1884年）晋郡王，次年会同醇亲王奕譞（1840—1891）办理海军事务。这期间，他和奕譞挪用了海军经费，为慈禧太后修建被英法联军毁坏了的颐和园，受到慈禧的赏识。十二年（1886年）命在内廷行走，十五年（1889年）授宗人右宗正，二十年（1894年）慈禧六十大寿时，亲下懿旨晋封奕劻为庆亲王。奕劻步步高升、飞黄腾达之日，也正是大清帝国危在旦夕之时。二十六年（1900年）八国联军之役，慈禧挟德宗西逃，留下奕劻和李鸿章（1823—1901）在京作为清廷全权大臣与联军议和。他忠实地执行慈禧"量中华之物力，结与国之欢心"的卖国政策，于次年七月二十五日（1901年9月7日）代表清政府与俄、英、美等十一国公使签订《辛丑条约》，把中华民族推向殖民地、半殖民地的悲惨境地。

联军进入北京后烧杀抢劫，京城的王公府第大都遭此劫。近在咫尺的庆亲王府被洋兵抢掠一空，毁之甚惨。而奕劻由于与帝国主义侵略者在谈判中极尽卑躬屈膝、卖国求和之能事，因而列强对庆王府保护备至，虽经浩劫却能安然无恙。光绪二十八年（1902年），他总理外务部、财政部、练兵处，翌年任领衔军机大臣，兼管外务、陆军事宜。责任内阁成立后，出任总理大臣，主管军国政务，权倾朝野。光绪三十四年十一月（1908年12月）间，又得到了亲王世袭罔替的特殊待遇。武昌起义后，他举荐袁世凯（1859—1916）入京代总理大臣，自己转任弼德院总裁。奕劻为官60年，贪污受贿，聚资巨万。辛亥革命爆发，清王朝覆灭。当奕劻闻知隆裕太后下诏宣统退位时，赶快将巨万家私存入外国银行，自己携眷避居天津德国租界，直至民国七年（1918年）病死。

咸丰元年三月（1851年4月），奕劻迁入定阜大街宅第，当时琦善旧宅有房161间。光绪十年（1884年）晋庆亲王之后，按照王府的规制，陆续添建、扩建府邸，成为京中一座豪华宏丽的大型王府。这时才有庆王府之称。

奕劻长子载振（1876—1948）也和奕劻一样专门会逢迎慈禧，因而在官场上青云直上。载振凭借家族的关系，14岁上就受赏头品顶戴，18岁选在乾清宫行走，19岁封二等镇国将军，辛丑和约后赏加贝子衔。光绪二十八年（1902年）以专使赴英，参加英皇加冕典礼，并往德、法、比、美、日等国访问。回国后历任镶蓝旗汉军都统、商部尚书、御前大臣、农工商部尚书、镶红旗蒙古都统、弼德院顾问大臣。载振1913年又从天津返回北京，仍住在庆王府内。奕劻死后，载振和他的两个弟弟载搏（1887—1935）、载抡（？—1950）分家析居，将府邸加隔墙成三院，各辟大门出入：载振居西院，载搏居中院，载抡居东院。1923年载振怕王府引人注意，招惹是非，把王府大门和门内外一应设施全部拆除，改成和一般住户一样的小门。不久王府中院着了一场火，载搏、载抡又先后迁居天津。次年（1924年）载振也感到时局动荡，便在天津买下太监小德张的旧英租界39号大楼，当作"天津庆王府"，以后便在天津以"庆亲王"的身份住下来，并创办了交通大旅馆、劝业场（新业公司）。1948年载振死去，"天津庆王府"由他的儿子溥钟、溥锐、溥铨居住，现为天津旅游局办公地点。

载振弟兄迁居天津后，北京庆王府只留下一些老佣人看房。民国十七年（1928年），国民党第四军团总指挥方振武（1885—1941）在府里设司令部。占据年余，走时将府内家具什物携带一空。为了王府不再被人强占，载振让一些亲朋好友住进府内。北平沦陷时期，载振将王府卖给伪华北政务委员会当作"定阜官舍"，由该委员会常务委员兼建设总署督办殷同（1891—1942）作为办公处。得到房价款伪币45万元，由载振三兄弟平分。抗战胜利后，国民党政府接收了伪"定阜官舍"，由国民党政府教育部编审会和空军北平地区司令部分别占用。建国后，中国人民解放军华北军区司令部设在此地，当年聂荣臻元帅曾在这里指挥解放华北的战斗。从20世纪50年代至今，一直由北京卫戍区及其所属机关使用。目前，中院已建了楼房，东院也进行了改建，只有西院还保存了一些原来王府的建筑。1971年冬，戏楼被火烧毁，以后在遗址上盖了一座礼堂。1984年5月，庆王府公布为北京市第三批文物保护单位。

"纪念园"话沧桑

四分之一世纪过去之后,日本军国主义发动侵华战争前夕,劫后余生的冯玉祥将军,[①]为了纪念滦州起义殉难烈士,在北平西山温泉营建一座"辛亥滦州革命先烈纪念园",于1937年4月间落成。这里山峦苍翠,林木葱茏,风景优美而憩静。

园门东向,入门处是一座石质纪念坊,门额框柱上都有题刻,正门额上刻"辛亥滦州革命先烈纪念园",两柱上刻一副楹联:"此日园林簇锦绣,当年勇烈动山川",背面门额上刻"努力革命",联为"尺山尺水永留血迹,一花一木想见英风",前后落款均为"民国二十五年十一月 冯玉祥"。进门西行87米处是一条规整的南北向轴线,纪念建筑物随山势一字排开,分布在轴线上。最南端是一座纪念堂,堂北有经亨颐(1877—1938)撰并书"滦州起义纪略"方碑一座。碑四面刻字,记述了起义经过。纪念堂和方碑先后被毁,现已无迹可寻。

现存的纪念物,最前面是一座纪念碑,碑通高2.85米,方首方座,碑身正面刻"辛亥滦州革命诸先烈纪念碑",碑阴刻"国民政府优恤滦州殉难诸先烈明令",下署"冯玉祥恭录"。碑首上镌青天白日徽记和朵云纹饰。该碑原有碑亭,后坍毁。纪念碑建于长宽各5米的石台基上,台前后各出垂带踏跺四级。白纪念碑向北沿石级登山,山腰辟平台,台左右各出垂带踏跺三级,

---

[①] 滦州起义失败后,冯玉祥被削职为民,解回原籍,路经北京时,为陆建章保释脱险。

平台前面及两侧原有石护栏，现已不存。台中间立一座八棱形石幢，通高3.88米，平面呈小八角形，幢身正面刻"辛亥滦州革命先烈衣冠冢"和王金铭等14人的姓名，其中王金铭、施从云、白雅雨三人追赠上将，其他十一人追赠少将。幢身背面为韩复榘（1890—1938）撰书"辛亥滦州革命先烈衣冠冢铭"，幢顶也镌刻青天白日徽记；幢座为正八角形须弥座式，束腰部位八面均有题词：正面为秦德纯（1893—1963）题字，顺时针方向为赵登禹（1898—1937）题"杀身成仁"；陈继淹题"革命遗迹"；刘汝明（1895—1975）题"永召来兹"；邓哲熙题字；张自忠（1890—1940）题"英灵宛在"；闻承烈（1889—1976）题"国民先觉"；冯治安（1896—1954）题"碧血千秋"。幢北有一石屏，屏前后空白无字，屏身边框及基座刻花纹饰似为清代卧碑磨去字迹立此，论者谓石屏下为烈士衣冠葬地。衣冠冢之后，有宽广约17米的自然山石斜面，其上镌刻隶书摩崖题字，内容节录自《礼记·礼运篇》"大道之行，天下为公……"的一段文字。在循级登上山巅，是为纪念塔。塔以白石砌成，通高12.2米，八角七级，各层檐上以灰筒瓦铺砌，檐间各面均饰以青天白日徽记，顶部为鎏金铜塔刹，塔身各面均有高1.22米、宽0.66米的刻石，正面刻"辛亥滦州革命先烈纪念塔"，款署冯玉祥。从顺时针方向排列，第二面为邹鲁（1885—1954）撰并书"辛亥滦州革命先烈纪念塔铭"；第三至五面空白无字；① 第六面为居正（1876—1951）撰并书"滦州烈士纪念塔碑记并铭"；第七面为冯玉祥撰并书"滦州起义诸先烈纪念塔铭"；第八面为于右任（1879—1964）敬书"辛亥滦州革命死难诸烈士纪念塔铭"。塔身下面为须弥座式基座，八面各刻"永继黄岗"、"英光万古"、"气壮山河"、"光同日月"、"浩气凌霄"、"功垂不朽"、"彰勋阐烈"、"舍生取义"等题字，无署名。塔建于长宽各为10米、高约1.2米的石台上，台前后立面上有民国二十五年（1936年）十一月冯玉祥所书的刻字，字体高达0.6米，前面为"精神不死"，后面为"浩气长存"。台面四周有石护栏，石栏左右有豁口，下接踏步13级。

纪念园落成后，于当年5月21日上午10时在此为滦州起义死难烈士举

---

① 1937年5月27日《世界日报》四版《滦州起义烈士国葬礼昨晨在平举行》："……纪念塔上碑铭文，除冯玉祥、居正、邹鲁、于右任四人所书刻竣外，余三面尚待蒋介石(1887—1975)委员长、孙科（1891—1973）、李烈钧（1882—1946）三氏碑铭文寄到，即兴工镌刻。"

行了国葬典礼。①自西直门至温泉道上，事先即由工务局派人用黄土填垫，当日沿途军警戒备森严。纪念坊及纪念堂前，均交叉悬挂国旗党旗，园内道旁设来宾签名处，方碑前设置香案，上面放着香烛、鲜果等祭品，祭品前面放一红色锦匣，匣盖上和前后左右各面都有青天白日徽记，匣内盛放一块汉白玉石碑，碑长方形，长八寸，高五寸，上刻烈士姓名、籍贯、殉职年龄，方碑后悬挂着王金铭、施从云、白雅雨、王瑴臣、戴锡九等五位烈士的遗像。衣冠冢石幢上饰以彩色纸带，分别系于旁边的石护栏柱上。典礼由鹿钟麟（1884—1966）、石敬亭主持，庄严隆重，各方参加致祭者千余人。当日全国一律下半旗致哀。同日在山东泰山建立的"滦州革命纪念祠"也举行了落成典礼，冯玉祥、韩复榘出席，报告了滦州起义的经过。北平中山公园还建立了王金铭、施从云的铜铸戎装像（一说为施从滨、施从云兄弟，铜像于北平沦陷期间被毁）。另外，中国地学会由天津迁至北平后，会长张相文（1866—1933）于1923年曾为该会前编辑部长白雅雨建祠，由冯玉祥题额，祠前立有陶懋立撰"白雅雨烈士祠堂记"石碑，地址在什刹后海北河沿11号（今后海北沿18号）原中国地学会旧址内。

经过八年抗战和四年解放战争，水深火热中的中国人民，熬过了暗无天日的年代，新中国终于诞生了，人们欢腾雀跃，革命先烈的英灵也得以含笑九泉。孰料好景不长，"文化大革命"风暴骤起，小小的陵园失去了安谧，纪念碑、衣冠冢和纪念塔的地面和护栏，统统被破坏掉。衣冠冢石幢前后两面秦德纯和邓哲熙的题字石板被打碎后弃之山下。人祸未了天灾又至，1976年地震，纪念塔铜刹上部的宝顶和天盘被震落，瓦檐也因年久失修和人为破坏，所剩无几了。

1981年辛亥革命70周年，北京市举行了万人参加的隆重纪念大会。为了纪念这个盛大节日，市有关部门拨款14万元，从9月7日卅始对这座纪念

---

① 冯玉祥《滦州起义诸先烈纪念塔铭》序："辛亥年十一月十四日为滦州起义先烈立帜之日，玉祥忝参斯役，屈指二十五年矣。虽当时张建功变节以致雷庄失败，要亦为革命过程不可避免之事实。惟追念良朋，潸焉出涕。爰请政府褒扬，并予国葬建塔以酬荩勋。"

园加以修整，归安了纪念塔的铜刹，[①]添换了檐瓦、石栏，重新铺砌了纪念碑、衣冠冢和纪念塔的台面石，清洗并磨掉所有石雕上面的字迹和凿痕（衣冠冢上的凿痕太深，虽经打磨也难以除去，至今仍然明显可见），被弃置山腰的石屏也归安到原处，还新修了登山石板路面，并将纪念坊从东边入口处移到中轴线南端纪念碑之前。1983年4月初，又将全部石刻包括登山石板路面，全部喷涂了甲基硅醇钠防水剂，以防酸雨及其他有害物质对石雕的污染和侵蚀，4月16日完工。

光阴荏苒，纪念园在干戈扰攘、劫难重重的岁月里，矗立了60多年，它象征着烈士们坚贞不屈、昂然屹立的豪迈形象。他们为革命舍生取义的壮举，将永远为后人所崇敬和仰慕。"卓哉先烈，死哀生荣；西山嵯爽，滦水澄清。国家崇德，民众景行；巍巍层塔，万世长城。"[②]

[①] 铜塔刹顶部地震时震落，被附近的海淀区工读学校教师收存。此次施工时，他们主动送回，经修好后安放原处。塔顶天盘已遗失，是这次补配的。

[②] 冯玉祥：《滦州起义诸先烈纪念塔铭》。

王府井谈往

京港合资改造的新东安市场已经全部竣工开业。从6000平方米简易大棚式的商场变为22万平方米的现代化商场，成为目前北京最大的多功能商业设施。人们希望它能够继承下来老东安市场以服务大众为宗旨、以"购物无风险、退换无障碍"的优良传统。它的开业也给王府井大街带来了新的光彩。

王府井大街是一条相当古老的街道，是元代大都城规划中的一条南北向大街，南起大都南垣顺城街，北边到今东安门大街东口处，它和东边的文明门（即哈达门，哈达大王府在门内，因名之）街、西边的通惠河（今南、北河沿大街）平行排列，当时叫作丁字街。据元熊梦祥《析津志》记载："菜市一，在哈达门丁字街。"晚清缪荃孙等编纂《光绪顺天府志》时认为："今王府街旁有菜厂胡同，疑沿元旧称也。"

明永乐初年，曾在街东燕台驿故址设会同馆，以后"又有南馆、北馆之设，皆以处外藩贡使也"，成了接待外宾的国宾馆。永乐十五年（1417年）八月，"于东安门下东南建十王邸，通为屋8350楹"，因称王府街。宣德三年（1428年）四月，又"新作公主府三所于诸王邸之南"。

清雍正十二年（1734年），在明代王府处改建贤良寺，但仍保留王府街之名，乾隆朝改称王府大街。由于这条街上水井较多，到晚清时改称王府井大街，宣统时在街东开办了东安市场，王府井开始繁华起来。

民国初年，街北口自东安门大街东口至灯市口大街西口一段街叫作丁字街,由于清乾隆时曾在这里设有八个供官员饮马用的水槽,以后又把这段街改叫八面槽。八面槽北口到今美术馆的一段叫作王府大街。民国十七年(1928年),将以前的土路面铺设了沥青。袁世凯当政时,因北洋政府英籍政治顾问莫里循(George Ernest Morrison,1862—1920)在街西100号(今271号瑞士表专修店址)建宅居住,曾改名叫莫里循大街。直到北京解放,外籍人士仍称之为Morrison Street,给这条老街添上了洋味。

建国后,街名仍按三段分称。1965年整顿地名时,南段保留王府井大街名称,北段则将八面槽和王府大街合并,合称王府大街。"文革"期间又将王府井大街和王府大街合并,改名人民路。1975年取消人民路,通称王府井大街。

东安门大街东口对面的胡同,到明代始形成一条东西向的街巷,名金鱼胡同。晚清时也有人叫它金银胡同。光绪时的内阁大学士那桐宅园就在此胡同北侧。那桐(1857—1925),字琴轩,姓叶赫那拉氏,光绪十一年(1885年)举人,历任户部尚书、外务部尚书、军机大臣等要职。他在金鱼胡同的宅园,占地虽多,但因为是陆续收买附近民房改建的,因而没有完整规划,难成格局。建国后,在这里修建了和平宾馆,宅园大部被拆除,现在只余凉亭、假山和原宅园中的一口水井。井口是水泥砌成的,解放后被保留下来,并从别处移来旧石栏把井台护住。现在金鱼胡同西口北侧便道上还能看到它,只是井水干涸,早已成为旱井了。

四牌楼的拆除

旧北京街道上的牌楼数量很多,多数建于明代。街道牌楼的渊源是来自古代里坊的坊门,其功能除作为里坊出入口的标志和装饰物外,还常被用作张贴本坊里中所发现的好人好事,起到表扬作用。

牌楼的原始形式很简单,只不过是两根柱子架上一条横木,称为"衡门"。封建社会后期,里坊制度早被打破,牌楼遂发展成为一种形式美观、构造繁复的街头标志和装饰性建筑物。

北京的街道牌楼以木构为主,大小不等,形式多样。最大的如前门正阳桥牌楼,为六柱五间十一楼的大型牌楼;最小的如国子监街上的四座牌楼,是两柱一间三楼小牌楼。

明代永乐年间大规模改建北京城时,曾有计划地建造若干座街道牌楼。最著名的、也是人们最熟悉的,当属东四、西四牌楼和东单、西单牌楼了。现在虽然作为建筑实体已不复存在,但其名称作为地名延用至今,只是被简化成东四、西四和东单、西单了。

东四、西四牌楼均为四柱三间七楼式,柱下脚有一米多高的汉白玉夹柱石,各柱头前后撑以斜向的戗柱,四座牌楼分别建于四个街口。据清人朱一新《京师坊巷志稿》记载:"东大市街有坊四,东曰履仁,西曰行义,南、北曰大市街,俗称东四牌楼大街。……康熙三十八年(1699年)……突遭回禄……四座牌楼相距各数箭远,火星飞延,一时俱为灰烬。"后来又照原样重修起四座牌楼。"西大市街坊四,东曰行仁,西曰履义,南、北曰大市街,俗称西四牌楼大街。"从上述记载可知，每座牌楼上面都有匾额，而南、北两牌楼又都书写"大市街"，因此只能以俗称东四、西四牌楼来区分。有明一代，西四牌楼一直当作杀人的刑场，当时被称为西市，斩刑在西牌楼下，而凌迟（剐刑）则在东牌楼下，直到清代刑场才移到菜市口。

民国十二年（1923年），北京兴建有轨电车。因为电车要从东四、西四牌楼的南北正间通过而进行了加高改建，把原来的木柱换成钢筋水泥立柱，前后戗柱全部去掉，有轨电车的电线卡子就钉在南北牌楼的小额枋下皮上。

20世纪初，北京街道牌楼（包括东单总布胡同西口的克林德石坊）尚有35座之多。民国年间已有一些牌楼由于年久失修，渐渐被拆掉，目前仅留下国子监街的四座牌楼，柱子也在民国年间换成水泥的，戗柱被取消了。

东四、西四牌楼是20世纪50年代拆除的。据1955年3月24日北京市人民政府建设局档案记载："我局于1954年奉指示拆除东、西四牌楼及北海三座门大高殿牌楼。于1954年12月21日开工，至1955年1月14日竣工。"

北京的四合院

北京是辽、金、元、明、清五代帝都，明代初年，在元大都的基础上改建了北京城，清代又在原有基础上大加重修，城的中心被皇城、宫城占据了，民居只能散布在四周的大街小巷中。

北京现存的民居建筑，多是明清两代的遗物。这些民居因为使用多，耗损快，必须经常维修、翻建，所以残存的早期建筑不多，多是清中叶以后的遗物。这些民居，几乎全是属于四合院系统的平房住宅。居高临下地望北京，除去皇室建筑群是一片黄瓦之外，四周都是灰色屋顶和其中的绿树顶。

按照北京建筑行业的传统，四合房是专指具有东西南北房的建筑组合，这和近年常使用的"四合院"一词不是同一概念。由于北京的民居建筑，虽然东西南北房不是一种严密的组合体，但总还是存在于同一个封闭空间，一般地说还是属于四合院体系的建筑物，约定俗成也就把这类民居叫作四合院了。

正规的四合院，方位应是坐北朝南（因地形或所在街巷位置等条件所限，朝向不同的也不少），平面成南北长东西宽的长方形，大门位于宅院的东南角"青龙"位上，大门形式可分为屋宇门和墙垣门。屋宇门通常占一间房的位置，大门门扇装在中柱缝（脊檩缝）的叫广亮大门，装有实榻大门，上槛有门簪，抢框用石鼓门枕，有考究的砖雕及彩画。这种大门就能够显示出主人的身份地位，必须是官高爵显的人物或民国以后的军阀商贾才有可能建造；门扇设在檐柱处的叫如意门，是一般民居用的，数量最多；没有门屋的墙垣式大门是较低一等的。正对大门在胡同的另一侧常有影壁之设，更讲究些的大门两侧，还有没八字形影壁（门墙）的。进入大门，迎面又是一扇影壁，上面常常加上雕花、福禧字等装饰，影壁前摆设石台盆景。折而往西就到前院了，前院又叫外院，进深往往很深，以倒座南房为主，用做门房、客房、外客厅，有的另外隔出杂物小院。倒座房的对面，就是中轴线上的中门和廊子的后墙。中门为垂花门或屏门，进入中门，就是内院。内院由正房（上房）及耳房和东西厢房组成，四隅用抄手廊连通，雨雪天气各屋之间通行可以不受影响。两厢房的南山墙外，附带耳房的很多。内院是居住用房，长辈住正房，晚辈住厢房。大型住宅，向纵深发展，增加几进院落，再次还可横向发展，增加平行的几组跨院，各院之间都有过厅，通道相通，最后面仍是一个小院，布置厨房、厕所、贮藏室以及仆役住室等，叫作后罩房，大的宅院，有的用两层小楼，叫后罩楼。大型宅院在中轴之侧营建花园、假山、鱼池的也不少，四合院无论大小，都是由房屋垣墙包绕，房屋院落之间，既相互连通，又相互分隔，这种布局，防风沙，防噪音干扰，各屋通风日照都比较好。北京过去常说"天棚鱼缸石榴树"，也只有在四合院中才适应这些陈设。

四合院的瓦顶多用合瓦清水脊，以硬山居多，墙壁屋顶厚重，这对隔热保温都很有用，可取得冬暖夏凉的效果，室内取暖用暖炕，内外地面铺方砖。室内分间用多种形式的隔扇、落地罩、博古架、花罩、栏杆罩、八方门罩、月洞门罩等，取得了强烈的艺术效果。一般情况下，门廊和房屋外檐只施箍头彩画，影壁、墀头、屋脊等处略施砖雕，显得朴素淡雅。

四合院住宅在我国居住建筑中的历史源远流长，经过长期的建造经营，做法已经程式化了。它是我国封建社会宗法观念和家族制度表现在居住建筑的反映和产物。封建制度的家族常常是几世同堂共居，又有男女仆婢，这就要求长幼有序、上下有别、内外有分。合住在一样的房子里当然不成，过于分散又不便管理，所以只有全封闭式的四合院才能满足这些条件和要求。这种主从分明，既有分割，又便于联系，能够分别尊卑内外的建筑形式和设计思想，便成了民居甚至扩大到宫室、王府、庙宇的主导思想和传统布局。

由于住宅和人类生活密切相关，日常起居活动、社会交往都离不开居住空间，因之维修、翻建是频繁的。在修缮过程中，往往将前代建筑糅进或多或少的时代因素，如清代的砖雕、民初的西式门楼、洋式门窗、落地式大玻璃面、棒槌栏杆等，以后都进了四合院住宅领域。

随着社会性质的改变，四合院住宅的居住秩序被打乱了，单门独户的住宅，随着人口的剧增，必须住上若干户人家。首先是居住面积的不足，导致外檐装修的前移，前廊被取消当作住房，大门屋堵起来也扩大为居室，这样必然发生厨房、厕所、贮藏室的不足，通风、采光、隔音等方面也都不能符合近代都市的居住要求。至此，四合院住宅的历史任务可以说是完成了，作为老北京居民主要住所的大大小小的四合院，必然地逐步被高层住宅建筑所取代。所以今后需要适当地保留一部分作为文物建筑、纪念建筑或利用其具有北京独特古典风貌这一特点，当作宾馆饭店，供国内外人士鉴赏、享受。

（原载1987年第6期《燕都》杂志第46页）

百年回首

—— 为迎接香港回归旧作

位于祖国东南海隅的香港，不但有一个动听的名字，而且是个美丽的地方。它与广东近在咫尺，与澳门、台湾隔海相望，水路通向日本、韩国、东南亚、澳大利亚，且是远去欧美的通途。当前，香港更以其在金融、商业上的重要地位而显赫于世，赢得"东方之珠"的美誉，已是一条腾飞起来的亚洲小龙。

早在五六千年前的新石器时代，先民们已经在这里生息繁衍。这里的文化文物是和内地同步发展的。这一点，已经为考古发掘中所发现的历史遗物所证实。从历史上讲，它本来就是祖国领土不可分割的一部分。以后历经秦汉、三国、两晋、隋唐、宋元、明清，都在历代中央政府统辖之下，直到清道光朝，它被屈辱地划归"女王治下的领土"以前，仍然隶属于广东省新安县。

大清帝国在经过"康乾盛世"之后，开始走向没落，而此时正值资本主义向全球扩张。随着西方侵略者的大炮轰开古老中国的大门，鸦片烟被走私进来，流入北京。开始时，王公贵胄率先吸食。当时的《竹枝词》中说："做阔全凭鸦片烟，何妨作鬼且神仙。"以后，道光、咸丰、同治、光绪各朝，鸦片走私数量有增无已，举国上下都被鸦片醉倒了。皇帝虽然禁烟诏屡下，但挡不住洋烟的冲击，加以大清帝国气数已尽，君昏臣庸，兵无斗志，终于在帝国主义列强的洋枪洋炮下，内外交困，灰飞烟灭。

1839年6月，林则徐在虎门销烟，这一震撼世界的壮举，极大地影响了英国肮脏的利益，次年遂发动了侵华战争。腐败的清政府以妥协求和为对策，签订了近代史上的第一个不平等条约——中英《南京条约》。鸦片战争标志着中国半殖民地半封建社会的开始。

1841年1月，英国以讹诈加武力强占了香港，在英国占领下的香港，人民受尽了种族歧视之苦和无休止的盘剥。英国把华人视为劣等民族，动辄以鞭打、割辫、戴枷等刑罚加身，人们生活在水深火热中。其生活之艰辛，据当时受太平天国牵涉而避祸香港的王韬（1828—1897）记述："华民所居者，率多小如蜗舍，密若蜂房……寻丈之地而一家之男妇老稚，眠食盥浴，咸聚处其中，有若蚕之在茧，蠖之蛰穴，非复人类所居。"其悲惨不堪言状。

为了攫取更大的权益，英、法两国挑起第二次鸦片战争，使中国丧失了大量主权和百万多平方公里的土地。战争初期，1857年12月12日，英法联军血洗羊城。钦差大臣、两广总督兼通商大臣叶名琛（1807—1859）于12月29日在都统衙门被英法联军抓获。此公因为奉行"不战、不和、不走，不死、不降、不守"极其特殊的"对外政策"，时人赠以"六不钦差"的美名。被俘后，由英军押解至香港，经马来西亚、新加坡、孟加拉国到印度加尔各答。1859年客死异乡，他的"六不"信条彻底破了产。清廷用如此昏庸愚昧的人防守祖国南大门，是多么荒唐的事，而英国人像运送马戏团的动物一样，把这位钦差大臣到处巡回展览，大清帝国算是丢尽了脸。而此时，英法联军正准备进攻大沽口炮台，进军华北了。

1860年10月，英法联军进了北京，把京西御苑悉数焚毁。"万园之园"的圆明园也就在这场罪恶的火光中化为锦绣灰。法国作家维克多·雨果（Victor Hugo，1802—1885）义愤填膺地写道："两个强盗走进了圆明园，一个抢掠，一个放火。这两个胜利者一个装满了口袋，另一个装满了箱箧，然后手拉手地欢笑着回到欧洲。""这两个强盗分别叫作法兰西和英吉利。"作为一代文豪，雨果无疑是位爱国者，但是，当他的法兰西祖国扮演了不光彩的角色时，他就毫不留情地痛加鞭笞。这就更反映出他不但是伟大的文学家，更是一位正直的、正义的、真正伟大的人。

圆明园烈焰腾空之时，咸丰皇帝已经"蒙尘"热河，命他的皇六弟恭忠亲王奕䜣（1833—1898）与洋人在京议和。洋人欲壑难填，亲王被逼步步退让，割地赔款的中英、中法《北京条约》签订了。和香港毗连的九龙司又"割让"给了大英帝国。奕䜣对这次"谈判"的感受是"庚申（咸丰十年）之衅，创巨痛深"。

  一个半世纪匆匆过去了，悲惨、屈辱的历史终告结束，港徽及其一角的米字旗即将易为紫荆花。往事尽管不堪回首，而百年的噩梦，理应促使吾辈切记"人必先自侮，然后人侮之"；"昏聩、愚昧和腐败，总归是要被人痛打的"这样一个不容置疑的定理。

李大钊烈士陵园

李大钊烈士陵园位于海淀区万安公墓内，占地面积约2200平方米。园门上方悬挂"李大钊烈士陵园"匾额，门内迎面立有李大钊烈士的汉白玉石雕立像，雕像后面是李大钊和夫人赵纫兰墓，墓后有一座宽4米、高2米的花岗石纪念碑，碑身正面镌刻着邓小平书写的题辞："共产主义运动的先驱、伟大的马克思主义者李大钊烈士永垂不朽"。碑的背面是中共中央为李大钊烈士撰写的碑文。陵园内还辟有李大钊烈士革命事迹陈列室，用图片和文字材料介绍了烈士生平事迹，还陈列有老一辈无产阶级革命家、党和国家领导人缅怀李大钊烈士的题辞。陈列室就设在纪念堂内。纪念堂坐西朝东，面阔九间；南北配房各五间，作为陵园管理处和宾客招待室。

李大钊（1889—1927）同志是中国共产党的创始人之一，是在我国传播马列主义和从事共产主义运动的先驱。1927年4月6日被军阀张作霖（1875—1928）逮捕，4月28日英勇就义。灵柩最初寄存在宣武门外长椿寺。当时党组织和烈士家属决定不用军阀政府提供的棺材，托人去前门外三里河德昌棺厂另买棺材。当时德昌棺厂的少东家伊少川出于对烈士的崇敬，给挑了一口又厚又大的柏木棺材，原价银圆250元，实收140元，并把棺材用松香、桐油刷里，用几道黑色大漆罩面。5月1日，伊少川等人在长椿寺为烈士改殓，又移灵至妙光阁浙寺。1933年4月23日，地下党组织为李大钊同志举行了隆重的葬礼，将烈士遗骨安葬于万安公墓。同年5月28日，李大钊夫人赵纫兰病逝，葬于李大钊同志墓旁。

"文化大革命"期间,李大钊夫妇墓遭到严重破坏,墓碑也被拉倒。为了纪念李大钊同志,继承烈士伟大的共产主义革命精神,中共中央决定由中共北京市委负责修建李大钊烈士陵园。在党中央直接关怀下,北京市委积极组织力量,于1982年12月下旬开始进行规划设计工作。陵园地址选在原墓地东北100米处,于1983年2月20日破土动工。李大钊夫妇的灵柩已于3月18日——巴黎公社革命纪念日移葬到正在建设中的陵园内,并将原墓地恢复原貌,另立碑石说明经过。

1983年10月29日举行了李大钊烈士陵园落成典礼。党和国家领导人、各方面人士共500多人参加。上午10时,薄一波宣布李大钊烈士陵园落成典礼开始,全场向李大钊烈士默哀致敬。在肃穆的气氛中,由彭真宣读李大钊烈士碑文。

在陵园陈列室大厅正中陈列着一块用玻璃罩起来的石碑。碑为艾叶青石刻成,上面土迹斑驳。它是50年前地下党组织在白色恐怖下冒着生命危险为李大钊同志镌刻的墓碑。为防止敌人破坏,碑被埋在李大钊同志棺柩的西边。碑高1.83米,宽0.46米,厚0.16米。碑首刻有一颗红五角星,五角星中央刻有黑色的镰刀斧头。碑正面竖刻"中华革命领袖李大钊同志之墓",背面刻碑文:"李大钊是马克思列宁主义最忠实最坚决的信徒,曾于一九二一年发起组织中国共产党的运动,并且实际领导北方工农劳苦群众,为他们本身利益和整个阶级利益而斗争!一九二五——一九二七年的中国在革命中爆发了!使得民族资产阶级国民党竟无耻地投降了帝国主义和封建势力,并且在帝国主义直接指挥之下,于四月六日大举反共运动,勾结张作霖搜查苏联使馆,拘捕李大钊同志等八十余人,在四月二十八日被绞死于京师地方法院看守所。同难者二十人。这种伟大的牺牲精神,正奠定了中国反帝与土地革命胜利的基础,给无产阶级的战士一个最有力最好的榜样!现在中华苏维埃和红军的巩固与扩大,也正是死难同志们的伟大牺牲的结果!"下面落款是"一九三三年四月廿三北平市民革命各团体为李大钊同志举行公葬于香山万安公墓"。

陵园落成典礼结束后,荣高棠在这块石碑前介绍说,1933年公葬李大钊烈士时,地下党组织以北平市民革命各团体的名义为烈士镌刻了这块石碑。在当时的反动统治之下，这样的石碑是不能公开竖立在墓前的，它只好与棺柩同埋地下。今年重新修建烈士陵园时，这块埋藏了半个世纪的墓碑才被挖寻了出来。当年撰写和书写碑文的两位同志——吉林省人大常委会委员赫洵、吉林大学副教授贾毓麟也参加了陵园落成典礼。

当人们沐浴在新中国的阳光雨露之下，过着和平幸福的生活时，是不应该忘记为革命献身的先烈们的。

（原载《北京文物报》1993年第7期，总56期）

杨昌济旧居

在东城区鼓楼后身豆腐池胡同15号。是一座坐北朝南两进院落的小型民居，院子南北长度不超过30米，东西约12米。一座如意大门开在南墙东侧；前院有南北房各三间，东房两间，西房三间。南北房之间有隔墙，中开四扇屏门相通。靠东墙处有一棵枣树；后院有北房四间，全院共有房屋（包括门道一间）16间半。房屋形式全是北京最常见的合瓦硬山起脊式屋顶。

杨昌济（1871—1920），字怀中，号华生，晚年自号板仓老人，湖南长沙人，哲学家、教育家。光绪十五年（1889年）考中邑庠生，二十四年（1898年）在岳麓书院读书，投身于湖南维新运动，参加南学会和不缠足会等活动。戊戌变法失败后，隐居乡村以教书为业。二十九年（1903年）入弘文学校，结业后考入日本东京高等师范学校，宣统元年（1909年）入英国爱丁堡大学文科，专修哲学，毕业后获文学学士学位，以后曾赴法国考察教育。1912年春回国，先后在湖南高等师范学校、省立第四师范学校、湖南商业学校、第一师范学校、第一中等学校任教。

1918年6月，经时任北京大学教授的章士钊（1881—1973）向校长蔡元培（1867—1940）推荐，受聘为北京大学文科哲学教授。此时便买了这所小房，全家迁来北京。当时在院门上（原豆腐池九号）挂着"板仓杨寓"刻字的铜牌，表明房主人是上流社会的读书人。外院北房东里间是杨先生的卧室，西里间是女儿杨开慧（1901—1930）的住房；南房两明一暗，明间是会客室，靠门道的暗间作为临时来客人住宿用房。里院北房由儿子杨开智

（1898—1982）住用。

杨昌济是毛泽东在湖南省立第一师范学校读书时的伦理学教师，他对毛泽东的思想成长影响很大，是毛泽东青年时代最敬佩的老师。杨昌济来北京后，立即写信给毛泽东，要他到北京深造。1918年8月19日下午，毛泽东为了领导留法勤工俭学运动来到北京，他和蔡和森（1895—1931）二人就暂住在杨宅南房靠院门的单间里。不久，由于来京的新民学会的会员居住分散，不便开展活动，便在北京大学附近的景山东街三眼井吉安东夹道七号（今吉安左巷8号）租了三间北房，会员们才得集居在一处。

以后，毛泽东在北京大学任图书馆助理员时，还不时抽空去拜访和求教于杨昌济先生。他和当时在北京大学读书的邓中夏（1894—1933）等进步同学，每到星期日必到豆腐池杨寓共谈新思潮和国际国内大事。李大钊（1889—1927）同志有时也来参加他们的星期日讨论会，杨开慧也经常旁听，从此她和毛泽东建立了感情。1920年冬，杨开慧和毛泽东结婚。

1920年1月17日，杨昌济先生病逝，终年49岁。临终前还写信给时任广州军政府秘书长、南北议和代表的章士钊，盛赞毛泽东、蔡和森二人的学行。信中写道："毛、蔡二君当代英才，望善视之。""吾郑重语君，（毛、蔡）二子海内人才，前程远大。君不言救国则已，救国必先重二子。"此语足见杨先生对人才的远见卓识。

1920年1月25日上午8时，杨昌济先生追悼会在法源寺举行。2月中旬，杨先生灵柩由其夫人向振熙、儿子杨开智、女儿杨开慧等护送，返回湖南长沙板仓。其家人也从此离开了豆腐池旧居。

北京美国学校旧址

在朝阳门内大街头条203号。

北京美国学校（Peking American School）创办于1918年，分为中学部和小学部，是为了在京的美国学童从小学习汉语、接触中国文化而设。同时也招收少数有一定背景的中国儿童入学，如著名京剧女花脸、并用英语演唱京剧第一人齐啸云（1932—2003），美国第一位华裔将军傅履仁（1989年擢升美军少将）等，都曾就读于美国学校。

校舍是由一座主楼（南楼）和两座副楼（东、西楼）组成的建筑群。主楼平面呈"⊥"形，正面朝南，宽47米，进深（连同北面竖楼）39米，与两座配楼合抱形成一座大型校园。楼房均为地上三层，砖石结构，正面大门入口处采用八根爱奥尼式圆柱，立面在二层檐处用水泥抹出线脚，三层檐部线脚突出，檐上部为女儿墙，外观简洁庄重，为典型的美国古典折中主义风格。

1949年初，北平解放后此地成为"南下工作团"集中处所，现为文化部老干部活动站。

和平解放北平的一处和谈旧址

平津战役是中国人民解放战争中具有决定意义的三大战役之一。此次战役中,创造了解决全国其他地区解放的两种方式,即天津方式与北平方式(见《毛泽东选集》第四卷"在中国共产党第七届中央委员会第二次全体会议上的报告")。

北平方式即用不流血的斗争方式,使敌对方让出政权。

北平的和谈始于1948年12月底,1949年1月31日结束,历时两个月。

和谈大约分为三个时期:第一时期为1948年11月底到12月下旬,傅作义方虽派出人员与我方接触,但缺乏诚意,只是试探;第二时期是傅作义的精锐部队被歼灭,北平陷入包围,傅方派出张东荪、周北峰做说客,讨价还价;第三时期是在1949年1月14日天津战役打响,并在1月15日天津解放的形势下,傅作义在走投无路,只有和谈是唯一出路的局面下,才决定放弃北平,接受我方和谈条件。

1949年1月15日,傅作义派出正式和谈代表邓宝珊,决定接受我方条件,表示下决心和平解放北平。1月22日,于北平东郊五里桥村以北的一所原来的财主住宅内签署协议,并开始履行改编受降军队。和谈地全院共有四个小院落,四周有高大围墙。经当年参加此项工作的王朝纲、李炳泉亲临现场核实,确定了当年谈判的房间。全部宅院保存基本完整,谈判的房屋改动也不大,仍保存当年原貌。

1月28日，双方正式代表在颐和园景福阁正式交接北平政权，1月31日，解放军进入北平。

北平和谈的成功，证实了毛泽东所说的"只有通过斗争，才能取得真正和平"的正确思想。

关于开展从废旧回收物资中拣选文物工作情况

从废旧回收物资中拣选文物是国家保护文物的重要手段之一。1951年12月14日，中央人民政府文化部、外贸部即曾联合发出《关于选存各地收集废铜中古物的通知》，通知中规定："在各地土产公司收购杂铜集中后，先由当地文化部门检查，如遇有应予保存之文物，即行选出另存。"通知发出后，北京市的拣选文物工作即着手进行，但限于人力和条件，规模和范围很有限。1954年5月13日，文化部指示"北京市文物调查组与本市五金公司联系拣选废铜中的文物"。

1962年前后，河北省在红楼举办"从废铜中拣选文物展览"。其中有一些比较珍贵的文物。不久报载湖南从废铜拣选出人面鼎，引起市文化领导的重视，得到国家文物局和国家物资局的支持，决定北京也要从废旧物资中拣选文物。1964年3月25日，北京市文化局通知北京市废旧物资回收公司，从废旧物资中拣选文物的工作，由市文物工作队负责。

文物工作队积极与市废旧物资回收公司联系，公司大力支持，给各收购点发了通知。重点有二：一是永定门外有色金属供应站，一是建国门外稀有金属提炼厂。拣回的第一件文物是由三家店收购拣回的"东汉鸾凤和鸣铜洗"，现存首都博物馆。拣选工作人员为了提高各站业务人员文物知识，还利用各站业务人员在永定门外开会的机会在现场搞了一个小型展览。西藏平叛以后，大量佛教文物运到刘家窑电解铜厂，由国家文物局出面，由故宫博物院、中国历史博物馆、市文物工作队三家派人拣选，故宫的罗福颐先生、历博的石志廉先生和市文物工作队的郭子升参加。当时要求很高，只拣回几尊带永乐、宣德年款的鎏金佛像和带年款的乐器等，故宫、历博两家都不要，现在首博。

"文化大革命"开始后，祖国的文化遗产被视为四旧而横遭摧残，文物首当其冲地受到破坏和践踏，幸免于难的各种文物，从覆巢之下又经过种种不同的坎坷渠道，辗转流入物资回收、信托等部门。再次面临濒于毁灭的命运，而且数量巨大。1967年12月12日，物资部金属回收管理局、全国供销合作总社副业生产指导局发出《关于从供销社收购杂铜中挑选有价值的历史文物的有关问题的联合通知》，抄送我市后，为了抢救这些劫后余生的文物，我市文物主管部门即在当时还不能正常开展业务活动的混乱局面下，组织一部分有鉴定能力又有工作责任心的同志，成立了拣选小组，负责抢救文物的工作。首先是在各铜厂拣选古代铜器和各造纸厂拣选古书字画碑帖。后来，古书的拣选任务交由中国书店负责，文物部门遂将拣选重点放在物资回收、信托、银行等部门的铜器拣选上。1967年12月23日，北京市古书文物清理小组派往东城、西城、宣武、崇文4个区的34个拣选小组，清理出有保护价值的铜质文物约43吨。这些文物中有上至商、周、战国、秦、汉，下至明、清的历代文物，均已入库保管。1971年12月30日，北京市文物管理处有关查抄物资方面的文物拣选工作基本结束。清理出八千户被查抄的物资（不包括财政局各实物库的无主户），共拣选清理出文物538500余件，字画185300余件，图书（包括资料）2357000册（捆），木器5000余件。另从各造纸厂、废品站、炼铜厂拣选出图书314吨，铜质文物85吨。1973年11月16日，外贸部、商业部和国家文物事业管理局联合发出的《关于加强从杂铜中拣选文物的通知》中，就提到了我市拣出西周"班簋"等重要文物。"四人帮"既倒，文物拣选面更行扩大，拣选点遍及城郊区县多达49处。在这种情况下，依靠人数有限的文物拣选小组，显然是力不从心了。于是，拣选小组就发动各拣选点的职工群众，依靠他们做初选工作，然后再由拣选小组鉴定以决定去留。经验证明，这种方法是切实可行且行之有效的。我们的具体做法是：

一、加强宣传文物政策法令和普及文物知识的工作。为了提高职工群众对拣选、保护文物工作重要意义的认识，我们巡回向各拣选点的职工进行文物政策法令和鉴定古铜器常识的宣传，除口头宣传外，还把文物法令汇编和有关介绍青铜器的报纸杂志等材料发给他们。通过宣传，使职工群众在工作中能够较好地掌握政策法令精神，从而有效地促进了文物拣选工作。例如1981年通县信托公司在一次收购工作中，发现有人拿了一组（23件）战国青铜器来卖，卖主嫌给价少，要拿回去另卖私人，该公司的收购人员就根据"一切地下遗存的文物都属于国家所有"的文物政策，扣下了这批文物，并及时和我们取得联系，予以收购，使得这批珍贵的出土文物得以保存下来。这组随葬器物的图案纹饰精细秀丽，别具一格，其中有三犀鼎、豆、铲、勺、车辖、马衔、剑、戈等，有较高的艺术价值；又如1982年顺义县物资回收公司牛栏山收购站发现有人来卖青铜器，便主动追根溯源，找到了出土地点金牛大队。起因是该大队拨给四户社员一块宅基地，社员们刨槽时挖出了一些青铜器，便由四户分别收起，其中一户把所藏的青铜器送人了，这人拿到收购站去卖。事后收购站的同志们还不辞辛苦地到现场了解，并动员其他三户社员将所藏铜器一并拿出。这批出土的青铜器计有卣、觚、爵、尊、鼎等，经鉴定是西周墓葬的随葬物，有较重要的研究价值。

"文化大革命"中运京的佛教文物很多，拣选尺度放宽，拣选出来一部分运孔庙，一部分运故宫。

1973年，我们从稀有金属提炼厂拣回一尊鎏金不动佛残像，该佛只残存上半身。1983年，人大常委会副委员长班禅额尔德尼·确吉坚赞在我们的拣选铜库中发现，鉴定它是原西藏小昭寺供奉的唐代铜佛，立即电告西藏自治区，自治区派西藏佛协的仁布活佛和西藏宗教局的平措元邓以及拉萨文管会的戏玛专程来京，办理迎接佛像事宜。原来，唐时的吐蕃王松赞干布和文成公主以及尼泊尔的尺尊公主（尼泊尔王盎输伐摩的女儿，盎输伐摩王虔信佛教）联姻，两位公主各从自己的家乡带去一尊佛像到吐蕃（今西藏）。文成公主从长安带到拉萨的是释迦牟尼十二岁的等身像——觉卧佛像，尺尊公主带去的就是这尊释迦牟尼八岁的等身像——不动佛像。以后，尺尊公主主持修建了拉萨大昭寺，将不动佛像供奉寺内。文成公主主持修建了小昭寺，把觉卧佛像供奉在寺中，到了公元8世纪前半期，金城公主嫁到吐蕃时，才把两尊佛像调换了位置，所以不动佛像就一直在小昭寺供奉，直到"文化大革命"期间被砸毁，上半身流落到内地，下半身仍存在小昭寺内。此次将佛像上半身护送回藏，将和下半身对接复原，这对中尼两国宗教、文化交流都有重要意义。

二、培训骨干，带动全面。通过一系列的实际工作，我们培训了一批拣选工作的业余骨干，这些同志对拣选文物主动热情，在行动上积极与我们合作。但拣选文物是一项政策性、业务性都很强的工作，仅凭热情是不够的，于是我们选择其中积极热情、工作认真负责的部分同志，带领他们参观历史博物馆、故宫博物院青铜器馆等，并对他们讲解有关青铜器的鉴定知识，进行文物知识的普及工作，然后以这些同志为骨干带动其他职工。通过文物知识的普及，有力地促进了拣选工作的进行。

三、召开经验交流座谈会。为了提高对文物拣选工作的认识，保证工作质量，相互促进，取长补短，我们采取召开经验交流座谈会的形式以达到推动工作的目的。如有色金属供应站在拣选工作方面一直占于领先地位，我们及时帮助他们进行了总结，在座谈会上请他们介绍经验，使与会的各单位学习他们的好经验，推动本单位的工作。座谈会还起到了表彰先进、促进思想转化的作用。如东直门收购站的张金凯同志过去对拣选文物工作思想上不重视，经过我们的宣传教育，不但改变了想法，而且积极负责地去做。在座谈会上，我们请他现身说法，谈了自己的思想认识和转变过程，使很多同志受到了教育。

四、召开文物拣选发奖大会。为了进一步宣传文物拣选工作的重要意义和鼓励参加拣选工作的有功人员，市文物局自1978年起，每年都召开文物拣选发奖大会，对拣选文物的有功人员和单位发奖金和奖状，用物质和精神奖励相结合的方式表彰他们的事迹，充分肯定他们在拣选祖国文物工作中的贡献。

五、举办拣选文物展览。为了更广泛地宣传文物拣选工作的重要意义，检阅和汇报我市文物拣选工作情况，普及青铜器物知识，北京市文物局所属文物工作队和首都博物馆共同举办了"拣选古代青铜器展览"，1982年5月28日在首都博物馆公开展出，共展出112天，展品600余件。这仅仅是"文革"以来从49个点拣选出来的一小部分，其中不少是国内罕见的珍品。

这个展览展出之后，受到了文化部文物局和北京市领导、专家学者和有关单位的重视。展出期间还接待了"全国拣选文物工作会议"的代表参观座谈，接待了天津市文物管理处和天津市物资回收公司系统的代表40多人参观并交流经验。北京铜厂和北京物资回收部门组织了大部分职工参观。

展览不仅对广大群众起到了教育作用，而且对继续搞好拣选文物工作也是一个促进，同时也普及了文物知识。展出期间，一些专家学者边看边赞扬拣选工作的成绩和贡献。有的铜器专家说：战国时期的鸟鼎、敦等，都是具有燕国文化特点的；汉代的羊、马等饰物很有北方少数民族匈奴的特色；战国的带链铜带钩，日本有两件收藏品，此种器物十分珍贵稀少；商代的带銎兵器、提梁卣、无柱斝、战国时期的铜豆和赵国的戈等，都是国内少见的器物；"三年诏事"鼎也是一件新的发现，"诏事"是秦代制造兵器的机构，以前认为此机构只造兵器，但从这件鼎的铭文上，说明它也制造别的器物。

这次展览也引起了宣传机构的重视。中央电视台进行了展室录像，6月3日向全国播放；《北京日报》5月29日以《拣选古代青铜器展览昨起展出》为题，发表了消息报道；《北京晚报》6月5日及6月8日以《废料堆中抢救国宝》为题，刊登了简讯和照片；上海《文汇报》6月20日发表了《首都从废旧物资中抢救出文物》的报道；新华社也派记者来采访，并于6月26日在英文版《中国日报》向国外报道了展览的消息；日本朝日新闻社驻京记者辻康吾，经市外办同意进行了采访和拍照，并于6月19日在日本《朝日新闻》发表了他写的专题报道（6月29日《参考消息》已转载）；《工人日报》于7月6日刊登了《北京〈拣选古代青铜器展览〉侧记——废品堆里救国宝》；《文物》杂志第九期发表了一组文章，较详细地介绍了展品情况。此外，北京科学教育电影制片厂拍摄了科教片《莫让瑰宝再沉沦》，介绍了拣选文物工作和"拣选古代青铜器展览"情况。

广大观众对展览的反映极好，留言簿上充满了热情的鼓励和真挚的期望，希望将拣选文物的经验向全国推广，并且有的观众拿来古钱要求捐献。整个展出期间共接待观众48609人次，其中集体观众7756人次，外宾1512人次。

通过以上各项工作，我市的物资回收、信托部门和以废铜为原料的工厂，基本上都能由炼铜工人及铜库保管人员中的骨干分子带动群众，从废铜堆中把文物拣取出来，并形成一个拣选文物网，有效地进行活动。

1979年，原文物工作队恢复建制后，拣选文物小组附设于该队，仍然进行工作。从"文革"开始后的十余年间，拣选出的铜质文物多达百余吨，除佛像42吨、各时代的钱币22吨外，均为各类铜器物。在拣选过程中，我们不仅注重文物价值，并且对于具有经济价值的近代器物和工艺品，如民国时期的墨盒、镇纸、笔架、铜锁、水烟袋等，也拣选回来，作为文物商店的货源以换取外汇。其中具有文物价值的数万件，全部交首都博物馆入藏，其中的一、二级品多达200余件，如商代的龟鱼纹盘、无柱斝、西周班簋、战国鱼鸟敦、豆、三国太平元年（256年）铜镜、唐代四凤透腿镜、宋代熙宁十年（1077年）款铜钟、明景泰元年（1450年）嵌金回纹炉、永乐、宣德年款的铜佛等，都属国家文物珍品。这些文物不但为博物馆增加了库藏品，而且对博物馆的陈列和研究也提供了丰富的实物资料和科学依据。

1984年，文物拣选工作任务由原文物工作队转交给首都博物馆。

奥地利文物保护工作概述

奥地利是一个有700多万人口的欧洲内陆国家，在这83000多平方公里的国土上，大部分为阿尔卑斯山地，多瑙河流贯全国，森林和水利资源丰富。奥地利有着悠久的历史，早在12世纪已形成公国，是中欧的文明古国。遗存下来大量的哥特式、文艺复兴式、巴洛克式、罗可可式的古代文物建筑，风格多样气势雄伟的教堂和古堡以及各种类型的雕塑艺术品到处可见，完整地屹立在城市和乡镇，有的坐落在林木葱郁的阿尔卑斯山麓，有的建筑在美丽的蓝色多瑙河畔，把被誉为"绿色之国"和"音乐之邦"的奥地利装点得格外古朴典雅。在发展现代化工业和技术的今天，古老的建筑和现代的高楼大厦，得到较为合理的规划和安排。这些大量的历史文物古迹，已成为奥地利人民的宝贵财富，并且在加强文物保护和维修的前提下，被妥善地利用起来。它吸引着大量的国外旅游者，成为旅游业的重要资源。当前奥地利全年要接待全世界的旅游者达15000多万人次，几乎相当于全国人口总数的一倍。

奥地利对保护历史文物古迹和古建筑，有着悠久的历史和优良的传统。远在150年前，保护文物古建筑已被高度重视，两次世界大战期间，文物建筑被毁坏和零散文物流失国外的情况，更引起政府和人民的关注，文物保护已成为全民性的重要义务。他们的文物古建筑保护工作做得十分出色，第二次世界大战中被炸毁的古建筑，均已按原状修复，现已完全看不到战争创伤的痕迹了。

奥地利政府早在1815年就在首都维也纳设立了中央文物局，主管全国的文物保护管理事宜。现在负责这项工作的联邦文物局，有着一套健全的管理体制和机构。联邦文物局下设文物研究、古建筑、文献资料、文物征集、古乐器征集、文物法律、文物保护、考古等十几个业务职能处，使全国文物保护工作纳入全面规划和统一管理之中。该局保存着国家级文物保护单位的详细档案资料以及照片、图纸，如果某项重点文物遭受损害或需要修缮，通过这些档案资料，就可以及时找出可靠的修整工程的依据来。联邦文物局还附设有颇具规模的、充分利用现代化先进装备和技术的文物维修所、摄影制图处，负责全国的文物修复和图纸测绘、文物摄影等工作。各州、市也设有相应的文物管理部门，形成一个卓有成效的文物事业管理网。

早在1823年，奥地利政府就公布施行了《文物保护法》，不久（1852年）又颁布了《森林法》。通过宣传教育，人们对于遵纪守法已成习惯，人民都把做好文物和森林绿地的保护工作，看成是对自己民族光荣历史的尊重和义务，所以破坏文物现象是不多见的。各州、市（乡、镇）也根据本地区的情况，制定地方性文物保护法规和建筑法。如位于奥地利北部、多瑙河支流萨尔察赫河岸的萨尔茨堡市，它是古典音乐家莫扎特的出生地，历史很悠久，针对该市文物古迹众多的情况，市政当局于1976年专门公布了保护老城区的法规，具体地确定了文物保护范围和单位，对如何保留和修缮古建筑的要求，都有详细规定。该市的老城区中有托马斯利咖啡馆和巴洛克式建筑的宫廷药铺（现在仍为医药商店）、旧街道等，都原状保留。高大的17世纪修建的萨尔茨堡大教堂矗立在老城的中心。1077年修造的欧洲最大的著名萨尔茨古城堡，是古代抗击入侵者的制高点，现在被完整地保存下来，供人游览参观。

在不同时期不同情况下，对联邦文物法还进行必要的补充和修改。如第一次世界大战时期，文物流失国外的情况时有发生，共和国成立后的第二年（1919年）便及时制定了禁止文物出口的法令。为了保护文物古建筑比较集中地区的环境风貌，1978年补充规定了成片、成组文物保护管理办法，而且写入宪法之中。另外，19世纪在荷兰哈格召开的国际文物保护会议以及第二次世界大战后，联合国在巴黎设立的文物保护组织，奥地利都参加了，得到了国际上的帮助和支持。

奥地利是在文物普查的基础上确定文物保护单位的。现在全国共有355000多处，划为国家、州、市（乡、镇）二级，它们分别属于国家、团体、教会、村镇和个人所有，由各级文物管理部门负责管理。所有的文物保护单位都装有保护标志，注有名称、年代和简要说明。各地的保护标志形式和大小各异，如维也纳在保护标志上还悬挂4面小型国旗，十分引人注意，说明国家多么重视这些文化遗产。

城市现代化的发展，与文物保护工作是会发生许多矛盾的，突出的问题是在日益发展的现代化城市中，如何保留原有的环境风貌，发扬古代历史文化的特色。文物保护单位有独立的，也有成组、成片的保护区。从一个具体文物保护单位来看，它也不是独立存在的，而是与其所处的环境有着密切的关联。所以，对待文物保护工作要从微观的具体情况出发，也必须要从宏观的全局考虑。文物保护与城市发展是有矛盾的，但又是相互联系和制约的。奥地利在这些问题上十分重视，有全面的规划和周密的安排，对文物保护和维修工作要求十分严格和认真，同时也注意到在保护的前提下，尽量地合理利用。在具体处理一些文物保护方面的问题时，结合实际情况，区别对待。如对文物保护范围内的控制、古代历史风貌的保持、原有古建筑形制的保存等，都有不同的处理办法。

对一个城市来说，如首都维也纳这个世界闻名的文化历史名城，明确规定对原有的老城区要严格保护和控制，老城区内不准建筑高大的现代化建筑，以便保持老城区古建筑群的风貌，而那些高楼大厦的建造，都规划和安排在城郊。现在这个老城区里，绿树繁花掩映着雄伟多姿的古代建筑物和造型优美的大型雕塑，显得十分恬静和谐。以保护文艺复兴时期到十八、十九世纪的建筑风格而著名的克雷坶斯市，原有的建于多瑙河畔的古建筑群，都得到保护和维修。特别是以风景秀丽和具有古代特色著称的施泰因镇，1740年建造的巴洛克式施泰因大教堂耸立在镇中心，作为文物保护单位加以保护，用石头铺砌的曲折幽静的小街巷，也被原状保留下来，通往造型各异的古老居民住宅。由古城堡、教堂、小街巷、民居所组成的这座古香古色的小镇，把人们引入古老生活的情景，使人流连忘返。

在成组、成片的文物保护区中，如果增加新建筑时，形式和高度都要求和周围的建筑物相谐调。原有的古建筑维修时，动工前要拍摄原貌照片资料和进行测绘留下图纸，以保证修复后维持原状。并且在维修技术上，尽量使用古老传统方法，所用的材料，也尽可能地用原有的或质量相同的，可以说是"整旧如旧"。属于团体、教会和私人所有的文物保护单位，修缮前也必须提出方案报文物管理部门审批，并且必须按原状修复。

在古建筑中，如果发现尚保存有古代的壁画、彩画、雕饰等，不论在室内或室外，不论是完整的还是残存的，一般都要想方设法保留下来，这种实例各地多有。

由于城市建设的发展和人民生活现代化的需要，对居民住用着的古建筑如何保护提出了新课题。奥地利文物管理部门在处理这类问题上，一般是采取既注意保持古建筑的外貌，又要使居民生活方便的原则，就是室外要保留古建筑的原状，而室内的装修可以现代化（如安装取暖、通风、电气等设备），但是必须注意到有利于文物保护的要求。有的古建筑继续为商店使用，有的是居民住宅，基本上保持协调一致，收到较好的效果。

当某一座或一些古建筑由于某种原因不能就地保存而又有保留价值时，则采取原建筑物拆迁到另一适当地点，加以复建，集中保留下来。如在维也纳的南郊，有一处12—19世纪末的古代木屋群，它们都是由外地迁建来的。从外形到室内的设备、用具等，都保留原貌，实际上形成了一座别具风格的露天古代木屋博物馆。这里每天接待游人，供人们参观和研究。这种做法，也是既有利于文物保护，又能加以合理利用的一个典型。

奥地利的文物保护修缮经费来源是多渠道的，主要是国家按照计划拨专款，同时也有地方自筹资金的，也采用发动社会团体和个人赞助的办法。至于属于团体和私人所有而被划定为保护单位的，则由他们自己按照文物保护法的要求进行维修，由政府给予适当补助。

奥地利在文物古建筑保护的同时，还有计划地在科学研究基础上，进行编辑出版工作，将有关文物保护单位的照片、图纸等资料，汇集成专著出版。全国12—16世纪的重点壁画，从历史、艺术等方面进行研究后，编写成图文并茂的大型图册。对出土文物是每年按出土地点、年代等，编成资料年鉴，这是由考古专家和历史学家合作编辑的。另外，联邦文物局每年出版四期文物杂志，从1850年至今都在继续出版。各州、市也都有宣传介绍本地区的文物古迹情况的各种出版物。

奥地利的文物保护工作，由于有着长久的历史，积累了丰富的经验，不论从立法、体制、管理机构、科学研究以及工作方法和制度等方面，都已形成一套较完整的体系，并且还有一支从事文物保护工作的专业队伍。进入文物部门工作的大学毕业生，也还要经过三至五年的专业训练，才能担任独立的工作。其中在业务上有卓越成就的工作人员，还要给予古建筑家、古艺术史家、雕塑家等荣誉称号。奥地利的文物工作者们，都以自己能为保护祖国古代文化遗存而工作，为尊重自己民族历史而贡献力量的光荣职责而感到自豪。

中奥两国社会制度不同，生活风习各异，但是都有古老的文化传统和遗存众多的历史文物。在保护古老的精神文明和历史文化遗产的工作中，我们应该借鉴他们成功的经验和先进的管理制度和工作方法，结合我国的实际，把文物保护工作搞得更好。

（此文已发表于1985年《科技导报》第4期，第54页）

德国的文物保护参观记

1987年5月，我们应前德意志联邦共和国研技部的邀请，先后在波恩、科隆、维尔茨堡、班贝克、慕尼黑等城市，参观考察了石刻文物的保护和修复情况。

德国是中欧的文明古国，第二次世界大战后于1949年9月20日在英、美、法占领区成立了联邦共和国。1972年和我国建交。此次参观访问，受到了德国友人极为热情友好的招待。

波恩和科隆都是莱茵河畔的城市，相距仅25公里。波恩曾是原西德首都，人口约30万。城市清洁美丽，名胜古迹和纪念物杂陈。莱茵河两岸风景如画，河中游艇五色斑斓，更为莱茵河增添了秀美和活力。科隆是个文化古城，历史可以追溯到2000多年前，名胜古迹更是比比皆是，举世闻名的圣彼得教堂（科隆大教堂）就在市中心。它占地12384平方米，高157米，真可谓高耸入云。现在的大教堂是在卡罗林王朝 Hitalebotd 教堂遗址上建造的，1248年就开始动工修建，但后来工程中断了几百年，直到19世纪才在原设计的基础上复工，1880年才告功成。这座教堂完全用石料和花玻璃建成，由于年代久远（13世纪的石构件还存在），以及近代工业污染的影响，岩石的风蚀损坏相当严重。为了修复这座历史文物，北莱茵—威斯特法伦州、科隆市和教会以及私人公司集资，组织了各方面的专家，成立了石构件和花玻璃的修复室。我们参观时，正在紧张地进行修缮施工。他们把朽坏的石头甚至碎裂的玻璃，只要能够粘合加固的，尽量保护下来，只把那些毫无修复可能的换成新的。例如，他们把朽坏的石构件拆下，运回工厂，用丙烯酸树脂真空全浸渍法进行处理后，原来糟朽的石头，可以加固成用凿子也难敲碎的程度。据科学测定和加速老化试验，其抗挠强度可以增加700%，耐磨度增加500%，有效年限高达300—400年。石构件经过保护处理后再按原状装上去，然后用传统的工艺复原。例如，古代用熔化的铅锡合金把石缝灌满，由于合金的性能柔软，可以随着石头的涨缩而变化，使缝隙经常保持严密状态，起到较好的防水作用。他们在修复时，仍然用这种古老方法来处理石缝。

为了考察丙烯酸树脂全浸渍法保护石质文物情况，我们参观了班贝克的石碑修复所。这里专门从事于此种新方法处理石质文物的研究和应用。从1979年开始，多年来克服了不少艰难险阻，建成了新型的保护处理的工厂，终于能够在全德各地推广应用，并且可以为邻国，如荷兰、奥地利、瑞士等国处理一些石质文物，为石质文物的保护开拓了新领域。

德国的教堂、主教堂、古堡、大公爵府等各类古建筑，大都被维修得整齐干净，充分做到了古为今用，用作参观开放处所，而外貌严格地保持原状不变。例如班贝克的白石宫即作为全国最著名的油画和家具收藏陈列馆，慕尼黑的一所文艺复兴时代的建筑，过去一直作为造币所，战后经过修复，作为巴伐利亚州文物局的办公地点。更重要的，是他们对于文物建筑修缮的严肃认真精神和科学态度。例如维尔茨堡有一所始建于1720年的大公爵行宫（Resideng Wiingbung），1945年被炸毁了几段墙壁。从1955年就开始修复，不论是门窗、地板、壁画，哪怕是小到一个饰件、门钮、插销，都要找到被毁前的资料，绘出小样后放成大样，然后按图复制。由于当时都是黑白照片，对于原来的色泽又要花费大量的时间进行考证，因此修了30余年才完工，可以说达到了尽善尽美了；又如班贝克的十四圣贤宫（Kurzführer）教堂的修复，由于历代整修时，天花上的壁画都进行重画，因之前一代的就被覆盖在下面，此次修复时，竟然剥出7层之多。这些层次都需要进行考证，查出它们的年代、历史和作者，并把它们逐层临摹下来，最后按照可能找到的最早期的画面恢复，这项工作的艰巨程度是难以想象的。德国作为欧洲的文明古国，地上地下文物数量之多是惊人的，单是巴伐利亚州的古代碉堡就多达八九百个，然而他们都逐个把资料收集上来，包括文字资料、照片和图片，而且编印出版，如果没有严肃认真的精神和科学态度，是难于完成如此艰巨任务的。对于从事文物保护的工作人员，不论是修复者还是科学家或是技术人员，都必须做到正确对待被修复的历史文物和艺术品。对待文物的不负责任、随随便便的态度，都是不能允许的。而绝大多数文物工作者，都能自觉地做到，因为他们懂得，自己手中修复的是民族和国家的历史遗物，而不是一般的砖瓦石块。

应用丙烯酸树脂全浸渍法
保护石质文物的经验

〔德〕罗尔夫·维尔著　赵迅译　高念祖校

按：本文作者罗尔夫·维尔（Rolt Wihr）先生，是德国巴伐利亚州文物保护局修复处主任。多年来，他们对遭到损坏的石质文物进行了应用丙烯酸树脂全浸渍法保护的研究工作，从试验到应用、推广，经过了七年多的时间，现已在国内一些地区和邻国——荷兰、奥地利、瑞士等加以实际应用。收到比较好的效果，为石质文物的保护开拓了新的领域。这种方法虽然目前还存在着设备造价昂贵、处理费用太高、被处理物的体量有一定限制等困难因素。但从理论上和长远观点上看，仍然应该肯定是保护石质文物的理想方法。现将他们的总结经验译出（原著为英文），供我国石质文物保护工作者参阅。

——译者识

一、介绍

受损严重的石质文物，已无法用有机硅材料或其他加固材料做有效处理时，用"丙烯酸树脂全浸渍法"加以保护是很有效的。1978年在一次来自德国各地的科学家、历史学家和文物修复者参加的会议上，确认了这一保护方法的实用性。会议后的七年里，在 Bayerisches Landesamt für Denkmalplege 地区广泛地采用了这种方法。

二、进行保护处理的工厂

为了进行这一保护方法，1979年由一家私人公司——JMC在班贝克（Bamberg）附近的湖宫（The castle of Seehot）城堡区域内建立了一座工厂。用瓦棱铁板建造的厂房长30米，宽12米，里面装有一台300伏特、180安培的发电机，一个大燃料油箱，一座冷却塔和一台高压蒸汽清洗装置。工厂的全部设备如下：

1. 干燥室：装有运输石头的小车，它可以把石料运进室内，使之干燥后再运出来。

2. 轨道车：用来把干燥后的石头送去浸泡。车子在特殊的轨道上行驶，可以直通到浸泡池内。

3. 浸泡槽：是一个真空兼加压槽，长4米，高2.5米，槽上有门。人们可以通过槽上的小玻璃窗观察浸泡操作过程或通过自动装置进行操作。

4. 冷却槽：可容纳1200升丙烯酸单体，箱内温度为5℃。

5. 抽真空和加压用的大功率压缩机。

6. 气泵：提供压力为15—20巴（bar）的氮气。

7. 操作间：装有控制灯和电子控制程序开关。过程的所有细节，如湿度、压力、真空度、温度等，都通过专门的记录仪器自动控制，这样就能精确地控制每件被处理物的浸泡过程，防止失误。

8. 电子秤：称重量为4吨。

9. 运输车。

三、处理过程

把受损的文物清洗干净，送入干燥室。在80℃的温度下，经过半真空去掉水分和其中的气体，冷却后即可送去浸泡。

这项操作要用上面提到过的轨道小车。小车把各种石质文物送入浸泡槽，石头浸泡在低黏度的甲基丙烯酸单体中。浸泡是在半真空状态下进行的。先使甲基丙烯酸单体淹没石头，再给浸泡槽内的单体加上15—20巴（bar）的压力。这样就可以使单体渗入到石头内部，最后使石头的每个微孔里都充满单体。石头在槽内浸泡一段时间后，槽内的液体用泵送回冷却室。留在石头表面的液体能够自行挥发掉。石头表面一干，就开始产生聚合。这时就要慢慢升温，使温度逐步升到80℃。

冷却之后，将浸泡过的石头从浸泡槽内取出，用开水和蒸汽进行冲洗。处理完毕，这些石质文物看上去就和没有经过处理的一样，实际上，这些石头完全被甲基丙烯树脂浸渗了，正像扫描电子显微镜照片所示。处理得最不好的，看上去也只不过像湿润的石头，但绝没有脆裂现象。

这种处理方法能够取得好的效果，是因为聚合过程完了之后，不仅石头上的微孔、裂纹和空洞都被丙烯酸树脂填满，而且在石头表面形成化学保护层。保护层与石头之间黏结牢固。再者，表面的化学复合物使石头得到了强大的物理力学加固：抗挠强度增加了700%，耐磨度增大了500%。

这种处理方法不仅能用于硬质石头和低孔隙的大理石，而且还能用于多孔石头。此方法能够用来处理受损程度不同的石质文物。

经过处理的石头比重较潮湿的石头稍大些。有时看上去像潮湿的石头。这也只有和未经处理过的石头相比较才能看得出来。如果需要的话，为了外观保持原状，在丙烯酸树脂没有最后变更之前，还可以把它从石头表面蒸发掉。但这样一来势必减弱石头表面的强度。

为了弥补这一不足，在浸泡前，把石头表面涂上一层特制的蜡，蜡的熔点比甲基丙烯酸单体稍高些。聚合后，如果石头表面留有丙烯酸树脂残余，可以用特制的溶剂，例如甲基丙烯酸甲酯或其他有机化学清洗剂将它清洗干净。用这种方法，经过处理的石头在观感上和未经处理过的完全一样，没有脆裂现象，看上去很自然，看不到表面上残存有丙烯酸树脂。

四、发展工作

埃森（Essen，莱茵省的城市）的大气污染控制数据中心和慕尼黑的巴伐利亚州石碑修复所的中心实验室，进行了一系列的加速老化试验。在实验室里，让石头接受空气污染、潮湿、酷暑、严寒的侵袭，与大自然中几百年来受到的侵袭一样。这些试验使未经处理和经过一般加固材料（如甲基硅烷或硅树脂）处理过的石头受到了损害，而经过丙烯酸处理的石头则未受到损害。

由于石头和合成树脂的膨胀系数不同，过去一直担心经过严寒酷暑会使受过浸渍法处理的石头可能产生开裂现象。经过七年来的试验和应用，证实这种担心没有必要，至今还没有发现由于上述原因所造成的损坏。

丙烯酸树脂全浸渍法只能用于那些能运到工厂里去的石质文物，大型的石质文物只能拆开来，在工厂处理后再按原状装好。

班贝克的 Jmchemie 工厂在 1979 年投入使用之前三年，就在一座小工厂里开始试验。正如预料的那样，建设这样一座工厂，困难是非常大的。所用的保护材料和以前不同了，而且是第一次用于这样大的规模，这种工厂是一个全新的产物。虽然面临这样的困难，但当时就看到成功的可能性是非常大的。同时还培训出一批专门的操作人员，这些人懂得文物保护的重要性和迫切性。就这样，我们开拓了这一新领域。

第一年我们就遇到了许多困难，但这些困难都被逐渐克服了。克服这些困难需要对工作进行大量的调查，需要想办法，也需要耐心和坚持。最后但不是唯一的困难，那就是钱，每一个参加者，无论是自愿的还是非自愿的，都经常面临着巨大的压力。

除去一些石匠、雕塑家和专家学者的抵制外，前五年我们遇到的主要困难有：

1. 浸泡槽内的起火和爆炸；

2. 由于浸渍材料不能完全渗到石头里面去，在处理过的石头上和修补过的地方出现了裂缝。

起火和爆炸现象用惰性气体控制住了。

黏土胶结的灰绿砂石经常发生裂缝现象，而石灰石和结晶质大理石没有这种现象发生。这种裂缝现象大都是因为浸泡处理不当所致。其原因包括：干燥不够、冷却不够（单体渗透到石头中的微孔时，微孔中温度高，因而聚合过快）、单体中催化剂过多、聚合的甲基丙烯酸甲酯硬度选择不当、在黏土材料里附加的催化剂对金属氢氧化物的影响，这是偶然在多孔结构的石头里发现的以及浸泡时真空度不够和其他因素等。

在过去几年里发现了这些严重问题，经过研究和试验，针对这些问题采取了措施，所以现在对每块石头都要经过仔细的浸泡。在经过适当的干燥处理后，可以说凡是能被水浸透的石头，都能被甲基丙烯酸单体浸透。

裂缝现象还发生在浸透前就有裂纹的地方或由于地质原因造成的脆弱部位。由于镶补材料运用不当或镶补材料配制不合适，石头与镶补材料结合部位也会产生裂缝。

就此，我还想再强调一下：到现在为止，上述现象只发生在黏土胶结的矿石上（即所谓含金属氢氧化物的砂石），石灰石或大理石不会发生这种现象，而且几年之中都没有发生过。在石头被浸透后的短时期内，我们总是细心观察而无一例外。这一现象的发生原因，就是石头还没有被完全浸透就被拿了出来，这样会使浸透部分与没浸透部分之间产生应力。

五、实例

到目前为止，用上述方法已经对3000块砂石文物和大约500块石灰石和大理石文物进行了处理。

处理过的最大件石雕是维尔茨堡（Würzburg）附近林克福（Lengfurt）的"圣父圣子圣灵石柱"。这根柱子是1728年由著名雕刻家 Van der Auvera 刻制的。柱高8米，在250年中修复过六次，最后一次是在十五年前。这根柱子损坏非常严重，软化、脆裂、剥落、脱片。柱子由80块石头组成，运到工厂处理后，又运回原处按原样装上。在处理过程中，还要保护好1963年涂上的颜色。这些石头处理之前，很容易用刀剔下来，经过处理之后，用凿子也难凿下来。最后，用丙烯酸涂料把修补过的地方着色涂好。

处理过的最长石质文物是班贝克附近湖宫堡的砂石栏杆。

处理过的石质文物还有：

慕尼黑教堂的120多块红砂石墓碑；

慕尼黑 Clyptothek 地区的10座高约2.5米的19世纪大理石雕像；

Cologne 教堂的屋顶装饰物和零细部件。

厂房里容纳不下8米高的石柱、135米长的石栏杆或数以千计的石神龛，而处理这些石质文物则别无他法，只有先拆下来，运到工厂处理后，在露天把这些文物按原状装好。

必需强调，只有能拆卸的石质文物——包括著名雕刻家的一般作品和不著名雕刻家的好作品不受损害。目前这种"全浸渍法"优于其他方法，但由于某些原因，例如过大而又不能拆卸的石质文物，还不能使用这种方法处理。

这种全浸渍法处理石质文物所需费用很高，其费用依石料体积和表面面积而定。最简单的测量体积的办法是称重量。按体积大小和表面面积数值计算，价格是每公斤8—18马克。例如：一件重1000公斤雕像的费用为18000马克，而相同重量的浮雕，8000—10000马克就够了，但一件重100公斤的雕刻品的处理费用为2000马克。

六、结束语

我们用这种"丙烯酸树脂全浸渍法"解决了无法挽救的石质文物的保护问题，然而这一方法绝非简单的修补，而是一项技术。当然，还包括从事这一技术的人员不要忘记手中的石头是一件艺术品而不是一般的石块问题。技术人员必需学习而且必需正确对待这个问题，尤其是博物馆实验室的化学家，一定要认识这一点。

在同样条件下，传统的保护方法也是很重要的，特别是在容易遭受挑剔的情况下，证明它是很有用的。它在特殊情况下能够反复处理。对于文物修复者来说，这种简易保护方法的应用，绝不意味着由于出现了全浸渍法而成为毫无意义。在野外发现受损害并需要进行保护处理的石质文物，决定对它们进行何种方法来处理，都是修复人员义不容辞的责任。他们还必需保证石质文物的安全：拆下石头、运回工厂、检查、登记，处理之后还要负责把它运回原处再进行复原安装，而且事前还要在工厂里进行处理前的准备工作和处理后的表面清洗等实际需要的一系列工作。

氧化物层在金属文物保护中的应用

—— 华沙西格门王三世瓦兹的纪念圆柱的保护工作

摘要：1977年，对波兰华沙西格门王三世瓦兹的纪念圆柱进行的保护工作中，我们把覆盖在金属表面上的绿锈和被腐蚀了的外层剥去，覆上了一层氧化物。这层氧化物的厚度，能按所需要和颜色的要求而变化。这一氧化物层比用传统的方法得到的覆盖层，有较好的黏合性、机械强度和耐腐蚀性。

一、导言

矗立在波兰华沙露天的西格门王三世瓦兹的纪念圆柱，是最古老、最有名的非宗教文物。它是一座独特的、不寻常的艺术品。因为在欧洲，这是第一次采用圆柱作为纪念物的古老观念来颂扬近代统治者。这个科林斯式的圆柱，竖立在一个三层台座的基座上，柱顶上安放着穿戴全副盔甲和加冕礼袍的西格门王三世瓦兹的青铜雕像。1644年，Wtadyelai 四世建立了这个纪念物。这个圆柱由 A.Loeei 设计，C.Jencalla 建造，青铜部分是在 Cmelli 做好模型后由 Daniel 铸造的。这个纪念物是历来文物保护工作的课题。这一工作有时会导致一定部位原始面貌的改变。这项保护工作曾在1793年、1810年、1855年、1887年、1948—1949年进行过多次，最后一次是在1977年。原来这个纪念物的青铜部分和刻在青铜板上的碑文字母都镀了金。以后青铜部件生了绿锈，上面镀的金到1887年还有一部分残存下来。当时把所有青铜部件进行了清洗，并氧化成古铜的绿色。推测当时是用了醋酸而达到这一效果的。这是19世纪文物保护工作中常用的方法,并且看来1887年在Paul Bilachan商行从事这个圆柱保护工作中,也是用过这一方法的。

第二次世界大战期间,这根圆柱遭受了和其他华沙的纪念物同样的命运,完全变成了废墟。1948—1949年进行了重建,修补了遗失的部分,对所有的金属部件进行了机械清洗,并在其表面复盖了很薄的硫化物装饰层。

在过去的三十年中,圆柱的金属部分已受到严重腐蚀,表面上呈现出一个多孔的腐蚀表层。这个表层松散地黏附在青铜上,但很牢固地粘在1948年修复工作中所覆盖的硫化物装饰层上。然而有危险的并不是由碱或铜盐所组成的表面沉积物。外层横断面的检验说明,腐蚀作用是在硫化层的下面发生的。因此,有必要把腐蚀层和硫化物层一起去掉。这样一来,新的保护层的创造对我们来说,似乎是保护文物的最好的方法。下个问题是为了这一目的选择一种好的保护层。

在没有污染的自然大气环境下,铜的表面上将形成一层氧化铜——首先是氧化亚铜,其次是二氧化铜。这表层虽然很薄,但能有效地保护金属,免受大气层的进一步影响。已知氧化铜的特性之一是:人工生产的氧化层比硫化物外层硬好几倍。我们设想,如果采用氧化层,机械强度会更大些。氧化亚铜的外层,也会更坚实地附着在金属上,因为氧化亚铜和金属结晶的结构完全一样,都是规则的方形空间结构,而硫化亚铜和硫化铜结晶呈六面体结构,因此可以预料其抗腐蚀能力,要比硫化物层大得多。

材　料	微观硬度 kg/mm^2
氧化铜	120—235
铜	73
青　铜	91
黄　铜	121
硫化铜	29—30
黑　锈	91
绿　锈	46—115

把铜和铜合金材料制成的物体放在加有氧化剂的热碱溶液里,铜和铜合

金的表面就可以形成氧化层。这一程序迄今尚未应用到保护露天大型纪念物上，我们在1977年的保护工作中才开始这样做。

二、保护工作的程序

我们用由以下成分所组成的软膏去掉腐蚀物：

酒石酸钠钾	15g
乙二胺四醋酸钠	5g
氢氧化钠	2g
蒸馏水	50ml
Cellap	10g

注：Cellap是一种波兰产品的商品名称，由带有无机填料的甲（烷）基纤维素组成。

软膏要根据文物特定金属部分的腐蚀程度而定，每24小时用软膏6—8次，每次溶解的腐蚀物用流动的水冲洗掉，之后，用含5%的柠檬酸溶液进行表面的活化冲洗。这些做完后，就为金属部分涂抹新的保护层做好了准备。

在一系列的实验中，用带有氧化剂的热碱溶液覆盖在纪念物的金属碎片上，表面上就会出现一个氧化层，但是它的颜色是不令人满意的淡绿色。这一现象可通过对过程的动力学考虑来解释。在这一过程中，有两个反应发生：首先是金属的溶解，得到铜化合物的液体，氧化铜在这里起了酸性氧化物的作用；第二个反应，是使氧化铜从这个化合物的液体中结晶在金属表面上，逐步形成一个坚硬的表层。这时第一个反应，亦即金属的溶解停止。如果把铜最初溶化产物结合进来，就形成天然的绿色。用以下的步骤和含有以下成分的液体，我们就能得到满意的色泽：

铵硫酸盐	5g
氢氧化钠	50g
氯化汞	5g
蒸馏水	950ml

这种液体要保持在60℃，并使其与金属的反应持续一小时，反应温度大约是30℃，这种操作次数要3—5次。

可以看出，液体的成分之一是氯化汞，它作为这个过程的稳定剂，减少铜不溶物的总数，这些铜不溶物使氧化层呈淡绿色。

在每两次用氧化涂层覆盖物体表面之间，我们用含硫化钠（0.5g/ml）和氢氧化钠（0.5g/ml）的液体冲洗。

在这一过程中，铜的溶化物被冲掉，从而进一步防止了它们包藏在氧化层里。

按以上步骤，我们得到一个富有绿锈色调的密致涂层。最后，把所有的青铜部件涂上一层微晶Coemolloid蜡，用的是5%的二甲苯溶液。

（译自 *Rtudiec in Caneewation* .Volwme 25 Numtei I，Fetuwiy 1980）

奥地利掠影

位于欧洲心脏部位的中欧文明古国奥地利联邦共和国,是举世闻名的音乐之邦、绿色之国和教堂之园。全国面积83850平方公里,阿尔卑斯山横贯全境,多瑙河流经北陲,自然风光绚丽多彩,加以气候适中,因而成为世界闻名的旅游胜地,它每年招徕的来自世界各国的游客多达1500万人,相当于全国人口的一倍之多。冬季的山林雪大风小,是国际滑雪的理想场所,其他季节,人们在森林中露营、野餐,尽情地享受大自然的赐予,并且可以在指定区域狩猎垂钓,饭店菜谱上常有美味适口的鹿肉、野猪肉和多瑙河鲤鱼等山珍野味。

在这块万木葱茏、繁花似锦的土地上,曾孕育出许多伟大的音乐大师和众多的歌剧、轻歌剧的谱曲者。当代杰出的世界知名的指挥大师卡拉扬也是奥地利人。唱遍寰宇的《祝你生日快乐》乐曲,竟然也是出自奥地利人之口传。

早在18世纪初期,奥地利京城维也纳(Vienna),就已成为古典音乐大师云集的"音乐圣城"。"交响乐之父"海顿、"音乐的天才"莫扎特、德国非凡的作曲家贝多芬、"歌曲之王"舒伯特(Franz Schubert)、勃拉姆斯(Brahms)等,诸多音乐奇才都曾在这里生活、居住和施展才华。海顿(Joseph Haydn)在这里探索了欧洲古典音乐的艰辛道路;出生在萨尔斯堡(Salzburg)的莫扎特(Woelgang Amadeus Mozart),在他36年的短暂一生中,有近1/3的时间是在维也纳度过的。他在这里完成了《后宫的诱逃》(Die Enthuhrung aus dem serail）、《费加罗的婚礼》（La maniage de Figaro）、《唐璜》（Don juan）、《魔笛》（Die zauberllöte）等不朽的歌剧。贝多芬（Ludwig van Beethoven）也在这里度过了35年，19世纪初，他谱出了驰名遐迩的《第三（英雄）交响曲》《第五（命运）交响曲》《第六（田园）交响曲》和最后的《第九交响曲》等伟大创作，这些都是在他完全失聪后在维也纳完成的；号称"圆舞曲之王"的约翰·施特劳斯（Johann Strauss），一生中谱写了华尔兹舞曲498首之多，为圆舞曲和轻歌剧开拓出道路。他的新作（作品325号）《维也纳森林的故事》（G'schichten aus dem Wienerwald）于1868年6月9日在维也纳"新世界舞蹈大厅"里首次上演，舒缓安详的旋律把人们带到了维也纳近郊安谧的、郁郁葱葱的森林中，小鸟在枝头啁啾啼啭，湿润的林荫散发出泥土的馨香。多少年来，维也纳的美丽森林便成了世界上无数人心驰神往的神话境地。它给艺术家带来了无尽的创作灵感，它是奥地利的骄傲，也是欧洲的骄傲。至今维也纳的新年音乐会上依旧奏响着约翰·施特劳斯的华尔兹（Walzer）和波尔卡（Polka）舞曲。一曲《蓝色的多瑙河》（An der schönen blauen Donau）圆舞曲（作品314号）不知倾倒了我们这个星球上的多少听众。百余年来，约翰·施特劳斯神奇的魅力毫无衰减的迹象，而是随着岁月的增长日益被人们所迷恋。

维也纳确实是一座"音乐之城"。据说市民拥有的钢琴数量多于汽车（平均2.5人有一辆汽车）。只要一到维也纳，立即感受到音符的跳动，受到了节拍的感染。无论是街头漫步或餐厅进餐，耳边都会听到悠扬的乐曲。尤其是晚饭后的街头，简直是处处笙歌管弦。在维也纳，凡是公共集会，甚至政府会议，会前会后通常都要奏一曲古典音乐，喜庆筵宴、结婚典礼当然更少不了高奏欢快音乐的乐队。这里的人们整天沉浸在音乐的海洋之中，所以人们的情操高尚，民风朴厚，真正达到路不拾遗、夜不闭户的境界，也就毫不奇怪了。

维也纳有大小公园1000多处，其中不少都立有著名音乐家的塑像或纪念碑，有不少街道、礼堂、会议厅，都是以音乐家的名字命名的。他们的旧居、演出地、墓地等，都按法律规定公布为国家文物保护单位，镶上挂有四面小国旗的保护标志。

维也纳历史悠久。公元1世纪时，还只是一个荒凉的村落，1137年发展为城市，12世纪已形成公国，15世纪以后曾是罗马帝国和奥匈帝国（1867年同匈牙利签订协定建立奥匈帝国）的首都。现在维也纳内城415平方公里的地面上，集中了许多各时代的历史建筑，红、灰、绿各色相间的房顶交相辉映，不同历史时期的建筑群体错落有致。整座城市以斯蒂芬大教堂（Stephansdom）为中心，高达135米的尖塔成为维也纳的标志。城内的罗马式圆屋顶、哥特式的尖塔形以及文艺复兴式、巴洛克式的古代文物建筑，伴随着风格多样、气势雄伟的教堂，还有各种类型的雕塑艺术品随处可见，把这座城市装点得格外古朴典雅。大量的历史文化古迹，已是奥地利人的宝贵文化财富和丰富的旅游资源。

奥地利地处欧洲的中心，两次世界大战中都被胁迫参战。1938年，奥地利首当其冲地被希特勒吞并，受到严重破坏和创伤，人民受尽了苦难，死于战火的奥地利人将近70万，占全民的1/10。纳粹德国败降后，全境被划分为苏、美、英、法四国占领区，1955年奥地利和四国签订和约，重获独立。同年10月积极执行中立外交政策，宣布"永久中立"。维也纳作为中立国的首都，成为国际活动中心之一。1974年联合国大会正式决定，把维也纳作为纽约、日内瓦以外的第三个联合国会议城市。此前，奥地利政府为了体现永久中立国积极的中立外交政策，不仅能维护奥地利本身的独立，而且能使之成为促进国际稳定的因素，有助于维护世界和平，因此用了6年半时间，耗资90亿先令（约合10亿人民币），在维也纳市以北4公里的多瑙河畔修建了一座"联合国城"。这组建筑物总面积为19万平方米，中部矗立着一座圆形的国际会议大厦，周围有3座弧形楼房，如同一颗放射光芒的星星。这组建筑共有24000扇窗户和6000扇门，共有43部载人电梯和15部运货电梯，可容纳4000人办公、1600人开会。在这里设立常设机构的国际组织有：国际原子能机构、联合国工业发展组织、石油输出国组织、巴勒斯坦难民组织、国际毒品监督组织、国际贸易组织等，成为"联合国第三总部"。

"联合国城"于1979年落成，当年8月奥地利政府把这个新建筑群以99年为期，租给联合国，每年象征性地收取租金1先令（约合人民币1角多）。奥地利联邦政府和维也纳市政府之所以甘心情愿花费巨大的人力、物力、财力建造联合国城而几乎等于白白供给联合国使用，也充分体现了政府和人民珍视得到并保持世界和平的心情和愿望。

祝愿古老而美丽的奥地利永远像阿尔卑斯山一样纯洁无瑕，像多瑙河一样在天外笙歌中日日夜夜流淌在宁静、和平的土地上。

虎兕出于柙，龟玉毁于椟中

2008年8月8日，第29届夏季奥林匹克运动会在首都北京开幕，104个国家和地区的运动员和50多个国家的贵宾以及3000多奥运大家庭成员来到北京，和中国进行了一次零接触。北京奥运会提供了一个让世界进入中国并感受中国的机会。这一震惊全球的伟大举措，对现代奥运之父顾拜旦（Pierre de Coubertin，1863—1937）和中国奥运首倡者张伯苓（1876—1951）等前辈的在天之灵，是莫大的安慰。

中国古代也曾是体育大国。近百年来，由于帝国主义和封建主义的摧残，国人竟成了"东亚病夫"，任人欺凌。1949年中国人民得解放，又经过30多年的改革开放，中国的变化震撼了世界，中国人民从"东亚病夫"化身为奥运健儿。

北京奥运会给予首都的文物保护事业以极大的促进。除了原有的、属于世界文化遗产的故宫、天坛、颐和园等，又修缮、开放了孔庙、国子监等一系列文物点，奥运村周边的北顶、大兴寺、龙王堂、关帝庙等也得到了修整，它们对国外的游客展示了北京悠久的历史和中华五千年的光辉灿烂的文化。我们的文物建筑，也和韩美林先生的"福娃"一样，为"One World, One Dream"而风光无限。奥运开启了文物保护事业的新阶段。

但是，文物有它的特殊属性：既不可能再生，也不可以复制。近期有种理论：旧的东西（一种被排除在外的文物）不能适应新时期的发展要求，需要推倒重来，以新代旧。它的思想基础和理论根据，并未跳出不适用于文物的"不破不立，破字当头，立在其中"的窠臼。此风一开，毫无疑问对于文物保护是一种极其有害的灾难（参阅2007年6月21日《北京青年报》青年周末版）。仿造和新造的"文物"并不具备历史和文化内涵，并非历史和文化的载体，只是一具没有灵魂的躯壳。

当年法兰克福（Frankfort）申报历史文化名城，而联合国教科文组织未予批准，就是因为它是"推倒重来的"。尽管德国人按照"二战"炸毁前的形制，恢复得无可挑剔的一致。

法国文化部部长马尔罗（Andre Malraux，1901—1976）是一位功勋卓著、文武双全的学者、文学家。只因为巴黎圣母院前面的广场整修时，一些凌乱的历史建筑被拆除一空，广场面貌焕然一新了，但追究起未能贯彻文物保护法的领导责任，戴高乐政府遂将他的文化部长免职了。

上一届和下一届奥运会的举办城市——雅典和伦敦同样都是历史上的文明古城，都有不少值得炫耀的文物古迹。一百多年前，欧洲不少文明古国已经颁布了文物保护法，也有了文物保护管理机构和具体的文物保护规章制度（我们起步整整晚了一个世纪），他们同样经历了经济发展和城市建设，而能够保护的成绩斐然绝非偶然。尤其是经过两次世界大战的破坏，人们普遍认识到文物不是任何国家、地区和民族的私有物，而是全人类所共同拥有的精神财富和文化财富，因此，文物保护事业已经得到了国际性的认同。1954年在荷兰海牙会议上通过了《关于在武装冲突中保护文物公约》（简称"海牙公约"），缔约国必须承担保护各自文物的责任，直到追究其刑事责任。尽管如此，阿富汗的巴米扬大佛还是未能免去劫难。极端组织和恐怖主义是不可能受到任何制约的。所以世界和平还是爱好和平人民的首要争取的目标。

五朝帝都的北京城，原本是一座完整的大文物。此前由于政策的错误、立法的疏漏冲突和文保意识的缺失，以致风貌尽失。即使是已经公布的某些文物保护单位，仍然有可能被权势和利润的追求者肆无忌惮地摧残。"虎兕出于柙，龟玉毁于椟中，是谁之过与？"（《论语·季氏篇》）今后，我们应遵循的应该是：

1. 严格按照国家文物法的规定修复和保护防止不尊重历史的"变形"，

极力避开权力和利益的干预和阻挠。

2. 不能允许打着保护文物之名，进行破坏文物，"推倒重来"，仿建"文物"和"过度包装"。应该立个奖惩制度。开个会"声讨"一番，于事无补，效果反而适得其反。

3. "他山之石，可以攻玉"，吸取外国或外地的经验教训，往往事半功倍。

4. 当前全国绝大多数旅游景点，大多变成喧嚣的市场。追着外国游客强卖伪劣商品，不但破坏了旅游环境，也给中国丢尽了脸，成了文物景点的"病灶"。

在文物保护上，我们缴纳的"学费"足够多了，教训也可谓惨痛。能做到以上要求，难度不小，阻力尤大，诚属不易。但是要想在使用和建设发展中，使文物得到有效的保护，就必须做到，不然是要落空的。

后　记

　　《南柯庭集》是赵迅先生的自选集，汇集了赵迅先生一生从事文物工作的心得和心血，将这些文章汇集成书一直是赵迅先生的夙愿，为此，赵迅先生特别将这部文集取名为《南柯庭集》。因为，在赵迅先生居住了一生的宅院内靠南有一株大槐树。在这个院落里，赵迅先生度过了作为老北京人的一生，同时又是文物工作者的一生，书名所要纪念的应该是这样的含义吧。

　　赵迅先生出生于1926年10月，1951年毕业于北京大学。自毕业后，一直在北京从事文物考古工作，是新中国北京地区文物考古工作的奠基人之一。几十年如一日，在考古、文物保护工作第一线，承担了最具体的工作，如古建修缮、石刻文物保护、文保单位测绘和调查等。从不摆出所谓学者的架子，轻视、推脱这些工作。北京地区文物保护事业的基础就是在这样的工作中，由赵迅等老一辈文物工作者所奠定的，而赵迅先生的学术成果也产生于其中。赵迅先生渊博的学识、丰富的工作经验、谦和的长者风范，为文物考古界同行们所敬重。

　　赵迅先生曾担任北京市文物局古建修缮处副处长、北京市文物工作队（北京市文物工作研究所前身）主任，主持《中国文物地图集·北京分册》编写等科研项目。

　　此外，赵迅先生还擅长文物摄影，在长期文保工作中，积累了大量珍贵影像资料，本书中收录了部分古建筑照片。在赵迅先生病逝后，家属根据先生的遗愿，把他的藏书、手稿、资料和照片、底片都捐赠给了北京市文物局，由局图书资料中心收藏、整理，供今后工作使用。

近年来，北京市文物局对科研工作的重视程度越来越高，为系统汇集和展示老一辈学者的学术成果，考古科研处把《南柯庭集》列入"北京市文物局科研丛书"出版计划，由北京市文物局图书资料中心承担编辑、出版等具体工作。北京市古代建筑研究所刘文丰为文章的搜集付出了许多心血，在此一并致谢。

在本书编印的工作启动后不久，赵迅先生于2016年1月23日病逝，终年90岁。文物界同仁无不痛惜、哀悼。现在，赵迅先生的文集《南柯庭集》即将付梓，谨以此书纪念赵迅先生吧。

北京市文物局图书资料中心
2017年9月

北京市文物局
图书资料中心
总第壹部
乙种第壹部
《南柯庭集》

古楸轩书丛

图书在版编目（CIP）数据

南柯庭集 / 赵迅著 . —— 北京：北京燕山出版社，2018.5
ISBN 978-7-5402-4262-6

Ⅰ. ①南… Ⅱ. ①赵… Ⅲ. ①古建筑—北京—文集 Ⅳ. ① TU-092.91

中国版本图书馆 CIP 数据核字（2018）第 091501 号

《南柯庭集》

封面题字：谢辰生
责任编辑：刘朝霞　程　丹　战文婧
特约编辑：罗梦娇
封面设计：耿中虎
出版发行：北京燕山出版社有限公司
社　　址：北京市西城区陶然亭路 53 号
邮　　编：100054
电话传真：86-10-65240430（总编室）
印　　刷：北京兰犀球彩色印刷有限公司
开　　本：170mm×230mm　1/16
字　　数：440 千字
印　　张：29
版　　次：2018 年 5 月北京第 1 版
印　　次：2018 年 5 月北京第 1 次印刷
ISBN 978-7-5402-4262-6
定　　价：78.00 元